普通高等教育"十三五"规划教材

食品工艺实验与检验技术

（第二版）

主　编　马国刚

副主编　吴海霞　赵晓娟

中国轻工业出版社

图书在版编目（CIP）数据

食品工艺实验与检验技术/马国刚主编. —2 版 . —北京：中国轻
工业出版社，2016.11
普通高等教育"十三五"规划教材
ISBN 978 - 7 - 5184 - 0943 - 3

Ⅰ. ①食…　Ⅱ. ①马…　Ⅲ. ①食品工艺学—实验—高等学校—教材
②食品检验—高等学校—教材　Ⅳ. ①TS20

中国版本图书馆 CIP 数据核字（2016）第 166194 号

责任编辑：张　磊
策划编辑：马　妍　　责任终审：唐是雯　　封面设计：锋尚设计
版式设计：锋尚设计　　责任校对：吴大鹏　　责任监印：张　可

出版发行：中国轻工业出版社（北京东长安街 6 号，邮编：100740）
印　　刷：三河市万龙印装有限公司
经　　销：各地新华书店
版　　次：2016 年 11 月第 2 版第 1 次印刷
开　　本：787×1092　1/16　印张：22.5
字　　数：510 千字
书　　号：ISBN 978 - 7 - 5184 - 0943 - 3　定价：45.00 元
邮购电话：010 - 65241695　传真：65128352
发行电话：010 - 85119835　85119793　传真：85113293
网　　址：http://www.chlip.com.cn
Email：club@chlip.com.cn
如发现图书残缺请直接与我社邮购联系调换
140830J1X201ZBW

本书编委会

主　　编　马国刚　运城学院

副主编　吴海霞　运城学院

　　　　赵晓娟　仲恺学院

编　　者　蔺毅峰　运城学院

　　　　畅晓洁　运城学院

　　　　张　怡　运城学院

主　　审　蔺毅峰

第二版前言

Preface

近年来，随着食品和相关学科的发展，对实验教材的需求越来越大，本书编者们积累了许多食品工艺实验和食品检验方面的资料和经验，在食品领域从事教学工作多年，有详细的操作实践经验。为满足我国目前对食品加工工艺和分析检测技术知识的需要，在收集了国内外食品加工和检测新信息和新动态的基础上进行编写，正式出版《食品工艺实验与检验技术》（第二版）。

《食品工艺实验与检验技术》（第二版）在第一版的基础上，注重"实用、够用"的原则，根据市场产品变化对实验内容进行了调整或补充，依据最新国家标准更新相关检测项目及质量鉴定，更具有操作性。

全书共分六篇 26 章，系统介绍了食品工艺和食品分析领域的实验配方、工艺流程、操作技术、注意事项等，所涉及的产品和技术具有新颖、独创、先进、附加值高、操作性强、简单实用等特点，是当前食品领域最新的研究成果。主要内容包括：焙烤食品的加工、膨化小食品的加工、发酵食品的加工、软饮料的加工、果蔬制品的加工、乳制品的加工、肉禽加工品的加工、食品分析、食品检验等。

本书对食品行业的教学、科研、生产和新产品开发具有一定的指导作用，可作为高等院校相关学科的实验参考材料，也可作为食品、粮油、农副产品加工等领域从业人员的参考资料。

本书第一篇由运城学院马国刚编写，第二篇、第五篇由运城学院吴海霞编写，第三篇由运城学院蔺毅峰编写，第四篇由运城学院张怡编写，第六篇第一章由仲恺学院赵晓娟编写，第六篇第二章至第五章由运城学院畅晓洁编写。全书由第一版主编蔺毅峰教授统稿审定。

本书作为食品工艺实验和食品分析实验及技能训练的一门主要教材，各院校可以根据各自的教学内容和特点，对具有共性的内容，应作为重点；对具体的产品加工，则应视各校的特色，进行有选择的教学和参考。

本书在编写和出版过程中，得到了中国轻工业出版社的支持，同时还引用和参考了部分编著者的资料，在此一并表示感谢！

由于编者水平所限，时间仓促，书中难免会有不当之处，敬请各位专家、同行、读者能够包涵和赐教，并提出宝贵意见，编者将不胜感激。

马国刚

2015 年 6 月

目 录
Contents

第一篇 面制品工艺学实验

第三篇　软饮料工艺学实验

第五篇 果蔬制品工艺学实验

第六篇 食品分析与检测技术

Part 1

第一篇
面制品工艺学实验

第一章
面包的加工

概　　述

一、面包的定义

面包（Bread）是以小麦面粉为主要原料，与酵母和其他辅料一起加水调制成面团，再经发酵、整形、成型、烘烤等工序加工制成的松软的方便食品。

二、面包的特点

面包以其营养丰富、组织蓬松、易于消化、食用方便等特点成为最大众化的酵母发酵食品，它在全世界的消费量占绝对压倒优势。

三、面包的分类

我国目前的面包以食用方式分类可分为主食面包和点心面包，按品质和口味分为甜面包与咸面包，以面包外形又可分为长方形枕式面包与圆面包等。此外，尚有近年来发展起来的营养强化面包、油炸面包和米粉面包等。

目前，国际上尚无统一的面包分类标准，分类方法较多。面包一般分主食面包、花色面包。主食面包可分为脆皮型、软质型、半软质型、硬质型；花色面包分为甜面包、夹馅面包、嵌油面包、保健面包、象形面包等类型。

1. 主食面包

主食面包是作主食的面包，食用时往往佐以菜肴。这类面包的用料比较简单，主要有面粉、酵母、精盐和水。各种原料的不同配比可以制作出风味特色多样的主食面包。为适应不同的需要，主食面包中还可添加适量的牛乳、奶油或糖等配料。主食面包的形状多样，有半球形、长方形、棍子形和橄榄形等，其表面一般不刷蛋液，呈棕黄或褐黄色，稍有亮光，味微咸或者咸甜适口。主食面包的质感各异，可分为脆皮型、软质型、半软质型、硬质型四类。

2. 花色面包

（1）甜面包　甜面包主要由面粉、白糖、油、鸡蛋和酵母等原料制成。高档的甜面包还需添加牛乳和奶油。低档的则用糖精代替部分白糖。甜面包入口甜而松软，白糖的含量比主食面包多，一般占面粉总量的18%以上。由于过量的糖分不利于酵母繁殖，在和面发酵时酵母用量应相应增加，或采取多次发酵的方法，来保证甜面包的松软度。

甜面包的花色品种很多，按不同配料及添加方式可分成清甜型、饰面型、混合型、浸渍型等种类。

（2）夹馅面包　该面包是指将发酵面团包以馅心，经成型、饰面、烘烤等工艺制成的面包。按馅心的组成，夹馅面包可分为果酱型、蓉沙型、奶油型和调理型等。

（3）嵌油面包　又称丹麦面包，它是采用发酵面团包裹固体油，再加工成型，经过烘烤、饰面等工序而制成的。制品层次分明，表皮酥脆，内心松软，肥而不腻，如奶油螺蛳卷面包、蟹钳面包、风车面包等。

（4）保健面包　为适应人体需要，突出某种营养成分而设计的一种面包。特点是既能饱腹，又能防病保健，且价廉物美。面包按添加配料的性质可分杂粮型、蔬菜型和强化型等种类。

（5）象形面包　形态逼真的象形面包是以发酵面团为原料，仿造动、植物的形态而制成的，具有粗犷、夸张的特点，深受儿童的欢迎，如小鸟面包、鲤鱼面包、青蛙面包、十二生肖面包等。

第一节　二次发酵法面包

一、实验目的

①掌握用二次发酵法加工软式面包的方法，对面包传统的加工技术做一次全面了解。

②加深对面包发酵的原理、条件的了解，初步学会一般主食面包的成型方法。

③熟悉各种原材料的性质及其在面包加工中所起的作用。

④初步学会鉴别常见的质量问题，并对用二次发酵法加工面包的整个生产工艺流程做较全面的分析，找出原因所在并制定出纠正办法。

二、设备和用具

（1）实验设备　立式搅拌机（或卧式搅拌机），压面机（用于压面排气，也可经过反复压面帮助面筋完全扩展，选用），醒发室，面团分割机（选用），面团滚圆机（选用），成型机（选用），远红外线电烤炉。

（2）用具　案板，刮板，发酵桶，擀面杖，台秤，面包听模，烤盘，排笔，打蛋桶和打蛋机，铁架车。

三、参考配方

本实验生产软式主食面包（中种面团小麦粉用量/主面团小麦粉用量为70/30），配方如下。

（1）中种面团配方　面包专用粉1540g，活性干酵母13.2g，水620g，抗坏血酸0.2g，溴酸钾0.07g，白糖适量。

（2）主面团配方　面包专用粉650g，白糖88g，食盐44g，乳粉88g，奶油88g，水440g，鸡蛋适量。

四、工艺流程

部分面粉、全部酵母 → 中种面团的调制 → 发酵3~5h → 主面团的调制 → 第二次发酵 → 面团分割 → 搓圆 → 中间醒发 → 整形 → 装模、摆盘 → 醒发 → 烘烤 → 冷却 → 包装 → 成品

五、操作要点

（1）中种面团的调制　使用立式搅拌机或卧式和面机，在搅拌缸（桶）内加入配方中的水、白糖、抗坏血酸和溴酸钾，用中速搅拌均匀。停机加入面包专用粉，在面包专用粉上撒上酵母（注意不让酵母直接接触糖水溶液），然后开机用慢速搅拌2min，变中速再搅2min，将面团搅打至表面粗糙而均匀、稍有面筋形成即可。

（2）中种面团的发酵（基本发酵）　将调制好的中种面团放入发酵桶中（发酵桶内壁先涂上一薄层食用油脂，以免发酵好的面团黏附桶壁），置于醒发室内，将温度调至24~26℃，湿度调节在75%~80%，任其自然发酵4h。当面团体积膨胀至原来搅拌好的面团体积的4~5倍，面团顶部稍有下陷现象，并有浓郁的酒精香味，表示中种面团已完成发酵。

（3）主面团的调制　在搅拌缸内加入配方中的糖、食盐、水、蛋等，搅拌均匀后加入发酵好的中种面团，用中速搅拌混合均匀，把面包专用粉、乳粉加入，高速搅拌至面团呈卷起阶段，加入奶油，继续搅拌至面筋完全扩展。搅拌后面团的最佳温度为28℃。操作时将面团搅拌至表面有光泽、不粘手为止。

（4）主面团的发酵（二次发酵）　将搅拌好的主面团放入发酵桶中，置醒发室内进行二次发酵，室温要求在28℃，湿度要求在75%，发酵时间可定在30min。

（5）面团分割　本次实验制作的是质量为100g/个的软式主食面包。根据分割的质量应为成品质量加上烘烤损耗（一般为10%）的原则，我们可将发酵好的面团分割为112g/个的小面团。分割的时间，应控制在20min内完成。

（6）搓圆　搓圆时揉光即可，不能过度揉搓，以免将刚形成的表皮又撕破，影响成品质量。另外，搓圆完成后一定要注意收口向下放置，避免面团在醒发或烘烤时收口向上翻起形成表面的皱褶或裂口。

（7）中间醒发　面团在搓圆后应在案板上静置8~15min，待面团内部重新产生气体，恢复柔软性后方可进行整形操作。进行中间醒发的方法是：将滚圆好的面团按滚圆的先后，顺序整齐成行地排放在案板上，用塑料薄膜盖好以防表面风干结皮，8~15min后按先后顺序取出逐个进行整形。

（8）整形、装模　首先，将搓圆后完成中间醒发的面团稍微拉长，用擀面杖将其擀成

薄片形（也可用手掌将其按压成长方形扁平状），然后将压好的面片用两手由外往内卷成圆筒状，卷成后再用两手掌根进一步地搓紧搓圆。另外，还要求各块面团都卷成粗细长短一致的圆柱形。

在整形后，要移放到不带盖的面包听模内，进行下一步的醒发、烘烤。先在面包听模内壁涂一薄层油脂，油脂选用猪油或其他的食用油都可以。装模时面团应放在听模中央，与两端两侧壁的距离相等，面团的合缝处必须向下放置，贴住听模底部。

（9）摆盘、醒发　面团装进模后即摆放在烤盘上，然后将各个烤盘放到架子车上，推进醒发室进行最后醒发。最后醒发的温度应控制在 38～40℃，湿度掌握在 85%～95%，醒发时间通常在 1h 左右。

（10）烘烤　入炉前可在面坯表面刷一层蛋液，以使烘烤后面包表面生成光亮的深棕黄色。刷蛋液的手法是：用排笔蘸蛋液，在容器边抿一下（以使蛋液不致流淌，造成制品上蛋液过多），将排笔端平，贴着面包表面轻刷过去，手法要快捷轻巧，要使面包的表面全部刷到蛋液，不能漏刷，也不能多刷（漏刷面包色泽不均，多刷蛋液在烘烤时会起泡，影响外观），不能用力过重，否则会造成面包表皮损伤，引起塌陷。刷好蛋液后应立即入炉烘烤，入炉时同样要注意动作要轻巧，防止面团受振动而塌陷。

入炉后将炉温调至面火 180℃、底火 190℃，烘烤约 20min，然后观察判断面包的成熟情况。当面包烘烤到一定的时间，面包体积膨胀到了相应的大小，面包表面已完成了结皮上色的过程，此时可用手指轻按面包的侧边，同时用手轻拍，如手指按下部位即刻弹出，拍之有"噗噗"空响，表示已成熟；如按下部位不弹起或弹起缓慢，拍之声哑，则表示尚未成熟。另外，还可采用牙签插入检测的办法，取一根干净牙签插入面包内部，抽出观察，如上面沾有面包颗粒，说明尚未完全成熟；如上面没沾任何东西，则说明面包已完全成熟。此法在烘烤大型面包时最为常用。

（11）冷却与包装　一般要求冷却到其中心温度下降至 32℃，整体水分含量为 38%～44%，即可达到要求。

冷却后的面包可进行包装，常用的包装材料有纸袋和塑料袋两种。

六、注意事项

①在使用各种机械进行操作时，首先必须阅读机器的使用说明书，熟悉机器的使用方法及其性能，根据面包制作各个步骤的要求，正确操作。

②制作软式主食面包要求尽量多加水，形成柔软面团，这样成品组织细腻，口感松软，富有弹性，且保鲜期较长。但也不是水越多越好，太多的水会使面团稀软，整形操作困难，不易烤熟，且面包成品容易在两侧向内陷入，吃时粘牙。面团的加水量应视所用小麦粉的吸水量和面团配方的成分而定。一般配方中有糖、油、蛋等成分，加水量应少些；而有乳粉的配方则应适当增加水的用量。

③在搅拌面团时要特别注意搅拌终点（即面筋完全扩展）的判断，搅拌不足会降低面包质量，更不能搅拌过度。判断面团是否达到面筋完全扩展的程度，可用手触摸面团顶部，感觉有黏性，但手离开面团不粘手，且面团表面有手指黏附的痕迹，但很快消失，说明面团已达完全扩展。

④所用面包听模的大小应与分割面团的质量大小相适应。听模太大，会使面包内部组织不

均匀、颗粒粗糙；听模太小，则影响面包体积，且顶部胀裂太厉害、形状不佳。一般每 50g 的面团需要 $167.5 \sim 173.5 cm^3$ 的体积，模宽：模高为 $1:1.1$，听模不宜太高，太高会使面包两侧不易烤熟，不利于热能的合理利用。

听模在装入面团之前，要注意使其温度与室温基本相同，太高和太低都不利于醒发。在实际操作中，尤其是要注意到这一点，刚出炉的面包听模不能立即用于装盘，必须冷却到 32℃ 左右方能使用。

⑤整个操作过程中尽量都不要撒干粉，干粉过多会使面包内部出现大的孔洞或条状硬纹。如在操作中面团粘手不便于操作，可用手指蘸些液态油在两手掌中摩擦，在手上形成一层均匀的薄油膜，便可防止面团粘连，有利于操作。

⑥烘烤面包时，要特别注意炉温的控制。面坯入炉前可将炉温调得稍高一点，因为在打开炉门放进烤盘时，会造成一部分热量的损失，适当调高入炉温度，主要是避免入炉时炉温下降得太低，影响烘烤质量。烘烤时要注意根据不同类型烤炉的特点来控制炉温，如烤炉有炉温不均匀现象，那么在烘烤过程中就要适时调转烤盘方向，以使成熟均匀，保证成品质量。

七、 结 果 分 析

针对各组制成的产品，结合所学的理论及经验，分析产品的品质。

第二节　快速法面包

一、 实 验 目 的

①掌握用快速法制作甜面包的方法，了解快速法的操作和特点。
②加深对面包发酵原理、条件的了解，初步学会一般主食面包的成型方法。
③熟悉各种原材料的性质及其在面包制作中所起的作用。

二、 设 备 和 用 具

（1）实验设备　立式搅拌机（或卧式搅拌机），压面机（用于压面排气，也可经过反复压面帮助面筋完全扩展，选用），醒发室，面团分割机（选用），面团滚圆机（选用），成型机（选用），远红外线电烤炉。

（2）用具　案板，刮板，发酵桶，擀面杖，台秤，面包听模，烤盘，排笔，打蛋桶和打蛋机，铁架车。

三、 参 考 配 方

小麦粉 1kg，水 530g，白糖 200g，奶油 80g，鸡蛋 50g，乳粉 40g，盐 15g，活性干酵母 130g，抗坏血酸 0.19g，溴酸钾 0.03g。

四、工艺流程

原料 → 面团调制 → 面团松弛 → 分割 → 搓圆 → 中间醒发 → 整形 → 摆盘 → 最终醒发 →
表面涂饰、烘烤 → 冷却 → 包装 → 成品

五、操作要点

（1）面团调制　先将配方中的大部分水和糖、蛋、食盐、抗坏血酸、溴酸钾等一起加入，用慢速搅拌均匀，停机加入小麦粉和乳粉，酵母撒在小麦粉上，不直接与糖盐溶液接触，开机先慢速，搅匀后改快速搅至卷起阶段，停机加入油脂，再继续搅拌至面筋完全扩展。搅拌后面团温度为30℃较理想。

（2）面团松弛　将搅拌好的面团倒出置案板上，用薄膜盖好，静置20min。

（3）分割　每个分割面团的质量为60g。

（4）搓圆　搓圆时揉光即可，不能过度揉搓，以免将刚形成的表皮又撕破，影响成品质量。另外，搓圆完成后一定要注意收口向下放置，避免面团在醒发或烘烤时收口向上翻起形成表面的皱褶或裂口。

（5）中间醒发　面团在搓圆后应在案板上静置8～15min，待面团内部重新产生气体，恢复柔软性后方可进行整形操作。进行中间醒发的方法是：将滚圆好的面团按滚圆的先后，顺序整齐成行地排放在案板上，用塑料薄膜盖好以防表面风干结皮，8～15min后按先后顺序取出逐个进行整形。

（6）整形　甜面包可以通过包馅造型、编织造型、表面装饰等各种手法对面包进行整形制作，花式繁多，风味各异。但不管是哪种造型方法，总的要求都是：造型要美观，味道要可口，不能影响面包的醒发、烘烤，保证质量。下面介绍几种花式面包的整形方法，以供参考。

①莲蓉包：将完成中间醒发的面团用手压（或用擀面杖擀）成中厚边薄的面片，然后左手（除拇指外其余四指）托住面片，手指稍向上弯曲，使面片在手中呈凹形，右手用扁匙挖取约20g莲蓉置于面片凹处正中心，左手拇指稍按住馅心，右手拇指根与食指"虎口"处将四边拢起，拢向中间包住收口，成为无缝的圆形，翻转过来，收口向下摆上烤盘即可。操作时注意面团不必压太薄太大，能均匀地包住馅心就行。面皮与馅之间不能有空隙，以免成熟后面包内部形成较大孔洞。

②鸡尾包：将面团压成长椭圆形，在面片边放上一块约20g的鸡尾馅（馅捏成长圆条形），然后用面片将馅卷包起来，搓成两头尖中间大的细橄榄形，卷合口向下摆上烤盘。

鸡尾馅制法如下。

配方　糖粉500g，奶油500g，低筋小麦粉300g，椰蓉250g。

制法　糖粉和奶油用立式搅拌机打至稍松，加入小麦粉、椰蓉拌匀即可。

③椰奶包：将面团压薄成长方形，在上面铺上一层椰奶馅（可先在面片上涂一薄层熔化奶油或其他液态食用油，以增加面团与馅心的黏结性，便于下步卷折操作），然后将面团卷起成圆筒形，两端对折，稍压紧，在圆筒折口处沿筒的纵向切一刀，将折口处切开一个口子，从切口处将面团展开压平，最后以原先圆筒两端接口处向下，刀切口处向上摆放到烤盘上醒发待烤。该品种的特点是馅心从切口处呈波纹状露出，色泽美观。

椰奶馅制法如下。

配方　椰蓉 500g，白糖粉 1000g，奶油 200g，淀粉 100g，鸡蛋 200g，乳粉 125g，水适量。

制法　将上述原料放进馅盘里一起搓匀即可。

④奶油酥粒卷：将面团压成长条形，涂上蛋液，再涂上熔化奶油，撒上奶油酥粒和一些椰茸、白砂糖的混合馅心，卷起成长圆筒形，沿圆筒的中轴线将其切断，然后将切成的两半刀口向外对正贴在一起，两手捏住两端，拧转交叉合拢成翻花形，捏紧两端合口，合口向下摆上烤盘，醒发待烤。

奶油酥粒制法如下。

配方　奶油 250g，白糖粉 350g，低筋小麦粉 500g。

制法　将上述原料一起放进馅盘里用两手掌对搓成粒状即可。

⑤辫子包：取三块面团分别搓成细长条，将三长条的一端捏在一起，然后将其交叉扭绞，编成辫子形，捏紧两头，并将两头搓细搓尖，形成两头尖中间大的三股辫子包。此外，辫子包还有四股、五股、六股等多种形式的制法。

⑥菠萝包：面团搓圆后直接摆上烤盘醒发，到达醒发终点后，在其表面盖上一层酥皮，然后刷蛋液烘烤。

菠萝酥皮的制法如下。

配方　低筋小麦粉 250g，猪油 115g，鸡蛋 50g，吉士粉 25g，白砂糖 175g，碳酸氢铵 1.75g，香精适量。

制法　小麦粉在案板上围成圈，其他所有原料都放进圈内拌匀，然后拨入小麦粉一起混拌搓匀成菠萝酥皮面团。用时取一小块约 30g 立在案板面上，右手拿刀，放平压在其上，左手按住刀面，向前旋压，即压成一块菠萝酥皮。

（7）摆盘、最终醒发　花式甜面包不用面包听模，直接将整形好的面坯摆放在烤盘上。面坯在烤盘上的摆放还要注意其间距要适当。最终醒发的温度应控制在 38～40℃，湿度掌握在 85%～95%，醒发时间通常在 1h 左右。

（8）表面涂饰、烘烤　辫子包在表面撒上芝麻，以装饰外观，增加香味。

综合考虑各种因素，一般宜采用面火 220℃，底火 200℃入炉，然后在面火 210℃、底火 190℃下烘烤约 12min，待其上色成熟即可出炉。

（9）冷却、包装　一般甜面包习惯上即烤即售，趁热食用，无需冷却、包装，尤其是采用快速法生产，其面包的保鲜期更短，冷却后老化迅速，品质下降较快。如确需包装，同样要待面包完全冷却后方可进行包装。

六、注意事项

参见"二次发酵法面包"部分。

七、结果分析

针对各组制成的产品，结合所学的理论及经验，分析产品的品质。

第三节　面包焙烤实验和品质鉴定

面包制作实验和品质鉴定的主要目的不仅是用来评定所做的面包是否合乎标准，而且是鉴定原料（如面粉、油脂、酵母等）品质的最有效方法。面包因消费者的习惯、各地区的传统制作方法不同，所以制定一个绝对的标准规格确实是一件很困难的事情。尤其是面包品质的鉴定工作，主要凭个人的感觉，也难做到百分之百的完美。但是可以规定一个基本加工的方法和较明确的鉴定标准，使复杂的问题单纯化，便于面包品质的研究。现将美国谷类化学协会的标准焙烤实验和目前国际所采用的面包品质鉴定标准介绍如下。

一、　面包焙烤实验　（美国谷类化学协会方法）

1. 实验设备

①揉面机（小型立式搅拌机）。

②旋转型风车式烤炉，可保温（230 ± 2）℃。

③烤模上口（10.5 × 6）cm，底面（9.3 × 5.3）cm，高度6.8cm。

④发酵槽恒温恒湿器，保持温度为30℃，相对湿度为80% ~ 90% 。

⑤面包体积计量器一个，上面开口并可包容面包全体的长方体形盒子和一些菜籽（菜籽体积应正好等于面包体积计量器容积）。

2. 实验步骤

①配方　面粉（水分14%）100g，食盐18，砂糖3g，酵母3g，水55g（参考值）。

②调粉　先在揉面机中放入水，然后放入食盐、砂糖、酵母，最后放入面粉，开动机器，低速1min，中速3min。根据情况，也可用手和面。

③发酵　用手揉面团后放入发酵容器，在恒温恒湿器内发酵120min，95min 时取出揿粉一次。

④整形　120min 后取出，折叠翻揉约20 次，整形一般有专用机械，手工也行，先揉成团，再压成圆饼，一端卷成长条，放入烤模中，缝要向下。

⑤醒发　保持温度为30℃、相对湿度为75%、时间为55min，或用型尺量达到要求高度。

⑥烘烤　230℃、25min。

⑦出炉　振动，静置1h。

3. 品质测定

面包体积测定：将面包体积计量器盒子中倒入菜籽，将盒子填满，刮平，倒出。将烤好的面包放入体积计量器盒子中，用刚倒出的菜籽将盒子填满，刮平，然后用量筒测出被刮出部分或剩余部分菜籽的体积，这一体积就是面包体积。其他品质评定项目如下。

①外观体积、皮色、皮质、形状；

②内质断面切开，组织、触感、口感、味、香。一般要以专门评审员来判断打分，评定标准见下文。

二、面包品质鉴定标准

这是由美国烘焙学院在 1937 年所设计的标准。把面包的品质分为外部和内部两个部分来评定，外表部分占 30%，包括体积、表皮颜色、外表式样、焙烤均匀程度、表皮质地五个部分。内部的评价占总分的 70%，包括颗粒、内部颜色、香味、味道、组织结构五个部分。一个标准的面包很难达到 95 分以上，但最低不可低于 85 分。现将内外两部分各细则评分的办法说明如下。

1. 面包外部评分（满分 30 分）

（1）体积（满分 10 分）　烤熟的面包必须要膨胀至一定的程度。膨胀过大，会影响到内部组织，使面包多孔而过分松软；如膨胀不够，也会使组织紧密，颗粒粗糙。在做烘焙实验时多采用美式不带盖的白面包来烤，测定面包体积大小，是用"面包体积测定器"来测量。它的单位为 g/cm^3，用测出的面包体积来除此面包的质量，所得的商即为此面包的体积比（Specific Volume），根据算出的体积比就可以给予体积评分（表 1 – 1）。体积部分及格是 8 分。

（2）表皮颜色（满分 8 分）　面包表皮颜色是由于适当的烤炉温度和配方内糖的使用而产生的，正常的表皮颜色应是金黄色，顶部较深而四边较浅，正确的颜色不但使面包看起来漂亮，而且更能产生焦香味。

表 1 – 1　　　　　　　　　　焙烤实验白面包体积评分标准

体积比	应得体积评分	体积比	应得体积评分
6.6 ~ 7.1	9.0	4.6 ~ 5.0	9.0
6.1 ~ 6.5	9.5	4.0 ~ 4.5	8.5
5.6 ~ 6.0	10.0	3.6 ~ 3.9	8.0
5.1 ~ 5.5	9.5	—	—

（3）外表形状（满分 5 分）　正确的式样不但是顾客选购的焦点，而且也直接影响到内部的品质。面包出炉后应方方正正，边缘部分稍呈圆形而不过于尖锐，两头及中央应一般齐整，不可有高低不平或四角低垂等现象。两侧的一边，会因进炉后的膨胀，形成约 3cm 宽的裂痕，应呈丝状地连接顶部和侧面，不可断裂形成盖子形状，或有四周墙面破烂不齐整等现象。

（4）焙烤均匀程度（满分 4 分）　面包应具有金黄的颜色，顶部稍深而四周及底部稍浅。如果出炉后的面包上部黑而四周及底部呈白色的，则这块面包一定没有烤熟；相反地，如果底部颜色太深而顶部颜色浅，则表示烘焙时所用的底火太强，这类面包多数不会膨胀得很大，而且表皮很厚，韧性太强。

（5）表皮质地（满分 3 分）　良好的面包表皮应该薄而柔软。配方中适当的油和糖的用量以及发酵时间控制得恰当与否均对表皮质地有很大的影响，配方中油和糖的用量太少会使表皮厚而坚韧，发酵时间过久会产生灰白而有碎片的表皮。发酵不够则产生深褐色、厚而坚韧的表皮。烤炉的温度也会影响到表皮的质地，温度过低烤出的面包表皮坚韧和无光泽；温度过高则表皮焦黑而龟裂。

2. 面包内部评分

（1）颗粒（满分 15 分）　面包的颗粒是指断面组织的粗糙程度、面筋所形成的内部网状结构，焙烤后外观近似颗粒的形状。此颗粒不但影响面包的组织，更影响面包的品质。如果面团在搅拌和发酵过程中操作适宜，此面团中的面筋所形成的网状组织较为细腻，烤好后面包内部的颗粒也较细小，富有弹性和柔软性，面包在切片时不易碎落。如果使用面粉的筋度不够或者搅拌和发酵不当，则面筋所形成的网状组织较为粗糙而无弹性，因此烤好后的面包形成粗糙的颗粒，冷却切割后有很多碎粒纷纷落下。评定颗粒标准的原则是颗粒大小一致，由颗粒所影响的整个面包内部组织应细柔而无不规则的孔洞。

（2）内部颜色（满分 10 分）　　面包内部颜色应呈洁白或浅乳白色并有丝样的光泽，其颜色的形成多半是面粉的本色，但丝样的光泽是面筋在正确的搅拌和健全的发酵状况下才能产生的。面包内部颜色也受到颗粒的影响。粗糙不均的颗粒或多孔的组织，会使面包受到颗粒阴影的影响变得黝暗和灰白，更谈不上会有丝样的光泽。

（3）香味（满分 10 分）　　面包的香味包括外皮部分在焙烤过程所发生的羰氨反应和蔗糖的焦糖化作用形成的香味成分与小麦本身的麦香、面团发酵过程中所产生的香味物质及各种使用材料形成的香味。评定面包的香味，是将面包的横切面放在鼻前，用两手压迫面包，嗅闻所发出来气味。如果发现酸味很重，可能是发酵的时间过久，或是搅拌时面团的温度太高。如闻到的味道是淡淡的稍带甜味，则证明是发酵的时间不够。面包不可有霉味、油的酸败味或其他香料感染的味道。

（4）味道（满分 20 分）　　正常主食用的面包在人口咀嚼时略具咸味而且面包咬入口内应很容易地嚼碎，且不粘牙，不可有酸和霉的味道。甜味是作为甜面包用的，主食用的面包不可太甜。

（5）组织结构（满分 15 分）　　本项也与面包的颗粒有关，搅拌适当和发酵完全的面包，内部结构均匀，不含大小蜂窝状的孔（法国式面包除外）。结构的好坏可用手指触摸面包的切割面判断，如果感到柔软、细腻，即为结构良好的面包，反之触觉感到粗糙即为结构不良。面包品质评分如表 1-2 所示。

表 1-2　　　　　　　　　　　面包品质评分调查表

部位	指标	缺点	满分分数	样本 1 号		样本 2 号		样本 3 号	
				应得分数	缺点	应得分数	缺点	应得分数	缺点
外部	体积	1. 太大；2. 太小	10						
	表皮颜色	1. 不均匀；2. 太浅；3. 有皱纹；4. 太深；5. 有斑点；6. 不新鲜	8						
	外表形状	1. 中间低；2. 一边低；3. 两边低；4. 一边高；5. 不对称边；6. 有皱纹；7. 顶部过于平坦	5						
	烘焙均匀程度	1. 四边颜色太浅；2. 四边颜色太深；3. 底部颜色太深；4. 有斑点	4						
	表皮质地	1. 太厚；2. 粗糙；3. 太硬；4. 太脆；5. 其他	3						
	小计		30						

续表

部位	指标	缺点	满分分数	样本1号 应得分数	样本1号 缺点	样本2号 应得分数	样本2号 缺点	样本3号 应得分数	样本3号 缺点
内部	颗粒	1. 粗糙；2. 有气孔；3. 纹理不均匀；4. 其他	15						
	颜色	1. 色泽不鲜明；2. 颜色太深；3. 其他	10						
	香味	1. 酸味太重；2. 乏味；3. 腐味；4. 其他怪味	10						
	味道	1. 太淡；2. 太咸；3. 太酸；4. 其他怪味道	20						
	组织结构	1. 粗糙；2. 太松；3. 太紧；4. 太干燥；5. 面包屑太多；6. 其他	15						
	小计		70						

第四节　面包生产中易出现的问题及补救办法

一、　面包体积过小的原因及解决办法

①酵母活力不够，适当增加酵母用量，正确选用高糖或低糖酵母。

②酵母失活，注意酵母应贮存在一般室温下，避免高温。松包（开封后）请在3~4d用完。

③面粉筋度不足，使用筋度较高的面粉辅以梅山M38型改良剂。

④拌搅不足，国内卧式搅拌机，无法将面筋打到最好程度，需要配合压面机。

⑤面粉太新，面粉由小麦磨成粉后，最少要贮藏一个月使其自然氧化才可用于面包生产。

⑥最后醒发不足，延长发酵至八成半。

二、　面包内部组织粗糙的原因及解决办法

①面粉品质差，使用较高筋度面粉及M38型改良剂。

②发酵不足，准确掌握发酵程度。

③最后醒发不足（或过头），准确掌握最后醒发的程度。

④搅拌不足，将面筋充分打起后再经压面。

此外，造型太松、撒干粉太多、油脂不足都会导致面包内部组织粗糙。

三、 面包表皮过厚的原因及解决办法

①油脂不足，最好有 4% ~6% 的油脂。

②炉火不足，低温久烤、表皮必厚，适当提高烘烤温度。

③炉内水汽不足，面包入炉后，喷入的水蒸气有助表皮柔软。

④糖、乳粉不足，提高二者的比例。

⑤醒发不当，醒发室使用正确的温度和湿度，如果有温度无湿度则面包表皮结壳，烤出的面包皮厚。

四、 面包保鲜期不长的原因及解决办法

①油、糖不足，提高油、糖的比例。

②面团太硬，加入最大吸水量，水越多越松软。

③醒发不足（或过长），给予面团适当的发酵。

④撒粉太多，生粉水化不充分，属干性原料，操作时尽量少用。

⑤搅拌不当，尽量将面团打好。卧式和面机要经过压面。

⑥烘焙太久，面包烘好后即需离炉。

⑦面粉质次，用面包专用粉。

⑧使用的改良剂乳化保鲜效果差，使用梅山 M38 型改良剂。

⑨面包没有包装，冬天的情况下，最好在面包冷却后立即包装。

第二章

饼干的加工

概　　述

一、　饼干的定义

饼干是以小麦粉、糖类、油脂、膨松剂等为主要原料经面团调制、辊轧、成型、烘烤等工序制成的方便食品。饼干是除面包外生产规模最大的焙烤食品，有人把它列为面包的一个分支，因为饼干一词来源于法国，称为 Biscuit，法语中 Biscuit 的意思是再次烘烤的面包的意思，所以至今还有国家把发酵饼干称为干面包。由于饼干在食品中不是主食，于是一些国家把饼干列为嗜好食品，属于嗜好食品的糕点类，与点心、蛋糕、糖及巧克力等并列，这是商业上的分类。从生产工艺来看饼干应与面包并列属焙烤食品。

饼干这一名称在国外就有种种叫法。例如法国、英国、德国等称为 Biscuit，美国称为 Cookie，日本将辅料少的饼干称 Biscuit，把脂肪、奶油、蛋和糖等辅料多的饼干称为 Cookie。饼干的其他称呼还有 Cracker、Puff Pastry（千层酥）、Pie（派）等。

二、　饼干的特点与发展

饼干具有口感酥松、营养丰富、水分含量少、体积轻、块形完整、便于包装携带且耐贮存等优点。它已成为军需、旅行、野外作业、航海、登山等多方面的重要主食品。

饼干在国内、国外都很受人们的喜爱，因此，各国都很重视饼干的发展。近年来，饼干的配方和生产工艺都有了很大改进，特别是在制作工艺上，由于采用了大容量自动式调粉机，摆动式和辊印式以及二者相结合的辊切式成型机，再加上各种挤条、挤花、挤浆成型机的大量问市，远红外电烤炉和超导节能炉的普遍应用，使饼干的生产在质量、花色品种和产量上都有了很大程度的改进和提高。

三、　饼干的分类

饼干的品种很多，而且新花色品种不断涌现，若将各种饼干准确分类比较困难。饼干从口味上可有甜、咸和椒盐之分；按配方不同，可分为奶油、蛋黄、维生素、蔬菜饼干等；依对象来分，可分为婴儿、儿童、宇宙饼干等；根据外形不同，有大方、小圆、动物、算术、玩具饼干等品种。在生产制造工艺上，一般根据工艺的特性对饼干分类，按工艺特点可把饼干分为四大类：普通饼干（Biscuit 或 Cookie）、发酵饼干、千层酥类和其他深加工饼干。

1. 按制造原理分类

（1）韧性饼干（Hard Biscuit）　韧性饼干所用原料中，油脂和砂糖的用量较少，因而在调制面团时，容易形成面筋，一般需要较长时间调制面团，采用辊轧的方法对面团进行延展整形，切成薄片状烘烤。因为这样的加工方法，可形成层状的面筋组织，所以烘烤后的饼干断面是比较整齐的层状结构。为了防止表面起泡，通常在成型时要用针孔凹花印模。成品松脆，容重轻，常见的品种有动物、什锦、玩具、大圆饼干等。

（2）酥性饼干（Soft Biscuit）　酥性饼干与韧性饼干的原料配比相反，在调制面团时，砂糖和油脂的用量较多，而加水量较少。在调制面团操作时搅拌时间较短，尽量不使面筋过多地形成，常用凸花无针孔印模成型。成品酥松，一般感觉较厚重，常见的品种有甜饼干、挤花饼干、小甜饼、酥饼等。

（3）发酵饼干

①苏打饼干（Soda Cracker）：苏打饼干的制造特点是先在一部分小麦粉中加入酵母，然后调成面团，经较长时间发酵后加入其余小麦粉，再经短时间发酵后整形。整形方法与冲印硬饼干相同。也有一次短时间发酵的制作方法。这种饼干，一般为甜饼干，我国常见的有宝石、小动物、字母及甜苏打等。

还有一种成型方法是：将面团辊轧成片后，中间夹一层油脂，然后折叠成型后焙烤。比苏打饼干大些，四方形，称为 Cream Cracker。

另外还有一些特殊制法，例如用化学膨松剂代替发酵，焙烤后涂上油，称为 Snack Cracker。美国还常在这类饼干中加入干酪、香料等，即为各式中、高档饼干。

②粗饼干（Sponge Goods）：粗饼干也称发酵饼干，面团调制、发酵和成型工艺与苏打饼干相同，只是成型后的最后发酵，在温度、湿度较高的环境下进行，经发酵膨松到一定程度后再焙烤。成品掰开后，其断面组织不像苏打饼干那样呈层状，而是与面包近似呈海绵状，所以也称 Sponge Goods 或干面包。粗饼干中糖、油等辅料很少，以咸味为主基调，但保存性较好，所以常作为旅行食品。

③椒盐卷饼（Pretzel）：纽结状椒盐脆饼，将发酵面团成型后，通过热的稀碱溶液使表面糊化后，再焙烤。成品表面光泽特别好，常被做成纽结双环状或棒状、粒状等。

④半发酵饼干：半发酵饼干就是先在一部分小麦粉中加入酵母，然后调成面团，经较长时间发酵后加入其余小麦粉和各种辅料，再经调粉后，辊轧，辊切成型，烘烤制成。该饼干是近几年从国外引进的一种新技术制成的，新口感、色泽较为流行。它采用的是综合了传统的韧性饼干、酥性饼干、苏打饼干的工艺优点进行改进的一种混合型饼干生产新技术，是采用生物疏松剂与化学疏松剂相结合的一种饼干新品种。半发酵饼干的制作方法与传统的苏打饼干制作方法相比，简化了生产流程，缩短了生产周期。它与传统的韧性饼干相比，产品层次分明，无大孔洞，口感松脆爽口，并且有发酵饼干的特殊芳香味；与传统的酥性饼干相比，油、糖用量明显降低，操作顺利易于掌握。另外，半发酵饼干块形整齐，利于包装。它是近几年来广泛流行的一种高技术饼干。

2. 按照成型方法进行分类

（1）冲印硬饼干（Hard Cutting Biscuit）　将韧性面团经过多次辊轧延展，折叠后经印模冲印成型的一类饼干。一般含糖和油脂较少，表面是有针孔的凹花斑，口感比较硬。除这种韧性饼干外，以下皆为酥性面团制作的饼干。

（2）冲印软性饼干（Soft Cutting Biscuit）　使用酥性面团，一般不折叠，只是用辊轧机延展，然后经印模冲印成型，表面花纹为浮雕型（Emboss），一般含糖比硬饼干多。

（3）挤出成型饼干

①线切饼干（Line Cut Cookie）：酥性面团的配方含油、糖量较多。将面团从成型机中成条状挤出，然后用钢丝割刀将条状面团切成小薄块。在焙烤后，饼干表面会形成切割时留下的花斑，挤花出口为圆形或花形。

②挤条饼干（Route Press Biscuit）：所使用的面团与线切饼干相同，也是用挤出成型机挤出，所不同的只是挤花出口较小，出口为小圆形或扁平形。面团被挤出后，落在下面移动的传送带上，成长条形，然后用切刀切成一定长度。

（4）挤浆（花）成型饼干（Drop Biscuit）　面团调成半流质糊状，用挤浆（花）机直接挤到铁板或铁盘上，直接滴成圆形，送入炉中烘烤，成品如小蛋黄饼干等。还有一种所谓曲奇饼干，含油、糖量比较多，面团比浆稍硬，一般挤花出口是星形，挤出时出口还可以做各种轨迹的运动，于是可制成环状或各种形状的酥饼。

（5）辊印饼干（Rotary Biscuit）　辊印饼干使用酥性面团，利用辊印成型工艺进行焙烤前的成型加工，外形与冲印酥性饼干相同。面团的水分较少，手感稍硬，烘烤时间也稍短。

3. 其他类

（1）派类　以小麦粉为主原料，将面团夹油脂层后，多次折叠、延展，然后成型焙烤。风味的基调以咸味为主，所使用油脂为奶油或人造奶油，表面常撒上砂糖或涂上果酱。在日本和美国分别称为"バィ"和"Pie"。

（2）深加工花色饼干　给以上饼干及其一些糕点等的加工工序中最后加上夹馅工序或表面涂巧克力、糖装饰的工序而制成的食品，所夹馅料一般是稀奶油、果酱等，作为高级饼干目前发展很快，如威化饼干、杏元饼干、蛋卷、夹心饼干、巧克力饼干等。

第一节　酥性饼干

一、实　验　目　的

①了解和掌握酥性饼干生产的制作原理、工艺流程和制作方法。

②了解和掌握酥性饼干生产机械的工作原理。

③掌握酥性饼干的特性和有关食品添加剂的作用及使用方法。

④加强理论知识和实践知识的联系。

二、 设备和用具

A－20食品搅拌机，小型多用饼干成型机，远红外食品烤箱，面盆，烤盘，研钵，刮刀，帆布手套，台秤，卡尺，面筛，塑料袋，封口机，切刀。

三、 参 考 配 方

普通面粉5kg，白糖1.5kg，食用油（植物油或棕榈油）1kg，淀粉150g，热猪油0.25kg（或用起酥油），全脂乳粉150g，小苏打30g，磷脂油25g，食用碳酸氢铵30g，鸡蛋（3个）150g，柠檬酸2g，食盐6g，饼干膨松剂3g，BHA 0.8g，水600mL。

四、 工 艺 流 程

原辅材料→ 预处理 → 混合 → 面团调制 → 辊印成型 → 装盘 → 烘烤 → 冷却 → 整理 → 包装 →成品→ 入库 → 销售

五、 操 作 要 点

（1）预处理　将制作的面粉过筛，结块的要压碎。

（2）混合、面团调制　按照配方将各种物料称量好，将糖粉与水充分搅拌使糖溶化，再加入油脂、盐、食用碳酸氢铵、饼干膨松剂、BHA、小苏打等放入搅拌机中搅拌乳化均匀，最后加入混合均匀的面粉、乳粉、淀粉鸡蛋、柠檬酸等，搅拌3~5min。搅匀为止，不宜多搅。

（3）辊印成型　将搅好的面团放置3~5min后，放入饼干成型机喂料斗。调好烘盘位置和帆布松紧度。用辊印成型机辊印成一定形状的饼坯。或者用手工成型：先用擀筒将面团擀成较厚的面片，然后用模具扣压成型。

（4）装盘　将烤盘放入指定位置，调好前后位置，与帆布带上的饼坯位置对应。开机，将饼坯接入烤盘。也可将饼坯重新移入大烤盘。若是全用手工操作，则直接将饼坯放入大烤盘，生坯摆放不可太密，间距应均匀。

（5）烘烤　将烤盘直接（或换盘后）放入预热到220~240℃的烤箱，烘烤3~5min，饼干表面呈微红色为止。

（6）出炉　戴上棉手套（或帆布手套），用火钩拉出烤盘后，端出烤盘。震动后倒出饼干。摊匀，防止饼干弯曲变形。

（7）冷却　冷却至40℃以下，若室温为25℃，自然冷却5min左右即可。

（8）包装　装袋，每袋245g，用塑料袋封口机封口。

六、 注 意 事 项

①调制面团时，应注意投料次序，面团的理想温度为25℃左右。在调粉机中调制10min左右，加水量不宜过多，也不能在调制时随便加水，否则会造成面筋过量胀润，影响质量。调好的面团应干散，手握成团，具有良好的可塑性，无弹性、韧性和延伸性。

②当面团黏度过大，胀润度不足影响操作时，可静置10~15min。

③当面团结合力过小，不能顺利操作时，可采用适当辊轧的方法，以改善面团性能。

④成型时，压延比不要太大（应不超过4∶1），否则易造成表面不光洁、黏辊、僵硬等现象。

⑤由于酥性饼干易脱水上色，所以先用高温220℃烘烤定型，再用低温180℃烤熟即可。

七、 感官鉴别和成本核算

（1）色泽鉴别

①良质饼干：表面、边缘和底部呈均匀的浅黄色到金黄色，无阴影，无焦边，有油润感。

②次质饼干：色泽不均匀，表面有阴影，有薄面，稍有异常颜色。

③劣质饼干：表面色重，底部色重，发花（黑黄不匀）。

（2）形状鉴别

①良质饼干：块形（片形）整齐，薄厚一致，花纹清晰，不缺角，不变形，不扭曲。

②次质饼干：花纹不清晰、表面起泡、缺角、黏边、收缩、变形，但不严重。

③劣质饼干：起泡、破碎严重。

（3）组织结构鉴别

①良质饼干：组织细腻，有细密而均匀的小气孔，用手掰易折断，无杂质。

②次质饼干：组织粗糙，稍有污点。

③劣质饼干：有杂质，发霉。

（4）气味和滋味鉴别

①良质饼干：甜味纯正，酥松香脆，无异味。

②次质饼干：口感紧实发艮，不酥脆。

③劣质饼干：有油脂酸败的哈喇味。

（5）称量　称量冷却后产品的质量，进行成本核算。

（6）度量　用卡尺量取饼干的厚度、直径大小等，计算饼干的胀发强度。

（7）销售与利润核算　将成品有组织地进行销售，并核算部分产品的利润。

八、 结 果 分 析

针对各组制成的产品，结合所学的理论及经验，综合分析产品的品质。

九、 讨 论 题

①影响酥性饼干酥脆性的因素有哪些？

②影响酥性饼干组织状态的因素有哪些？

③酥性饼干机的成型原理是什么？

第二节　苏打饼干

一、 实 验 目 的

①了解和掌握苏打饼干生产的基本知识。

②了解和掌握苏打饼干生产的机械设备和工作原理。

二、 设备和用具

A-20 食品搅拌机，调温调湿箱，远红外食品烤箱，饼干烤盘，压片机，面盆，手工成型模具，研钵，刮刀，帆布手套，台秤，擀筒，面筛，卡尺，塑料袋，封口机（或滚切式饼干成型机）。

三、 参 考 配 方

第一次发酵用料：上白粉 4.5kg，酵母 0.2kg，饴糖 0.5kg，水 2.2kg。
第二次发酵用料：上白粉 4.5kg，油 1.7kg，食盐 0.04kg，小苏打 0.06kg，水 1.5kg。
油酥：上白粉 1kg，猪油 0.24kg，食盐 0.16kg。

四、 工 艺 流 程

部分面粉、酵母、温水→ 预处理 → 第一次调粉 → 第一次发酵 →加面粉和辅料→ 第二次调粉 →
第二次发酵 → 辊轧 → 夹油酥 → 成型 → 烘烤 → 冷却 → 整理 → 包装 → 检测、品尝 →成品→ 入库 →
→ 销售

五、 操 作 要 点

（1）预处理　将酵母加水制成悬浊液活化；油酥按配方加料用搅拌机拌和备用。
（2）第一次调粉　将第一次发酵用料加温水，慢速搅拌 2min，中速搅拌 3min。
（3）第一次发酵　将和好的面团放入 30℃、湿度为 80% 的调温调湿箱中发酵 5h。
（4）第二次调粉　进行第二次和面，慢速搅拌 3min，中速搅拌 3min。
（5）第二次发酵　第二次发酵温度控制在 30℃、相对湿度为 80%，发酵 4h。
（6）辊轧、夹油酥、成型　压面片（放入辊切式成型机中压片成型），左右三层叠合并加入油酥压成面片，并用手工成型模具印模成型。
（7）烘烤　在预热到 230℃烤箱中，烘烤 3~4min，到饼干表面微红为止。
（8）冷却、包装　出炉，冷却；按每袋 245g 装袋。
（9）检测、品尝　色泽、形态、组织状态、气味、滋味、成本、利润。

六、 感 官 鉴 别

（1）色泽鉴别
①良质饼干：表面呈乳白色至浅黄色，起泡处颜色略深，底部金黄色。
②次质饼干：色彩稍深或稍浅，分布不太均匀。
③劣质饼干：表面黑暗或有阴影、发毛。
（2）形状鉴别
①良质饼干：片形整齐，表面有小气泡和针眼状小孔，油酥不外露，表面无生粉。
②次质饼干：有部分破碎，片形不太平整，表面露酥或有薄层生粉。
③劣质饼干：片形不整齐，破碎者太多，缺边、缺角严重。
（3）组织结构鉴别

①良质饼干：夹酥均匀，层次多而分明，无杂质、无油污。

②次质饼干：夹酥不均匀，层次较少，但无杂质。

③劣质饼干：有油污、有杂质，层次间粘连结成一体，发霉变质。

（4）气味和滋味鉴别

①良质饼干：口感酥、松、脆，具有发酵香味和本品固有的风味，无异味。

②次质饼干：食之发艮或绵软，特有的苏打饼干味道不明显。

③劣质饼干：因油脂酸败而带有哈喇味。

七、讨 论 题

①影响苏打饼干酥脆性的因素有哪些？

②影响苏打饼干组织状态的因素有哪些？

第三节 韧 性 饼 干

一、实 验 目 的

①掌握韧性饼干的加工原理、工艺流程和制作方法。

②掌握韧性饼干的特性和有关食品添加剂的作用及使用方法。

③比较酥性饼干和韧性饼干有哪些区别。

二、设 备 和 用 具

小型搅拌机，压片机，擀筒，成型机，印模，烘箱，烤盘，刮刀，切刀。

三、参 考 配 方

小麦粉 1kg，亚硫酸氢钠 0.4g，豆油 80g，碳酸氢铵 5g，磷脂油 15g，猪油 70g，碳酸氢钠 7g，柠檬酸 0.4g，食盐 0.5g，鸡蛋 60～80g，糖粉 320g，乳粉 40～60g，水 280～340g，BHT 0.2g，饼干膨松剂适量。

四、工 艺 流 程

原辅材料 → 预处理 → 混合 → 面团调制 → 静置 → 辊轧 → 成型 → 装盘 → 烘烤 → 喷油（工厂用）→ 冷却 → 整理 → 包装 → 成品 → 入库 → 销售

五、操 作 要 点

（1）面团调制 先将水和糖一起煮沸，使糖充分溶化，稍冷却，再将豆油、猪油、盐、蛋等混入，搅拌均匀，加入膨松剂、亚硫酸氢铵、碳酸氢铵、磷脂油、柠檬酸、BHT，最后加入预先混合均匀的小麦粉、淀粉、乳粉，调制成具有一定韧性的面团。

（2）静置 调制好的面团，需静置 10～20min，以减小内部张力，防止饼干收缩现象发生。

（3）辊轧 在压片机上或用擀筒将面团压成 2mm 左右厚度的面片，薄厚应一致。

（4）成型 用成型机或切刀或印模制成各种形状的饼干坯，并在生坯上打好针孔。

（5）装盘 要求生坯摆放尽量稍密，间距均匀。

（6）烘烤 采用先低温后高温，较低温度较长时间的烘烤方法。炉温为 180～220℃，烘烤时间为 8～10min。

（7）冷却 冷却至 40℃以下，若室温 25℃，自然冷却 5min 左右即可。

六、 感官鉴别

（1）色泽鉴别

①良质饼干：表面、底部、边缘都呈均匀一致的金黄色或草黄色，表面有光亮的糊化层。

②次质饼干：色泽不太均匀，表面无光亮感，有生面粉或发花，稍有异色。

（2）形状鉴别

①良质饼干：形状齐整，厚薄均匀一致，花纹清晰，不起泡，不缺边角，不变形。

②次质饼干：凹底面积已超过 1/3，破碎严重。

（3）组织结构鉴别

①良质饼干：内质结构细密，有明显的层次，无杂质。

②次质饼干：杂质情况严重，内质僵硬，发霉变质。

（4）气味和滋味鉴别

①良质饼干：酥松香甜，食之爽口，味道纯正，有咬劲，无异味。

②次质饼干：口感僵硬干涩，或有松软现象，食之粘牙，有化学疏松剂或化学改良剂的气味及哈喇味。

七、 注意事项

①面团调制时注意投料顺序，面团的理想温度为 36～40℃，亚硫酸氢钠应用冷水溶化后，在开始调制前加入。加水量一般为 18% 左右，面团要求较软。判定调制程度的标志是面团弹性变小，稍感面团发软。

②调制后的面团弹性仍然很大，可通过静置来减小其内部张力，以利于操作和防止饼干收缩。通常弹性大或温度低的面团，应静置时间长些；弹性小或温度高的面团，应静置时间短些。

③压片时要将面片两端折向中间，并旋转 90°后，再第二次辊压。如此反复 9～13 次，使面片纵横两面张力尽量趋于一致。压片时尽量少撒干粉，以防烤后起泡。

④每次辊轧其压延比不超过 3∶1，面片最终厚度不超过 3mm。用机械或划刀或模具制成饼坯，同时要穿好针眼，针孔要插透。

⑤烘烤时由于韧性饼干的脱水速度较慢，因此要采用低温长时间烘烤，再用高温上色烤熟的方法。

八、 结果分析

针对各组产品，进行品质分析。

第四节　杏元饼干

杏元饼干是以小麦粉、白糖、鸡蛋等为主要原料，加入膨松剂、香精等辅料，经搅打、调浆、浇注、烘烤而制成的松脆的焙烤食品。

一、实验目的

①掌握杏元饼干的加工原理、工艺流程和制作方法。
②初步掌握对杏元饼干成品质量的分析、鉴别方法。

二、设备和用具

打蛋机；注浆机或挤浆布袋；烤盘；烤箱。

三、参考配方

小麦粉 1kg，糖粉 700g，鸡蛋 200g，淀粉 100g，小苏打 0.04g，杏元香精油适量，水适量。

四、工艺流程

鸡蛋、糖粉、膨松剂→ 混合 → 搅打（加水） → 加面粉和香精搅拌 →面浆→ 挤浆成型 → 烘烤 →
冷却 → 挑选 → 包装 →成品→ 销售

五、操作要点

（1）浆料的调制　先将鸡蛋、糖粉在打蛋机中低速混匀，然后高速搅打，并缓慢加入水，泡沫稳定后，加入小麦粉、淀粉、小苏打、香精油等，低速搅匀，制成浆料。

（2）挤浆成型　用注浆机或三角布袋将浆料挤在烤盘上，大小均匀，间距不小于 30mm。然后静置，待表面光滑，即可入炉烘烤。

（3）烘烤　由于杏元饼干含蛋含糖量较高，膨胀大，易上色，因此可选用低温烘烤，炉温为 180~190℃。

（4）冷却　出炉后，冷却至室温。

六、注意事项

①打蛋液时，应使蛋液充分打发，浆料应稍起筋，稠度适中。过稠，挤浆时发硬，影响形态整齐；过稀，则饼坯过于流散，不易成型。

②挤浆成型时，浆料与饼坯不易拉断，在拉断后，饼坯表面会有一个凸起的尖顶，需静置一段时间，使凸起自然下塌，表面光洁。

③若饼坯成熟时颜色较浅，可在烘烤后期升高温度，约 1min，上色即可。

④冷却时尽量采用自然冷却，待饼体温度至室温后再包装，否则会影响饼体的形状和体积。

七、结果分析

针对各组产品，进行品质分析。

第五节　蛋黄饼

蛋黄饼作为一种营养休闲食品，消费者不仅要求它营养丰富，而且要色泽鲜艳、口感松脆、蛋香味浓郁。但蛋液中的碱性蛋白含量高，pH 为 8.0 左右，属于偏碱性，食用色素在此 pH 下不稳定，加上高温烘烤，色泽灰暗。使用酸度调节剂调节面浆 pH 及选用耐高温食用色素和香精，通过合适的烘烤控制方法，可生产出色泽鲜艳、口感松脆、蛋香味浓郁的蛋黄饼。

蛋黄饼原料包括特制糕点粉、白砂糖、鲜蛋、椰蓉、芝麻、蛋糕油、膨松剂等。其中，鲜蛋是人们理想的营养食品，它含有人体所需的优质蛋白质、维生素及矿物质，蛋黄中的卵磷脂、不饱和脂肪酸能增强记忆力和维护人脑健康。椰蓉、芝麻含有丰富的不饱和脂肪酸（如亚油酸）、蛋白质及多种微量元素、维生素，具有补肝肾、润肤养颜等功效。

一、设备和用具

打蛋机，打浆机，和面机，灌注成型机，链条式烤炉，封口机等。

二、参考配方

纯蛋黄饼配方：特糕粉 6kg，白砂糖 3.8kg，鲜蛋 3kg，蛋糕油 0.1kg，膨松剂 0.12kg，色素液 50mL，蛋香精 50mg。

椰蓉蛋黄饼配方：特糕粉 6kg，白砂糖 3.8kg，鲜蛋 3kg，蛋糕油 0.1kg，膨松剂 0.11kg，色素液 50mL，蛋香精 50mg，椰蓉适量。

芝麻蛋黄饼配方：特糕粉 6kg，白砂糖 3.8kg，鲜蛋 3kg，蛋糕油 0.1kg，膨松剂 0.10kg，色素液 50mL，蛋香精 50mg，白芝麻适量。

三、工艺流程

原料检查 → 原料预处理 → 打浆（加白糖、蛋糕油）→ 和面（面粉与膨松剂过筛、混匀）→ 成型 → 烘烤 → 冷却 → 挑炼 → 包装 → 成品

四、操作要点

（1）原料检查　使用食用原料前按要求对面粉、鲜蛋等进行品牌型号和感官检查，正常时方可使用。

（2）原料预处理　①经检查合格称量的鲜蛋打蛋、收集蛋液待用。②将称量的各种粉料拌匀后，用 40 目筛筛粉，充分混合均匀待用。

（3）打浆　顺次往打浆桶中加入鲜蛋液、白砂糖、蛋糕油后，加盖开机搅打，待蛋液起发至满桶，约 7min，用手指钩起蛋浆不能马上下滴为宜，最后加入色素液，再打 1min 即可出浆。

（4）和面　将蛋液和粉料倒入和面机，开机搅打到没有面粉外露为止。

（5）成型　将浆料倒进成型机机斗，开机、成型，成型大小以进炉饼坯约 2.9cm，出炉饼大小（3.4±0.2）cm 进行调整。

（6）烘烤　将成型饼坯静放成圆，时间约 10min。成圆后即放入链式烤炉烘烤。烘烤主要参数如下：链速控制在 720r/min 最佳：前段面温自控 160℃ 左右；前段底温自控 165℃ 左右：中段面温手控 105℃，中段底温、后段面温、后段底温分别控制在 80℃、100℃、65℃ 左右，采用手控，手控时间视饼大小、色泽、干水度和气温等灵活掌握。

（7）冷却、挑拣和包装　烘烤出来的饼经吹风冷却后将饼从盘上脱下来，挑出不合格饼，装袋，封口，装箱。

五、品质鉴别

（1）感官指标

①色泽：呈鲜艳蛋黄色或金黄色，底面色泽基本均匀、无焦饼。

②形态：呈冠圆形、外形完整，大小、厚薄基本均匀，断面呈细密的多孔状，饼大小为直径（3.4±0.2）cm，质量为（2.0±0.2）g。

③滋味与口感：味甜，具有浓郁的蛋香味，无异味，口感松脆。

④杂质：无油污，无异物，无黑点。

（2）理化指标

①水分≤4%；

②碱度（以碳酸钠计）≤0.4%；

③净重：每袋允差 ±3%，但每批平均不低于注明净重；

④酸价（以脂肪酸计）≤5；

⑤砷（以 As 计）≤0.5mg/kg；

⑥铅（以 Pb 计）≤0.5mg/kg；

⑦黄曲霉毒素 B1≤5μg/kg。

（3）微生物指标　细菌总数≤750 个/g；大肠菌群≤30 个/100g；致病菌不得检出。

（4）保质期　常温下，保质期为 12 个月。

蛋糕的加工

概　　述

蛋糕（Cake）是一种高蛋白、高糖分、低脂肪的食品，其组织松软，口味芳香不腻，营养丰富，入口软绵，容易消化吸收，是深受老人和儿童欢迎的一种方便食品。

一、 蛋糕的定义

蛋糕是以鸡蛋、白糖、面粉为主要原料，添加蛋糕油和水，经过高速搅打、充气膨胀、调和成蛋糊，浇入模具，经烘烤（或蒸制）而成的松软的熟制品。

二、 蛋糕的特点

蛋糕具有组织松软、富有弹性、气孔细密均匀、营养丰富、入口软绵、容易消化吸收的特点。

缺点为含水量高，贮藏期短，而且含糖量高。

三、 蛋糕的分类

蛋糕的种类很多，一般可分为中式蛋糕和西式蛋糕。

中式蛋糕由于成熟方法不同可分为烤蛋糕和蒸蛋糕；按其用料特点和制作原理可分为清蛋糕和油蛋糕。

西式蛋糕品种和花样较多。

按其用料和搅拌方法及面糊性质的不同一般可将蛋糕分为下列几类。

（1）清蛋糕　如广式莲花蛋糕、京式桂花蛋糕。

（2）油蛋糕　如京式大油糕。

（3）面糊类蛋糕　如常见的黄蛋糕、白蛋糕、魔鬼蛋糕、布丁蛋糕等。

（4）乳沫蛋糕　又可分为蛋白类（如天使蛋糕等）和海绵类（如海绵蛋糕）等。

（5）戚风类蛋糕　常见的有戚风蛋糕。

（6）复合型蛋糕　如裱花蛋糕。

（7）新型蛋糕　现在市场上添加蛋糕油的各式蛋糕。

第一节　清　蛋　糕

清蛋糕的特点主要是用清蛋糊制作，配方内不用油脂，仅涂模才使用少量油，属高蛋白、低脂肪、高糖分食品。主要是用蛋、糖、小麦粉经搅拌而成。其中蛋的用量大，不宜过多使用膨松剂，否则会影响成品的色泽和风味。常见的品种有广式莲花蛋糕、京式桂花蛋糕、宁绍式马蹄蛋糕等。清蛋糕是制作花式蛋糕的基础，以其膨松绵软而广受欢迎。

一、 实 验 目 的

通过本次实验，要求学生掌握清蛋糕的工艺流程；了解物理膨松面团的物理膨松原理；掌握物理膨松面团的调制方法和烤制、成熟方法。

二、 设备和用具

烤盘 1 只，牛皮纸半张，面盆 1 只，打蛋机 1 台，台秤 1 台，烤箱 1 台，油刷和竹刮等。

三、 参 考 配 方

（1）坯料　鸡蛋 1000g，低筋面粉 800g，白砂糖 800g，水 30~35g，香兰素少许，泡打粉适量。

（2）辅料　色拉油 50g。

注：调制面糊时，可加入少许泡打粉，使膨松效果更好，这样面团就成了化学膨松面团；加入的白糖量可根据需要略作调整。

四、 生 产 机 理

（1）清蛋糕糊的生产机理　清蛋糕糊的生产机理是依靠蛋白的发泡性。蛋白在打蛋机的高速搅打下，蛋液卷入大量空气，形成了许多被蛋白质胶体薄膜所包围的气泡。随着搅打不断进行，空气的卷入量不断增加，蛋糊体积不断增加。刚开始气泡较大而透明，并呈流动状态，空气泡受高速搅打后不断分散，形成越来越多的小气泡，蛋液变成乳白色细密泡沫，并呈不流动状态。气泡越多越细密，制作的蛋糕体积越大，组织越细致，结构越疏松柔软。

（2）制作技法要求

①掌握物理膨松面团的配料、搅打、调拌面粉的方法。

②学会物理膨松面团烘烤时，烤箱预热温度的控制和时间的掌握。

五、工艺流程

鸡蛋液、白砂糖→打蛋→调糊→注模→烘烤→出炉→脱模→冷却→成品

六、操 作 要 点

（1）打蛋　先将鸡蛋液、白砂糖加入打蛋筒中混合，使糖粒基本溶化，再用高速搅打至蛋液呈乳白色，加入水、香兰素继续搅打至泡沫稳定、呈黏稠状时停止。

（2）调糊　将疏松剂、小麦粉一起过筛，再将过筛后的小麦粉均匀地撒入打好的蛋浆中，调粉机慢速调匀即可，面糊的理想温度为24℃。

（3）注模　将调好的蛋糊注入已垫上牛皮纸，刷上色拉油的并已预热的烤盘模具内，注入量为2/3。

（4）烘烤　将注入蛋糊的烤盘放入已预热到180℃的烤箱中烘烤。采用先低温后高温的烘烤方法，炉温为180～220℃，烘烤时间为12～20min，烘烤至棕黄色即成。

（5）冷却　烘烤出炉后，稍冷却，然后脱模，再继续冷却。

七、注 意 事 项

①鸡蛋一定要新鲜，选取新鲜的鸡蛋制得的蛋糊黏稠性好，持气性强，制品膨松。

②面粉与蛋液、白糖的比例要恰当。

③所有用具必须清洁，不宜染有油脂，也不宜用含铅质用具。否则，由于油脂的消泡作用，影响制品的膨松度，同时也要防止有盐、碱等破坏蛋白胶体稳定性的杂质掺入。

④拌粉时要边搅边拌，动作要轻，拌匀即成，不宜加水或过度搅拌，否则易生成面筋。

⑤搅拌要适当。搅拌不足，则充入气体不足；搅拌过度，则会破坏胶体，蛋液出现"泻水"现象，制品体积不大，不松软。

⑥加入小麦粉时要慢速搅拌，时间不能过长，否则起面筋，造成制品干硬现象发生。

⑦烤箱一定要事先预热好。烘烤温度不宜过高或过低。

⑧调好的蛋糊应及时入模烘烤，并且在操作中避免震动。防止蛋糊"跑气"现象出现。

八、结 果 分 析

成品应色泽棕黄，绵软细腻，口味香甜。针对各组产品，进行品质分析。

九、讨 论 题

①蛋液的比例较小时对制品有何影响？

②为什么在加面粉时不宜用力搅拌？

③烤箱预热的作用是什么？

④如果采用手工搅打，应当怎样进行？

第二节 油 蛋 糕

油蛋糕的特点是其内部含有油脂，不重视搅打充气，依靠油脂使制品油润、松软，产品营养丰富，具有高蛋白、高热量，质地酥散、滋润，带有所用油脂的风味，保质期长，冬季可达1个月，适宜远途携带的特点。常见的品种有京式大油糕等。

一、 实验目的

①掌握油蛋糕的加工原理、工艺流程和制作方法。
②掌握油蛋糕和清蛋糕的区别。

二、 设备和用具

打蛋机，钢勺，蛋糕模，烤盘，烤箱。

三、 参考配方

油蛋糕配方：小麦粉 1kg，鲜奶油 1kg，鲜鸡蛋 0.4kg，白砂糖 0.5kg，发粉 0.02g，水适量，香兰素适量。

京式大油糕配方：面粉 25kg，鸡蛋 32kg，白糖 32kg，猪油 9kg，桂花 900g，发粉 0.5kg，瓜子仁 900g，香兰素适量，青梅 900g。

登山蛋糕配方：面粉 10kg，鸡蛋 12kg，白糖 13kg，油脂 8kg，发粉 0.05kg，糖瓜皮 80kg，葡萄干 2kg，香兰素适量，甜杏仁 0.4kg。

水果蛋糕配方：面粉 2.4kg，鸡蛋 2.8kg，白糖 1.9kg，奶油 1.9kg，香兰素 2g，葡萄干 0.45kg，糖瓜皮 0.2kg，糖橘饼 0.4kg，甜杏仁 0.1kg，朗姆酒 0.1kg。

四、 工艺流程

（1）鲜奶油、糖、香兰素→ 打发（分次加鲜蛋） → 调糊（加面粉） → 注模 → 烘烤 → 冷却 →成品

（2）鲜蛋、糖、香兰素→ 打发（逐次加猪油） → 调糊（加面粉） → 注模 → 烘烤 → 冷却 →成品

五、 生产机理

油蛋糕糊的制作除使用鸡蛋、糖和小麦粉外，还使用相当数量的油脂以及少量的化学疏松剂。油蛋糕糊的调制主要利用油脂具有搅打充气性，当油脂被搅打时能融合大量空气，形成无数气泡，这些气泡被油膜包围不会逸出，随着搅打不断进行，油脂融合的空气越来越多，体积逐渐增大，并和水、糖等互相分散，形成乳化状泡沫体。油蛋糕主要依靠油脂的充气性和起酥性来赋予产品以特有的风味和组织，在一定范围内油脂量越多，产品的口感品质越好。

六、　操　作　要　点

（1）面糊调制　先将奶油、砂糖放入打蛋机中，搅拌至颜色发白且较疏松状，然后分次加入鲜蛋液和水，搅打至泡沫洁白稳定，加入发粉，最后加入小麦粉搅匀。

（2）注模　将面模注入已刷油且预热过的蛋糕模内，注入量为模具的2/3。

（3）烘烤　采用先低温后高温的烘烤方法，炉温为180～220℃，烘烤时间为12～15min。

（4）冷却　烘烤成熟出炉后，稍冷却，然后脱模，再继续冷却。

七、　注　意　事　项

①调制蛋糊时一定要将其打发到一定程度再加入鸡蛋。

②烘烤时面火不能太高，否则蛋糕表面结壳过早，不易"开花"。

八、　结　果　分　析

针对各组产品，进行品质分析。

第三节　新　型　蛋　糕

新型蛋糕，主要是在配方中添加了蛋糕油。蛋糕油又称蛋糕乳化剂，20世纪80年代末传入中国，目前已被全国食品工业普遍采用。蛋糕油的出现，改变了传统工艺和配方，其最突出的优点，就是它能更好地保持未进入烤炉的面糊中的空气，不易造成蛋糕塌陷，从而形成满是气体的网状结构，使蛋糕口感软滑，组织细致，保鲜期长，吸水率轻，体积增大，出品率高，减少鸡蛋的使用量，降低了成本。所以说，蛋糕油的出现，使蛋糕制作业产生了跨世纪的飞跃。

一、　设备和用具

打蛋机，蛋糕烤箱，烤盘与模具，铲刀，面筛，不锈钢容器，油刷，注水器，裱花用具。

二、　参　考　配　方

配方A：鸡蛋8kg，蔗糖9kg，饴糖1.5kg，精粉10kg，食用油0.4kg，蛋糕油0.2kg，水6kg。

配方B：鸡蛋0.75kg，蔗糖1kg，饴糖0.3kg，面粉1.5kg，食用油0.2kg，蛋糕油0.05kg，香精适量，色素适量，发酵粉0.05kg，水1.1kg。

三、　生　产　机　理

鸡蛋加入白糖和蛋糕油及水后，搅拌形成蛋糊，蛋糊在高速搅拌的情况下，混入空气，体积迅速膨胀，再加入面粉混合均匀，形成面糊，浇入烤模烘烤至熟。

四、工艺流程

蔗糖、蛋液、饴糖、蛋糕油→ 搅打 → 加水搅打 → 加面粉与发酵粉 →

搅拌调糊（加色素、香精、油脂） → 浇模成型（刷油、挤浆入模） → 烘烤 → 脱模 → 冷却 →

包装（或裱花） →成品→ 销售

五、操作要点

搅拌打蛋是蛋糕制作的关键工序，是将蛋液、砂糖、油脂等放入打蛋机（或打蛋器）搅拌均匀，通过高速搅拌使砂糖融入蛋液中，并使蛋液充入空气产生大量的气泡，以达到膨胀的目的。一般蛋浆体积增加 3 倍以上时说明已打好。在实际生产过程中，有许多因素影响到打蛋的品质，以至于影响蛋糕的品质。

（1）搅拌头的选用　有钩形、扇形和扫帚形三种，一般选用扫帚形，它能将空气搅进去，又不破坏泡沫。

（2）油脂的选用　油脂是一种消泡剂，在蛋糕中尽量少用，各类工具上严禁沾上油污。可用植物油，最好用起酥油。

（3）打蛋速度　搅拌蛋液时，开始阶段应采用快速，在最后阶段应改用中速，这样可以使蛋液中保存较多的空气，而且分布比较均匀。具体操作时，打蛋速度应视蛋的品质和气温变化而异。蛋液黏度低，气温较高，搅打速度要快，时间要短；反之，搅打速度应慢，时间应长。

（4）打蛋温度和搅拌　打蛋时间长短与搅打的温度有直接关系，在允许的温度内，时间与温度成正比。新鲜蛋白在 17～20℃的温度下；其胶黏性维持在最佳状态，起泡性能最好；温度高会促使糖的乳化程度，蛋白变稀，其胶黏性高；在搅打时不易拌入空气同样影响蛋液质量。因此，在搅打蛋液时，只有在理想温度下才能达到蛋液搅打的最佳效果。

一般正常情况下，温度在25℃机械旋转频率为200r/min，搅打时间为25min 左右较为适宜。

（5）搅打方式　无论用人工或打蛋机进行搅打蛋液，都要自始至终顺着一个方向搅打，这样可以使空气连续而均匀地吸入蛋液中，蛋白质迅速起泡。如果一会儿顺时针搅打，一会儿逆时针搅打，会破坏已经形成的蛋白气泡，使空气逸出，气泡流失，最终造成生产出的蛋糕质量差。

（6）蛋糖比例　搅打过程中形成的蛋白泡沫是否稳定，对充入空气的多少及最终蛋糕产品的疏松度影响很大。蛋白虽然具有一定的黏度，对稳定气泡具有重要作用，但仅仅依靠蛋白黏度来稳定气泡是不够的。由于糖本身具有很高的黏度，因此在打蛋过程中加入大量蔗糖，就是为了提高蛋液的黏稠度，提高蛋白气泡的稳定性，使其充入更多的气体。

在配方中加入不同量的糖，其作用也不同。蛋和糖之间的比例是否恰当，对打蛋效果及最终产品的体积有着直接影响。实践证明，蛋糖比例为1∶1时效果最佳。当糖的比例小于蛋时，形成的蛋白气泡不牢固并很快消失，蛋糕体积小，口感坚韧，搅打时间长。糖的比例大于蛋时，蛋液黏稠度过大，形成的气泡很重，不能吸入充足的空气，蛋糕组织不均匀、不紧密。例如，当糖的比例小于50%时，蛋糕的顶部含有空气泡。当50%的糖与蛋搅打后，制出的蛋糕顶部是光滑的。所以，在实际生产过程中，即使用75%的糖与蛋一起搅打也比用125%的糖与蛋搅打制出的蛋糕质量要好。

（7）加水的速度和量　加水的速度不宜太快，要慢一点，而且要均匀。加水量与鸡蛋的量和饴糖的量有关。面粉：鸡蛋：水 = 10：7：（3～5），如果饴糖多时水应少些。同时与蛋糕油的用量也有关。

（8）打蛋的时间　搅打能使蛋浆形成泡沫。蛋液是具有黏稠性的胶体，在搅打过程中能使空气均匀而细小地包含在蛋液中，所以在一定限度内打蛋时间越长，蛋液中包含的空气就越多，蛋糊的体积就越大。一般来讲，搅打时间太短，蛋液中充气不足，分布不均，起泡性差，蛋糕成品不疏松；但是超过一定限度，蛋液的胶体性质就会改变，使蛋液的黏稠性降低，薄膜破裂，使已经包入的空气跑出来。所以必须控制打蛋时间，一般打蛋时间控制在 15～20min 即可。

（9）搅打的终点确定　搅打时黏度达到最高处为最好。

经验：最后泡沫打成白的，泡沫上升到一定高度，为原来的 2～2.5 倍，蛋液的体积不再上升。此时再加点水，再缓缓搅打 1～2min，观察泡沫不再上升为止。

（10）搅拌调糊　面粉首先要过筛，将发酵粉与面粉混合均匀，然后等到蛋浆打好后，再往蛋浆中慢慢地添加。蛋浆：面粉 = 1：0.8 左右，面粉不宜太多，搅拌不宜太快，搅拌时间不宜太长，否则面粉容易起面筋，泡沫壁也易破坏，影响泡沫的体积和蛋糕的质量。

因此，面粉与蛋浆混合时，要轻微搅拌，或者用手工搅拌，切不可长时间搅拌。色素和辅料都应提前与面粉混合均匀，然后再与蛋浆混合。若要加油，应少加，且要等到面粉加入后再加。这样可使蛋糕柔软。

（11）浇模成型　混合后的浆料，应立即注模。可用机械注模，也可用手工注模。浇模前应先将模具内壁刷净，均匀地涂抹一层食用油。浇模量为模体的 2/3～3/4 为宜，不可过高，否则烘烤时膨胀，影响外观。

（12）烘烤　蛋糕的烘烤与面包烘烤方法相似。蛋糕水分大、传热快，烘烤时间短些。面包的膨胀是靠面筋和淀粉作骨架，而蛋糕的膨胀只是靠面粉中的淀粉作骨架，因此往炉内放置烤盘时，要特别小心，否则蛋糊会塌下去。

烘烤时，必须先将炉温调到 180℃ 以上，才能入炉。为使蛋糕表面柔软可在烘烤时不断向炉内喷水或在炉内放置水盆，以增加炉内湿度。10min 内炉温应升到 200℃，出炉时炉温一般在 220℃ 以上。要戴棉手套小心手被烫伤。

（13）脱模、冷却　出炉后应趁热脱模，可用小铁叉叉出，或用铁丝挑出，防止蛋糕挤压，影响外形。待冷却后包装。

六、品质鉴别

（1）色泽　标准的蛋糕表面呈金黄色，内部为乳黄色（特种风味的除外），色泽要均匀一致，无斑点。

（2）外形　蛋糕成品形态要规范，厚薄都一致，无塌陷和隆起，不歪斜。

（3）内部组织　组织细密，蜂窝均匀，无大气孔，无生粉、糖粒、疙瘩等，无生心，富有弹性，膨松柔软。

（4）口感　入口绵软甜香，松软可口，有纯正蛋香味（特殊风味除外），无异味。

（5）卫生　成品内外无杂质，无污染，无病菌。

（6）化学指标　含水量 $\leqslant 28\%$，蛋白质 $\geqslant 6\%$。

七、讨论题

①蛋糕的特点有什么？

②蛋、糖的比例对蛋糕有哪些影响？

③影响泡沫稳定性的因素有哪些？

④调糊应注意什么？

第四节 裱花蛋糕

一、实验目的

①掌握裱花蛋糕的加工原理、工艺流程和制作方法。

②练习加工裱花蛋糕的基本技能。

③掌握蛋白膏、奶油膏的制作方法及用途。

二、设备和用具

烤箱，烤盘，大蛋糕模，打蛋机，裱花嘴，裱花布袋，裱花架，电炉，不锈钢锅。

三、参考配方

（1）蛋糕坯　小麦粉4.5kg，鲜蛋5kg，白砂糖4.5kg，糖浆250g，榄仁（饰面用）500g，淀粉500g，清水600g，猪油（刷模）500g。

（2）蛋白膏　白砂糖1kg，水450g，淀粉糖浆200g，柠檬酸2g，琼脂10g，蛋白170g，香兰素、色素适量。

（3）奶油膏　白砂糖1kg，水330g，淀粉糖浆200g，蛋白300g，奶油800g，香兰素5g，人造奶油1kg。

四、工艺流程

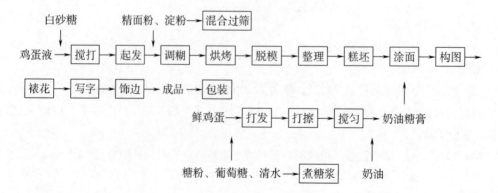

五、操 作 要 点

（1）蛋白膏制法　将琼脂用冷水洗净，放入锅中微火加热使其熔化，然后滤去杂质，加入砂糖后加热至沸腾。待糖全部溶化后，再次过滤。继续加热至104～105℃，加入淀粉糖浆和柠檬酸，再加热至115～120℃，在熬糖时，要同时加入蛋白进行搅打，打至乳白色泡沫状时，将熬好的糖浆冲入，边冲边打，至能立住花为止。最后加入香料、色素等。

（2）奶油膏制法　将糖、水、淀粉糖浆放入锅中加热至115～120℃，同时加入蛋白搅打至乳白色泡沫状。把熬好的糖浆冲入蛋白内，边冲边打。打至能立住花为止，然后慢速分批加入奶油和人造奶油拌匀，再快速打至适当稠度。

（3）蛋糕坯制法　将鲜鸡蛋去壳，与白砂糖、香料等放入打蛋机中，先慢速混匀，然后高速搅打至颜色呈象牙白色，体积膨胀至原来的2～3倍时，再加入小麦粉慢速搅拌均匀。然后，注入蛋糕坯模具，再入炉烤熟备用。

（4）裱花　将蛋糕坯剖成两个圆片，焦面向下，将调好的奶油均匀涂满坯面和四周，刮平，然后裱花。

六、注 意 事 项

①选取新鲜的鸡蛋制得的蛋糊黏稠性好，持气性强，制品膨松。

②制清蛋糊时，严禁加油，否则，油脂的消泡作用影响蛋糊的打发度。

③制作蛋白膏时，琼脂液一定过滤好，否则膏体不细腻且易堵塞裱花嘴。

④制作奶油膏时，糖浆黏度要适宜，要待糖浆冷却后加入奶油，否则由于奶油溶化，会破坏膏体的膨松。冲浆时速度不能太快，否则蛋白变性太快，影响打发。

⑤裱花时要注意手法和力度，挤膏应果断、自然，出料应流畅，图案要逼真，文字要秀丽，色彩搭配合理。

七、结 果 分 析

针对各组产品，进行品质分析。

第五节　蛋糕加工时易出现的问题及解决方法

一、蛋糕面糊出现搅打不起的现象

（1）原因　因为蛋清在17～22℃的情况下，其胶黏性维持在最佳状态，起泡性能最好，温度太高或太低均不利于蛋清的起泡。温度过高，蛋清变得稀薄，胶黏性减弱，无法保留打入的空气；如果温度过低，蛋清的胶黏性过浓，在搅拌时不易拌入空气，所以会出现浆料的搅打不起。

（2）解决办法　夏天可先将鸡蛋放入冰箱冷藏至合适温度，而冬天则要在搅拌面糊时在缸底加温水升温，以便达到合适的温度。

二、 蛋糕在烘烤的过程中出现下陷和底部结块现象

（1）原因

①冬天相对容易出现，因为气温低，部分材料不易溶解。

②配方不平衡，面粉比例高，水分太少，总水量不足。

③鸡蛋不新鲜，搅拌过度，充入空气太多。

④面糊中柔性材料太多，如糖和油的用量太多。

⑤面粉筋力太低，或烤时炉温太低。

⑥蛋糕在烘烤中尚未定型，因受震动而下陷。

（2）解决办法

①尽量使室温和材料温度达到合适度。

②配方要掌握平衡。

③鸡蛋保持新鲜，在搅拌时注意别打过度。

④不要用筋力太低的面粉，特别是掺淀粉的时候注意。

⑤蛋糕在进炉后的前 12min 不要开炉门和受到震动。

三、 蛋糕膨胀体积不够

（1）原因

①鸡蛋不新鲜，配方不平衡，柔性材料太多。

②搅拌时间不足，浆料未打起，面糊比重太大。

③加油的时候搅拌太久，使面糊内空气损失太多。

④面粉筋力过高，或慢速拌粉时间太长。

⑤搅拌过度，面糊稳定性和保气性下降。

⑥面糊装盘数量太少，未按规定比例装盘。

⑦进炉时炉温太高，上火过大，使表面定性太早。

（2）解决办法

①尽量使用新鲜鸡蛋，注意配方平衡。

②搅拌要充分，使面糊达到起发标准。

③注意加油时不要一下倒入，并以拌匀为止。

④如面粉筋力太高可适当加入淀粉搭配。

⑤打发好为止，不要长时间搅拌。

⑥装盘分量不可太少，要按标准。

⑦进炉炉温要避免太高。

四、 蛋糕表面出现斑点

（1）原因

①搅拌不当，部分原料未能完全搅拌溶解和均匀。

②泡打粉未拌匀，糖的颗粒太大。

③面糊内总水分不足。

（2）解决办法

①快速搅拌之前一定要将糖等材料完全拌匀溶解。

②泡打粉一定要与面粉一起过筛，糖尽量不要用太粗的。

③注意加水量。

五、 海绵类蛋糕表皮太厚

（1）原因

①配方不平衡，糖的使用量太大。

②进炉时面火过大，表皮过早定型。

③炉温太低，烤的时间太长。

（2）解决办法

①配方中糖的使用量要适当。

②注意炉温，避免进炉时上火太高。

③炉温不要太低，避免烤制时间太长。

六、 蛋糕内部组织粗糙， 质地不均匀

（1）原因

①搅拌不当，有部分原料未溶解，发粉与面粉未拌匀。

②配方内柔性材料太多，水分不足，面糊太干。

③炉温太低，糖的颗粒太粗。

（2）解决办法

①注意搅拌程序和规则，原料要充分拌匀。

②配方中的糖和油不要太多，注意面糊的稀稠度。

③糖要充分溶解，烘烤时炉温不要太低。

第四章
月饼的加工

概　述

月饼是中国数千年的历史传统、风俗习惯沉淀下来的一种载体，是礼仪、情感与文化的结晶。八月十五，中秋佳节，天长地久，人月两圆。月饼是中华民族最具代表性的焙烤食品，也是很古老、很传统的一种佳节美食。

一、月饼的发展历史

八月十五是传统的中秋佳节，在这一节日里，古人用祭月、赏月、吃月饼来度过这一隆重的节日。在中秋节吃月饼，最早起源于唐朝，传说起源于唐太宗李世民。唐高祖年间（公元618—626年）北方突厥族经常入侵中原，朝廷多次派兵征伐，都难以平息。到唐太宗李世民继位（公元626年）后，派强将李靖出征，转战边塞，屡战屡胜，捷报频传。八月十五这天班师回京，朝廷和百姓为了庆祝胜利，长安城内锣鼓喧天，迎接凯旋。当时有一位到长安经商的吐蕃人，向太宗皇帝献上一盒圆饼，表示祝贺。太宗接过后，看着圆圆的饼上雕刻着精美的图案，犹如天空中的皓月，不禁说道"应将胡饼邀蟾蜍（月亮）"。随后将圆饼分给有功臣的文武百官共食，并下旨，以后每年八月十五宫廷、民间吃圆饼纪念。

为什么称"月饼"，这与当时唐代面食业发展空前有关。唐代面食类食品都称作"饼"，水煮的称"煮饼"（闻喜煮饼）；上笼屉蒸的称"炊饼"（武大郎卖炊饼）；沾上芝麻烙熟的称"麻饼"。唐代圆饼究竟属哪一种，也无从考究。传说，杨贵妃在祭月和赏月时，说圆饼多像月亮呀，就把圆饼称月饼吧，从此，人们就一直称月饼。

到了宋代、清代，关于月饼的记载就多了。特别是清代，中秋节已成为仅次于元旦的重要节日。每到中秋节，皇帝、皇后率宫中诸人祭月、拜月自不必说，仅吃月饼就有很多特色。月饼的种类也越来越多，一直流传至今。

二、月饼的三大流派

我国的月饼，流派很多，主要有京式、广式、港式、台式、苏式、潮式等。三大流派指京式、苏式、广式。

（1）京式月饼　京式月饼并非创始于北京，而是发源于中原一带。在宋代以前，中原一代是历代国都所在，文化、经济、技术都比较发达。因此，京式月饼起源于中原，发展于京津。

京式月饼特点：饼皮是"发面皮"，制作方法是在饼皮中加入发酵粉，有蒸的也有烤的，至今尚在我国北方中小城市和村镇的小作坊中流行。

京式月饼的著名品种："自来红""自来白""提浆月饼"。

（2）苏式月饼　苏式月饼并非起源于苏州，而是江苏的扬州。它的确切名字应是"酥式月饼"。在唐五代以后，北方少数民族入侵中原，五代南宋定都于金陵（今南京）、临安（杭州）以后，江浙一带就成为当时的政治、文化中心，吸引了各地汉族文人墨客、工匠艺人聚居于此，给当时的长江下游城市扬州、苏州带来了繁荣。饮食业尤为发达，饼铺林立。酥皮类月饼到了南宋时期就成为制饼业的主导产品。

因此说，苏式月饼起源于中原的扬州，发展于江浙一带。古文中的"苏"与"酥"同音，很自然把"酥"称为"苏"，即"苏式月饼"。

苏式月饼皮是"酥皮"，易碎，不便携带运输。另外，苏式月饼油重糖厚，对现代人已经不太适宜，销量下降。

（3）广式月饼　广式月饼起源于广州一带。在清代以后，北方少数民族入侵中原，大量的工匠艺人南流，给当时经济较落后的南方带来了先进的技术和文化，推动了当地技术和文化的变革。从历史上看，广式月饼的流派形成尚不足 200 年，但它却发展很快。近几年来，广式月饼享誉海内外，成为最受欢迎的一个流派，据了解，目前全国的月饼产量中，广式月饼已占了80% 以上。自广式月饼风靡全国以来，软馅月饼几乎成了广式月饼的代名词。其实，广式月饼也有软馅和硬馅之分。

在月饼中包入蛋黄是广式月饼的一大特色。

广式月饼的特点可用 16 字来概括：选料精良，做工精细，皮薄馅靓，香甜软糯。

皮薄：皮∶馅 = 2∶8 甚至达到 1.6∶8.4，在我国，广式月饼的皮子是最薄的。

广式月饼流行的品种是"七星伴月"，一个"饼王"与七个"饼仔"组成的众星伴月。

"迷你"月饼是当时最流行的小规格广式月饼。最早生产于香港的一个酒家，内地是 1987年生产的。最初为广州白天鹅酒店生产，随后风靡全广东，然后风行全国。

广式月饼的包装也越来越高档。在解放后就出现了马口铁制品的包装。现在，广式月饼，有马口铁盒、纸盒、塑料盒、竹编盒、木盒等，这些都领先于潮流。因此，包装精美与精究也形成了广式月饼的另一特色。

（4）港式、台式月饼　市面上的港式和台式月饼，其实都是广式月饼的翻版。

第一节　普通月饼

一、实验目的

①了解和熟悉月饼的加工方法。

②巩固所学理论知识，并与实践知识紧密结合。

二、　设备和用具

食品搅拌机，远红外烤箱，月饼模具，面筛，面盆。

三、　参 考 配 方

（1）糖浆　水 2.5kg，白砂糖 5kg，柠檬酸 15g。

（2）月饼皮　中筋面粉 5kg，糖浆 3.25kg，植物油 1.25kg，碱面 30g，水 150g。

（3）馅料　购各种现成的馅料（或自行设计配制）

四、　工 艺 流 程

原料→预处理→称量→{制馅／制皮}→包馅→成型→烘烤→冷却→包装→成品

五、　操 作 要 点

①先将糖浆部分中的水煮沸，加入白砂糖猛火煮开，除去杂质。

②加入柠檬酸，改用慢火进行煮制。

③煮至糖浆挑起往下滴时，带有回缩力，过筛放置半个月后使用。

④将月饼皮部分中的各种原辅材料称量好，备用。

⑤分别将面粉进行过筛，碱面用水溶化，备用。

⑥将碱面、水及称量好的糖浆、植物油一起放入搅拌机中搅拌均匀。

⑦将面粉加入，搅拌成均匀的面团，放置数分钟待用。

⑧将月饼皮面分割切块，擀开包入馅料。

⑨将月饼轻轻滚圆后，放入模中压实敲出。

⑩表面刷蛋液，入炉以上火 210℃、下火 230℃烤至金黄色为止。

⑪出炉，冷却。

六、　品 质 鉴 别

（1）外观　形态、色泽如何？

（2）内部结构　均匀程度如何？

（3）风味　口感、气味如何？

（4）质量　多少克、产率如何？

七、　讨 论 题

①影响月饼酥软性有哪些因素？

②影响月饼色泽有哪些因素？

第二节　苏式月饼

苏式月饼原产江苏苏南地区扬州一带，现江苏、浙江、上海等地都有生产。饼面金黄油润，呈扁鼓形，口感酥松，甜度低，保质期长，是一种很有特色的月饼。

一、实验目的

①掌握苏式月饼糕点的加工方法，增加对暗酥型糕点的认识。
②学习用小包酥的手法来制作酥皮，学习酥层类糕点中暗酥皮的制法。
③了解热水面团的特点，掌握热水面团的调制方法。
④学会对苏式月饼质量的分析与鉴别。

二、设备和用具

搅拌机，烤炉，案板，粉筛，刮刀，擀筒，擀面杖，水盆，铜丝细筛，蒸笼，炒锅，锅铲，馅盆，打蛋桶，打蛋甩，排笔，细纱棉布，棕帚，烤盘，量杯，台秤。

三、参考配方

水油面团：小麦粉900g，猪油310g，饴糖100g，热水350g。

油酥面团：小麦粉500g，猪油285g。

馅料（水晶百果）：熟小麦粉500g，绵白糖1100g，猪油425g，糖渍猪油丁500g，核桃仁250g，松仁100g，瓜子仁100g，糖橘皮50g，黄丁50g，黄桂花50g。

四、工艺流程

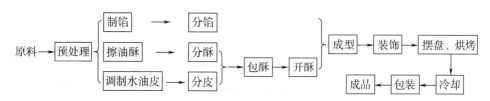

五、操作要点

（1）制馅　将核桃仁、松仁摊放在烤盘上，进200℃的烤炉中略烤一下，取出切碎；瓜子仁放入锅中用中火炒香，冷却后摊在案板上。糖橘皮切碎成小粒，与猪油丁、黄丁、黄桂花等一起也堆上案板，倒上熟小麦粉、绵白糖和猪油，用力推擦，使其混拌均匀且具有一定黏性，用手抓成坨。

（2）分馅　将和好的馅料按成品质量规格用手抓成一份份的圆形馅心。按成品每千克8只，皮馅比为4.5∶5.5计，分出馅心的大小约为70g。分馅时用两手掌心用力紧抓，将馅料抓成一坨坨的圆球形馅心，摆放在馅盘里备用。

（3）调制水油皮　将小麦粉置于案板上围成圈，将猪油、饴糖置于圈中。用锅盛水加热至80℃，用量杯量出350g热水倒入圈中，与猪油、饴糖混拌均匀，然后两手各拿一把刮刀将小麦粉拨入圈中搅拌成雪花片后，制成面团，在案板上摊开，待其热气散尽后再继续反复揉搓，将其揉拌成光洁柔软的面团，用湿布盖住静置备用。

（4）擦油酥　将小麦粉摊在案板上，加入猪油（猪油冻过呈固态最好）拌和，滚成团，用双手掌根把面团一层层地向前边推边擦，把面团推擦开后，再滚回身前，卷拢成团，仍用前法继续向前推擦，这样反复操作，直至擦匀擦透为止。

（5）包酥　将水油面团搓成细长条，用手将其分摘成约36g的坯子，按秩序五个一行整齐排放在案板上，用湿布盖好（略湿即可，太湿易粘住面坯）备用；按面坯分摘出来的先后顺序逐个取出包入油酥面团；将包好的圆球收口向上、光面向下置于案板上按扁，用小擀面杖将其擀成长形薄片；用食、中、无名三指指尖擦着长薄片的顶端边缘，由外向里将长薄片卷成圆筒形（注意要尽量卷紧），然后又将圆筒压扁，再用擀面杖将其擀成长薄片，又卷起成圆筒形。

（6）制皮　将卷好的圆筒两端向上合拢，光面向下置于案板上用掌根将其按成中间稍厚、四周稍薄的圆形暗酥皮。也可光面向下置于案板上之后，用两手按擀面杖，前后左右推拉擀压，将其擀成中厚边薄的圆形酥皮。

（7）包馅　左手托皮，皮的光面向下，这样包好后酥皮的光滑面就成为饼坯的表面。右手将馅心放在酥皮中心，包馅的手法如前所述包酥心的手法。但要注意，收口时不能一下子收紧，一下子收紧酥皮必破。收口的方法是左手拇指稍稍往下按，食、中、无名三指轻托皮底，配合右手"虎口"边转边把口收紧。收口处一定不能粘上油或粘有馅心、糖液等，否则收口捏不紧，烘烤时容易破口、漏馅。包馅还要求皮与馅之间不能有空隙，以免烘烤后造成制品破口、中空。

苏式月饼包好馅之后，一般还要取一小块方形毛边纸贴在封口上，用以防止烘烤时油、糖外溢。

（8）成型、装饰　将包好馅、封好口的饼坯封口向下置于案板上，用半个手掌贴住饼坯轻轻往下按压（如一下子将饼坯按扁易造成饼坯裂边），将饼坯按压成约1cm厚的扁圆形生饼坯。在饼坯上面正中心盖上有"水晶百果"字样的红印章（红色宜用食用红色素调成）。盖印时动作要轻，用力实而不浮，既要使字迹清晰，又要避免压破饼皮。

（9）摆盘、烘烤　将成型装饰好的饼坯拿到烤盘上，封口向下摆放整齐，各饼坯间的间距要相等且不能小于饼坯的直径。拿饼入烤盘时要注意，手不要捏住饼边，这样会碰坏饼坯。正确的方法是拇指贴住饼面中心，食、中、无名三指轻托住底部拿起，放入烤盘。

摆好盘后，就可入炉烘烤。炉温可事先调好，一般面火可调至230℃，底火可调至200℃，不可过高，也不可太低。过高容易烤焦，太低则容易跑糖漏馅。一般烘烤5~6min后观察饼坯的形态，当饼面松酥起鼓状外凸，呈金黄或橙黄色，饼边壁松发呈乳黄色即可确定其已成熟。

六、注意事项

①苏式月饼的水油面团是加热水调制的，按其温度应属温水面团。调制温水面团时除与一般面团一样要注意加水一次加足、和面手法要快速利落、揉匀揉透以外，还要注意一定要将初步和好的面团摊开散尽热气之后，方可进一步充分揉搓成所需要的面团。

②制馅时将熟小麦粉、糖和其他原料一起"擦"匀是一个关键步骤，要求用力推擦（如馅料较多可分小部分一层层地向前推擦），要擦匀使其上劲，用手可以抓成坨为止。这样可以避免在加热时糖馅突然受热过于膨胀，造成酥皮爆裂穿底。

③包酥卷拢时，注意圆筒的两端不要露酥。擀皮操作时，用力要均匀，要使油酥心均匀地分布在水油面团中；皮不宜擀得太薄或按得过薄，皮太薄了也会影响其胀发质量。要注意把皮制成中厚边薄的形态，避免在包皮时收口处面皮集中太多形成一大团，从而使皮层厚薄不均匀。

④制酥皮时，一定要注意把酥皮坯的光面向下贴在案板上按或擀，这样，可以保证酥皮有光滑的一面。包馅时把光滑的一面作为饼坯的外表面，以使制品外表光滑平整，形态美观。

⑤苏式月饼属暗酥型糕点的典型制品，其烘烤成熟时，内部油酥和馅心受热产生的气体，能起到撑大的作用，使成品具有胀发性大，酥松适口的性质。因此，我们在包酥特别是包馅的制作过程中就要特别注意，一定要包得紧，皮与馅（或酥）之间不能有空隙，收口要捏得紧，同时还要避免在收口处捏皮太多，而造成制品皮层厚薄不均匀的现象。

七、 品质问题分析及解决

苏式月饼制作工艺复杂，要经和面、擦酥、制酥皮、制馅、包馅、揿饼、盖印、置盘、烘烤、冷却等工序，稍有疏忽，就会产生各种质量问题。常见质量问题有八种，现将解决方法介绍如下。

（1）饼面焦黑，腰部呈青灰色，是月饼外焦里不熟的表现

原因：炉温过高；饼间距过小。

解决方法：适当降低炉温；月饼排列间隔距离要均匀，间距不小于 1.5cm。

（2）饼馅外露

原因：揿饼时封底没摆正，揿在边上；皮料太短；炉温过低，烘烤时间过长。

解决方法：揿饼时封口居中；制皮时加水量要适当，不能过量；适当提高炉温。

（3）漏酥

原因：制酥皮时，压皮用力不均，皮破造成漏酥；包馅时，将酥皮揿破。

解决方法：包酥与压皮用力要均匀；包馅时，酥皮刀痕要揿向里面。

（4）饱糖

原因：油酥太烂；底部收口没捏紧。

解决方法：油酥中面粉和油比例要适当，1kg 面粉，0.5kg 油，夏天可减少油；包馅收口要捏紧。

（5）变形

原因：皮子过烂；置盘时手捏饼过紧。

解决方法：掌握皮料用水。和面时，加水量视天气和面粉干湿情况而定；取饼置盘动作要轻巧。

（6）皮馅不均

原因：包馅时，揿皮不匀。

解决方法：包馅时用手掌部揿酥皮，用力均匀，同时加强基本功训练，熟能生巧。

（7）皮层有僵块

原因：采用大包酥，包酥不匀。

解决方法：包酥压皮，要压得均匀。

（8）饼底有黑块成黑点

原因：烤盘未擦净。

解决方法：放置生坯前，烤盘一定要擦干净。

八、结果分析

针对各组产品，进行品质分析。

第三节　广式月饼

一、广式月饼基本知识

1. 枧水

（1）枧水的组成　枧水是广式月饼的传统辅料，它是祖先们用草木灰加水煮沸浸泡一日，取上层清液而得到的碱性溶液。pH 为 12.6，其成分为（g/L）：Na^+ 2.8，K^+ 4.2，Ca^{2+} 2.0，$Mg^{2+} < 0.05$，$Fe^{3+} < 0.2$。其主要成分为碳酸钾和碳酸钠。

现代使用的枧水已不是草木灰了，而是人们根据草木灰的成分和原理，用碳酸钾和碳酸钠作为主要成分，再辅以磷酸盐或聚合磷酸盐，配制而成的碱性混合物，在功能上与草木灰枧水相同，故仍称为"枧水"。该枧水性质很不稳定，长期贮存时易变质。一般都加入 10% 的磷酸盐或聚合磷酸盐，以改良保水性、黏弹性、酸碱缓冲性和金属封闭性。

使用枧水制作的月饼，饼皮既呈深红色，又鲜艳光亮，与众不同，催人食欲。这是使用枧水与单独使用碳酸钠的主要区别。

（2）月饼中加入枧水的目的　一是中和转化糖浆中的酸，防止月饼产生酸味而影响口味、口感；二是使月饼饼皮碱性增大，有利于月饼着色，碱性越高，月饼皮越易着色；三是枧水与酸进行中和反应产生一定的二氧化碳气体，促进了月饼的适度膨胀，使月饼饼皮口感更加疏松又不变形。

（3）枧水的浓度对生产月饼的影响　枧水的浓度对生产月饼非常重要。如果枧水浓度太低，造成枧水加入量增大，会减少糖浆在面团中的使用量，月饼面团会"上筋"，产品不易回油、回软，易变形。如果枧水浓度太高，会造成月饼表面着色过重，碱度增大，口味口感变劣。因此，枧水浓度一般为 30～35°Bé、相对密度为 1.2～1.33。

2. 转化糖浆的制备

转化糖浆是制作广式月饼最重要的液体原料，是保证月饼及时回油、快速回软、久放不硬、长期柔软的关键。目前，我国大多数食品厂都是凭多年经验煮制转化糖浆，方法千差万别，煮制的转化糖浆自然是很难保证品质。除广东地区大多数厂家煮制的转化糖浆能达到质量标准外，其他省市厂家煮制的转化糖浆绝大多数达不到质量标准。造成制作的广式月饼回油慢、回软慢，甚至不回油、不回软，越放越干硬。主要原因就是转化糖浆的煮制方法不科学，转化糖浆的配料比例不合理。因此，要煮制出高质量的转化糖浆，必须首先了解煮制转化糖浆的一些技术关键。

（1）转化糖浆的制备原理　煮制转化糖浆的主要原料是白砂糖，白砂糖的主要成分为蔗糖，蔗糖经煮制并在酸的作用下，转化为果糖和葡萄糖，故煮制的糖浆称为"转化糖浆"。

$$蔗糖\xrightarrow{酸}果糖+葡萄糖$$

（2）糖水比例　根据近年的生产实际经验，要制备高质量的转化糖浆，必须使用大量的水。即，糖：水为100：（50~60）比较适宜。水量相对越高，可以长时间充分煮制，使蔗糖转化成葡萄糖和果糖越充分，即转化率越高，月饼的回油、回软效果越好。因此，广东的一些老字号饼家都喜欢多加水。北方的不少厂家之所以做不好广式月饼，就是在煮制转化糖浆时，加水量太少，一般糖水比例有100：（35~40）。很明显，加水量过少，造成煮制时间太短，蔗糖无法充分转化。用这样的转化糖浆制作的月饼难以回油和回软、干硬不柔软。

（3）转化剂种类及用量　煮制转化糖浆时，必须加入适量的酸性物质。酸性物质是蔗糖的转化剂，能加快蔗糖的转化速度。无机酸转化能力强，但操作危险大，制出的糖浆颜色、风味较差，故很少使用。目前，一般都使用有机酸。在柠檬酸、酒石酸、醋酸、苹果酸、乳酸等有机酸中，酒石酸是最理想的转化剂。但在实际生产中，考虑到价格、来源等因素，目前全国各地普遍使用柠檬酸作为蔗糖的转化剂。广东等一些南方厂家有用新鲜果汁（如菠萝汁、柠檬汁等）来煮制转化糖浆的习惯。柠檬酸的使用量，以蔗糖作为添加基准，一般为0.05%~0.1%，不宜过多，加酸过多会使转化糖浆太酸，烘焙时月饼不易着色。

酸性物质在较低的温度下对蔗糖的转化作用较慢，而在糖液煮沸以后转化作用较好。因此，制备转化糖浆时，柠檬酸一定要在糖液煮沸以后的105~106℃时再加入。使用淀粉糖浆时如果加入过早，由于其含有杂质较多，在煮制时会产生大量泡沫而外溢。同时，淀粉糖浆中含有的糊精在长时间高温煮制下会焦化变质，使糖浆的颜色大大加深，质量下降。

（4）煮制的温度　一般在115~120℃。煮制温度过低，蔗糖的转化速度较慢甚至很难转化，行话称"浆嫩"，这是造成月饼干硬不柔软的最主要原因。煮制温度过高，特别是达到140℃以上，会造成糖浆颜色过深，甚至焦化，也会造成"浆老"。

（5）煮制时间　煮制时间与糖水比例有直接关系，也是影响蔗糖转化率的主要因素。加水量少时，煮制时间就短；加水量多时，煮制时间就长。多年的实践证明，煮制转化糖浆时，适当多加水，煮制时间适当长些，有利于提高蔗糖的转化率，保证转化糖浆的质量。通常情况下，当糖：水=100：（50~60）时，煮制时间可长达5~6h，一般不能少于3~4h。

（6）加热容器　过去大多使用铜锅或铁锅，现在大多使用能控制温度的夹层锅，确保温度在115~120℃，防止温度波动。

（7）转化糖浆的浓度对生产月饼的影响　转化糖浆的浓度至关重要，糖浆浓度是决定面团软硬度和加工工艺性能的重要因素，而水又是调节糖浆浓度的主要成分。糖浆浓度一般为75%~82%。转化糖浆的浓度越高，回软效果越好。煮制时间越长，糖浆浓度越大。广东大多厂家都喜欢使用85%的糖浆。

如果转化糖浆浓度过高，极易使饼皮发黏，成型困难，影响淀粉的彻底糊化，影响月饼的口感和品质，造成月饼成品结构过软，易流散变形，表面出现不正常的皱纹和裂口。

如果转化糖浆浓度过低，调制面团时易形成面筋增强面团的韧性，会使月饼产品坚硬、收缩变形。

（8）转化率　是指糖浆中蔗糖转化成葡萄糖和果糖的百分率。正常的转化率为75%。转化率越低，葡萄糖和果糖的生成量越少，月饼越不易回油、回软，月饼就越干硬；转化率越高，葡萄糖和果糖的生成量就越多，月饼越易回油、回软。但转化率也不宜过高，否则，易造成月饼结构软弱、变形。

（9）用转化率为75%的糖浆制作月饼的优点　转化糖浆最好提前几个月就制好，即必须贮藏一段时间才能使用，不能现制现用。制作月饼所用的转化糖浆，转化率必须达到75%的好处如下。

①面团质地柔软，可塑性好，易于加工成型，产品不收缩、不变形。

②月饼饼皮非常细腻、光亮、色泽诱人、催人食欲。

③月饼饼皮回油快、回软快、饼皮油润、整体柔软。

二、广式月饼的加工

1. 实验目的

①掌握浆皮糕点的加工原理、工艺流程及制作方法。

②掌握糖浆的熬制方法及使用特性。

③掌握浆皮类糕点特性。

2. 设备和用具

不锈钢锅，电炉，烤箱，分刀，擀筒，印模，烤盘，排笔。

3. 参考配方

（1）饼皮的标准配方

①面粉100，转化糖浆75%，花生油30%，枧水（碱水）4%。

②面粉100，转化糖浆85%，花生油25%，枧水（碱水）2%。

③面粉100，转化糖浆80%，花生油30%，枧水（碱水）2.5%。

④面粉100，转化糖浆77%，花生油30%，枧水（碱水）2.5%。

在饼皮中如果转化糖浆少于75%，会导致面团的黏稠度降低，面团发糟、发脆，易变形、易开裂、易露馅；月饼不易回油、不易回软。

如果糖浆用量过多，会使面团柔软性和流变性过分增加，造成月饼表面花纹模糊不清。

如果油脂用量过多，会使月饼饼皮产生泻油现象，造成月饼饼皮和馅料之间分离和脱落。

（2）馅料参考配方

①金腿馅料配方：砂糖17.5kg，花生油1.5kg，玫瑰酱3kg，五香粉0.35kg，熟糯米粉6kg，白膘肉13.5kg，榄仁4kg，核桃仁4kg，芝麻仁4kg，瓜条3kg，大曲酒0.25kg，火腿3kg，香油0.5kg，胡椒粉0.35kg，精盐0.35kg。

②百果馅料配方：砂糖19kg，花生油3kg，玫瑰酱2kg，熟糯米粉5kg，瓜子仁2kg，白膘肉15kg，榄仁4kg，核桃仁4kg，芝麻仁5kg，瓜条5kg，橘饼1kg，糖钱橘3kg，杏仁3kg。

③豆沙馅配方：砂糖32kg，小豆24kg，花生油11kg，玫瑰酱3kg，熟面粉2kg。

④枣泥馅配方：砂糖32kg，花生油13kg，绿豆粉3kg，黑枣37.5kg，熟糯米粉3kg。

4. 工艺流程

5. 操作要点

（1）糖浆熬制 每千克砂糖加500g水，配入占糖量2.5%的柠檬酸，加入锅中，猛火煮沸，然后改慢火煮沸至糖浆能拉长丝时，移开火源，静置贮放15d，备用。

（2）枧水配制 碱粉5kg，小苏打950g，沸水100kg，溶解后备用。有条件时可直接使用枧水。

（3）面团调制 先将糖浆与碱水兑匀，加油充分乳化均匀，拌入小麦粉，搅匀，制成表面光洁、软硬适度的面团。

（4）分块包馅 将皮料和馅料分别分块，皮：馅为3.5：6.5，包入馅心，收口要严，大小一致。

（5）成型饰面 把包好馅的饼坯放入印模内，收口朝上，按实，不使饼坯溢出模口，然后敲脱印模，摆入烤盘内，用排笔刷上一层蛋液。

（6）烘烤 采用高温烘烤法，入炉温度为240～260℃，时间为15～20min。

6. 注意事项

①枧水浓度不能太大，而且要与糖浆晃匀再使用。

②包馅要求大小适中，馅心不偏不露，收口严。

③烘烤时应先高温后低温。若要使皮软些，则可适当略降低温度，延长时间，底火要小，要烤熟烤透。

7. 品质鉴别

（1）形态 外形饱满，腰部微凸，轮廓分明，品名花纹清晰，没有明显凹缩和爆裂、塌斜、漏馅现象。

（2）色泽 饼面棕黄或棕红，色泽均匀，腰部呈乳黄或黄色，底部棕黄不焦，不沾染杂色。

（3）组织

①果仁类：饼皮厚薄均匀，皮馅无脱壳现象，果料、蜜饯、肉膘大小适中，拌和均匀，无夹生、杂质。

②肉禽类：饼皮厚薄均匀，皮馅无脱壳现象，果料、蜜饯、肉膘、肉块大小适中，拌和均匀，切开可见肉块，无夹生，天杂质。

③蓉沙类：饼皮厚薄均匀，皮馅无脱壳现象，馅料细腻无僵粒，无夹生，无杂质。

④椰蓉类：饼皮厚薄均匀，馅心淡黄油润，无夹生，无杂质。

⑤果酱类：饼皮厚薄均匀，馅心色泽一致，无色素斑点，无夹生，无杂质。

⑥水果类：饼皮厚薄均匀，馅心块状水果清晰，皮馅无脱壳现象，无夹生，无杂质。

⑦蛋黄类：饼皮厚薄均匀，蛋黄不偏皮，四等分每块均能见蛋黄，无夹生，无杂质。

（4）口味 饼皮松软，具有该品种应具有的风味，无异味。

8. 质量问题分析及解决

（1）漏馅、饼面花纹不清

原因：包心时皮子没有揿匀；馅料颗粒过大。

解决方法：各种原料大小要均匀，分散倒入拌料机打匀；包心时，揿皮子中间厚，四周稍薄。

（2）饼面有气泡麻点

原因：刷蛋过多，不匀。

解决方法：用排笔揿取少量蛋液涂面，用力均匀。

（3）饼面焦黑

原因：炉温过高；烘烤过度。

解决方法：掌握适当的炉温，一般在220℃左右；及时出炉。

（4）月饼腰部暗黑

原因：枧水加入太多。

解决方法：对枧水浓度作规定，添加量要定量。

（5）月饼腰部灰白

原因：烘烤不透；置烤盘时饼坯间距不均，过密处的饼腰部发灰白。

解决方法：炉温恰当，烘烤要透。生坯排列时，间距要均匀。

（6）月饼腰部爆裂

原因：炉温低，烘烤时间过长。

解决方法：掌握适当的炉温，软货（蓉沙类、果酱类等）炉温要比硬货（果仁类、禽肉类等）高10℃左右。月饼腰部稍向外凸，即可取出。

（7）月饼干缩表面有细裂纹

原因：饼皮起筋。

解决方法：调制饼皮时尽量少擦搓；和好的饼皮要及时使用。

（8）饼底凹塘

原因：揿饼时手掌用力不均。

解决方法：揿饼时手掌要平均用力。

（9）皮馅脱壳

原因：馅心表面沾有干粉；揿皮时干粉沾得太多。

解决方法：避免馅心沾干粉；揿皮少用干粉。

（10）馅心有杂质

原因：馅心加工不慎混入杂质。

解决方法：果料、蜜饯要仔细挑拣；盛果料、蜜饯的容器要加盖。

（11）馅心有异味

原因：原料不鲜，或部分原料变质。

解决方法：严守原料关，精选原料。坚决不用变质原料。

9. 结果分析

针对各组产品，进行品质分析。

10. 讨论题

①广式月饼中为什么使用枧水？

②转化糖浆制作的方法是什么？
③转化糖浆的浓度对月饼有什么影响？
④枧水的浓度对月饼有什么影响？

第四节 低糖五仁月饼

五仁月饼是一种传统的方便食品，低糖五仁月饼是结合近年来人们对低糖月饼的需求研发出的一种新的月饼品种。

一、实 验 目 的

①了解和熟悉低糖五仁月饼的加工方法。
②巩固所学理论知识，并与实践知识紧密结合。

二、设备和用具

食品搅拌机，远红外烤箱，月饼模具，面筛，面盆。

三、参 考 配 方

月饼专用粉500g，瓜条400g，转化糖浆375g，橘饼125g，花生油125g，白膘肉500g，枧水10g，芝麻仁150g，桃仁600g，青梅150g，杏仁125g，生油300g，瓜子仁200g，糖玫瑰100g，松仁125g，白酒50g，榄仁150g，玫瑰酱100g，绵白糖50g，潮州粉400g。

四、工 艺 流 程

五、操 作 要 点

①先将转化糖浆、枧水放在一起搅拌，搅匀后加入花生油、生油继续搅拌，直到全部溶为一体，最后放入月饼专用粉，搅拌均匀即可（醒30min后用）。
②桃仁、杏仁、松仁、瓜子仁、芝麻仁烤熟，与榄仁、瓜条、青梅、橘饼切碎一起。
③将全部果料及糖膘肉拌均匀，在案板上开窝，再将湿性原料放入中间搅拌均匀，加上潮州粉，看馅的软硬加入适量清水，最后将全部果料放入搅拌均匀。
④皮、馅比例2:8。
⑤烘烤前在月饼生坯表面喷清水。
⑥月饼烤到表面微呈黄色，出炉，刷蛋液，再入炉烤直到熟透。

⑦烘烤温度上火 210℃，下火 175℃。

六、品 质 鉴 别

①外观　形态、色泽如何？
②内部结构　均匀程度如何？
③风味　口感、气味如何？
④质量　克重、产率如何？

七、讨 论 题

①影响低糖五仁月饼质量的因素有哪些？
②影响低糖五仁月饼色泽的因素有哪些？

第五章

糕点的加工

概　　述

糕点是以小麦粉、糖、油脂、蛋品、乳品及果料为主要原料，经过加工、烘烤等工序而制成的一类具有一定色、香、味、形的食品。它含有较多的蛋白质、脂肪和糖等，其口感甜、软、酥、香、脆等各有不同。

一、糕点的分类及特点

由于糕点的品种繁多，具有很强的民族风格和浓厚的地方色彩，这使糕点的分类方法难以统一。习惯上，糕点一般按地区或加工方式及产品特性进行分类。

1. 按地区分类

按地区分类，糕点可分为中式糕点和西式糕点两大类，简称中点和西点。

（1）中式糕点　中式糕点是以我国传统的制作工艺，用烘烤、油炸和蒸煮为主要成熟方式制成的糕点。中式糕点的种类很多，目前尚未有统一的分类方法。按地区可分为京式糕点、广式糕点、苏式糕点、川式糕点、滇式糕点、潮式糕点、扬式糕点和闽式糕点等，其中影响最大的是京式糕点、广式糕点和苏式糕点。

①京式糕点　京式糕点起源于黄河以北地区（尤以北京地区为重），后来发展至华北、东北及满族和蒙古族地区。其特点是重糖、重油酥、内包各种馅料，工艺精细，造型美观。其中京式八件、浆皮月饼为代表性糕点。

②苏式糕点　苏式糕点起源于扬州和苏州，在上海、无锡等地得到发展。品种以饼类和糕类为多。饼类大多为酥皮品种，用糖量较大，常用蜜饯果脯、猪油丁、桂花及玫瑰等做馅。糕类则多为糯米制品，苏式糕点的代表产品有苏式月饼、果仁月饼、枣泥饼、蜜糕和猪油年糕等。

③广式糕点　广式糕点起源于广州，以当地的民间食品为主，后来吸收了京式糕点和西点的特点，逐渐形成了自己的风格，用料重糖、重油，馅心以当地产的椰蓉、椰丝、榄仁、腊肠、叉烧肉、火腿和糖渍肥膘为辅料。成品皮薄馅厚，酥饼分层松酥，干点心口感较硬、脆。口味

香甜油润、清香肥厚。其代表产品有广式月饼、皮蛋酥、淋糖礕酥等。

（2）西式糕点　按地区分类，西式糕点一般以国度为别，可分为英式、俄式、德式、法式、意式等，即多以国家名称的中文译音命名。

2. 按加工方式和产品特性分类

按加工方式及产品特性分类，中点可分为蛋糕类、酥类、酥层类、单皮类、油炸类、蒸煮类等。各地用料不同，命名不同，但制法大同小异。西式糕点可分为干点心类、小点心类和水点心类等。

二、 中西糕点的区别

中西糕点在用料、制作工艺和成品特点及风味方面均有明显的区别。

（1）用料方面　中点小麦粉用量较多，常用油脂为植物油和猪油，辅料为乳品、果仁、肉制品等；西点小麦粉用量较低，常用油脂多为奶油，重油、重蛋、重糖，辅料多为果酱、可可等。

（2）制作工艺方面　中点多以制皮、制馅、模压、切块等成型，其坯经熟制后即为成品；西点常以夹馅、切条、挤花、挤糊成型，成熟后多数产品还要经装饰、美化等。

（3）成品风味方面　由于用料不同，风味差别较明显。中式糕点香、甜、咸、脆等为主要风味；西式糕点则突出奶油、糖、蛋、果酱、水果等风味。

第一节　核　桃　酥

一、 实 验 目 的

①掌握桃酥性糕点的起酥原理、工艺流程和加工方法。
②能初步对桃酥型糕点成品品质进行分析、鉴别。

二、 设备和用具

烤炉，搅拌机，案板，粉筛，刮刀，不锈钢盘，烤盘，打蛋甩，排笔，棕粉帚。

三、 参 考 配 方

低筋小麦粉 500g，猪板油 275g，白砂糖 300g，糖浆 10g，核桃仁（去皮切碎）40g，碳酸氢铵 5g，小苏打 2g，蛋液（饰面用）25g，榄仁（饰面用）50g。

四、 工艺流程

五、操作要点

（1）面团调制　先将小麦粉过筛，放在案板上围成圈，把白砂糖、糖浆、猪板油、核桃仁、碳酸氢铵、鲜蛋、小苏打放在圈内充分揉匀，然后用刮刀和手配合，将小麦粉拨入圈中拌匀。

（2）分摘　分摘是将面团分成若干个有一定分量的生坯，一般以500g小麦粉为基数按配方调制的面团，可将其分成25块生坯。

（3）置盘　将分好的生坯用两手掌心搓成圆球形，放进烤盘，注意间距应稍大一些。摆好后在每个饼坯中央用手指压一小孔，刷上蛋浆，粘上数粒榄仁，待蛋浆稍干后再刷一次蛋浆，即可入炉烘烤。

（4）烘烤　将烤炉的面火温度和底火温度都调到140～150℃，然后入炉烘烤。圆球形生坯摊裂成圆饼形，表面形成多瓣大大小小的自然裂纹，色泽呈金黄色时即可出炉。

六、注意事项

①使用化学膨松剂时，小苏打、碳酸氢铵都必须用蛋液溶解后才能拌入面团中，否则烘烤后成品会出现黄斑，且带有苦味。

②面团软硬要适中，过硬则起发膨胀差，表面裂纹不匀，规格偏小；过软则起发膨胀过大，表面裂纹太细，制品摊泻太多，规格偏大。一般冬天面团可能稍硬，可多加25g左右的油来调节，不宜加水；夏天如面团过软，可适当减少油。

③饼坯摆上烤盘时，相互间一定要留有匀称的间距，不能小于饼坯的直径，以免在入炉烘烤受热时，饼坯向四周摊裂，互相黏连在一起，出炉时就会整个烤盘都相互黏结，掰断分开成一个个成品时，其外形就会残缺不齐，影响其美观。

④面团调好后要及时分摘、摆盘、装饰和烘烤，不宜放置过久，以防止小麦粉中蛋白质吸水胀润起筋，影响起发和酥松性。

⑤核桃酥的特点是表面呈裂纹状的圆饼形，要使圆形的饼坯自然摊裂并形成裂纹，烘烤中炉温的控制是非常关键的一步。其操作方法是在140～150℃入炉，注意观察摊裂情况，如果摊裂较快，则适当提高炉温至180℃使之尽快干化板结定型；如果摊裂较慢，可关掉炉火，炉温自然下降，促使其摊裂，待饼坯摊裂至合适大小时，马上开火提高炉温定型。

七、结果分析

针对各组产品，进行品质分析。

第二节　椒盐薄脆

一、实验目的

①掌握薄片型糕点制作的工艺流程，对薄片型糕点的产品特点增加感性认识。

②练习掌握擀薄面团及利用印模印切分坯的方法。

③学习、掌握对薄片型糕点成品品质的分析、鉴别。

二、　设备和用具

烤炉，搅拌机，案板，粉筛，刮刀，不锈钢盘，烤盘，打蛋甩、排笔，棕粉帚，擀筒，金属印模，台秤。

三、　参考配方

小麦粉500g，猪板油125g，白糖粉300g，饴糖50g，鸡蛋100g，白芝麻150g，小苏打5g，食盐2g，胡椒粉1g，水65g，白芝麻150g（表面装饰）。

四、　工艺流程

糖、疏松剂、水油 → 搅拌 → 面团调制 → 分摘 → 擀皮 → 切、切片 → 上麻 → 烘烤 → 冷却 → 包装 → 成品

（面粉 → 搅拌）

五、　操作要点

（1）面团调制　将小麦粉与食盐、胡椒粉一起过筛后与芝麻拌匀，置于案板上围成圈，将猪油熔化倒进圈内，加入白糖粉、饴糖、鸡蛋充分混合，再将小苏打用少许水溶解后加入，同时加入大部水，把小麦粉、芝麻等一起拨进圈内拌和均匀，观察软硬度，逐渐将剩余水加入，将面团调得软硬适中，适当揉搓面团，使其表面光洁，内部黏结性增强，形成较好的可塑性，以便于下步的擀薄操作。

（2）擀皮　在案板上撒一薄层干熟面粉（小麦粉事先蒸熟后晒干），将小麦粉置于其上压扁，再撒一薄层干粉，用擀筒压薄展开，每擀压一次均要在面团的两面撒干粉，以防止在擀压时面团与擀筒和案板黏连。擀成面片的厚度为0.4cm，要求厚薄均匀，不破损断裂。

（3）印、切片　用直径为7cm的金属圆形印模在面片上印压，切成一块块的圆形薄片。

（4）上麻　芝麻用水淘洗，用喷壶在饼坯的一面稍稍喷些清水，然后放在平托盘上，双手拿起托盘迅速来回颤动，将芝麻均匀地撒沾在饼坯面上，椒盐薄脆只需一面沾芝麻。上麻的要求是密而均匀，不易脱落。

（5）烘烤　将上好麻的饼坯整齐地摆放在烤盘上（无芝麻的一面为底），炉温面火为150℃，底火为140℃，烘烤至饼面呈深黄色即可出炉。

六、　注意事项

①椒盐薄脆是典型的薄片型糕点，其成品是酥而松脆的薄饼。在调制面团时为使其容易擀薄展开形成面片，应控制加水量使面团稍稍偏软，但也不能太稀，否则同样也不便于操作，成品的松发起酥性也差。

②面团可适当揉和，以使小麦粉能适量地吸水膨润形成一些面筋，增加面团的黏结性，使面团能够较好地展开，形成面片不易破损，面团中的面筋也能使制品在烘烤后酥化以外还带有一点脆性，构成产品的特点。但搓揉也不可过度，这样产生面筋过多会使成品口感变硬，失去酥松特点。

③椒盐薄脆在和面团时加有芝麻粒，在一定程度上影响了面团的黏结性和光洁度，因此在选用原料时可选择中筋小麦粉，如用的是低筋小麦粉，可适当多加揉和，以增加面团的黏结性，以便于擀薄切片成型，同时产品成熟后也不易松散破碎。

④芝麻在和入面团之前最好要事先炒熟，如能选用脱皮的白芝麻，其外观和口感更佳。

⑤擀薄操作时动作要协调，擀筒要握得灵活而不呆板，滚动自如；前后左右交替滚压，用力要掌握好轻重缓急，实而不浮；撒粉要均匀适当。擀成面片要求厚薄均匀，表面光滑平整，无断裂。

七、结果分析

针对各组产品，进行品质分析。

第三节　蛋奶光酥

一、实验目的

①掌握干点型糕点加工的工艺，对干点型糕点产品的特点增加感性认识。
②学习、掌握对干点型糕点成品品质的分析、鉴别。

二、设备和用具

烤炉，搅拌机，案板，粉筛，刮刀，不锈钢盘，烤盘，打蛋甩，排笔，棕粉帚，擀筒，金属印模，台秤，锅（铝或不锈钢制），电炉或煤气炉。

三、参考配方

小麦粉500g，鲜鸡蛋40g，猪油30g，白砂糖500g，乳粉5g，水150g，发粉5.5g，小苏打0.5g。

四、工艺流程

糖、疏松剂、蛋、乳油 → 搅拌 → 面团调制 → 分摘 → 整形 → 摆盘 → 烘烤 → 冷却 → 包装 → 成品

（面粉 → 面团调制）

五、操作要点

（1）溶煮糖水　将白砂糖放入锅中加入清水，边加热边搅拌使白糖溶解，略煮沸即停止加热，糖水冷却备用。

（2）面团调制　将小麦粉与发粉一起过筛置于案板上围成圈，把鸡蛋、乳粉、猪油等放进圈中拌匀，再把小苏打溶于糖水中倒进圈内混匀，拨入小麦粉搓至面团表面光洁起筋。

（3）分摘 将制好的面团平均分成 25 份。分摘面坯用手将面团搓成圆长条后，用左手握住（但不能握得太紧，防止压扁剂条），剂条要从左手虎口上露出相当剂子大小的截面，右手大拇指和食指捏住，顺势使劲往下一摘，摘下一个后，左手握住的剂条也要顺势翻转 90°，再露出截面，右手顺势再摘，每摘一次，剂条转 90°，还可采用刀切的办法，即将面团搓成圆长条后，用刮刀将长条等量地切成 25 份，同样有秩序地摆放在案板上。

（4）整形、摆盘、烘烤 将分好的生饼坯用两手搓成圆形。方法是左手握住饼坯，只要握住，不要握紧，右手掌根压住饼坯，向前推揉，使饼坯头部变圆，后尾揉进变小，最后剩下一点塞进饼坯底部或掐掉，置于案板之上，用掌根将饼坯按扁成圆饼形，摆放在烤盘上入炉烘烤。炉温底火调至 150℃，面火在 160℃左右，烤至饼面硬化呈光滑镜面即熟。

六、 注 意 事 项

①煮糖时间不宜过长，水沸糖溶即可，否则糖水久煮颜色变深，影响成品色泽。

②调制面团时要略为起筋，以使成品饼皮能呈脆性。

③注意炉温的控制，采用底火大、面火小的烤法，主要是使产品形成纯白色的外观。另外，较低的炉温下，烘烤时间延长，制品内部慢慢成熟，才能形成外有硬壳，内又松软的特点。

七、 结 果 分 析

针对各组产品，进行品质分析。

第四节 酥层类糕点（酥盒子）

一、 实 验 目 的

①掌握酥盒子糕点的加工方法，增加对明酥型糕点产品特点的认识。

②加深对酥层类糕点起酥原理的理解，学习掌握调制水油面团、擦制油酥面团的方法和操作要点。

③学习大包酥的起酥方法，掌握酥层类糕点中明酥制法的操作要点。

④学会对明酥型糕点成品品质的分析和鉴别方法。

二、 设 备 和 用 具

搅拌机，烤炉，案板，粉筛，刮刀，擀筒，擀面杖，水盆，铜丝细筛，蒸笼，炒锅，锅铲，馅盆，打蛋桶，打蛋甩，排笔，细纱棉布，棕帚，烤盘，量杯，台秤。

三、 参 考 配 方

（1）酥皮

水油面团：小麦粉 500g，猪油 120g，水 250g。

油酥面团：小麦粉 400，猪油 220g。

（2）馅心　枣泥馅 900g，红枣 500g，白糖 250g，花生油 100g。

四、工 艺 流 程

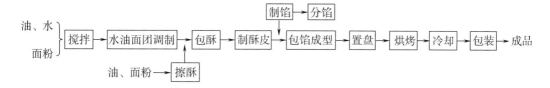

五、操 作 要 点

（1）制馅　将拣选过的红枣洗净，用刀拍碎，去核，放进馅盆中用冷水浸泡 1～2h（冬天用温水），搓去外皮，上蒸笼用旺火蒸烂，取出晾凉，用铜丝细筛擦成枣泥。放油入锅烧热，把白糖倒入炒熔，然后放入枣泥同炒，炒约 1h，至锅内无声，枣泥上劲不粘手；香味四溢时盛起，放在馅盆中冷却备用。

（2）水油面团调制　小麦粉过筛，置于案板上围成圈，圈内加入清水和猪油混搓均匀，成乳状液，双手各持一把刮刀，由外向里，拨小麦粉入圈中搅拌，成雪花片后，和成面团，然后使劲揉搓，揉到面团光滑不粘手为止。

（3）擦酥　小麦粉摊在案板上，加入猪油（猪油冻过呈固态最好）拌和，滚成团，用双手掌根把面团一层层地向前边推边擦，把面团推擦开后，再滚回身前，卷拢成团，仍用前法继续向前推擦；这样反复操作，直至擦匀擦透为止（用手指触动面团产生弹性即是擦透）。

（4）分馅　取出一块枣泥馅团，置案板上用双手掌根搓成长条后，左手轻轻扶住，右手四指抓住约 15g 大小的一块，拇指用力稍重一些，其余三指同时紧握稍往上提，拉下一块，要求下口毛糙部分要小，自成圆形。拉下的馅坯顺手就将毛糙的部分朝下，有顺序地排放在案板上待用。

（5）包酥　将制好的水油面团和油酥面团用刮刀各分成两半，逐一包酥。采用大包酥，其具体操作步骤如下：①将水油面团置于案板上，用手掌按成中间稍厚的圆片，包入油酥心；②包好酥心后就用擀筒将其擀压成长方形薄片；③擀好薄片后将其折成三叠层；④折好三叠层之后再将其擀压成厚约 0.5cm 的长薄片（长方形，方向是横摆在身前案板上），将外侧无酥处切去一窄条贴在靠身前一侧的边缘上，擀平（这样可使卷起后中心保持有完整酥层）；⑤将擀好的长薄片由外向里卷拢成长圆筒。

（6）制酥皮　卷成圆筒后，用刀将圆筒切成 40 段，每段重约 19g。注意刀口要快，开刀时要利落，防止粘住馅心影响胀发。将切下的酥皮坯子刀口向上放在案板上，用手掌自上而下按扁，再用擀面杖自中心向外轻轻擀开成中间稍厚、四周稍薄的圆形酥皮。酥皮不要擀得太薄，太薄在包馅或成熟时酥层易裂开。

（7）包馅成型　取酥皮一块，在中心放上分好的 15g 枣泥馅，用排笔在酥皮边缘刷上一些蛋液（增加黏结性），取另一块酥皮合上对齐，四周捏紧；然后用一只手托住饼坯，另一只手拇指和食指沿着皮子均匀折叠推捏，将饼坯边推捏成绞丝状花边即成。包馅时要注意馅心不要包入太多，太多容易挤破酥皮酥层。合上动作要轻，推捏花边时动作要小心，防止酥层裂开。整个造型关键是酥层一定要清晰，花边要捏得整齐、漂亮、紧密、细腻。

（8）烘烤　包馅整形完成后，就可将饼坯摆上烤盘入炉烘烤。摆盘时要注意间距一般不大于饼坯直径，摆放要整齐。烘烤温度可用面火 200℃、底火 180℃烤约 20min，烤至表面已见明显起层，用手轻按感觉稍硬即为成熟，出炉冷却。

六、注 意 事 项

①调制水油面团时，水和油一定要先混拌均匀后，再加入小麦粉一起拌和，操作时水和油往往不易混匀，可将小麦粉拨入少许搅成薄糨糊状后拨入全部小麦粉拌和。

②水油面团一定要反复搓揉，至其柔软、有光泽、有韧性为止，否则由于面团里水分分布不匀，成品制出后容易产生裂缝。面团制好后要经过静置的过程。静置的时间，一般在 10 ~ 15min。不宜过短，过短则面团不匀、不光滑，弹性太大，柔软性及延伸性较差，不利于擀薄操作；但也不能过久，过久面筋稀释，软烂不能成型。

③擦制油酥面团一定要反复擦匀擦透，这是保证油酥面质量的一个关键。最好能擦好酥立即包酥擀制，因擦好的油酥放置时间长的话会变得松散不黏。如出现这种情况，则需在包酥之前再将油酥反复擦透、擦顺，使其增加润滑性和黏性。

④水油面团和油酥面团的软硬程度一定要基本一致，不能一软一硬，否则将影响到酥层的松发质量。

⑤卷成圆筒后切下的酥皮坯子应用洁净的湿布将其盖上，防止外表皮子起壳，影响成型和松发。坯子压扁制成酥皮后也应马上包馅成型，以免搁置太久造成酥皮起壳发硬，不易成型。

⑥刚出炉未冷却的成品，口感绵软不酥，动之易散碎。一般要待其热量散发、温度降低后，方可移出烤盘，然后成品才有酥松的口感，且较不易破损。

七、结 果 分 析

针对各组产品，进行品质分析。

第五节　状元饼（京式）

一、实 验 目 的

①掌握硬皮类糕点的加工原理、工艺流程和加工方法。
②掌握硬皮类糕点的特性。

二、设 备 和 用 具

烤箱，烤盘，印模，分刀，切刀，擀筒。

三、参 考 配 方

皮料：小麦粉 3.6kg，鸡蛋 300g，熟猪油 800g，绵白糖 1kg，饴糖 1kg，碳酸氢铵 5g。

馅料：枣泥馅3.7kg，桃核仁100g。

四、工艺流程

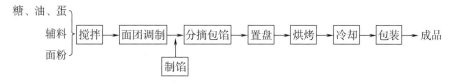

五、操作要点

（1）面团调制　先将绵白糖、饴糖、熟猪油、鸡蛋液搅拌均匀，充分乳化，再加入碳酸氢铵搅匀，最后拌入小麦粉，调制成软硬适度的面团。

（2）制馅　把果料压碎，投入预先制好的枣泥馅中。

（3）分摘包馅　将皮料和馅料分别分块，皮∶馅为3.5∶6.5，然后包入馅心，收口要严，大小一致。

（4）烘烤　入炉温度为180~220℃，烘烤15~20min。

六、注意事项

①调制面团时不宜过多揉制，防止面团起筋，调好的面团应尽快使用。

②面团与馅的软硬度应一致。由于面团延伸性较差、可塑性强，因此，包馅时应边推揉、边旋转，逐渐合拢收口。

③成型的模具应有花边，中间有"状元"或"枣泥"字样。收口朝上，大小适中，按实，轻轻磕出，放入盘内。

④烘烤应采用先高温后低温的方法，使表面凹处为乳白色，底部为褐色，烤熟烤透。为使表面不裂，也可在入炉前于饼坯表面喷刷少量的水。

七、结果分析

针对各组产品，进行品质分析。

第六节　豆沙卷（京式）

一、实验目的

①掌握混糖皮型糕点的加工原理、工艺流程及加工方法。

②掌握混糖皮型糕点的特性。

③区别浆皮型、硬皮型及混糖皮型面团的加工方法。

二、 设备和用具

烘箱，烤盘，擀筒，切刀，分刀，排笔。

三、 参 考 配 方

皮料：小麦粉 3.5kg，绵白糖 1.5kg，饴糖 200g，油脂 750g，鸡蛋 350g，小苏打 25g，温水 300g。

馅料：豆沙馅 4kg。

饰面：鸡蛋 200g。

四、 工 艺 流 程

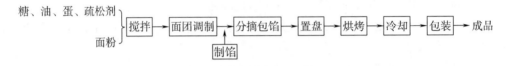

五、 操 作 要 点

（1）面团调制　先将绵白糖、饴糖、水混匀，再与油脂、鸡蛋液、小苏打等混匀，最后加入小麦粉搅拌均匀即可。

（2）制馅　根据需要可以向豆沙馅中加入糖、油、调味料等，以调味和调节馅的软硬度。

（3）分摘包馅　分别把皮料和馅料同量分成等同的小块。再分别把皮料搓成等长度的长条形，擀扁，把豆沙放在中间，再卷包好，并搓成均匀的直径约为 1cm 的条状，然后用切刀切成长约 3cm 的均匀条状，稍按扁，长短一致，两端有豆沙显露，摆入盘内，用排笔轻刷一层蛋液。

（4）烘烤　采用炉温 200℃ 左右，烘烤时间为 12min，使制品略起发，面底均呈棕黄色即可出炉。

六、 注 意 事 项

①调制面团时不宜多揉面，以防面团上筋。

②包豆沙馅时，馅心要均匀涂抹，要卷紧，馅心不得太稀。

③成型时，切刀最好用快刀口。

④按扁时不能太扁，以防馅心被挤出，每只卷不宜过大。

⑤烘烤后期温度可适当降低，但不宜低于 180℃。

七、 结 果 分 析

针对各组产品，进行品质分析。

第七节　梅　花　酥

一、实验目的

了解油酥面团的分层及成团原理，特别是干油酥的特殊调制技术和手法。

二、设备和用具

烤箱，烤盘，搅拌机，面盆，量筒，台秤，擀面杖，刀，刷子，剪子。

三、参考配方

小麦粉500g，猪油125g，鸡蛋1个，馅400g，盐、花椒少许。

四、生产机理

油酥面团是用面粉和油脂作为主要原料、经调制而形成的面团。这种面团一般由两块面团构成，一块面团为水油面团（皮面），是用油、水和面粉拌和揉搓而成的，一块面团为干油酥（油面），是单纯用油脂和面粉擦制而成的。起酥方法是包酥，即水油面包干油酥，形成油酥面团。

五、工艺流程

面粉＋水＋猪油→皮面——

面粉＋猪油→油面→油酥面团→揪剂→包馅→成型→烘烤→冷却→包装→成品

六、操作要点

①称取面粉500g，分成两份、一份300g，一份200g，称取猪油125g也分成两份，一份100g，一份25g，称取盐、花椒少许，量取凉水125mL。

②把100g猪油与200g面粉擦成干油酥，余料与乳化后的猪油和成水油面团。

③将水油面团与干油酥面团，按2∶1的比例包好，按扁，擀成长方形薄片卷起，揪成25g每个的剂子。

④垂直按扁面剂、包入馅、放好。注意包口向上拍成圆饼状。

⑤在没有包口的一面用刀切成5个花瓣，捏成梅花状即成生坯。

⑥把生坯刷上蛋液放入烤盘中入炉烘烤（上火210℃，下火220℃，时间10min）

七、品质鉴别

（1）外观　黄白分明，层次清楚，形似梅花，形态喜人。

（2）口感　外酥内软，咸甜适口。

八、 讨 论 题

①本实验是烘焙制品，若油炸生坯，效果怎么样？

②请详细想想本实验产品的分层原理。

第八节 盘香烧饼

一、 实 验 目 的

了解酵母的发酵原理及猪油、糖的起酥作用、变色原理。

二、 设 备 和 用 具

面盆，刷子，烧杯，量筒，恒温恒湿箱，天平，刀，烤箱，烤盘。

三、 参 考 配 方

面粉500g，酵母5g，猪油100g，水125g，馅适量，白糖少许。

四、 生 产 机 理

面团中引入酵母后，酵母得到了面粉中淀粉、蔗糖分解的单糖作为养分而繁殖，产生大量的 CO_2，CO_2 被面团中的面筋网络包住不能逸出，从而使面团膨大、松软，出现蜂窝组织。另外，干油酥中的油脂遇热流散，面团中结合着的空气、水蒸气膨胀向界面聚集，使制品内部形成多孔结构。

五、 工 艺 流 程

酵母＋水＋面粉→发酵面团→ 揪剂 → 搓条 ─┐

猪油＋面粉→干油酥→ 揪剂 → 搓条 → 擀片 → 上馅 → 成型 → 烘烤 → 冷却 → 包装 →成品

六、 操 作 要 点

①将酵母用50℃的温水化开，加300g面粉和成面团，静置发酵。

②将200g猪油与剩余面粉擦成干油酥。

③将发酵好的面团对碱揉透。

④分别将酵面与干油酥搓成长条，各揪成22个剂子，随即将酵面剂按扁包住干油酥剂，擀成薄长片，折叠成三层，再擀成长方形面片。

⑤将馅捏成条放在面片的一边，从馅心一边卷起、搓成直径约10mm的细长条，盘成盘香状，上面刷上糖水，摆入烤盘。

⑥烘烤，底火220℃，面火210℃，时间20min。

七、品质鉴别

（1）外观　形如盘香，可爱喜人。

（2）口感　油香酥松甜脆，可口而不腻。

八、讨论题

①怎样才能使本产品的形状与颜色更逼真喜人？

②简述制品松酥的原理。

第九节　菊　花　酥

一、实验目的

了解高温炸制的成熟方法，同时了解鸡蛋在面团中的起酥原理。

二、设备和用具

面盆，秤，筷子，刀，油锅。

三、参考配方

面粉 500g，猪油 100g，鸡蛋 30g，水 120g，泡打粉 5g，碱面 3g，色素及盐少许。

四、生产机理

新鲜鸡蛋胶体溶液的浓稠度高，能打进气体，保持气体性能稳定，这样用鸡蛋和成的面成熟时，可使面团酥松多孔。

五、工艺流程

面粉＋苏打粉
↓
鸡蛋＋水＋盐＋色素＋碱面＋猪油→蛋酥面团→ 醒面 → 切丝 → 成型 → 油炸 → 冷却 → 包装 →成品

六、操作要点

①按配方要求称取各种原辅料。

②把称好的鸡蛋、水、盐、色素、碱面、猪油搅和均匀。

③加入面粉制成蛋酥面团。

④揉好稍醒一会擀成大片。

⑤把面片切成粗细均匀的细丝，以细丝的中点为中心，蘸上蛋液依次往上摆，摆成菊花状，再取一根细丝把菊花束起来。

⑥用一双筷子夹住中部使细丝竖起来，再将上部丝条向四周松散开放入油锅中，取出筷子。

⑦待炸至金黄色时，捞出沥油、晾凉、装盘。

七、品质鉴别

（1）外观 本产品（不加色素）状似菊花，金黄诱人，引人食欲。

（2）口感 松脆可口，香、咸各味俱全。

八、讨论题

①怎样才能使炸出的成品更似菊花？

②油炸时怎样判断油温？

第十节 蛋 卷

蛋卷是传统的优质高档食品，以松脆或酥松、香甜可口，营养价值高而受到广大消费者喜爱。目前市面上的蛋卷按生产设备划分为两类。一是机制蛋卷：采用自动蛋卷机生产，产品大都松脆，外观整齐，蛋卷孔眼细密，含油量少。机制蛋卷单机产量大，效率高，投资大，多为大中型食品厂使用。主要花色品种有常见的灌心蛋卷和外层涂布朱古力味、果味的双色蛋卷。二是手制蛋卷：手工蛋卷，产品酥松、香甜可口，酥松度、口感优于机制蛋卷，表面孔眼较大，边缘不规则，产品含油量大，营养价值高。

一、设备和用具

（1）搅拌打浆设备 立式搅拌机，国内厂家大都采用该类机打浆，该机型号很多，基本要求如下。

①可多级调速、转速 50~190r/min。

②搅拌器可按"行星轨迹"搅拌。

③配有网状搅拌桨。

（2）连续式充气系统 仅有部分国外厂家使用，是最新式的充气设备。该系统产量大，质量稳定，适合于大型连续式生产的厂家。

（3）烘烤设备 自动卷蛋机；手工煎蛋卷机。

二、参考配方

1. 机制蛋卷配方

配方 1 面粉 8kg，淀粉 2kg，砂糖粉 10kg，液体油 2kg，小苏打 0.04kg，鸡蛋 2kg。

配方 2 面粉 8kg，淀粉 2kg，砂糖粉 9kg，液体油 2.5kg，小苏打 0.03kg，鸡蛋 4kg。

2. 手制蛋卷配方

配方 1　面粉 10kg，砂糖粉 4kg，鸡蛋 10kg，奶油 6kg。

配方 2　面粉 10kg，砂糖粉 8kg，鸡蛋 10kg，奶油 6kg。

配方 3　面粉 10kg，砂糖粉 7kg，鸡蛋 7kg，奶油 4.5kg，碳酸氢铵 0.01kg。

配方 4　面粉 10kg，砂糖粉 6.5kg，鸡蛋 3kg，奶油 2kg，起酥油 2kg，猪油 2kg，碳酸氢铵 0.015kg。

配方中，面粉使用低筋小麦面粉，面筋含量 21% ~ 26%；砂糖、油脂、面粉、淀粉、疏松剂等符合国家食用标准即可。液体油用棕榈油、菜油。

三、生产机理

（1）机制蛋卷生产机理　将面粉、砂糖、油脂、鸡蛋、水等原料搅拌成黏乳状浆料，它是一个多相分散体系，以砂糖、鸡蛋的水溶液为分散介质，分散相有固相淀粉粒、液相脂肪球和以鸡蛋蛋白为发泡剂形成的气相空气泡。当浆料进入自动蛋卷机烘烤时，水分、空气、疏松剂迅速挥发，形成网状蛋卷皮子（20 ~ 30s），趁热卷制，冷却切割成蛋卷。与蛋卷灌心机配合使用可生产出各种风味的灌心蛋卷。

（2）手制蛋卷生产机理　将固体油脂、砂糖粉、面粉、鸡蛋、疏松剂等原材料充分搅拌，充气形成膨松的海绵状凝膏体，是一个复杂的悬浮性多相分散体系，分散介质是固相油脂，分散相有砂糖粉粒、淀粉粒，还有鸡蛋液珠、水溶液珠，大量的被油脂和鸡蛋蛋液包容的空气泡。该凝膏体在手煎蛋卷机上被铁夹板压扁受热，空气、水分、疏松剂等迅速挥发形成网孔较大的蛋卷皮子（15 ~ 30s）。趁热用不锈钢管将皮子卷制成蛋卷，或者用叉子将皮子折叠成四方形、三角形的"凤凰蛋卷"，在卷制成型或折叠之前，可撒上椰丝、芝麻等辅料以形成不同的口味。

四、工艺流程

1. 机制蛋卷工艺流程

适量水、鸡蛋、糖粉、液体油、香料、疏松剂→ 打浆充气 →（面粉、生粉、筛粉） 浆料调制 → 上浆成模 → 烘烤 → 脱模 → 成型 → 冷却定型 → 切割 → 冷却 → 包装 →成品

2. 手制蛋卷工艺流程

工艺流程 1　油脂、砂糖粉、鸡蛋、化学疏松剂、香精、色素→ 打浆充气 →（面粉、筛粉加水） 浆料调制 → 煎蛋卷 → 卷制成型 → 冷却 → 包装 →成品

工艺流程 2　油脂、1/2 砂糖粉、化学疏松剂、香精、色素→ 打浆充气 →（面粉、筛粉）糖、油浆调制→鸡蛋、1/2 砂糖粉→ 打浆充气 → 浆料调制 → 煎蛋卷 → 卷制成型 → 热风干燥 → 冷却 → 包装 →成品

五、操 作 要 点

1. 机制蛋卷操作要点

①严格按照投料顺序投料，国内厂家大都采用立式搅拌机打浆，打浆时可采用低速 - 高速 - 低速的工艺，打浆要充分，时间不应少于 10min。

②在搅拌机转速为 50r/min 的情况下，将筛过的面粉、淀粉均匀加入，不允许有干粉和浆料不均匀的情况。而且搅拌时间不宜长，以 2~3min 为宜，否则浆料易"起筋"。

③调制好的浆料应当是一种含有空气的均匀的黏乳状液体，浓度在 20~35°Bé。调制好的浆料必须马上用完，久置不用会使浆料"起筋""分层""走气"，使产品变硬脆。

④浆料进入自动蛋卷机烘烤时，要注意底火、面火的协调，一般面火为 150~200℃，底火温度为 350~400℃。

2. 手制蛋卷工艺操作要点（工艺流程 1）

①严格顺序投料，先开慢档将糖、油、蛋等搅拌均匀，然后再高速搅拌充气，由于配方中固体油脂比例较大，浆料必顺充分搅拌充气，夏天至少 15min，冬天至少 20min，充气的浆料应是膨松、润滑的凝膏体。

②搅拌机开慢档（50r/min）。面粉过筛后，缓慢加到上述凝膏体中，同时再根据配方情况小心加入适量水（配方 1 需加水，配方 2 不用）。"加水"是一个经验性较强的工序，绝不能加水太快，否则易使浆料局部多水、"走气"而导致蛋卷硬脆。加水量应根据气温调整，夏天加量应少一些，冬天可大一些。

③调制好的浆料是无粉粒、无油脂块的膨松幼滑均匀的凝膏体。实际操作时，可用手指头勾一块浆料观察，若浆料质感膨松，定型良好，不会从手指轻易滑落时，则达到调制终点。

④由于受煎制速度的影响，手制蛋卷煎制温度变化较大，在 180~220℃，（目前多数工厂采用面火、底火温度一致的方法）。应防止为赶产量而将炉温开得太高，否则蛋卷色泽变化太大。

3. 手制蛋卷工艺操作要点（工艺流程 2）

①该工艺与工艺 1 的区别在于：鸡蛋单独打浆，然后与糖油浆混合；蛋卷煎八成熟即卷制成型，然后再经过热风干燥。

②鸡蛋单独打浆与糖油浆混合：将全部鸡蛋和一半的砂糖混合后，先低速搅拌均匀，再高速搅拌充气，当蛋浆泡沫变白而且细密均匀时，则到打浆终点。将按工艺 1 调制好的糖油浆加入面粉后，再缓慢均匀地加入鸡蛋浆，搅拌机用慢档且搅拌时间不宜长，两种浆料混合均匀即可。

③将蛋卷皮子煎至八成熟，即趁热卷制，冷却后放入热风干燥炉中干燥 1~2h，温度 70~90℃。蛋卷彻底干水之后，冷却包装。

六、　品质鉴别

（1）形态　产品呈多层卷筒形态，断面层次分明，表面光滑或呈花纹状。

（2）色泽　产品表面呈浅黄色、金黄色、浅棕黄色，色泽基本均匀。

（3）滋味与口感　味甜，具有蛋香味，口感松脆或酥松。

七、　讨论题

机制蛋卷和手制蛋卷的制作过程的区别。

第六章
膨化食品的加工

概　述

一、膨化食品的定义

膨化食品是近年来国际上发展起来的一类新型食品，它主要是以谷物、豆类、薯类、蔬菜等为原料，经过膨化设备的加工而生产出来的一类食品。依据膨化的设备不同，膨化食品的加工工艺也不相同。目前，膨化食品的加工方法主要有挤压膨化法、气流膨化法、高温油炸膨化法、真空低温膨化法等。

二、膨化食品的特点

①产品不易产生回生现象。
②营养成分损失少，食物易消化吸收。
③连续化生产，有利于机械化操作。
④生产工艺简单，流水线短，便于管理。
⑤生产效率高，生产费用低。
⑥产品种类多，应用范围广。

三、挤压膨化食品的分类

我国20世纪80年代初从国外引进了较为先进的应用于食品加工的挤压机，从此在挤压食品的开发和挤压理论的研究方面有了很大的发展。现在我们国家自己生产的挤压机在性能、操作的方便性、生产能力等方面均达到了较高的水平。应用挤压技术进行食品加工的领域也得到了很大的拓展。现在，挤压技术在膨化食品、营养米粉、糖果、畜禽饲料、鱼类饲料、植物组织蛋白、变性淀粉及膳食纤维的研究和生产方面已有很大的发展。挤压膨化食品的种类较多，按常规方法可以分为以下几类。

①挤压膨化食品和休闲食品　原料经过挤压成型之后可以直接食用。膨化制品有：虾条、香酥脆、玉米圈、洋葱圈、宝宝脆、长鼻王、麦圈、锅巴等。

②挤压谷物早餐制品及挤压膨化再制品　将谷物、薯类及豆类原料合理配合后进行挤压膨化，生产出的营养互补、营养价值高的方便食品；或将以上原料经挤压膨化后再与其他的辅料配合，辅以其他加工手段生产出的食品，如营养米粉、面包、糕点等。

四、 挤压膨化食品的工艺流程

原辅料→配料→调整水分→挤压熟化成型→干燥→喷涂、包被→包装→产品

生产时可以用一次挤压成型，也可用两次挤压成型。一次挤压成型即是原料经过一次挤压之后，直接进入后期的加工；两次挤压成型则是采用两台挤压机进行作业，原料经第一台挤压机之后，仅仅完成了蒸煮熟化的过程，经过第二台挤压机之后，才完成了成型。采用一次挤压法生产，所使用设备的剪切率要求比较高，生产过程中的温度也比较高，一次挤压法生产出来的产品膨化度比较大，但成型率相对较低，难以生产出复杂的产品造型。两次挤压法生产过程中的温度可以低一些，即使生产造型复杂的产品，其成型率也比较高。

除了一般的挤压产品之外，还可以采用共挤出生产工艺生产夹心挤压膨化食品。共挤出工艺与一般的挤压生产工艺原理完全一样，不同之处是共挤出生产工艺要使用共挤出模具。原料经共挤出模具挤出后，成为筒状的造型，而夹心料也同时经过夹心料输送装置的输送，直接进入筒状造型内，从而生产出夹心产品。该类型的挤压机除了要用共挤出模具之外，还需在原有挤压机的基础上添加夹心物料输送装置。

第一节　膨化小食品

一、 实验目的

①加深理解食品膨化的基本原理，了解膨化小食品的生产工艺流程和一般加工方法。
②了解挤压式膨化机的工作原理。

二、 设备和用具

膨化机、远红外烘烤炉，充氮式塑料包装机，200mL烧杯，喷雾器，烤盘，搪瓷盘等。

三、 参 考 配 方

大米粉10kg，酱油200g，砂糖600g，味精1g，植物油2g，乳化剂1g，水少许。

四、 生 产 机 理

含有一定水分的物料，在挤压机套筒内受到螺杆的推动作用和卸料模具及套筒内节流装置（如反向螺杆）的反向阻滞作用，另外还受到来自外部的物料与螺杆、套筒内部摩擦热的加热

作用。此综合作用的结果是使物料处于高达 3~8MPa 的高压和高温（一般可达 120~200℃，根据需要还可达到更高）下。如此高的压力超过了挤压温度下的饱和蒸汽压，所以物料在挤压机筒内不会产生水分的沸腾和蒸发，在如此高的温度、剪切力及高压的作用下，物料呈现为熔融状态。当物料被强行挤出很小的模具口时，压力骤然降为常压，此时水分便会发生急骤的闪蒸，产生类似于"爆炸"的情况，产品随之膨胀。水分从物料中蒸发，带走了大量的热量，这样物料便在瞬间从挤压过程中的高温迅速降至 80℃ 左右的相对低温。由于温度的降低，物料从挤压时的熔融状态而固化成型，并保持了膨胀后的形状。

五、工艺流程

原料选择 → 加湿 → 膨化 → 烘烤（油炸）→ 加味 → 干燥 → 充氮包装 → 成品

六、操作要点

（1）原料选择 膨化小食品主要以大米、玉米等谷物为原料，原料粒度要求 16~30 目/in（1in=2.54cm）为宜，大米可直接膨化，玉米还需加工破碎。

（2）膨化 生产前需将喷头部件预热到 150℃ 方开始工作，工作时首先加入 500g 含水量 30% 的起始料外爆，随后加入正常原料进行生产，原料的供给要连续并有一定节制。

（3）烘烤 由膨化机生产出的产品为半成品，需及时进行烘烤。将产品收集于烤盘中，置入 120~140℃ 的远红烘烤箱中，烘烤 2~3min。

（4）加味 烘烤后的半成品立即喷洒植物油，在 65°Bx、50~70℃ 的混合糖浆中浸渍 5~7s。

（5）干燥 浸渍的产品取出后用 80℃ 热风干燥，即成成品。

七、讨论题

①膨化小食品的产品特点有哪些？
②该产品的口味、风味如果不适合，应如何改进？

第二节 膨 化 米 饼

米饼是一种以大米为原料，经浸泡、制粉、压坯成型、烘干、焙烤、调味等单元操作而加工成的方便食品。它具有低脂肪、易消化、口感松脆等特点，深受人们喜爱。米饼是日式米果（大米糕点）的代表，它是日本江户时代（17~19 世纪）在我国"煎饼"制法的基础上，用米粉代替小麦粉，采用焙烤加工工艺制作而发展起来的一种日本传统糕点。近年来，我国市场上也出现了不少米饼，如旺旺雪米饼、仙贝和阿拉来等，随着对米饼工艺和设备不断改进，国内已能生产出适合消费者需要的高品质和花色品种较多的米饼。

一、 膨化糯米米饼

1. 实验目的

①了解米饼类膨化食品的生产方法和原理。

②了解米饼类膨化食品的生产设备。

2. 参考配方

糯米粉 100kg，玉米淀粉 20kg，水 35～40kg，白砂糖 15kg，食盐 3kg，碳酸氢钠 0.5kg，花生仁 3kg，米香精 0.3kg。

3. 生产机理

米饼在焙烤的过程中完成饼坯的膨化，这一变化的过程为：米饼坯→加热→软化→坯中气体膨胀→饼坯膨胀→失水定型→焙烤→冷却→制品。米饼坯在加热焙烤时，首先会产生软化现象，且透明度增大，转化成玻璃状形态，延展性大增。同时坯中气体及水蒸气，由于温度升高，而体积有增加的要求，表现为气压增大，当气体压强增大到产生的力大于饼坯黏弹力时，作为对膨胀压力的响应，饼坯将迅速发生膨胀，米饼的膨胀即膨化将持续到蒸气压产生的力与米饼的黏弹力相平衡。此时膨化的米饼迅速失水后即能定型为膨化米饼的形状，然后经过烘烤，即可制成其松脆可口、米香浓郁的膨化米饼产品。

4. 工艺流程

原料（糯米）→ 洗米 → 浸泡 → 脱水 → 粉碎 → 调粉 → 蒸制 → 冷却 → 压坯成型 → 干燥 → 静置 → 烘烤 → 膨化 → 调味 →成品

5. 制作要点

（1）洗米、浸泡　将糯米用清水洗净，在室温下浸泡 30min 左右，让大米吸收一定水分便于粉碎。浸泡结束后，大米的含水量为 28% 左右。

（2）脱水、粉碎　将浸泡好的米放入离心机中脱水 5～10min，脱除米粒表面的游离水，使米粒中的水分分布均匀。然后粉碎，米粉的粒度最好在 100 目以上。

（3）调粉　用水将白砂糖和食盐配制成溶液过滤后备用。先将玉米淀粉和糯米粉混合均匀，再加入调配好的溶液调制。

（4）蒸制、冷却　将调制好的米粉面团 90～120℃蒸 20～25min，然后自然冷却 1～2d 或低温冷却（0～10℃）24h，让其硬化。因为蒸制后面团太黏，难以进行成型操作，冷却一段时间后，一部分淀粉回生，面团黏度降低，便于成型操作。

（5）压坯成型　成型前，面团需反复揉捏至无硬块和质地均匀，然后加入碳酸氢钠、米香精和花生仁，制成直径约 10cm、厚 2.5～3cm、重 5～10g 的饼坯。

（6）干燥、静置　饼坯由于水分含量偏高，直接烘烤表面结成硬皮，而内部仍过软，因此焙烤前应干燥。干燥的关键是控制干燥的温度、时间及确定干燥的终点，干燥终点一般为饼坯的水分含量为 10%～15%。干燥后需将饼坯静置 12～48h，使饼坯内部和表面水分分布均匀。

干燥使用远红外热风干燥，干燥温度高，饼坯表面特别是边缘迅速失水，饼坯易发生干裂、卷曲、中间分层、鼓大泡现象；温度低，干燥时间长，不经济，生产率低。最后干燥温度应为 25～30℃，时间为 24h 左右。

干燥初期，湿度以 40%～50% 为宜（如过高产生水滴，沾有水滴的坯表面形成水斑，易使成品表面变得粗糙）。然后在 10% ~20% 的湿度下干燥。干燥终点一般为饼坯水分为 10% ~15%，干燥后的含水量是影响成品质量的重要因素之一。饼坯水分高，烘烤时的膨胀温度高，开始膨胀时的大量水蒸气易使其中间产生分层现象，使烤后的产品通体鼓个大泡，内部几乎不膨化，表面硬皮，内部黏软；水分低，饼坯的膨胀温度低，但产生的水蒸气少，膨化效果稍差。

（7）烘烤、调味　将干燥、静置后的米饼坯放入烤箱烘烤。在米饼坯品温上升时，首先产生软化现象，而具延伸性，继续加热则迅速膨化，经降温烘干硬化饼坯，升温焙烤上色，即可形成组织松脆的产品。

米饼坯加热软化点一般在 145 ~ 165℃，而能产生焦化现象，焦化点为 180 ~ 200℃。米饼坯软化后，由于水分不断蒸发可产生一定的蒸气压，蒸气压的大小与制品体积大小关系很大，即与比体积关系很大。加热温度高，上升温度快，蒸气压大，即膨胀压力大，产品的比体积就大；若加热温度低，膨化的时间就长，形成的蒸气压小，膨化后的米饼比体积值就小。

如想提高比体积，膨化温度应选在焦化点以上的高温区 210 ~ 220℃，膨化约 1min 的操作，其比体积可达到 3.5 ~ 4mL/g。

饼坯的含水量也影响产品的比体积，水分高时，品温上升速度慢，升温时间长，易形成干硬的表皮，成品比体积变小，口感偏硬。而水分过低，不能形成大的蒸气压，膨化效果也差。实验表明，当含水量在 13% ~ 14% 能得到较大的比体积及较好的感官质量。

饼坯迅速膨化后，若维持高温焙烤，则易形成表面焦化而内部绵软的膨松组织，达不到产品质量要求，所以必须把焙烤温度降到焦化点以下的 120℃ 左右，进行饼坯干燥，干燥时间约 8min，干燥后的饼坯再升温到焦化点（210 ~ 250）℃ 以上，促进美拉德反应和焦化的进行，烤至饼坯表面呈现金黄色。

若烤后的米饼要调味，可在表面喷调味液后再烘干为成品。

二、籼米米饼的制作

籼米是我国稻米中的常规品种，其深加工受到了国家的大力支持。目前，我国的米饼生产大多以东北粳米或嘉兴粳米为原料，产地来源受到了一定的限制，而以籼米为原料制作米饼的报道尚未多见。本部分旨在以籼米为原料制作米饼，以降低产品成本，拓宽籼米的深加工渠道。

1. 实验目的

①了解籼米米饼类膨化食品的生产方法和原理。

②了解籼米米饼类膨化食品的生产设备。

2. 原材料

籼米，白砂糖，棕榈油，食用盐，单硬脂酸甘油酯，大豆蛋白粉，乳粉和调味料等。

3. 工艺流程

籼米→浸泡→制粉→蒸煮→挤出→揉面→成型→干燥→调质老化→二次干燥→焙烤→淋油→调味→包装→成品

4. 操作要点

（1）原料预处理　籼米浸泡 8 ~ 10h，粉碎至 100 目左右，米粉所含水分以 30% 为宜。

（2）蒸煮、成型与干燥　米粉放入带棒式搅拌器的蒸煮器内揉和蒸煮 10min，温度为 110℃。然后挤出冷却至 60℃，揉捏 3 次，使米团质地均匀，此时米团水分为 40% ~ 50%。再进行压延，辊压成饼坯形，在 70~80℃下进行干燥至 20% 水分，收集成型干坯。

（3）调质干燥与二次干燥　干坯在室温下调质老化 24h 左右，使其水分达到平衡，然后在 70~75℃下热风干燥至水分 10%~12%。

（4）焙烤　烘干的米饼坯在温度为 200~260℃条件下焙烤膨化成米饼。米饼坯在焙烤炉中焙烤时，经 2.5~3min，品温超过 100℃，开始软化，约 4min，饼坯温度达到 145~160℃并开始膨化，此时应正确把握该时间的调控，保证米饼坯的正常均匀膨化，避免过大或不足。膨化成型的米饼水分约 3%。

（5）淋油与调味　淋油时油温保持在 70~80℃为宜。调味料应均匀地裹在米饼上。

5. 品质鉴别

（1）外观质量

外观色泽：乳黄色或淡黄色。

气味及滋味：米香味，口感松脆。

形态：圆形或长方形薄饼。

（2）理化指标

蛋白质　≥8%；

水分　≤6%；

细菌总数（个/g）　≤3000；

大肠杆菌（个/100g）　≤30；

致病菌　不得检出；

铅（以 Pb 计）（mg/kg）≤0.5；

砷（以 As 计）（mg/kg）≤0.5；

铜（以 Cu 计）（mg/kg）≤0.5。

6. 注意事项

①籼米因其直链淀粉含量高（约 25%）、起始糊化温度也较高，黏度小，且易回生，使产品质地干硬粗糙。因此，在蒸煮时应使其充分糊化，使面团有可塑性及弹性，易于成型及膨化。

②直链淀粉与支链淀粉的比例是影响米饼膨化度的重要因素，在蒸煮时适量添加了支链淀粉含量高的米粉，取得了明显的助膨效果。

③因籼米中能形成双硫链架构的氨基酸较缺乏，使其加工性能差，在籼米米粉中添加少量动植物蛋白，明显地增加了米团的流变特性及产品的膨化效果，并显著地改善了产品的口感。

第三节　小米锅巴

锅巴是近几年来出现的一种备受广大群众欢迎的休闲食品，用小米为原料制作锅巴，既可以利用小米中的营养物质，又可以达到长期食用的目的。其加工过程主要是将小米粉碎后，再加入淀粉，经螺旋膨化机膨化后，将其中的淀粉部分糊化，再油炸制成。该产品体积膨松，口感酥，含油量低，省设备，能耗低，加工方便。

一、实　验　目　的

①了解锅巴类膨化食品的生产方法和原理。
②了解锅巴类膨化食品的生产设备。

二、设 备 和 用 具

搅拌机、螺旋膨化机、油炸锅及包装袋热封机。

三、参　考　配　方

（1）原辅料配方　小米 90kg，淀粉 10kg，乳粉 2kg。
（2）调味料配方
海鲜味：味精 20%，花椒粉 2%，盐 78%。
麻辣味：辣椒粉 30%，胡椒粉 4%，味精 3%，五香粉 13%，精盐 50%。
孜然味：盐 60%，花椒粉 9%，孜然 28%，姜粉 3%。

四、工　艺　流　程

米粉、淀粉和乳粉 → 混合 → 搅拌 → 膨化 → 晾冷 → 切段 → 油炸 → 调味 → 称量 → 包装 → 成品

五、操　作　要　点

①混合、搅拌　首先将小米磨成粉，再将粉料按配方在搅拌机内充分混合，在混合时要边搅拌边喷水，可根据实际情况加入约 30% 的水。在加水时，应缓慢加入，使其混合均匀成松散的湿粉。

②膨化　开机膨化前，先配些水分较多的米粉放入机器中，再开动机器，使湿料不膨化，容易通过出口。机器运转正常后，将混合好的物料放入螺旋膨化机内进行膨化。如果出料太膨松，说明加水量少，出来的料软、白、无弹性。如果出来的料不膨化，说明粉料中含水量多。要求出料呈半膨化状态，有弹性和熟面颜色，并有均匀小孔。

③晾冷、切段　将膨化出来的半成品晾几分钟，然后用刀切成所需的长度。

④油炸　在油炸锅内装满油加热，当油温为 130～140℃ 时，放入切好的半成品，料层约厚 3cm。下锅后将料打散，几分钟后打料有声响，便可出锅。由于油温较高，在出锅前为白色，放一段时间后变成黄白色。

⑤调味　当炸好后的锅巴出锅后，应趁热一边搅拌，一边加入各种调味料，使得调味料能均匀地撒在锅巴表面上。

六、注　意　事　项

①根据口味情况，调味料可根据实际情况进行调整。
②如果从膨化机中出来的半成品不符合要求，可重新进行加工。

第四节　三维立体膨化食品

三维立体膨化食品是一种全新的膨化食品。按所使用的原料不同又可分为马铃薯三维立体膨化食品和谷物三维立体膨化食品，尤其是谷物三维立体膨化食品还以成本低廉而更具市场优势。三维立体膨化食品的外观一改传统膨化食品扁平且缺乏变化的单一模样，采用全新的生产工艺，使生产出的产品外形变化多样、立体感强，并且组织细腻、口感酥脆，还可做成各种动物形状和富有情趣的妙脆角、网络脆、枕头包等，所以一经面世就以其新颖的外观和奇特的口感而受到消费者的青睐。

一、主要原料

玉米淀粉70%，大米淀粉20%，马铃薯淀粉10%。

二、工艺流程

配料、混料 → 预处理 → 挤压 → 冷却 → 复合成型 → 烘干 → 油炸 → 调味、包装 → 成品

三、操作要点

（1）配料、混料　该工序是将干物料混合均匀与水调和达到预湿润的效果，为淀粉的水合作用提供一些时间。这个过程对最后产品的成型效果有较大的影响。一般混合后的物料含水量在28%～35%，由混料机完成。

（2）预处理　预处理后的原料经过螺旋挤出使之达到90%～100%的熟化，物料是塑性熔融状，并且不留任何残留应力，为下道挤压成型工序做准备。本工序由特殊螺旋设计，有效的恒温调节机构来控制，一般设定温度为100～120℃，中压在2～3atm（1atm = 1.01×10^5 Pa）。

（3）挤压　这是该工艺的关键工序，经过熟化的物料自动进入低剪切挤压螺杆，温度控制在70～80℃。经过特殊的模具，挤压出宽200mm、厚0.8～1mm的大片，大片为半透明状，韧性好。其厚度直接影响到复合成型和烘干的时间，所以在模具中装有调节压力平衡的装置来控制出料均匀。

（4）冷却　挤压过的大片必须经过8～12m的冷却长度，有效保证复合机在产品成型时的脱模，为节省占地面积，可把冷却装置设计成上下循环牵引来保证最少10m的冷却长度。

（5）复合成型　该工序由三组程序来完成。第一步为压花：由两组压花辊来操作，使片状物料表面呈网状并起到牵引的作用。动物形状或其他不需要表面网状的片状物料可更换为平辊使其只具有牵引作用。第二步为复合：压花后的两片经过导向重叠进入复合辊，复合后的成品随输送带进入烘干，多余物料进入第三步回收装置，该程序由一组专往挤压机返回的输送带来完成，使其重新进入挤压工序，保证生产不间断。

（6）烘干　挤出的坯料水分处于20%～30%，而在下道工序之前要求坯料的水分含量为12%，由于这些坯料此时已形成密实的结构，不可迅速烘干，这就要求在低于前面工序温度

（通常为60℃）的条件下，采用较长的时间来进行烘干，以保持产品形状的稳定。另外，为使复合后的坯料不致互相黏连，最好装有微振动装置使产品烘干后能互相独立。

（7）油炸　烘干后的坯料进入油炸锅以完成蒸煮和去除水分，使产品最终水分达到2% ~ 3% 。坯料因本身水分迅速蒸发而膨胀2 ~ 3倍，并呈立体状使其造型栩栩如生。然后再进行甩油去除油腻感而进入最后一道工序。

（8）调味、包装　该工序可根据消费者的口感来进行，产品表面喷涂粉状调味料，用自动滚筒调味机和喷粉机或用八角调味机来完成即可。

Part

2

第二篇
发酵食品工艺学实验

第一章

酒类的加工

概　述

一、酒的定义

酒是使用粮食、水果等含有糖分或淀粉的物质，经过发酵、蒸馏、陈酿而成，含有酒精（乙醇），并带刺激性的饮料。在 20℃恒温情况下，每 100mL 酒中，含有的酒精（乙醇）的体积（mL）称酒的酒精度。

二、酒的分类

1. 按酿造方法划分

（1）发酵酒　又称非蒸馏酒，酒精含量 20% 左右，它的生产工艺特征是不经蒸馏过程就已得到最终产品，如果酒、啤酒等。

（2）蒸馏酒　酒精含量较高（含 40% 以上），是必须经过蒸馏过程才获得最终产品的酒类，如白酒、白兰地、威士忌、伏特加、兰姆酒等。

（3）配制酒　用发酵原酒或蒸馏酒加入一定量的香料或食糖、色素、配制而成的饮料酒。这类酒在生产过程中不是从发酵或蒸馏开始，而是从一般成品酒开始，是用成品酒为主要原料，按照一定要求放入其他物料配制，如鸡尾酒、药酒等。

2. 按商品类型划分

（1）白酒　主要是用含淀粉的原料经过糖化发酵蒸馏而取得的酒液。

（2）黄酒　主要是以大米为原料，通过特定加工过程，受曲药中不同种类的霉菌、酵母和其他微生物的共同作用后经压榨而成的一种低度酒。

（3）果酒　是用果类为原料酿造的各种含酒精的饮料的总称。

（4）啤酒　是以大麦为主要原料，经过发芽、发酵而酿成。它是一种含有低酒精和二氧化碳的饮料酒。

（5）药酒　凡是酒中配入药物的都称为药酒。

（6）配制酒　是以某一种饮料为基础，用人工的方法加入适量的香料、药料和其他不同类型、不同风格饮料酒的混合酒种。

3. 按酒的含糖量划分：

甜型、半甜型、干型。

第一节　啤　酒

一、实验目的

①掌握经过改进的复式煮浸糖化法制备麦芽汁的工艺。

②掌握采用低温发酵法生产啤酒的工艺过程。

二、设备和用具

电子天平，糖化锅（或者可调温的糖化仪装置），糊化锅（可以用铝锅替代），1000mL 量筒，白瓷板，玻璃棒，糖度计，煤气炉（或电炉），冷却设备（冰柜或冰箱），锥形发酵罐，小型过滤机，空气过滤器，物料粉碎机等。

三、生产机理

①成品麦芽中富含各种酶类，尤其是水解酶类对制酒尤为重要。不同种类的水解酶其作用的最适条件不同（如温度、pH 等），因而可以控制不同的工艺条件使各种物质适度降解，以制出适合酿造啤酒的麦汁。

②糖化所得的麦芽汁中含有大量的微生物生长繁殖所需的各种营养物质，因而在一定条件下，啤酒酵母可以在其中生长繁殖产生酒精和二氧化碳及其他代谢产物。

四、参考配方

麦芽粉 280g，大米粉 130g，α - 淀粉酶 780μg，碘液少量，酒花 0.12%，泥状酵母 0.8%（以出麦汁的体积计）。

五、工艺流程

大米粉→（加 α - 淀粉酶）糊化→对醪（加麦芽粉）→糖化→保温→过滤→（加酒花）煮沸→冷却→（加啤酒酵母）发酵→贮酒→过滤→杀菌→罐装→成品

六、操作要点

1. 改进的复式煮浸糖化法制备麦芽汁的操作步骤

①准确称取麦芽粉 280g，倒入糖化锅，加 54℃ 热水 990mL，搅拌混匀，于 50～52℃ 保温

$60 \sim 90 \text{min}$。

②准确称取大米粉 130g，倒入糊化锅，加入 50℃ 的热水 630mL，并加入 α – 淀粉酶（$6\mu g/$g 大米粉），搅拌均匀，于 $80 \sim 85$℃保温 $30 \sim 40 \text{min}$。

③将糊化锅中的醪液升温至 100℃，迅速倒入糖化锅中，混匀，于 68℃ 保温 $60 \sim 90 \text{min}$。其间用碘液进行检查，直至糖化完全。

④将糖化完全的醪液（糖化醪）升温至 78℃ 后，倒入过滤槽，静置 10min 后进行过滤、洗槽处理。

⑤将过滤和洗槽得到的麦芽汁合并，加入 0.12% 的酒花，煮沸 90min。

⑥煮沸结束后，用糖度计测定麦芽汁浓度，并加入热水使之合乎要求（啤酒成品的酒度）。最后除去酒花，待发酵用。

2. 低温发酵法生产啤酒的操作步骤

①锥形发酵罐的清洗和灭菌处理。用 2% 氢氧化钠溶液冲洗锥形发酵罐，然后用清水冲洗至 pH 7.0，用 2% 的甲醛溶液浸泡 2h 以上，再清水冲洗至无甲醛味。使用前用 75% 乙醇（或 80℃ 热水）灭菌。

②将麦芽汁冷却后装入锥形发酵罐，接好冷却设备，加入 0.8% 泥状酵母，接种温度 $9 \sim 10$℃，进行低温发酵。

③发酵过程要严格控制发酵温度，并及时观察啤酒产气情况，避免因产气而使发酵瓶塞崩掉，造成杂菌污染，出现异常发酵。发酵时间一般为 $15 \sim 20 \text{d}$。主发酵时间为 $7 \sim 8 \text{d}$，发酵温度最高不超过 15℃，以发酵温度 $6 \sim 9$℃ 为宜，发酵终了温度为 4℃。后酵期间采用 "先高后低" 的温度控制原则，3℃ 保持 1.5d 左右，然后至 1.5℃ 保持 1d，贮酒 $0 \sim 1$℃，时间 $5 \sim 7 \text{d}$。

3. 过滤、杀菌、包装

将贮好的啤酒经过滤装置进行过滤，得到澄清透明的酒体。再进行巴氏杀菌，最后灌装成为成品。

七、品质鉴别

对啤酒成品进行感官评定、理化指标和卫生指标方面评定。感官评定包括外观、色泽、香气、滋味。理化指标包括原麦汁浓度（%）、总酸、糖度、色度、pH、氨基酸含量等。卫生指标包括细菌总数、大肠杆菌数、致病菌等。

八、讨论题

①根据所学理论知识，将本实验的糖化工艺与复式煮浸糖化工艺进行比较，寻求它们的相同点和不同点。

②大米糊糊化结束后，为何要升温至 100℃？

③结合所学理论知识，讨论啤酒的发酵机理。

④讨论啤酒发酵过程中，消除双乙酰的方法。

⑤从酒花在啤酒生产中的作用出发，结合本实验工艺，设计合理的酒花添加方式。

第二节　红葡萄酒

一、实　验　目　的

①掌握以葡萄为原料,采用传统发酵工艺酿制红葡萄酒的工艺过程。

②掌握葡萄酒的调配技术。

二、设备和用具

1000mL 量筒,1000mL 三角瓶,250mL 三角瓶,500mL 烧杯,天平,糖度计,纱布,温度计,玻璃棒等。

三、生　产　机　理

①存在于葡萄皮上的葡萄酒酵母菌使葡萄中的糖发酵生成乙醇,经过贮藏、过滤等过程使之成为红葡萄酒。

②葡萄酒经过一定时间的贮藏,即可进行调配,以决定成品酒质量和风味。调配主要以具有特殊风味、消费者喜欢、经济效益好为原则。

四、参　考　配　方

龙眼葡萄 1kg,75% 酒精少许,偏重亚硫酸钾 0.1g,白砂糖［每升前酵汁中加糖量(g) = 240 – 醪液含糖量(g/L)］。

五、工　艺　流　程

红葡萄→ 分选 → 去梗 → 破碎 →葡萄浆(加偏重亚硫酸钾)→ 前发酵 → 分离皮渣 →前酵汁液(加白砂糖)→ 后发酵 →原酒→ (加酒精、白砂糖) 调配 →成品

六、操　作　要　点

①了解所用葡萄的性状(颗粒形状、色、香、味)。

②将使用的三角瓶、量筒等用清水洗净,并以少许 75% 酒精对器皿进行消毒处理。

③称取 1kg 新鲜葡萄(龙眼、玫瑰香等)进行分选,将腐烂、发霉、生青果等杂物去除,然后去梗、破碎。

④将葡萄浆倾入已灭过菌的 1000mL 三角瓶中,加入 0.1g 偏重亚硫酸钾并混匀,用纱布封口,于室温下发酵 3~7d,此为前(主)发酵。在前发酵期间应适当振荡或搅拌,并将浮渣压入醪液中,以此为酵母菌提供充分的 O_2 和浸出葡萄皮中的色素。

⑤前发酵结束后,测定其糖度,并用纱布分离皮渣,前酵汁液用量筒测定体积后注入 1000mL 三角瓶中,再加入应补加的白砂糖。振荡使其溶化,纱布封口,置于室温下进行 35~40d 的后发酵,即得葡萄原酒。注意:应随时观察发酵动态,如发现异常现象立即采取措施。

⑥检测原酒残糖、酒精度、酸度，根据原酒色、香、味和检测数据拟定调配方案。

⑦依据调配方案计算出需加入的原酒、酒精、白砂糖（蔗糖），并粗略计算出蒸馏水的加入量。

⑧量取上述计算好的蒸馏水，放入500mL烧杯中，加热到70℃时，再将称好的白砂糖加入其中，并不断搅拌加热至沸，保持沸腾5~10min，然后冷却到25℃。

⑨用量筒量取所需原酒、酒精，倒入三角瓶中，再将糖液倒入混匀，上述混匀葡萄酒液倒入量筒中，以蒸馏水补至刻度，再倒回三角瓶中，充分搅拌。

⑩用滤纸将配好的酒过滤。滤完的酒于瓶中封好，贴上标签，室温下放置。

七、 品 质 鉴 别

①检测原酒残糖、酒精含量、酸度等数据。

②对成品酒进行感官评定、理化指标和卫生指标方面评定。感官评定包括外观、色泽、香气、滋味。理化指标包括酒精含量、总酸含量、乳酸含量、pH 等。卫生指标包括细菌总数、大肠杆菌数、致病菌等数据。

八、 讨 论 题

①葡萄破碎前，为何不清洗葡萄？

②讨论葡萄酒调配的基本原则及调配的具体方法。

第三节　白　　酒

一、 实 验 目 的

①通过实验，使学生实践操作以全液法生产白酒的工艺，在理论知识的基础上，提高生产的感性认识。

②掌握全液法白酒的生产技术要点。

二、 设 备 和 用 具

配料罐，蒸煮锅，糖化锅，发酵罐（或发酵瓶），蒸馏釜（实验室以蒸馏装置替代）。

三、 生 产 机 理

全液法白酒的生产方法，又称一步法，即酒基的生产和改善风味的措施都用液态发酵法。独特之处在于将己酸发酵液经化学或生物法酯化后，再加酒精发酵醪蒸馏，以改善白酒风味。

四、 参 考 配 方

原料中高粱83.5%，大麦15%，豌豆1.5%（均为原料总质量）；原料加水比为原料:水 = 1:4，配料水中包括一份酒糟，淀粉酶按每克原料添加1.25μg计算。

五、工 艺 流 程

高粱、大麦、豌豆、水、酒糟水 → (加淀粉酶) 粉浆 → 蒸煮、糊化 → (加麸曲) 糖化 → (加酒母) 发酵 → (加己酸发酵液) 共酵 → 蒸馏 → 白酒

六、操 作 要 点

（1）配料操作　在配料罐中投入粉碎的原料、水及酒糟水并通蒸汽预热，为了减小醪液的黏度，使原料能够在较低压力下糊化，加入淀粉酶，搅拌均匀，置于蒸煮锅。

（2）蒸煮糊化　以直接蒸汽升压，分别在 $4.9 \times 10^4 Pa$、$7.8 \times 10^4 Pa$、$9.8 \times 10^4 Pa$ 时各排气3min，以排除异味物质。然后在 $9.8 \times 10^4 Pa$ 下保持30min，再置于糖化锅。

（3）糖化与发酵　将蒸煮醪冷却至60℃左右，加麸曲糖化，用曲量为原料的11%～15%，糖化后冷却到28℃，加酒母6%（按蒸煮醪的量），即可入罐发酵。入罐发酵48h后，加入培养9d的己酸发酵液5%（其中己酸含量为1.5%～2%，用量对发酵液而言），再发酵3d，发酵期间品温应不高于34℃，发酵终了进行蒸馏。

（4）蒸馏　发酵成熟醪在装有稻壳层的蒸馏釜中，以直接蒸汽及间接蒸汽同时加热至95℃，然后减少间接蒸汽，在蒸馏过程中调节回流量，使流酒的酒精度达60%～70%（体积分数），当蒸馏酒度降低至50%（容量）以下时，可开大直接蒸汽蒸尽余酒。尾酒回收到下次待蒸馏的成熟醪中，进行复蒸。稻壳层要定期更换。

七、品 质 鉴 别

对白酒成品进行感官评定和理化指标方面评定。感官评定包括外观、色泽、香气、滋味。理化指标包括甲醇、杂醇油、总醛、氰化物等数据。

八、讨 论 题

①从实验现象和成品白酒质量出发，分析全液态发酵法制作白酒工艺条件确定的依据。
②全液态发酵法制作白酒的优点。

第四节　黄　　酒

黄酒色泽鲜艳，自然协调，有独特的色香味，被喻为去腥解腻、增香提味的奇特酒，是绝妙的烹调料酒。

一、摊 饭 法

1. 实验目的
掌握摊饭法生产黄酒的工艺过程。

2. 设备和用具

蒸煮锅，木耙，缸（或罐），板框式压滤机，蛇管或列管等热交换器等。

3. 生产机理

黄酒是利用微生物代谢将原料中有效成分发酵产生酒精制成的，除此之外，还产生了有机酸、氨基酸、杂醇油、酯类等物质。

4. 参考配方

糯米 144kg，麦曲 22.5kg，水 112kg，米浆水 84kg，淋饭酒母 8~10kg。

5. 工艺流程

6. 操作要点

（1）洗米　除去糯米中的糠、尘土等杂质。

（2）浸米　浸米目的是使米的淀粉粒吸水膨胀，淀粉颗粒变得容易糊化。浸米时间一般为1~3d，温度 10~13℃。当用手指捏米粒成粉状时，即可结束浸米。

（3）蒸煮　蒸煮一方面是为了杀菌，另一方面是使淀粉糊化，便于下一步酶的水解。一般蒸煮方法是：在常压下蒸煮 5~20min，蒸煮过程中喷洒 85℃左右的热水并搅拌米饭。对米饭的质量要求是：外硬内软，内无白心，疏松不糊，透而不烂。

（4）摊凉　在竹帘上置布，将米饭摊放在布上，用木耙翻拌，利用室外冷风使米饭冷却。

（5）落缸（罐）　缸（罐）和落缸（罐）所用的工具事先都要清洗和灭菌。将 24~26℃的米饭放入盛有清水的缸中，然后加入麦曲和淋饭酒母，最后加入米浆水，混匀。

（6）糖化、前发酵　米饭、水、麦曲和酒母在缸内混匀后，约经 12h 发酵，进入主发酵期，此时期应注意温度的控制，最高温度不得超过 30℃，自始发酵起 5~8d，品温逐渐下降至接近室温，主发酵即告结束。

（7）后发酵　经过前发酵后，酒醪中还有残余淀粉，一部分糖分尚未变成酒精，需要继续糖化和发酵。因为经前发酵后，酒醪中酒精浓度已达 13% 左右，酒精对糖化酶和酒化酶的抑制较强烈，所以后发酵进行得相当缓慢，需要较长时间才能完成。将酒醪分盛于洁净的小酒坛中，上面加瓦盖，将酒坛堆放在室内，后发酵需要 80d 左右。

（8）压榨　采用板框式压榨机将黄酒醪压榨，得酒液（生酒）。生酒中含淀粉、酵母、不溶性蛋白质和少量的纤维素等物质，因此必须在低温下对生酒进行澄清处理。具体做法是：先在生酒中加入酒色（按 100kg 酒液添加 260g 糖色计算），搅匀后置于低温下静置 2~3d，取出上层清液；下层的酒脚中加入硅藻土，搅匀后进行压榨过滤，滤得的酒液与上述清液合并。

（9）煎酒　煎酒的目的是杀死酒液中微生物和破坏残存酶的活力，确保黄酒品质稳定。另外，经煎酒处理后，黄酒的色泽变得明亮，煎酒温度应根据生酒的酒精含量和 pH 而定，对酒精含量高，pH 低的生酒，煎酒温度可适当低些。一般采用蛇管或列管等热交换器，对生酒进行连续灭菌，酒液温度达到 85℃左右。

（10）包装　将刚杀过菌的黄酒趁热灌入已灭菌的盛器中，盛器严密封口，然后置于室温下贮存 1 年以上。

（11）贮存　新酿制的酒香气淡、口感粗，经过一段时间贮存后，酒质变好，不但香气浓，而且口感醇和。在贮存陈酿过程中，发生着色、香、味的变化。贮存时间要恰当，陈酿太久，若发生过热，酒的质量反而会下降。一般普通黄酒的贮存期为 1 年。

7. 品质鉴别

对成品酒进行色、香、味、浑浊度等方面综合评定。味感要看甜、酸、苦、辣、涩 5 种味觉是否调和。

8. 讨论题

①此工艺采用的糖化与发酵并行进行，与传统的开放式发酵的区别在哪里？对黄酒品质影响情况如何？

②麦曲、米浆水、淋饭酒母的制作要点分别有哪些？

③在陈酿期间黄酒的酒液成分发生哪些变化？

二、传　统　法

1. 实验目的

掌握传统法生产黄酒的工艺过程。

2. 设备和用具

蒸饭锅，淘米筐，泡米盆，拌料盆，发酵缸（或罐）等。

3. 生产机理

黄酒是利用微生物代谢将原料中有效成分发酵产生酒精制成的，除此之外，还产生了有机酸、氨基酸、杂醇油、酯类等物质。

4. 参考配方

糯米 2kg，酒药 10g，酵母 2g，水适量。

5. 工艺流程

糯米 → 浸泡 → 淘洗 → 沥干 → 蒸饭 → 水冷 → 拌酒药 → 发酵 → 压榨 → 贮存 → 成品

6. 操作要点

（1）浸泡　将糯米放入水槽里，用自来水浸泡 10～15h，取出淘洗并沥干水分。

（2）蒸饭　将糯米入屉，在常压或高压下蒸。常压蒸 15min，加压蒸 10min，压力掌握在 68.6kPa 左右。

（3）发酵　米饭出锅，放入淘米筐中，用冷水冲洗，冷至 40℃ 以下，拌入酒药和酵母，拌时上下调匀，用手搓碎饭团，入缸中，品温保持 23℃ 左右。缸的中间挖空成潭，使饭在缸周围，控制发酵温度在 30℃ 左右，防止超过 35℃。1d 后潭内开始来酿，即挖空的地方有汁液。每天取其汁浇淋饭醅 2 次，第 5d 将酒醅拌匀，第 7d 加入 100kg 水，发酵 10～14d，即可上榨。

（4）压榨　将发酵好的酒醅放入布袋，上面放上重物进行挤压，将酒液收集坛中，密封贮存于阴凉处，存放 2 个月即成。存放时间越长，酒味越醇香。

7. 结果分析

糖分 24%～30%，酒精度 8%～12%，总酸 0.4%。

8. 讨论题

分析传统法生产黄酒工艺的特点。

第五节 特 色 酒

一、冰 啤 酒

冰啤酒是一种将原啤酒进行有限度的冰晶化处理，并进一步强化冷混浊物去除而得的、质量更为优良的新型啤酒。通常是将嫩啤酒经有限度的冰晶化处理后，在 $-2.2℃$ 下贮存数天，再趁冷进行精滤，不去除啤酒中的小冰晶。其产品特点为：①外观更清亮，非生物稳定性更好；②泡沫更洁白、细腻、持久；③口味更柔和、爽净。

1. 实验目的

了解冰啤酒的加工工艺。

2. 生产机理

制取冰啤酒的前期，即在后发酵完成之前的技术，基本上同传统的设备和工艺。与普通啤酒生产技术最主要的区别就在于后处理措施的不同。冰啤酒是将嫩啤酒置于啤酒冰点的温度下，使之产生部分冰晶体，并形成在一般的低温条件下所不可能出现的冷浑浊状态；再通过精滤设备，将那些含氮高分子成分，以及使啤酒呈粗糙的不良苦涩味的某些酚类等冷浑浊物滤除，冰晶则可不除去或部分除去。因而，成品酒的风格与原啤酒有明显的区别。

3. 参考配方

麦芽粉 280g，大米粉 130g，α - 淀粉酶 780μg，碘酒少量，酒花 0.12%，泥状酵母 0.8%。

4. 冰啤酒生产的设备流程

原啤酒→ 粗滤 → 冷却 → 处理 → 贮酒 → 精滤 → 清酒罐贮存 → 灌装 →成品

5. 操作要点

（1）粗滤　原啤酒可为已经贮藏成熟而低温的酒，也可为未经贮存，但双乙酰还原阶段已结束并降温后的嫩啤酒。所谓粗滤，是使用离心机或硅藻土过滤机除去酵母及颗粒较大的悬浮物。

（2）冷却　将上述酒液通过刮板式热交换器或其他形式的热交换器冷却至冰点，使啤酒出现粒径小于 10mL 的冰晶。注意：啤酒经深冷后，必须呈现冰晶，才能说明酒液已达到了冰点温度。因啤酒的成分较为复杂，故影响啤酒冰点的因素较多，包括啤酒的原麦汁浓度及啤酒的组分等，尤其是啤酒中的酒精含量，其影响程度最大，因为纯酒精在 0.1MPa 下的冰点为 $-114.5℃$。

（3）处理　处理罐又称长晶器，它具有夹套、搅拌器及用以挡住大冰晶的筛筒或螺旋筛板。起初输入处理罐的带有小冰晶的啤酒，在罐内经 1~2h 处理后，使原来的小冰晶增大几十倍，变成大冰晶。由于搅拌作用，因而在罐内形成 1 个含有大冰晶啤酒浆的流化床，或称流态化，简称流化。利用流动液体的作用，将固体颗粒群悬浮起来，从而使固体颗粒具有某些流体的表观特征，利用这种流体与固体间的接触方式实现生产过程的操作，称为流态化技术。也可采用外加大冰晶的方法，形成如上的啤酒浆。

然后，将经过刮板式热交换冷却而含有 2% ~ 5% 小冰晶的酒液，源源不断地输入处理罐，进入正式的处理阶段。由于处理罐夹套内冷媒的制冷作用，以及搅拌器的搅拌作用，使不断输入的含小冰晶的酒液与罐内含大冰晶的啤酒浆混合均匀，并使罐内的全部酒液而不是局部酒液达到冰点温度。只有如此，才能使酒中的冷浑浊物得以较充分地不断析出。

另外，浓度高的原啤酒，其冰点更低些，故被析出的冷浑浊物也相对多些，但能耗也必然要高些。然而，品温也不能太低，否则会使酒液、小冰晶、大冰晶这三者之间的量比关系失衡；而且，如果过多地除去酒质物质，也会影响啤酒的泡沫性能、酒体及口感。因此，在掌握冰啤酒的工艺条件时，务必权衡上述利弊。

例如，原麦汁浓度为 11.94% ~ 12% 的原啤酒，其冰点已为 −2℃以下，在此温度下析出的冷浑浊物数量，基本上已达到提高啤酒非生物稳定性及改善啤酒风味的预定要求。该处理罐设有温度反馈调控系统，按罐内冰传感器的信号，能通过换热器进行增冷或减冷，以保持大冰晶的平衡温度，使大冰晶既不融化，也不再增长，即可使啤酒浆中的大冰晶含量始终保持不变，而啤酒浆中小冰晶的平衡温度低于大冰晶的平衡温度，在此温度下则会不断融化。

（4）贮酒　酒液经处理罐在短时间内处理过，可通过处理罐底部的筛筒，输入贮酒罐，直至全部酒液处理为止。处理罐内最后残存的酒液，可用 CO_2 压入贮酒罐。当酒液通过处理罐底部的筛筒时，尚未融化的小冰晶随酒液通过筛孔；大的冰晶则被筛筒挡住而留在处理罐内。在筛筒的旁边，设有自动刮板，若筛筒的筛孔被大冰晶堵塞到一定程度时，则酒压会升高，刮板可自动进行除冰，使酒液畅通。因此，易于将其处理，而且酒液也不会因减少了那么一点容量，而明显地增高其浓度和酒精浓度。输入贮酒罐的酒液，仍需保持接近于原有的低温，以免冷浑浊物复溶；并应趁冷进行精滤。经精滤后的酒液，进入清酒罐，以备灌装。

二、 果 味 啤 酒

果味啤酒制作有下列三大工艺类型。

（1）以果酒和啤酒为酒基制作果味啤酒　其基本工艺流程：

水果原酒 + 嫩啤酒 → 过滤 → 按预定的比例调配 → 灭菌 → 冷冻处理 → 趁冷过滤 → 充 CO_2 → 装瓶 → 巴氏灭菌 → 成品

也可直接用成品啤酒与成品果酒进行调配。

（2）以果汁为原料制作果味啤酒　为冷麦汁与果汁混合发酵法，其基本工艺流程：

冷麦汁与果汁混合 → 加入啤酒酵母进行主发酵 → 后发酵 → 冷冻 → 过滤 → 装瓶 → 巴氏灭菌 → 成品

也可以以啤酒为酒基与果汁调配制作。其基本工艺流程：

嫩啤酒稀释至原麦汁浓度为50% → 澄清 → 过滤 → 加入果汁调配 → 灭菌 → 冷冻 → 过滤 → 充 CO_2 → 装瓶 → 巴氏灭菌 → 成品

该法工艺较简单，但成品酒的非生物稳定性较差。产品种类国内以葡萄啤酒为多。国外以柠檬啤酒为多，约占果味啤酒总产量的 50% ，另外为橙汁啤酒、草莓啤酒、椰汁啤酒、杧果啤酒等。

通常采取以下几种方法，以提高产品的非生物稳定性。

①用乳酸或柠檬酸调节啤酒与果汁混合液的 pH 至 4 左右，接近于蛋白质的等电点，促使

蛋白质凝聚。

②冷冻至 0 ~ -2℃，并应保持一定的时间。

③采用二级过滤法：先用硅藻土过滤机进行粗滤；再用纸板过滤机进行精密过滤。

④添加稳定剂，可在啤酒和果汁调配时一起添加，例如木瓜蛋白酶可分解蛋白质，单宁能与蛋白质凝聚，硅胶能吸附蛋白质，交联聚维酮能吸附多酚物质。

（3）以果实香料调制果味啤酒　生产方法类似于汽水。这类产品外观清澈，果香自然真实、口味独特、新颖，贮存期、也较长。主要产品有樱桃啤酒、水蜜桃啤酒、西柚啤酒、杧果啤酒、橙味啤酒等。国外有些产品的酒精度为 3.5%（体积分数）左右，糖度为 11% 左右，pH为 3.2 ~ 3.3。这种产品，在国内由于其生产方法与国外不同，故营养价值也不同。具体操作要点如下。

①将经过滤的啤酒与果实香料、糖类（国外多为果糖）、柠檬酸、防腐剂等混合均匀。

②充入为酒液体积 1.95 倍的 CO_2 即可。若充入 CO_2 的体积超过酒液体积的 2 倍，在美国则会被视为香槟酒而收以重税。国内并无此限制。要保持这种果味啤酒的良好口味，关键是需防止酒液氧化，为此，可添加维生素 C 或葡萄糖氧化酶等抗氧化剂，调配用水最好经过脱氧处理，并尽可能地减少瓶颈氧含量。

国内也有采用此方法生产果味啤酒的，有人称其为麦精汽水。其制作过程为：将原麦汁浓度为 10% ~20% 的成品啤酒，稀释至原麦汁浓度为 3% ~4%；再加入一定量的白砂糖、柠檬酸及果实香料，使成品酒甜酸适度可口，并具有独特的果香。为了改善酒品的起泡性能和增强杀口性，可以再充入一定量的 CO_2 处理。

1. 发酵型可乐啤酒

可乐啤酒生产工艺以麦汁、砂糖、食用级磷酸及可乐香精为原料酿制而成。其配方为：麦汁 5%（麦芽粉 280g，大米粉 130g，α - 淀粉酶 780μg，酒花 0.05%），砂糖 0.25%，酵母 0.5%，食用级磷酸及可乐香精适量。

操作要点如下。

（1）麦汁制备　以浅色麦芽、少量焦香麦芽及大米为原料，采用三次煮出法进行糖化。为尽可能地将蛋白质分解，故在 50℃ 保持的时间较长。麦汁煮沸时的酒花添加量为 0.05%，分 3次添加，各次添加量分为总量的 40%、40%、20%。定型麦汁的浓度为 5%。

（2）前发酵　酵母接种量为 0.5%。起始发酵温度为 7℃。第 2d 时达最高温度，为 8.5℃。第 3d 时品温为 5℃。待浓度降为 3.0% ~3.5% 时，即可转入后发酵罐。

（3）后发酵　为期 5 ~7d。室温控制在 5℃。罐压控制在 0.2MPa。

（4）混合　将用量为上述发酵液 5% 的砂糖、0.02% 的磷酸及适量焦糖和可乐香精投入经洗净、灭菌处理的混合罐中混合均匀。

（5）静置、过滤、罐装、灭菌　因酒液中增加了磷酸、焦糖等成分，打破了原来的胶体平衡，一些蛋白质等物质由于 pH 接近等电点而被析出，故酒液应在混合罐中静置 2d，使其各种成分之间达到新的平衡。然后，即可进行过滤、装瓶，并进行巴氏灭菌 30min。

（6）品质鉴别

①感官指标：

外观：澄清无悬浮物，具有可乐型饮料应有的色泽，泡沫呈淡黄、细腻、持久、挂杯。

香气：具有可乐香和麦芽香，无异香。

味感：口味纯正，甜酸适中，具有明显的啤酒风味。

②理化指标：原麦汁浓度为 10% 左右，酒精度 <2% （体积分数），pH 为 3.0～4.0，酸度 <2.5，CO_2 含量 >0.25% 。

③卫生指标：细菌总数 <100 个/mL，大肠菌群 <6 个/mL。

2. 配制型菠萝啤酒

（1）原材料配比（物料用量以配制 25t 产品计）

①啤酒：4500kg，以麦芽、大米为原料酿制而成的淡色啤酒，装于清酒罐。其原麦汁浓度为 11%～12% 。

②食用酒精：35kg，质量符合 GB 10343—2008 优级标准。

③白砂糖：125kg，质量符合 GB 317—2006 优级标准。

④其他配料：柠檬酸 25kg，苯甲酸钠 2.5kg，糖精 1.5kg，菠萝香精 6L，焦糖 301kg，甜蜜素 25kg，乙基麦芽酚 35kg。上述食品添加剂均符合 GB 2760—2014 标准。

⑤无菌水：将优质地下水经无菌过滤而得。

（2）操作要点

①调配糖浆：

a. 将柠檬酸、苯甲酸钠及糖精分别用无菌水溶解后，注入搅拌溶解锅内。

b. 再将乙基麦芽酚、白砂糖、焦糖、甜蜜素、菠萝香精加到搅拌溶解锅内，然后，注入食用酒精，并搅拌溶解均匀。

c. 将上述溶液泵至装有 4500kg 啤酒的原糖浆罐混合均匀。

d. 再将上述原糖浆液经硅藻土过滤机过滤后，进入糖浆罐备用。

②制作碳酸水：将预定量的无菌水，先冷却至 2～4℃。再经汽水混合机，在压力下与 CO_2 混合。

③糖浆与碳酸水混合：将糖浆与碳酸水以 1∶1.8 的比例混合后，使其总容量为 25t。再泵入保冷罐，并用 CO_2 保压 0.1～0.12MPa。

④包装、灭菌：将上述酒液灌装于容量为 640mL 的酒瓶后，在 65℃ 下杀菌 10～15min 即可。

⑤注意事项：采用上述方法生产菠萝啤酒，投资小，生产成本低。但有时会出现产品浑浊、沉淀，甚至爆炸等现象。故在发现糖浆过滤一遍，浊度不符合要求时，应进行重新过滤；对所有能与溶液及酒液接触的设备、管道、阀门、泵、瓶子、瓶盖等，均需清洗干净，并予以消毒、灭菌。

（3）感官鉴别

外观：澄清、透明，无明显悬浮物，泡沫洁白细腻，起泡性好，挂杯。

香气：具有啤酒的麦芽香、酒花香，以及独特的菠萝香味，三种香气融为一体。

口味：清爽谐调，甜、酸、苦适中。

典型性：具有本品特有的风格。

三、 保健啤酒

1. 菊花啤酒的制作

（1）杭菊啤

生产工艺：利用食用级脱臭酒精，将杭州产的白菊花经浸泡、过滤、蒸馏所得的蒸馏液，与采用常法制备的麦汁混合，接种啤酒酵母，进行发酵。待主发酵结束后，再加入菊花浸膏，进行后发酵。以后的工艺过程同一般啤酒生产。

产品特点：色泽相似于一般淡色啤酒；泡沫洁白细腻，挂杯持久；具有较明显的菊花香气，口味清爽宜人。

（2）菊花甜啤

生产工艺：甜叶菊的用量为啤酒的 3.5%，砂糖用量为啤酒的 3.6%，将甜叶菊加水浸泡后，煮沸 10~15min，滤取菊花水，连同砂糖加入主发酵结束后的嫩啤酒液中。以后的工艺过程同一般啤酒生产。生产啤酒用的定型麦汁浓度为 10%。

产品特点：色泽相似于一般淡色啤酒；泡沫洁白细腻，挂杯持久；具有明显的菊花香，口味纯正、甜爽。

2. 螺旋藻啤酒的制作

（1）螺旋藻的添加方式及添加量　商品螺旋藻呈固体粉末状，应将螺旋藻用 pH 为 9~11 的弱碱水溶解后再添加。添加方式有以下两种，其添加量也不相同。

①添加到冷麦汁中。该法的优点是螺旋藻能得以充分溶解，并为酵母提供了更为丰富的营养成分。但需注意防止杂菌污染，所添加的螺旋藻的卫生指标，需符合国家标准。添加量为 150~160mg/L。

②添加至清酒中。因添加后对啤酒的色度和浊度均稍有影响，故加量控制为 110~120mg/L。

（2）产品特点　成品酒呈浅黄色，清亮透明，泡沫丰富，细腻持久。

四、山葡萄酒

野生山葡萄属东北特产，无需人工种植，可自然生长在长白山脉积温较低地区，无化学污染。将之酿制成山葡萄酒具有色泽浓酽、余味绵长的特点，在葡萄酒中独树一帜。山葡萄酒的主要成分是酒精，此外还含有许多营养物质，如氨基酸、矿质元素和人体必需的维生素等。另外山葡萄酒中含有具有抗癌诱变作用的白梨芦醇，用山葡萄酿制的红酒白梨芦醇含量高于其他葡萄酒。1997 年 1 月，美国伊利诺伊大学芝加哥分校药学院的 John Pezzuto 教授领导的研究小组在著名的美国《科学》杂志上，发表了题为《葡萄的天然产物白梨芦醇的抗癌活性》的论文，引起了医学科学界的轰动。据论文中报道，在花生、葡萄等 72 种植物中发现有白梨芦醇，其中尤以葡萄含量高，特别是葡萄果皮和山红葡萄酒中含量最多。

1. 工艺流程

山葡萄→ 分选 → 除梗、破碎 →葡萄浆→ 前发酵 → 二次发酵 → 压榨 → 后发酵 → 澄清 → 杀菌 →成品

2. 操作要点

将山葡萄经分选、除梗、破碎得葡萄浆，再经过前发酵、二次发酵、压榨、后发酵、澄清、杀菌等处理制得山葡萄酒。

（1）分选　选取二等山葡萄：成熟度 90% 以上，青红粒 10% 以上，糖分 8% 以上，无腐烂、无杂物。

（2）除梗、破碎　将山葡萄放入小型破碎除梗机中，进行破碎得葡萄浆。

（3）前发酵　葡萄浆经过原料泵打入洗刷杀菌完毕的发酵容器内，加入浆量是总容量的

80% ~85% ，同时加入 5% 的人工酵母进行发酵，腐烂果加亚硫酸抑制细菌的活动，第 2d 加入砂糖必须用葡萄汁溶化直到无砂糖粒方可加入，发酵温度在 20 ~25℃ ，每天倒一次汁，倒汁量为总发酵浆的 50% ，待发酵汁达到质量标准，酒精度 6% 以上，挥发酸 0.06 以下，残糖 1% ~ 1.5% ，发酵时间 4d 。

（4）二次发酵　将前发酵一次分离出的果渣加入 18 ~24℃ 糖水，其糖水量为渣量的 70% ，进行二次发酵，二次发酵达到的质标为：酒精度 6% （体积分数）以上，挥发酸 0.05% 以下，残糖 1% ~1.5% 。

（5）压榨　经过滤处理的二次发酵渣，先打开池子门取渣送入压榨机中，压榨取汁。汁单独加干糖进入后发酵。

（6）后发酵　经前发酵分离的果汁酒度低，需要加入砂糖，将酒精度提高到 11% ，砂糖必须用果汁溶化，发酵温度 20 ~28℃ ，发酵时间为 30d ，装桶量要求为总容量的 90% ，发酵结束后马上分离，除去酒脚，进入苹果酸－乳酸发酵，后发酵二次汁，指标为酒精度 11% ，挥发酸 0.08% 以下，残糖 0.5% 以下。

（7）澄清　粗山葡萄酒经过硅藻土过滤机除去碎渣沉淀等。

（8）杀菌　将山葡萄酒进行巴氏杀菌，温度 65 ~68℃ ，保持 30min 即可。

第六节　甜　酒　酿

一、实验目的

学习和掌握酵母菌发酵糖产生酒精和酒曲发酵糯米配制糯米甜酒的方法。

二、设备和用具

铝锅，电炉，三角瓶，牛皮纸，棉绳，蒸馏装置，水浴锅，振荡器，酒精密度计。

三、实验原料

培养的酿酒酵母（*Saccharomyces cerevisiae*）斜面菌种，酒精发酵培养基，甜酒曲（10g），蒸馏水，无菌水，糯米（2000g）。

四、工艺流程

洗米、浸米 → 甜酒培养基制作 → 摊饭降温或淋饭降温 → 接种 → 落缸搭窝 → 糖化发酵 → 产品处理 →成品

五、操作要点

（1）甜酒培养基制作　称取一定量优质糯米（糙糯米更好），用水淘洗干净后，加水量为米水比 1:1 ，加热煮熟成饭。或者糯米洗净后，用水浸透（注意掌握好时间：大糯米夏季泡 1h，

冬季泡2h；小糯米适当缩短时间），泡好后捞出沥干水分，加热蒸熟成饭，即为甜酒培养基。

（2）接种　糯米冷却至35℃以下，加入适量的甜酒曲（用量按产品说明书）并喷洒一些清水拌匀，然后装入到干净的三角瓶中或装入聚丙烯袋中。装饭量为容器的1/3～2/3，中央挖洞，饭面上再撒一些酒曲，塞上棉塞或扎好袋口，置25～30℃下培养发酵。

（3）培养发酵　发酵2d便可闻到酒香味，开始渗出清液，3～4d渗出液越来越多，此时，把洞填平，让其继续发酵。

（4）产品处理　发酵时间夏季一般24h，冬季48h，春秋季36h，当醪糟在容器中浮起，可以转动，醪糟中心圆洞内完全装满汁水即成。

六、注 意 事 项

①酿制糯米甜酒时糯米饭一定要煮熟煮透，不能太硬或夹生。

②糯米蒸透后，用3倍于糯米质量的清水从糯米上淋下过滤，使淋散沥冷的糯米温度保持在30～32℃才能拌酒曲，否则会影响正常发酵。

七、结 果 分 析

①记录酵母酒精发酵过程，比较两种培养方法结果的不同，并解释其原因。

②记录用糯米配制糯米甜酒的发酵过程，以及糯米甜酒的外观、色、香、味和口感。

八、讨 论 题

①为什么糯米饭温度要降至35℃以下拌酒曲，发酵才能正常进行？糯米饭一开始发酵时要挖个洞，后来又填平，这有什么作用？

②酒精发酵培养基配方中如去掉磷酸二氢钾，同样接入酒精酵母菌进行发酵，将出现何种结果？为什么？

第二章

发酵豆制品的加工

概　　述

一、　豆制品的概述

豆制品是指以大豆、小豆、绿豆、豌豆、蚕豆等豆类为主要原料，经加工而成的食品。从传统意义上讲，豆制品是大豆制品，是由大豆经发酵或非发酵加工技术处理而成的食品。

二、　豆制品的分类

中国传统豆制品按生产工艺可分为非发酵豆制品和发酵豆制品两大类。发酵豆制品包括酱油（香菇酱油、虾子酱油、特鲜酱油、营养酱油、忌盐酱油等）、豆酱（辣豆酱、牛肉辣酱、猪肉辣酱、香肠辣酱、火腿辣酱、虾辣酱等）、腐乳（红腐乳、白腐乳、青腐乳、酱腐乳、辣味腐乳、甜香腐乳、鲜咸腐乳、糟方腐乳、霉香腐乳、醉方腐乳、太方腐乳、中方腐乳、丁方腐乳、棋方腐乳等）、豆豉、丹贝、纳豆、味噌等。发酵豆制品的生产均需经过一种或几种微生物发酵过程，在此过程中发生一系列复杂的生物化学反应，使其产品具有独特的风味、组成和营养。

现代医学和食品营养学的研究结果表明，发酵豆制品具有很好保健功效，除了含有大豆固有的优质蛋白、大豆异黄酮、大豆低聚糖、皂苷、卵磷脂、亚油酸、亚麻酸以及丰富的钙、磷、铁等营养保健成分外，微生物发酵过程改善了其原有特性或者增加了新的功效。

三、　发酵豆制品的概述

发酵豆制品生产常用微生物发酵豆制品具有独特的风味，其风味的来源是在酿造过程中由微生物引起的一系列生物化学反应形成的。在发酵豆制品酿造中，对原料发酵成熟的快慢、成品颜色的浓淡以及味道的鲜美有直接关系的微生物有曲霉、毛霉、根霉、酵母菌、细菌等。

1. 曲霉

曲霉（*Aspergillus*）是发酵豆制品生产中使用的主要微生物，如制作腐乳、豆豉、豆酱时经常会使用到曲霉。曲霉产生蛋白酶、分解大豆蛋白质的能力较强，对发酵豆制品的风味及色泽的形成起了很重要的作用。常用曲霉有米曲霉（*Aspergillus oryzae*）、红曲霉（*Monascus anka*）、甘薯曲霉（*Aspergillus batatae*）、酱油曲霉（*Aspergillus sojae*）、紫红曲霉（*Monascus purpureus*）、黑曲霉（*Aspergillus niger*）、埃及曲霉（*Aspergillus egyptiacus*）等。

2. 毛霉

毛霉（*Mucor*）又称黑霉、长毛霉，也是发酵豆制品生产中使用的主要微生物。毛霉产淀粉酶活力很强，具有较好的糖化作用，而且它还能产生蛋白酶，能分解大豆蛋白的能力，多用于制作豆腐乳和豆豉，对营养和风味的形成具有很好的作用。常用毛霉有普雷恩毛霉（*Mucor prainii*）、黄色毛霉（*Mucor flavus*）、总状毛霉（*Mucor racemosus*）、鲁氏毛霉（*Mucor rouxianus*）五通桥毛霉（*Mucor Wutungkiao*）、腐乳毛霉（*Mucor sufu*）、雅致放射毛霉（*Actinomucor elegans*）、高大毛霉（*Mucor mucedo*）、冻土毛霉（*Mucor hiemalis*）等。

3. 根霉

根霉（*Rhizopus*）与毛霉同属毛霉科，可释放出丰富的淀粉水解酶及其他有益酶系，具有较好的糖化作用。相比于毛霉，根霉的生长温度偏低、受季节限制。常用根霉有米根霉（*Rhizopus oryzae*）、黑根霉（*Rhizopus nigricans*）、少孢根霉（*Rhizopus oligosporus*）、华根霉（*Rhizopus chinentis*）、溶胶根霉（*Rhizopus ligusfaciens*）、无根根霉（*Rhizopus arrhizus Fischer*）等。

第一节 酱 油

酱油又称"清酱""酱汁"，是以植物蛋白及碳水化合物为主要原料，经过微生物酶的作用，发酵水解生成多种氨基酸及各种糖类，并以此为基础再经过复杂的生物化学变化，形成具有特殊色泽、香气、滋味和体态的调味液。

酱油按生产方法不同可分为天然发酵酱油、人工发酵酱油和化学酱油三类。这里我们要介绍的是人工发酵酱油，即低盐固态发酵酱油。此法周期只要 20 ~ 25d，在市场上大量供应的都是这种方法发酵的酱油。

一、 曲精法酱油

1. 实验目的

掌握采用曲精发酵法生产酱油的工艺过程。

2. 设备和用具

大缸，木盒等。

3. 生产机理

使用曲精简化酱油工艺。基本原理是利用微生物（曲精）的作用使原料中的有效成分发生复杂的生物化学变化，产生芳香气味的酱油成品。

4. 参考配方

豆粕∶麸皮为 6∶4，食盐占出品率的 17%，曲精占原料的 0.05%，水适量。

5. 工艺流程

曲精→拌麸皮

熟料→冷却→接种→入池培养→第一次翻曲→第二次翻曲→成曲→拌盐水→入池发酵→成品

6. 操作要点

（1）熟料　将原料蒸熟，冷却至 40℃以下。

（2）接种　将曲精与 10 倍左右质量的干净麸皮（或面粉）拌匀后加入 40℃以下的熟料内使之混合均匀。

（3）入池培养　在池中或缸中 30～35℃培养至白色菌丝生长茂盛或略显黄绿色，即为成曲。

（4）拌盐水　用水将盐溶解，盐水与曲拌匀后放入发酵缸（或池）。

（5）发酵　一般保温在 45℃左右，发酵 18d。若自然发酵，发酵时间一般在 2 个月左右。最后淋油。

7. 品质鉴别

色泽：棕褐色或红褐色，鲜艳有光泽，不发乌。

香气：有酱香和酯香气，无其他不良气味。

口味：鲜美适口，稍甜，味醇厚，不得有酸或苦等异味。

体态：澄清，不浑浊，无沉淀，无霉花生白。

8. 讨论题

简述曲精法酿制酱油的工艺特点。

二、酶法酱油

以脱脂大豆和小麦为主要原料制造酱油时，使用原料中有 1/5～2/3 的酱油曲，且脱脂大豆和小麦的配比为（5∶1）～（1∶4）。将酱油曲浸于冷却的高浓度盐水中。另把蒸煮的脱脂大豆或蒸煮的脱脂大豆和炒煎割碎小麦的混合物与蛋白酶和淀粉糖化酶悬浊的高浓度盐水混合，堆积在酱油曲的冷盐水浸渍物上，在 20～55℃静置反应 5h 以上。再将两者混合，可得多味酱油。此法可使酱油利用率提高，改善酱油质量，且简化了酱油制造工艺，参考配方如下。

①脱脂大豆 1.5kg，小麦粉 5.0kg，食盐水 9.0L（浓度 29%），脱脂大豆 4.5kg，酶制剂 90g，制曲量比 1/1.85，制曲原料比 1/3.33。

操作要点：将脱脂大豆和小麦粉混合制成酱油曲，将其在 29% 食盐水中于 10℃浸渍 3d。另将脱脂大豆蒸熟，与酶制剂和 29% 食盐水混合，堆积在冷盐浸渍物上，在 40℃静置 1d。静置后酱油曲部分与酶分解部分混合，在 24～27℃熟化 4 个月，用常法压榨可得酱油，其味道和香料良好。

②脱脂大豆 720g，小麦粉 450g，28.4% 食盐水 0.94L，酶制剂 9g。

操作要点：将脱脂大豆 270g 和小麦粉 360g 用常法制曲，再放入 28.4% 食盐水 0.94L 中在 -5℃下浸渍 2d 后，另将脱脂大豆 450g 和小麦 90g 用常法蒸煮，炒煎割碎后加酶制剂悬浊的食盐水（28.4%）0.94L，混合后堆积于上述冷盐浸渍物上，于 40℃放置 2d，进行酶分解。到第 3d 将冷盐浸渍物和酶分解物混合，在 24～27℃熟化 4 个月，经压榨后可得多味酱油。产品压榨容易，所得酱油产率高，香味、风味和味道均优良。

三、新式酱油

天然酿造酱油具有卓越的香味，但费时费料；氨基酸酱油节时节料，但产品缺乏良好的香味。用"半化学法"生产酱油，可以取二者之长，避二者之短，所得产品即为"新式酱油"。它的制作要点是先用盐酸对脱脂大豆粕进行适当分解后，再加曲发酵，最后获得产品。

操作要点如下。

①在脱脂大豆粕中加入 3 倍于它的盐酸（浓度为6%），在 100℃下分解 10h（或者 85～95℃下分解 45～50h）。此间原料中的蛋白质被分解为游离氨基酸，无疑尚有残存的高分子组分。

②当分解液冷却至 70℃时，用苏打粉中和到 pH 5.4，之后再冷却至 40～45℃时加曲（此曲用小麦、酱油和酱油粕等制成），让原料温度慢慢下降至 20℃以上，并保温使之成熟，需时约 50d，此间物料的变化则按天然酿造法进行。因此，"半化学法"生产的酱油风味类似天然酿造产品，原料的利用率可达 80% 以上。

③品质鉴别：浓度 22.45°Bé，食盐 16.35g/mL，全氮 1.80g/100mL，氨基酸态氮 0.87g/100mL，糖分 2.25g/100mL，pH 4.6。

四、鱼露

鱼露是我国传统的调味品，它以味道鲜美、营养丰富、风味独特而著称，在我国沿海地区及东南亚一带食用极为普遍。由于它色泽清亮，香气宜人，滋味鲜美，物美价廉，而深受广大消费者喜爱，不愧是调味品中的佼佼者。

1. 设备和用具

绞碎机，夹层保温池，浸渍池，发酵池，空气压缩机，浓缩锅，布袋过滤器。

2. 工艺流程

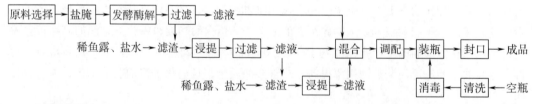

3. 操作要点

（1）原料选择　应选择蛋白质含量高、肉嫩、发酵后风味好的鱼类为原料，如鲤鱼、鳗鱼、七星鱼、三文鱼等。

（2）盐腌　将新捕捞的鲜鱼放入浸泡池内，条形大的鱼需用绞碎机绞碎，加入鱼重 30%～40% 的食盐，搅拌均匀，每层用盐封闭，腌渍 0.5～1 年。期间要多次进行翻拌，使腌渍后的鱼体含盐在 24%～26%。

（3）发酵酶解　发酵可分为自然发酵和人工发酵。可根据自己的实际情况，采取不同的发酵方法。

①自然发酵是在常温下，利用鱼体的自身酶和微生物进行发酵。一般将发酵池建在室外，将腌渍好的鱼放入池中，充分利用自然气候和太阳能，靠日晒进行发酵。为使发酵温度均匀，

每天早晚各搅拌一次，发酵程度视氨基酸的含量而定。当氨基酸的增加量趋于零，发酵液香气浓郁、口味鲜美时，即为发酵终点，一般需几个月的时间。

②人工发酵是利用夹层保温池进行发酵，水浴保温，温度控制在 50~60℃，经 0.5~1 个月的时间发酵基本完毕。期间用压缩空气搅拌，使原料受热均匀。为了加速发酵进程，可外加蛋白酶加速蛋白分解，可利用的蛋白酶有菠萝蛋白酶、木瓜蛋白酶、胰蛋白酶、复合蛋白酶等，发酵周期可缩短一半。

（4）过滤 发酵完毕后，将发酵醪经布袋过滤器进行过滤，使发酵液与渣分离。

（5）浸提 过滤后的渣可采用套浸的方式进行，即用第二次过滤液浸泡第一次滤渣，第三次过滤液浸泡第二次滤渣，以此类推。浸提时将浸提液加到渣中，搅拌均匀，浸泡几小时，尽量使氨基酸溶出，过滤再浸提，反复几次，至氨基酸含量低于 0.28g/100mL 为止。最后将滤渣与盐水共煮，冷却后过滤，作为浸提液备用。

（6）调配 浸提后的鱼露根据不同等级进行混合调配，较稀的可用浓缩锅浓缩，蒸发部分水分，使氨基酸含量及其他指标达到国家标准。

（7）装瓶 将调配好的不同等级的鱼露分别灌装于预先经清洗、消毒、干燥的玻璃瓶内，封口、贴标，即为成品。

4. 注意事项

①腌渍鱼的加盐量根据鱼体本身的性质而定，含脂肪高或鱼体不太新鲜的，加盐量可适当增加，以避免鱼体腐败。

②外加酶促进蛋白分解应掌握所用酶的特性及作用条件。菠萝蛋白酶最适 pH 为 4~6，温度为 40~50℃；木瓜蛋白酶或胰蛋白酶最适 pH 为 7~8，温度为 35~50℃；复合蛋白酶最适 pH 为 7，温度为 45~50℃。可根据自己的具体情况，选择适当的酶解方法。

5. 品质鉴别

（1）感官指标 橙红色或橙黄色；具有鱼露独特的荤鲜香气，不得有腐臭气味；具有鱼露特有的鲜美滋味，不得有其他不良气味；澄清透明，无悬浮物。

（2）理化指标 氨基酸态氮 0.5~1.0g/100mL，全氮 0.7~1.40g/mL，食盐 ≤29g/mL，挥发性盐基氮/氨基酸态氮 ≤28%；相对密度（20℃）≥1.20。

五、虾 油

虾油的原料以海虾为主，经盐渍、发酵、提取而成。加工季节为清明节前 1 个月，再经过伏天晒制，特称"三伏虾油"。

1. 设备和用具

缸，芦席，锅，勺子，篓子。

2. 参考配方

鲜海虾 100kg，食盐 20kg。

3. 工艺流程

选虾 → 淘洗 → 日晒夜露 → 盐渍 → 晒熟 → 炼油 → 烧煮 → 成品

4. 操作要点

（1）选虾 取清明到夏至间的麻线虾。要求新鲜，无异味，无腐败变质。

（2）淘洗 在麻虾起网前用手捏握麻虾网袋的两端，用海水淘洗干净，倒入麻虾篓里，迅速运回。

（3）日晒夜露　将鲜虾称好后，放在陶缸里，容量为缸的一半。放室外日晒夜露。过 2d，开始每天早晚用耙子上下搅动一次。

（4）盐渍　一般 3~5d 后，缸吧液面出现红沫。每天早晚搅动时各加 0.5~1kg 盐，以缸面撒到为限。15d 后，搅动时不见上浮或上浮很少，说明发酵基本完成，每次用盐量可减少 5%。30d 后只在早上搅动时加少量盐，至盐用完为止。

（5）晒熟　继续每天早晚搅动，日晒夜露。搅动时间越长，次数越多，则晒熟度越足，越均匀，腥味越少，质量越高。3 个月后，有精油析出，呈浓黑色。

（6）炼油　一般初秋炼油。先用勺子舀起缸面上的浮油 12.5kg，再加入 5%~6% 食盐水于缸中（食盐水要煮沸晾至室温后加入），然后搅匀，早晚各搅动一次，促使虾油与杂质分离。

（7）烧煮　将篓子放进缸里，使虾油滤进篓内，再用勺子渐次舀出。将虾油入锅烧煮，去杂质和泡沫，即为成品。

5. 注意事项

①腌渍时如遇雨天，腌缸要用芦席遮盖，天晴后再加盐搅拌。

②虾油的浓度以 20°Bé 为宜，不足此浓度在熬煮时加适量盐，反之应加水调稀。一般 100kg 鲜虾出 100kg 虾油。

③在炼油时，可在 5%~6% 的盐水中加入适量花椒、八角、茶叶，煮后取汁，以调整虾油的味道。

6. 质量鉴别

成品为浅红褐色，澄清，咸鲜，具有鲜虾油特有的香气，无腥气，无异味。

第二节　酱　类

酿造酱是一种营养丰富的发酵食品。它不仅口味鲜美，而且人体必需的氨基酸在酱中都有足够的含量；在酱中有天然的棕红色素是食品的安全着色剂；还有复杂的香气成分，为食品增添了柔和的香味；更重要的是酱中含有 B 族维生素，能增强食欲，促进消化。所以说酱不仅是一种调味品，而且是一种营养丰富的发酵食品。

按照制作工艺不同酱类分为两大类，即发酵酱和不发酵酱。发酵酱类又分为面酱和黄酱两大类，此外还有蚕豆酱、豆瓣辣酱以及酱类的深加工产品，即各种系列花色酱等。非发酵型酱有果酱和蔬菜酱等。

一、甜　面　酱

甜面酱色泽为金红色，有光泽，咸味适口，有甜香味。含有蛋白质、脂肪、碳水化首物、钙、磷等各种营养成分，是腌制酱瓜，烹制酱爆肉丁、吃北京烤鸭时必不可少的酱类调料。

1. 实验目的

掌握甜面酱加工的工艺过程。

2. 设备和用具

蒸锅，竹帘，缸或罐，盆等。

3. 参考配方

面粉 0.5kg，凉开水 0.75kg，食盐 7.5g。

4. 生产机理

利用空气中野生菌自然落入，使原料中有效成分被微生物发酵得到成品酱。

5. 工艺流程

$$凉开水 + 食盐 \rightarrow 盐水 \rightarrow$$

$$面粉 \rightarrow \boxed{（清水）制面饼} \rightarrow \boxed{蒸熟} \rightarrow \boxed{发酵} \rightarrow \boxed{制酱} \rightarrow \boxed{暴晒} \rightarrow 成品$$

6. 操作要点

（1）制面饼　将面粉 0.5kg 加入适量清水，搅拌均匀制成块状面团。然后将面饼放入蒸笼内蒸熟。

（2）发酵　将蒸熟的面饼放入竹筐或竹帘中，移至室内，将门窗封闭，不使空气流通，进行自然发酵，发酵温度为 30℃ 左右，时间为 7d 左右。待面饼上生出各种杂色的菌毛，即为酱曲，说明发酵工序已完成。

（3）制酱　将酱曲取出晒干，捣碎压细，放于缸中。将凉开水 0.75kg 和食盐 7.5g 化为盐水，冲入酱曲缸中，将酱曲和盐水充分搅拌均匀。

（4）暴晒　将酱曲缸罩上布罩，扎紧缸口，移于阳光下暴晒。每天早、晚要搅拌一次，风雨天要移进室内或加盖。经 20～30d，即为鲜美的甜面酱。

7. 品质鉴别

色泽：金红色，鲜艳有光泽。

香气：有酱香和酯香气。无其他不良气味。

滋味：味鲜而醇厚，有甜香味。无苦味、焦煳味、酸味及其他异味。

体态：黏稠适度，不稀不稠，无霉花，无杂质。

8. 讨论题

分析此工艺中主料在发酵中主要的生物化学变化过程。

二、豆瓣辣酱

豆瓣辣酱因可见豆瓣粒而被简称为豆瓣。原料以蚕豆为普遍，又称蚕豆辣酱。起源于四川民间，原产于四川资中、资阳和绵阳一带，故称为"资川酱"或"川酱"。现湖南、安徽、江浙等地均有生产。其中四川资阳临江寺的豆瓣辣酱和安徽安庆的豆瓣辣酱各具特色。尤以四川重庆红旗酿造厂的金钩豆瓣辣酱驰名中外，远销港澳、新加坡、日本等地。

豆瓣辣酱的生产方法，基本上同豆瓣酱生产工艺。主要在原料处理及辅料配比上有所差异。例如四川采用生豆瓣制曲、发酵，再与辣椒酱混合而为成品；安庆则用熟豆瓣制曲后，与辣椒酱一起发酵而为成品。

1. 四川临江寺豆瓣辣酱生产的操作要点

（1）制曲

①浸泡：将脱壳的干蚕豆瓣拣去焦黑粒、虫蛀粒及杂质。再加入水浸泡 1～2h，时间因水温而异。以豆瓣含量为 42%～44%，豆瓣折断无白色硬心为宜。

②制曲：接入干豆瓣质量 0.3%～0.5% 的沪酿 3.042 米曲霉制的种曲，种曲制法参见酱油生产工艺。再将物料拌匀后装入圃（盘）中，移至 28～30℃ 的曲室。培养 30～40h，品温升至 37～38℃，并已长满菌丝。这时可翻曲 1 次。此后品温控制为 38℃ 以下。通常培养至 4～5d 时，曲料上长成黄绿色的孢子，即可出曲。

（2）发酵　将上述成曲置于发酵池中，加入曲质量约 1.4 倍的 22°Bé 盐水。拌匀后进行自然晒露发酵。其间每 2～3d 翻酱，待至 7～8 成熟、呈红褐色或棕褐色时，将酱醅分装于陶缸内，继续进行为期 8～10 个月的晒露后发酵。其间每月翻酱 1～2 次，酱醅氨基酸含 0.75% 以上时即为原汁豆瓣。

（3）辅料加工

①制辣椒酱：南方称辣椒为辣子或海椒，先将小荆条或三荆条鲜红嫩辣椒去除蒂柄后，淘洗沥干，切碎。每 100kg 鲜椒加食盐 17kg。拌匀后入坛腌制 3 个月即可。使用前取出，加入适量盐水或甜酒酿汁混匀。甜酒酿以糯米酿制，可增加甜味，促进发酵和增加香气。再用钢磨磨成辣椒酱。每 100kg 鲜辣椒可制得辣椒酱 150kg 左右。

②制红油：每 100kg 菜籽油，加小荆条或二荆条鲜红干辣椒 10kg。熬煎至无生菜油味，辣椒成焦煳状时，取出辣椒，即为色红味辣的红油。

（4）配制豆瓣辣酱　通常为豆瓣酱与辣椒酱以 4∶3 混合，再放置 7d 即为成品。按市场需求，可调制成各种豆瓣辣酱。

①元红豆瓣：原汁豆瓣 100kg，加辣椒酱 100kg，混合均匀而成。

②金钩豆瓣：原汁豆瓣 100kg，加金钩 5kg，辣椒酱 30kg，芝麻酱 12kg，香油 8kg，白糖 2.4kg，香料 0.3kg，甜酒酿适量，混合均匀而成。

③香油豆瓣：原汁豆瓣 100kg，加香油 4kg，辣椒酱 16kg，芝麻酱 6kg，麻油 0.6kg，甜面酱 2kg，白糖 1kg，香料粉 0.2kg，混合均匀而成。

④火腿豆瓣：除不加金钩而添加肉干 10kg 外，其余同金钩豆瓣。

（5）包装　将上述新配制的豆瓣，再入坛封口后熟半个月，再分装于纸盒、陶瓷坛或塑料盒等，装量为 500g。

2. 安庆豆瓣辣酱生产的操作要点

（1）制曲

①原料处理

a. 脱壳、除杂：用机械脱壳或用温水浸泡后用人工去壳。再拣除焦黑豆、虫蛀豆及杂物。每 100kg 原料蚕豆可得 80kg 左右干瓣。

b. 浸豆瓣：加水浸泡 15～17h 后，用清水冲洗干净。若冬季浸泡 17h 左右而蒸煮后开花严重、口尝很粉时，则应考虑改用温水浸泡，水温因季节而异，天气越冷，水温应越高，但不应高于 60℃。

c. 蒸豆瓣：可用常压蒸锅蒸 1h，或用高压锅 0.29MPa 蒸 30min。然后摊凉至 36～42℃。

②制曲

a. 接种：种曲制法同酱油生产。种曲可与原料蚕豆质量 0.2% 的面粉拌匀后，接入上述物料中，接种量为 0.3%～0.5%。

b. 制曲：待品温降至 30～34℃ 时停止通风。在冬季曲料入池后品温已较低，可不必通风降温。培养 8h 后，可通风 5～20min。此后的 4～5h，当品温升至 34℃ 时，即行通风。培养

12~13h，可翻曲1次。又过4~6h，进行第2次翻曲。再经4~6h料面出现裂缝时，可铲曲一次。共经约39h，即可出曲。制曲全过程中，品温最高不得超过48℃。每次翻曲前，应先通风将品温降至34℃以下后停风翻曲。铲曲时不停风。成曲应有正常的曲香味，无异味，无黑色。

（2）制备辣椒酱　制辣椒酱的辣椒，以肉质肥厚，辣味适中，稍带甜味的牛角辣椒最为适宜。将鲜红辣椒洗净，沥干，除蒂柄。每100kg红辣椒加食盐15kg，腌一层辣椒入缸，加一层盐，盐量为下少上多。再压紧上层。2~3d后，可见汁液渗出，应倒至另一空缸中，并补加5%食盐封面。上盖竹席，并压重物，将卤汁压出淹没辣椒，以免变色。通常腌制3个月即可使用。若1次尚未用完，仍可留在缸中，但因卤水蒸发减少，应补加盐水，不得让辣椒露出液面。存放时间越长，风味越佳，具有鲜艳的红色和开胃的香气。

若使用干辣椒制辣椒酱，则效果较差。因干辣椒一部分因氧化而色泽变深；一部分因腐烂而色泽变浅，且有干辣椒的特殊气味。使用时先用粉碎机磨成细粉，再在100kg辣椒粉中加入20°Bé的盐水600kg浸泡，并经常搅拌使成酱状。这种辣椒酱若放置多天也会自然发酵，稍能放进风味，但总不及鲜辣椒酱质地优良。

辣椒酱调制：辣椒酱在使用前，从缸中取出加入2.5%~3.0%的红曲，红曲制法可参见豆腐乳生产工艺。然后用石磨或轧碎机反复磨细。轧碎机类似于普通的绞肉机，若使用石磨需反复磨3~4遍。若水分低于60%，应以20°Bé盐水补足，然后贮存于缸中备用。其间应每天搅拌1次，以免面层生白花。

（3）发酵　采用有盐且有辣的发酵法，故发酵周期比四川辣瓣酱短，仅需半个月，且有利于风味的改善。

按100kg原料制的豆瓣曲加入18~18.50°Bé盐水106kg、含红曲的辣椒酱31.5kg。混匀后放入发酵容器。在最初的12h内，打耙1次，并保温42~45℃。以后继续保温发酵12d，每天早晚各搅拌翻酱1次，品温逐渐升至55~58℃。至第12.5d，再升温至60~70℃，即冬季为60~65℃，夏季为65~70℃。继续保温发酵36h后冷却。第15d即发酵成熟。

（4）灭菌包装

①灭菌：有以下2种方法，均在80℃条件下灭菌10min。

a. 直接火灭菌：将酱醪置于大锅内，用直接火加热并不断搅拌。此法往往会产生焦煳味。

b. 蒸汽灭菌：一种是通蒸汽于夹层锅的夹层中，将成品加热，同时添加0.1%苯甲酸钠溶化，搅匀。另一种是蒸汽直接通入容器内的成品中加热。但应预先在配料时扣除由直接蒸汽进入成品中的冷凝水量。

②包装：通常使用装量为0.25kg的广口玻璃瓶包装。洗净的瓶子沥干后，应在蒸汽灭菌箱中通直接蒸汽灭菌。再趁热将热的成品装入，并在每瓶面层加含0.1%苯甲酸钠且经80~85℃灭菌的麻油6.5g。然后加上内垫一层蜡纸板的瓶盖旋紧。最后贴标、装箱、包扎。也有用25kg大陶坛包装的。

第三节 豆腐乳（毛霉发酵法）

一、实验目的

掌握豆腐乳的制作工艺过程。

二、设备和用具

豆浆机，离心机，点浆缸，刀片，盛料桶，浸泡盆，贮存罐等。

三、参考配方

大豆5kg，葡萄糖内酯0.01mol/L，毛霉菌2%，盐卤水使成品含盐量16%，红曲卤足量等。毛霉菌培养基为7~8°Bé饴糖液100mL，蛋白胨0.5g，琼脂2~3g。

四、生产机理

利用毛霉菌株发酵制备豆腐乳。

五、工艺流程

大豆 → 洗涤 → 浸泡 → 制浆 → 浆渣分离 → 煮浆 → 点浆 → 蹲脑 → 成型 → 划块 → 毛霉菌前发酵 → 后发酵 → 红曲卤配料 → 装坛 → 贮存 → 成品

六、操作要点

1. 豆腐坯的制作

（1）浸泡 通常使用软水浸泡；浸泡时的加水量为大豆质量的3.5~4倍为宜。冬季水温为5℃左右时，共浸泡14~18h；春秋水温为10~15℃，需12~16h；夏季水温30℃左右时，只需6~7h，其间应换水。如采用冷榨豆片，浸泡时间可缩短，以浸泡至豆片柔软为度。浸泡时水的初始pH为6左右。浸泡结束时，pH约为7。大豆浸泡后的含水量，应为60%左右。外观以浸泡水开始起泡、豆瓣平满、豆片软柔为度。若泡得不透心，则磨不细，原料利用率低；如果浸泡过度，则大豆发泡，膜变软，磨浆制坯后发糟，达不到洁白细嫩、柔软有劲的要求。

（2）制浆 磨浆时加水应均衡，并适当多加一点。通常1kg浸泡后的大豆，可加2.8kg左右的水。每100kg大豆可磨成约475kg的豆糊。磨浆细度通常要求颗粒平均细度为15μm左右。

（3）浆渣分离 将磨好的豆糊通过离心机，经90~102目的网孔布，进行2次分离合并后煮浆，通常100kg大豆可制取浆汁1000~1200kg；100kg豆片可制得浆汁约1000kg。

（4）煮浆 又称冲浆，采用95~100℃、维持2~3min，汽源压力为0.3MPa以上。经煮熟的豆浆，再通过80~100目筛过滤。

（5）点浆　又称点花，利用葡萄糖内酯作凝固剂，葡萄糖内酯的用量为 0.01mol/L 浓度。温度以 82℃ 为最适温度，pH 以 6.8~7.0 为宜。当浆汁温度较低时，可增加凝固剂的用量。在气温较高，豆浆温度难以下降时，可适当减少凝固剂的用量。点浆用的豆浆浓度，通常控制为 6~7°Bé。

（6）蹲脑　又称养浆或养花，即静置 20min 左右。

（7）成型　养花后，豆腐花下沉，黄浆水澄清。用压榨机榨去多余的水分。压榨后的豆腐含水量，春秋为 72%，夏季为 70%，冬季为 73%。

（8）划块　品温在 60℃ 左右，趁热划块，块应大些。划块后，应立即送入培养室进行前发酵。

2. 前发酵

采用传统的自然发酵法生产制作豆腐乳。

（1）放置豆腐坯　将豆腐坯竖立于蒸笼格或竹底的木框盘内，均匀排列。块间距为一块坯的厚度。

（2）接种　毛霉菌株试管斜面菌株培养：培养基为 7~8°Bé 饴糖液 100mL，蛋白胨 0.5g，琼脂 2~3g。上述根霉试管斜面培养基制备后，接种毛霉原菌，在 15~20℃ 恒温箱中培养 48h，待长满菌丝后，置于冰箱备用。使用前，应摇匀菌体和孢子呈悬浮状态。再用喷雾器均匀地喷射接种到豆腐坯的前、后、左、右、上五个面上。

（3）培养过程　培养期间，应认真控制品温，及时翻笼、晾花，使霉菌正常繁殖、长满白色的菌丝。

①春秋培养过程：通常室温在 20℃ 左右。培养 14h 后，开始生长菌丝。到 22h，已长满菌丝，品温开始上升。这时可进行第 1 次翻笼，调整上下层的位置，使品温相对平衡。培养 28h 以后，菌丝已大部分成熟，可进行第 2 次翻笼。到 32h，可扯笼降温晾花，使菌体老化。一般培养期为 2d 左右。

②冬季培养：白天室温应保持 16℃ 左右。通常需培养 3d，即培养 20h 后才开始生长菌丝。44h 进行第 3 次翻笼。52h 开始凉花，64h 搭笼凉花。

③夏季培养：夏季室温通常为 30~32℃，最高达 35℃ 以上，故不易发好，易发泡，脱皮。培养期只需 1.5d。应注意细心管理。接种后须待豆腐坯表面水分发散后，再入培养室。入室后让水分适度挥发后再盖布。约 10h 内即能开始长菌丝。此后每 3~5h 翻笼 1 次，即 13h、20h、25h，各翻 1 次。28h 开始凉花。36h 搭笼凉花。

3. 后发酵

采用缸腌法，经前发酵的毛坯，先用手工打黄，即将菌丝分开或抹倒，使毛坯块上形成一层衣皮。然后将毛坯逐渐拆开，再进行合拢，使块块不相黏连。入缸时，先在木板上撒一层，再将毛坯直立成圈地排列入缸。注意圈间紧靠。在前发酵时未长菌丝的一边称为毛坯的刀口，入缸时不能刀口朝下，以免变形。每放置一层后，用手压平全面，再撒一层盐，直至装满全缸。加盐量是下少上多。并添加食盐水或腌坯后的盐卤水，淹过坯面。腌坯周期冬季为 13d，夏季为 8d，春季为 11d。在拌料装坛的前一天，应用橡皮管从中心圆孔中取出盐卤水，使腌坯收缩。若缸底的腌坯有卤汁，应沥干。若发现腌坯膜上附有杂物，应用卤汁冲除后沥干。卤汁可用于制酱或腌制酱菜，按比例配料混合。

4. 装坛，贮存

（1）准备工作

①坛子：经敲坛检出坏坛，并注意有无砂眼及渗漏现象。再洗坛后晒干或烘干。

②封口材料：陶盖要洗净后晒干或烘干。其大小要适宜，太小会使泥土等外物落入坛内；太大则平封不牢。扎坛品的竹壳，应经浸水软化后取出，反卷置于木板上展平。准备好其他的封口材料。

③配料：配料应准备齐全，数量准确。红腐乳坯入坛前，需在染红曲卤中染红，要求块块均匀无白心。

（2）装坛　装坛时要将块数点清，再按规定顺序注入各种辅料。装坛后加盖，用黏性黄湿泥封口，或用猪血拌石灰成糊状封口，上敷一层纸，并用竹壳扎坛口。

（3）贮存　在常温下贮存，除青方和白方因含水量大而只需 1～2 个月即可成熟外，其余产品均需半年以上。

七、品质鉴别

对成品进行感官指标分析：质地细腻；咸淡适口，无异味；块型整齐，无杂质；有豆腐乳独特的香味。

八、讨论题

豆腐乳制作的基本环节有哪些？注意细节是什么？

第四节　豆　豉

豆豉是以黑豆、黄豆为原料，利用微生物发酵制成的一种具有独特风味的调味品，是我国劳动人民最早利用微生物酿造的食品之一。

一、传统工艺法豆豉

传统生产工艺是利用毛霉、曲霉或细菌蛋白酶的作用，分解大豆蛋白质达到一定程度时，即以加盐、加酒、干燥等方法抑制酶的活力，延缓发酵进程，让熟豆的一部分蛋白质和分解产物在特定条件下保存下来，形成具有特殊风味的发酵食品。但传统工艺质量不稳定，酶活力不高，发酵周期长，且生产受季节限制。

1. 实验目的

掌握豆豉的传统加工工艺过程。

2. 设备和用具

筛选设备，浸料设备等。

3. 参考配方

大豆 125kg，糯米 5kg，食盐 23kg，白酒 2.5kg。

4. 工艺流程

大豆→ 筛选 → 浸渍 → 蒸煮 → 摊冷 → 制曲 →成曲→ 配料 → 翻拌 → 入池 → 熟化 →成品

5. 操作要点

（1）筛选　大豆必须选用颗粒饱满、无霉变、无虫蛀、无伤痕的大豆。然后经淘洗再用清水浸泡，浸泡程度以豆粒表皮刚呈涨满状，液面不出现泡沫为佳。取出沥干水分，同时再度用水反复冲洗，除净泥沙。

（2）蒸煮　浸泡后的大豆在常压下蒸煮，蒸至豆粒基本软熟（切勿太烂）。若加压蒸煮，可在压力为98kPa下蒸煮30~40min。

（3）制曲　使用豆豉毛霉菌种，曲室温度保持在20~26℃，料在曲池的厚度约5cm，约需3d曲料中菌丝密布，表面呈白色时，要翻曲1次，室内通风，翻后3~4d，菌丝又穿出曲面，通常制曲时间为8~15d。

（4）配料　出曲后，成曲要充分搓散。另外，将糯米制作成甜米酒。按配料加入盐、白酒、米酒的混合物，拌和均匀，务必使成曲充分沾湿。拌和时要精心操作，防止擦破豆粒表皮。

（5）熟化　拌料后3d内，至少每天倒翻1次，使辅料完全均匀吸收，方可入池。入池后表面必须封盐，并定时检查堵缝。产品一般要经过40~50d成熟。

6. 注意事项

①豆豉生产季节多在冬、春两季。

②拌料时注意不要擦破豆粒表皮，以免影响成品外观质量。

③入池熟化，料面必须封盐，注意检查堵缝。

7. 品质鉴别

产品品质要求：色泽黄褐色或黑褐色，具有豆豉特有的香气；滋味鲜美，咸淡适口，无异味。

理化指标：水分≤45g/100g，总酸≤2g/100g，氨基酸态氮≥0.6g/100g，蛋白质≥20g/100g。

8. 讨论题

①传统豆豉的生产工艺特点是什么？

②豆豉毛霉菌种的菌学特征是什么？

二、新法豆豉

若利用米曲霉发酵大豆，既克服了传统制作豆豉方法的不足，又使生产的成品豆豉颗粒松散，清香鲜美，有豆豉固有风味，且各项理化指标已超过传统方法生产的豆豉。

1. 实验目的

掌握豆豉的新法加工工艺过程。

2. 设备和用具

筛选机，浸料罐，蒸煮设备，曲室，发酵缸（池）。

3. 参考配方

大豆100kg，面粉20kg，食盐18kg，生姜5kg，花椒面2kg，小茴香0.05kg，其他混合辛香料适量，3.042米曲霉适量。

4. 工艺流程

大豆→ 筛选 → 浸渍 → 蒸煮 → 冷却、拌粉 → 制曲 → 翻曲 →豆醅→ 发酵 →成品

5. 操作要点

（1）筛选　大豆必须选用颗粒饱满、无霉变、无虫蛀、无伤痕的大豆。然后经淘洗再用清

水浸泡，浸泡程度以豆粒表皮刚呈涨满状，液面不出现泡沫为佳。取出沥干水分，同时再度用水反复冲洗，除净泥沙。

（2）蒸煮　浸泡后的大豆在常压下蒸煮，蒸至豆粒基本软熟（切勿太烂）。若加压蒸煮，可在压力为98kPa下蒸煮30～40min。

（3）冷却、拌粉　将蒸煮后的大豆摊开，适当蒸发一些多余水分。然后拌入面粉，拌匀。

（4）制曲　豆豉原料温度为35～40℃时，接种3.042米曲霉，接种量为原料的1%，拌匀后移入曲池。原料厚度一般为20～30℃，堆积疏松平整，品温在30℃左右恒温培养。其间每隔1～2h通风1～2min，品温不得高于35℃。入池11～12h，菌丝结块，料层温度出现下低上高现象，品温升高，此时应立即进行第一次翻曲。培养重8h后，需进行第二次翻曲。经50h左右的恒温培养，曲料变成黄绿色，即为成曲。

（5）发酵　将成曲转入发酵缸中，加入50～55℃ 13% 食盐水，拌盐水时要随时注意掌握水量大小，通常在醅料入缸最初加入盐水量略少，以后逐步加大盐水量，盐水量要求为原料总量的65%～100%为好。再加入生姜、花椒面、小茴香及适量的混合辛香料，拌匀，摊平。然后在豆醅面封盐，豆醅品温要求为42～50℃，发酵4～8d后即成豆豉。

6. 注意事项

①发酵方法为低盐固态发酵，菌种为3.042米曲霉，在制曲时品温不得高于35℃。

②应注意盐水浓度和控制醅用盐水温度，制醅盐水量要求底少面多，控制好发酵温度。

③用米曲霉发酵生产豆豉，不但发酵时间及生产周期大为缩短，而且突破了季节限制，减轻了劳动强度，用米曲霉制曲，且低盐固态发酵法给米曲霉的生产、产酶及酶的作用创造了适宜的条件，因而使大豆中的蛋白质和淀粉得到了较好的分解。

7. 品质鉴别

产品品质要求：黝黑光亮，清香鲜美，回味甜润，有豆豉特有的风味。

理化指标：氨基酸态氮0.88g/100g，总酸0.6g/100g，水分46g/100g，还原糖4.5g/100g。

8. 讨论题

①新法豆豉的生产工艺特点是什么？

②米曲霉发酵生产豆豉的温度应该注意什么？

第三章

醋类的加工

概　　述

一、醋类的定义

醋类即食醋是以淀粉质为主要原料，经过糖化、酒精发酵、醋酸发酵以及后熟陈酿等过程，制成的以酸为主，兼有甜、咸、鲜等诸味协调的调味品。食醋也可以通过以食用醋酸为主料进行人工配制获得。

我国生产的食醋品种很多，如镇江香醋、山西老陈醋、四川麸醋、北京熏醋、上海米醋、福建红曲醋、浙江玫瑰醋、龙门米醋等。

我国长江以南地区习惯上以大米为酿醋主料，长江以北则以高粱、甘薯、小米、玉米为主料，东北地区以酒精、白酒为主料酿醋的较多。

二、醋类的种类

1. 按国家及行业标准分类

（1）酿造食醋　单独或混合使用各种含有淀粉、糖的物料或酒精，经微生物发酵酿制而成的液体调味品。

（2）配制食醋　以酿造食醋为主体，与食用醋酸、食品添加剂等混合配制而成的调味食醋。

2. 按原料

米醋、薯干醋、麸醋、糖醋、果醋、酒醋等。

3. 按照原料处理方式

生料醋和熟料醋。

4. 按照糖化剂

麸曲醋、老曲醋。

5. 按照发酵方式

固态醋、液态醋、固稀发酵醋。

6. 按照颜色

浓色醋、淡色醋、白醋。

7. 按照风味

香醋、调味醋。

三、 醋类制作的原料及处理

凡是含有淀粉、糖类、酒精等成分的物质，均可作为食醋的原料，一般多以含淀粉多的粮食为基本原料。

（1）主料　是能通过微生物发酵被转化而生成食醋的主要成分醋酸的原料，主要是含淀粉、含糖、含酒精的三类物质，如谷物、薯类、果蔬、糖蜜、酒精、酒糟以及野生植物等。

（2）辅料　一般使用谷糠、麸皮或豆粕作辅料。主要提供微生物活动所需要的营养物质及生长繁殖条件，并增加成品中糖分、氨基酸等有效成分。

（3）填充料　疏松，有适当的硬度和惰性，没有异味，表面积大。稻壳、高粱壳、玉米芯、谷糠等。

（4）添加剂　食盐、食糖、味精、酱色、炒米色、香辛料、苯甲酸钠和山梨酸钾等。

四、 醋类制作的原理

食醋酿造需要经过糖化、酒精发酵、醋酸发酵以及风味产生等过程。在每个过程中都是由各类微生物所产生的酶引起一系列生物化学作用。

$$淀粉 \xrightarrow[\text{淀粉酶}]{\text{曲霉}} 葡萄糖 \xrightarrow[\text{酒化酶}]{\text{酵母}} 乙醇 \xrightarrow[\text{脱氢酶}]{\text{醋酸菌}} 乙酸$$

第一节　食　　醋

一、 生料糖化米醋

米醋是我国传统的酸性调味品。传统的酿制方法是以大曲、麸曲、小曲、红曲等为前发酵剂进行酒精发酵。这种生产工艺生产周期长，劳动强度大，能源消耗大。随着科学不断发展，近年又研制出了酿醋发酵剂，使原料淀粉的利用率大大提高，不仅成本降低，而且不需蒸料，省略了麸曲和酒母的制备，操作简便，减轻了劳动强度，为目前制醋最简单的工艺。

1. 实验目的

掌握生料糖化米醋的加工工艺过程。

2. 设备和用具

发酵缸（罐），淋醋缸（罐）等。

3. 参考配方

米粉 10kg，麸皮 18kg，稻壳 6kg，粗食盐 0.5 ~ 1kg，活性醋酸菌 5g，混合前发酵剂 30g。

4. 生产机理

利用生料，采用前发酵剂进行淀粉糖化及酒精发酵过程，采用活性醋酸菌进行醋酸发酵制备食醋。

5. 工艺流程

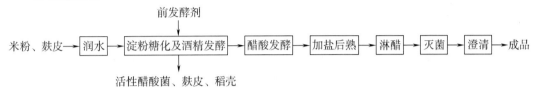

6. 操作要点

（1）润水　将米粉与 5% 麸皮拌匀入池，按米粉与水 1：5 加水，使原料充分吸水涨起，以利于淀粉糖化。

（2）淀粉糖化与酒精发酵（前期稀醪发酵）　将前发酵剂加入到料液中，搅拌均匀，盖上塑料布进行双边发酵。发酵期间每天至少搅拌 2 次，目的是防止表层料发霉变质和有利于微生物的作用，在酒精主发酵阶段，酒醪本身自然上下翻滚，表层出现一层气泡，随起随破。此发酵阶段需要 4 ~ 6d 即可完成，发酵温度控制在 27 ~ 33℃。发酵完成后，感官鉴定呈淡黄色，无长白现象，品尝有点微涩，不黏，不过酸。理化检验，酒精体积分数为 4% ~ 5%，总酸在 1.58g/100mL。

（3）醋酸发酵（后期固体发酵）　当酒精发酵结束后，按原料配比加入稻壳及另一半麸皮，在池内拌匀即为醋醪，然后在表面均匀接入活性醋酸菌，盖上塑料布，根据季节不同闷 1 ~ 2d 天以后每天翻倒一次，使醋醪松散，并用竹竿将塑料布撑起，供给充足的氧气。开始 4 ~ 5d 支竿不宜过高，因为此阶段是醋酸生成期，如塑料布过高，酒精容易挥发，影响醋醪生成。第一周品温度控制在 40℃左右。当醋醪温度达 40℃以上时，可将塑料布适当支高，使品温继续上升，但不宜超过 46℃。经过 11 ~ 13d 后，也就是醋发酵后期，醋醪温度开始下降，一般在 36℃左右。此时，支杆要压低，防止温度过高而烧醪。感观鉴定，成熟醋醪的颜色上下一致无生熟不齐的现象，棕褐色，醋汁清亮，有醋香味，不浑，不黄汤。理化检验总酸在 6.5g/100mL 左右。

（4）加盐后熟　当酒精含量降到微量时，即可按主料的 10% 加粗盐，以抑制醋酸过度氧化。因为醋酸菌对食盐忍耐力极弱，食盐浓度达到 1% 即可终止醋酸菌活动。加盐后再翻 1 ~ 2d，使其后熟，以增加色泽和香气。

（5）淋醋　把成熟的醋醪装入淋醋池内，放水浸泡，时间长则 12h，短则 3 ~ 4h，泡透为止。淋醋采取套淋法，清水套三醋，三醋套二醋，二醋套头醋。

（6）灭菌及装瓶　醋的灭菌可以直接用火加热或用蒸汽加热杀菌，温度控制在 80℃以上，灭菌时间在 40min 左右，然后装瓶即为成品。

7. 注意事项

①添加前发酵剂时要求水温在 30℃，否则前发酵剂的作用受到影响。

②酒精发酵阶段由于受气温、前发酵剂质量、发酵管理等因素的影响，醋醪中酒精含量高低不同。进入醋酸发酵阶段，要根据起始酒精含量和其他有关条件采取合理的管理方法。在一

定的温度下，酒精浓度低，醋酸生成速度快，酒精度高（酒精体积分数 7% 以上），醋酸生成速度就相应减慢。因为较高的酒精浓度对醋酸菌的生命活动有一定的抑制作用，浓度越高，抑制作用越大。所以在生产中，醋醅中酒精含量较高，必须加适量的温水进行调整，以利于醋酸菌生长代谢。同时要加部分填充料，防止醋醅含水量增大影响发酵。

③温度是醋酸菌和其他微生物生长代谢的重要条件之一。在一定温度范围内，温度高，醋酸菌的生命活动旺盛，其氧化酒精的能力增强，醋酸的生成速度快；温度低，醋酸菌的生命活动缓慢，其氧化酒精的能力相应减弱，醋酸生成速度慢。气温对食醋生产的影响很大，醋醅的温度随季节的变化而变化，夏季醋酸菌的生命活动加强，品温上升激烈，要将竹竿压低，防止品温过高而出现烧醅现象。春、秋、冬三季，醋酸菌的生命活力减弱，发酵时升温慢，要将竹竿支高些，给以充足的氧气，促使醋酸菌生长代谢，加快发酵过程。

8. 品质鉴别

（1）感官指标　色泽：琥珀色，带醇香。滋味：酸味柔和，带有甜味。体态：澄清透明。

（2）理化指标　总酸≥4.5g/100mL，氨基酸态氮≥0.12g/100mL，还原糖≥1.5g/100mL。

（3）卫生指标　细菌总数≤5000 个/mL，大肠菌群 <3 个/100g，致病菌不得检出，黄曲霉素 B_1≤5mg/kg，砷（以 As 计）≤0.5mg/L，铅（以 Pb 计）≤1.0mg/L。

9. 讨论题

①生料糖化米醋制作的发酵特点是什么？

②醋酸菌的代谢特点是什么？

二、 熟料糖化米醋

随着科学技术的不断发展，酶制剂已应用于发酵工业生产中，为了提高醋的出品率，在不影响产品质量的情况下，将复合酶制剂应用于熟料制醋工艺中，既可省略制曲工艺，又提高了企业的经济效益，减轻劳动力，降低了生产成本。

1. 实验目的

掌握熟料糖化米醋的加工工艺过程。

2. 设备和用具

发酵缸（罐），淋醋缸（罐）等。

3. 参考配方

瓜干或米粉 10kg，麸皮 18kg，稻皮 6kg，食盐 0.5~1kg，谷糠 3kg，水 45kg，活性醋酸菌 4.5g，复合酶制剂占主料 0.3%。

4. 生产机理

利用熟料，采用复合酶制剂进行酒精发酵，采用活性醋酸菌进行醋酸发酵制备食醋。

5. 工艺流程

瓜干（米粉）→ 粉碎 → （麸皮）混合 → 润料 → 蒸料 → 冷却 → （复合酶制剂）酒精发酵 → （活性醋酸菌 + 谷糠）醋酸发酵 → 加盐后熟 → 淋醋 → 灭菌 → 澄清 → 成品

6. 操作要点

（1）混合　将瓜干或米粉粉碎与麸皮混合，加水润料。

（2）蒸料　润料 30min 后，常压蒸料 1.5~2h，补充水分，并迅速降温，冷却至 30℃ 左右。

（3）酒精发酵　将复合酶制剂加入冷却料中，搅拌均匀，入缸，缸要填满、压实，第二天倒缸，目的是调节水分和温度，并加塑料薄膜封闭。酒精发酵温度在 30~35℃，发酵时间为 4~6h，酒醅中酒精质量分数为 5% 左右。

（4）醋酸发酵　酒精发酵后，拌入蒸熟的谷糠，加活性醋酸菌，翻醅使其接种均匀，盖上塑料薄膜，品温一般在 38~40℃，每天倒缸一次，醋酸发酵后期，品温自然下降到 36℃。此时，防止温度过高而烧醅。

其他工艺同一般的熟料酿醋发酵法。

7. 品质鉴别

色泽：琥珀色或棕红色。

香气：具有食醋特有的香气，无其他不良气味。

滋味：酸味柔和，稍有甜味，不涩，无其他异味。

体态：澄清液，无悬浮物及沉淀物，不生白，无醋鳗及醋虱。

8. 讨论题

（1）熟料糖化米醋制作的发酵特点是什么？

（2）利用复合酶制剂在工艺上显著的特点是什么？

三、白　醋

白醋是以白酒或食用酒精为原料，经醋酸菌的氧化作用将酒精氧化为醋酸的。白醋清澈透明，酸味柔和，醋香味醇厚，是烹饪菜肴的常备调味料，也是西餐中不可缺少的调味料。

1. 实验目的

掌握白醋的加工工艺过程。

2. 设备和用具

缸或发酵池，培养箱，无菌超净台，摇床，过滤机，灭菌器等。

3. 参考配方

酒精体积分数为 5%~7% 的食用酒精 1kg，醋酸菌液 80g。培养基配方：酵母膏 1%，葡萄糖 0.3%，酒精 4~5%，其余为蒸馏水。

4. 生产机理

利用以白酒或食用酒精为原料，经醋酸菌的氧化作用将酒精氧化为醋酸的原理制作白醋。

5. 工艺流程

菌种→小三角瓶培养→大三角瓶培养→醋酸菌——
白酒或食用酒精→稀释→接种→醋酸发酵→过滤→灭菌→成品

6. 操作要点

（1）醋酸菌的培养　菌种采用沪酿 1.01 或中科 1.41。小三角瓶培养：将酵母膏、葡萄糖按配方称量，用蒸馏水溶解，分装于 250mL 三角瓶中，每个瓶装 30~50mL，盖上棉塞，于 49.0~58.8kPa 压力下灭菌 30min。冷却至 70℃左右时，按配方加入 95% 酒精，放凉后无菌操作接种醋酸菌，在 30~32℃ 摇床培养 48h，或在培养箱中静止培养 5~7d。大三角瓶培养同小三角瓶培养，只是量增加，用 1000mL 三角瓶装 100~150mL。

（2）原料选择　生产白醋使用的原料为酒精体积分数 50% 白酒或 95% 食用酒精，不得使用工业酒精及含杂质高的酒精，避免造成人身危害。

（3）接种　将白酒或食用酒精用水稀释至酒精体积分数 5% ~7% 。为了有利于醋酸菌生长，提供必要的氮源，加入少量的豆汁或豆腐水，然后按稀释液质量的 7% ~8% 加入醋酸菌液。

（4）醋酸发酵　接种完毕后，在 30℃ 下保温发酵。发酵初期醋酸菌细胞数少，需氧量少，因此每天搅拌 1~2 次即可。发酵周期视气温而定，一般在 30℃ 左右经 20 多天的发酵即成熟。

（5）过滤　将发酵好的白醋经过滤机过滤，使其清澈透明。

（6）灭菌　过滤后的白醋加热至 75~85℃，灭菌 20~30min。

7. 品质鉴别

色泽：透明清亮，不沉淀混浊。

滋味：酸味柔和，无异味，略有轻微甘甜味。

8. 讨论题

白醋生产的工艺特点是什么？

第二节　果　醋

果醋是一种新型保健调味品，以水果为原料加工而成，富含多种对人体有益的有机酸，有解除疲劳作用，还有辅助预防肝病、胃炎等多种功效。

一、苹　果　醋

1. 实验目的

掌握苹果醋的加工工艺过程。

2. 设备和用具

发酵缸（池），淋醋缸（池），酒母罐，果蔬破碎机。

3. 参考配方

苹果 650kg，砻糠 150kg，麸皮 25kg，食盐 4kg，砂糖 20kg，蜂蜜 5kg，柠檬酸 0.5kg。

4. 工艺流程

干酵母→活化→扩大培养→10% 酵母醪
苹果→清洗→切半→去心→破碎→调整成分→酒精发酵→（麸皮+砻糠）醋酸发酵→淋醋→过滤→杀菌→澄清→调配→成品

5. 操作要点

（1）原料选择　苹果要求成熟适度、含糖量高、肉质脆硬、无病及霉烂的果实。一般多采用国光、红玉等。

（2）清洗　把病虫害和腐败果剔除，伤果除去烂的部分。用水把果实上的泥土、微生物和农药洗净。

（3）去心　把苹果用刀切成 2 瓣，挖去果心。

（4）破碎 用果蔬破碎机破碎，粒度为 3~4mm。

（5）调整成分 首先测果醪中糖、酸含量。用蜂蜜和白砂糖调整糖度为 15%~16%。用柠檬酸调整酸度为 0.4%~0.7%。

（6）酒精发酵 把干酵母按 2% 的量加到杀过菌的 500mL 三角瓶果醪中进行活化，果醪装入量为 97g，温度是 32~34℃，时间为 2h，活化完毕后把其按果醪 10% 的量加入到 50L 的酒母罐中进行扩大培养，温度为 30~32℃，经 2h，培养完毕后即为成熟酒母，并把它按 10% 的量加入到发酵缸中进行酒精发酵，保持温度 32~35℃，经过 64~72h 后，待酒精达到 7%~8%（体积分数）后酒精发酵结束。

（7）醋酸发酵 酒精发酵结束后立即进行醋酸发酵，按酒醪的 30% 约拌入砻糠 50kg，按酒醪 5% 约拌入麸皮 25kg。然后焖醅 72h，待温度达到 32~35℃时进行第一次倒缸，以后每天倒缸 1~2 次，控制温度在 38~40℃之间，经 12~15d 的发酵，缸内温度降至 32℃以下，进行酸度检测，如酸度连续 2d 不再升高即可淋醋。一般酸度可达 6~7°。

（8）淋醋 淋醋采用三态循环法，每次向醋醅加入与醋醅等量的水，浸泡 5~6h，直至醋醅残留酸在 0.1% 以下。淋醋后向果醋加 1%~2% 食盐。

（9）杀菌 把生醋加热至 75~80℃保持 10min。

（10）澄清 把果醋加入大缸内，让其自然澄清，然后吸出上层澄清的果醋。

（11）调配 调醋酸为 3.5%~5%，加入适量的苹果香精，即为成品。

6. 品质鉴别

（1）感官指标 色泽：微黄。香气：具有苹果醋特有的香气。滋味：醋酸味柔和，无异味。体态：无悬浮物及杂质。

（2）理化指标 总酸（以醋酸计）≥3.5g/100mL，氨基酸态氮≥0.08g/100mL，还原糖≥1.0g/100mL。

（3）卫生指标 细菌总数≤5000 个/mL，大肠杆菌≤3 个/l00mL，致病菌不得检出，砷≤0.5mg/kg，铅≤1.0mg/kg。

7. 讨论题

试述苹果醋加工过程中进行成分调整的目的。

二、山 楂 醋

1. 实验目的

熟悉山楂醋的加工工艺过程。

2. 设备和用具

醋化罐，发酵罐，大缸，破碎机。

3. 参考配方

鲜山楂 200kg，耐酸酵母 400g，水 600kg，白糖 60kg，玉米芯适量，活性醋酸菌 60kg，食盐 4~8kg，果胶酶 120g。

4. 工艺流程

山楂 → 清洗 → 破碎 → 浸泡 → （开水、果胶酶）酶处理 → 调糖 → 加热 - 冷却 → （酵母菌）酒精发酵 → （加活性醋酸菌）醋酸发酵 → 过滤 → 澄清 → 勾兑 → 成品

5. 操作要点

（1）山楂　山楂果实富含有机酸和糖，但水分少。宜选成熟度好、新鲜、无病害、不烂的果实。

（2）清洗　先挑出霉烂果，把果实洗净。

（3）破碎　用破碎机把果实破成 4～5 瓣。

（4）浸泡　用 300kg 开水浸泡 12h，取出。再加入 300kg 开水浸泡 12h。两次浸汁混合在一起。

（5）酶处理　把山楂汁温度调整到 42℃加入果胶酶，水解 2～3h。

（6）调糖　先测果汁中的糖度，把果汁中的糖调整至 15%。

（7）加热、冷却　把果汁加热至 80～85℃后，冷却至 30℃。

（8）酒精发酵　加入酵母菌，搅拌均匀，盖上盖。在 28～30℃进行酒精发酵，每日搅拌 3～4 次。经 5～7d，酒化基本完成，酒精度 5%～6%（体积分数）。

（9）醋酸发酵　在两个醋化罐中加入灭过菌的玉米芯，用量占罐体积 1/2～1/3。把山楂酒用泵打到其中一个醋化罐中，加入活性醋酸菌。室温控制在 25℃左右。当醋酸在此开始发酵时，即将山楂酒打入另一醋化罐内，这样就可以使第一罐的玉米芯上的醋酸菌供氧充足。氧化发酵在第二罐内继续，经过 12h 后将发酵液再打入第一罐内。这一过程每 12h 重复一次，因此醋酸菌总是在良好供氧条件下正常发酵。经过 15d 的发酵，酒精含量降到 0.1% 以下时，醋酸发酵结束。

（10）过滤　用纱布把果醋过滤一遍。

（11）澄清　将果醋放入大缸内，自然静放 1 个月，使果醋自然澄清，把上部澄清液取出。

（12）勾兑　测醋酸含量，调醋酸含量为 3%～3.5% 为宜。浓可加纯净水稀释。不足加入少量的醋酸和柠檬酸。山楂醋为淡红色，色淡可加入少量焦糖；果味不足添加 0.1% 山楂香精。最后在醋中加入食盐，以提高风味和防腐能力。

6. 品质鉴别

（1）感官指标　色泽：淡红色。香气：具有山楂特有的香气。滋味：酸味柔和、稍甜，无其他异味。体态：澄清，无悬浮物及杂质。

（2）理化指标　总酸（以醋酸计）≥3g/100mL，酒精度≤0.2%（体积分数），还原糖（以葡萄糖计）≥1.0g/100mL。

（3）卫生指标　砷（以 As 计）≤0.5mg/kg，铅（以 Pb 计）≤1.0mg/kg，大肠杆菌≤3 个/100mL，致病菌不得检出。

7. 讨论题

山楂醋加工过程中进行酶处理的目的是什么？

Part

3

第三篇
软饮料工艺学实验

第一章

纯净水及碳酸饮料的加工

概　述

一、饮用纯水

饮用纯水又名纯净水、太空水、蒸馏水，是近年来悄然兴起的一种新型饮品。它的定义：由符合生活饮用水卫生标准的水为水源，采用反渗透法、电渗析法、离子交换法、蒸馏法及其他适当的加工方法制得的水。

饮用纯水一般分为瓶装、桶装两种包装形式。

二、碳酸饮料

1. 碳酸饮料的定义

碳酸饮料系指在经过纯化的饮用水中，压入 CO_2 的饮料，以及在糖液中，加入果汁（或不加果汁）、酸味剂、着色剂及食用香精等制成调合糖浆，然后加入碳酸水（或调合糖浆与水按比例混合后，吸收 CO_2）而制成的饮料。

2. 碳酸饮料的分类

根据碳酸饮料的定义分为果汁型、果味型、可乐型和其他型等。

（1）果汁型　原果汁含量不低于 2.5% 的碳酸饮料，如橘汁汽水、柠檬汁汽水等。

（2）果味型　以食用香精为主要赋香剂以及原果汁含量低于 2.5% 的碳酸饮料，如橘子汽水、菠萝汽水等。含有干果果实浸提液的碳酸饮料，如山楂汽水、酸梅汽水等也属于此类。

（3）可乐型　含有可乐果、白柠檬、月桂、焦糖色或其他类似辛香和果香混合香气（如可乐香精）的碳酸饮料。

（4）其他型　除上述三种类型以外的碳酸饮料，如苏打水、盐汽水以及含有非果实的植物提取物或非果香的食用香精的碳酸饮料，如沙示汽水、忌廉汽水等。

根据碳酸饮料澄清度的不同，碳酸饮料又有清汁型和混汁型之分。清汁型要求澄清透明、无沉淀。混汁型要求浑浊度均匀一致，允许有少量果肉沉淀。

根据碳酸饮料可溶性固形物含量的不同，可分为高糖型、中糖型、低糖型、可乐型等。

3. 碳酸饮料的配方设计

在设计一个碳酸饮料配方时，必须依据其类型，遵循下列参数制定，以使调制的碳酸饮料达到碳酸饮料有关标准的要求。

（1）可溶性固形物含量　高糖型大于或等于 10%，中糖型大于或等于 6.5%，小于 10%；低糖型大于或等于 4.0%，小于 6.5%，可乐型大于或等于 7.0%，其他碳酸饮料对可溶性固形物含量未做规定。

（2）碳酸饮料的 CO_2 含量（20℃时容积倍数）　应大于或等于 2.5，其中可乐型应大于或等于 3.0。

（3）碳酸饮料的总酸含量　要求为高糖型大于 0.12%，中糖型大于 0.10%，低糖型大于 0.06%，可乐型大于 0.08%，其他型小于 0.30%。

第一节　饮用纯净水

一、实验目的

①通过实验加深理解纯净水的生产过程、加工方法及原理。

②了解瓶装饮用纯净水的国家标准和基本知识。

二、设备和用具

小型反渗透水处理系统（砂滤器、活性炭过滤器、树脂软化器、O_3 灭菌系统、精密过滤器、RO 反渗透、灌装机、贮水灌、纯净水贮水灌、RO 膜、纯水泵、多路阀、树脂桶、紫外线灭菌灯、压力控制器、液位传感器、药剂、5gal 纯净水桶）。

三、生产机理

反渗透技术原理是在高于溶液渗透压的作用下，依据其他物质不能透过半透膜而将这些物质和水分离开来。反渗透膜的膜孔径非常小，因此能够有效地去除水中的溶解盐类、胶体、微生物、有机物等。

四、工艺流程（单级反渗透）

饮用水→贮水罐→纯水泵→ 砂滤 → 活性炭吸附 →保安过滤器→ 反渗透 → 臭氧杀菌或紫外线杀菌 → 灌装 → 密封 → 检验 → 贴标 →成品

五、操作要点

①打开水源阀门，启动原水泵。

②按下运行开关，启动整个反渗透系统。

③按要求逐渐调节高压阀（工作压力不超过 1.7MPa），观察并记录各仪表的变化。

④按下紫外线灭菌灯的开关，进行消毒。

⑤灌装并封口。

⑥贴标即为成品。

六、讨 论 题

①系统压力的高低对生产有何影响？

②臭氧杀菌、紫外线杀菌的原理是什么？

③水的硬度如何表示？

④水中都有哪些杂质？

第二节 碳酸饮料

一、实验目的

①通过碳酸饮料的加工工艺实验，使学生在理论知识的基础上，加深对碳酸饮料生产中的几个主要过程的感性认识，同时也将锻炼学生实践动手能力、观察能力、分析问题和解决问题的能力。

②掌握以食用香精为主要赋香剂，采用二次混合法加工碳酸饮料的工艺过程。

二、设备和用具

天平，（饮料）玻璃瓶，压盖机，瓶刷等。

三、参 考 配 方

（1）草莓汽水（果味）　白砂糖 130kg，苹果酸 0.2kg，柠檬酸 0.9kg，柠檬酸钠 0.2kg，苋菜红（1% 水溶液）0.3kg，苯甲酸钠 0.2kg，草莓香精 1.5kg，加水至 1000L。

草莓汽水（果汁）　白砂糖 105kg，草莓汁 30kg，苹果酸 0.2kg，阿斯巴甜 0.125kg，柠檬酸 0.6kg，苋菜红适量，苯甲酸钠 0.2kg，乳化草莓香精 1kg，加水至 1000L。

（2）菠萝汽水（果味）　白砂糖 130kg，维生素 C 0.1kg，柠檬酸 0.9kg，柠檬酸钠 0.1kg，柠檬黄（1% 水溶液）0.2kg，日落黄（1% 水溶液）0.2kg，乳浊剂 1.5kg，菠萝香精 1kg，加水至 1000L。

菠萝汽水（果汁）　白砂糖 90kg，菠萝汁 50kg，苹果酸 0.8kg，柠檬酸 0.24kg，柠檬酸钠 0.11kg，柠檬黄适量，苯甲酸钠 0.12kg，乳化菠萝香精 1kg，加水至 1000L。

四、生 产 机 理

以食用香精为主要赋香剂，采用二次混合法加工碳酸饮料。二次混合法是先将原料按生产配方比例混合调配出糖浆，然后再和碳酸水混合的加工原理。

五、 工 艺 流 程

六、 操 作 要 点

（1）洗瓶 将空瓶浸泡于 30~40℃ 清水内，然后放于 2%~3.5% 氢氧化钠溶液，在 55~65℃ 条件下保持 10~20min 浸泡处理，再放于 20~30℃ 清水内进行刷瓶、冲瓶、控水等处理。

（2）糖浆调配 按照配方要求精确称取白砂糖、酸味剂、色素、防腐剂、香精等原料，然后分别加入经过滤的水，搅拌溶化处理后混合。配制过程中物料加入顺序：①原糖浆配好，测定其浓度及所需要的体积；②有机酸（酸味剂），一般常用 50% 的柠檬酸溶液或柠檬酸用温水溶解；③加入香精；④加入食用色素（用热水溶化）；⑤加水至规定容积为止。要在不断搅拌的情况下投入各种原料。

（3）灌装 若糖浆浓度为 50~67°Bx，用 1 份糖浆加 5 份碳酸水或 1 份糖浆加 4 份碳酸水。即糖浆：碳酸水为 1:5 或 1:4。一般要求液面与瓶口距离最高不超过 6cm。

（4）压盖 利用手工压盖机压盖密封，要求密封，以保证内容物的质量。

七、 品 质 鉴 别

（1）果味型

色泽：产品色泽与品名相符，为近似的色泽和习惯的颜色，无变色现象，色泽鲜亮一致。

香气和滋味：具有本产品应有的香气和滋味，不得有异味。

外观形态：澄清透明，不浊，不分层，无沉淀，无杂质。

空隙高度：液面与瓶口距离最高不超过 6cm。

（2）果汁型

色泽：要接近与其果蔬名称相符的鲜果或果汁的色泽。

香气：具有该品种鲜果蔬的香气，且协调柔和。

滋味：具有该品种鲜果蔬的滋味，味感协调柔和，酸甜适口，不得有异味。

杂质：无肉眼可见的外来杂质。

八、 讨 论 题

①配制过程中物料加入顺序的原因是什么？

②二次混合法加工碳酸饮料的特点是什么？

第二章

果蔬汁饮料的加工

概　述

一、　果蔬汁饮料的定义

果蔬汁饮料是指以新鲜果蔬为原料，经过物理方法（如压榨、浸提等）提取而得到的汁液，或以该汁液为原料，加入水、糖、酸及香精、色素等而制成的饮品。果蔬汁饮料包括果汁饮料、蔬菜汁饮料和果蔬复合汁饮料等。

二、　果蔬汁饮料分类

1. 果汁饮料

果汁饮料是以原果汁、浓缩果汁、原果浆或浓缩果浆为主要原料，成品中原果汁含量不少于5%的各种果汁及果汁饮料。可分为水果汁、果肉果汁饮料、高糖果汁饮料、果粒果汁饮料、果汁饮料、果汁水等六类。

2. 蔬菜汁饮料

将一种或多种新鲜蔬菜汁（或冷藏蔬菜汁）、发酵蔬菜汁，加入食盐或糖等配料，经脱气、均质及杀菌等所得的各种蔬菜汁制品。可分为蔬菜汁、混合蔬菜汁和发酵蔬菜汁饮料。

3. 果蔬复合汁饮料

果蔬复合汁饮料是由果汁和蔬菜汁按不同品种和不同比例混合，再添加糖、酸等配料调制而成的饮料。

三、　果蔬汁饮料的加工工艺流程

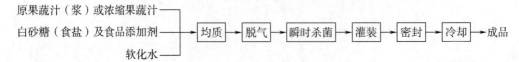

第一节　发酵型果蔬汁饮料

以果汁或蔬菜汁为原料，利用酵母菌或乳酸菌发酵而成的饮料为果蔬汁发酵饮料。

一、蔬菜乳酸发酵饮料

1. 实验目的

①通过蔬菜乳酸发酵饮料的加工工艺实验，使学生在理论知识的基础上，加深对蔬菜乳酸发酵饮料生产中的几个主要过程的感性认识，同时也将锻炼学生实践动手能力、观察能力、分析问题和解决问题的能力。

②掌握以乳酸菌为发酵剂加工蔬菜发酵饮料的工艺过程。

2. 设备和用具

煮锅，打浆机，灭菌锅，发酵罐，高压均质机等。

3. 参考配方

4%～6%碱液，乳酸菌种子液5%～10%，辛香味可以添加芹菜汁5%～10%，姜汁1%～2%，味精3%，食盐0.2%，可溶性固形物调到9%～10%，酸度0.3%等。

4. 工艺流程

原料选择 → 预处理 → 打浆 → 混合 → 加热灭菌 → 冷却 → 接种 → 发酵 → 调配 → 均质 → 装瓶 → 灭菌 → 冷却 → 成品

5. 操作要点

（1）原料选择　制作蔬菜乳酸发酵饮料的原料种类较多，冬瓜、番茄、甘蓝、南瓜、豆芽、平菇等蔬菜均可。原料选择有以下要求：含有乳酸活动所需要的碳源和氮源，适合于乳酸菌生长繁殖；营养丰富或者含有某种特殊的营养成分，对人体具有保健或医疗作用；来源广泛，资源丰富。

（2）预处理　预处理包括原料选剔、去皮、修整、切分和预煮。胡萝卜、番茄、冬瓜等蔬菜需要去皮。番茄用沸水热烫后手工去皮；冬瓜用机械去皮、手工去皮、碱液去皮均可。冬瓜、甘蓝类较大型蔬菜，应切分成较小的块状，便于预煮。预煮是为了杀酶护色并软化组织，便于打浆。根据组织软硬程度确定预煮时间。番茄预煮1～2min，冬瓜（0.3cm厚块）5min，豆芽3～5min，胡萝卜组织致密、质地坚硬，经高压蒸煮后更容易打浆。

（3）打浆　经预煮处理的蔬菜连同预煮水一起进入打浆机打成浆汁，这样可以使预煮水中的营养成分，特别是维生素C不至于损失。

（4）混合　多种蔬菜汁混合更有利于乳酸菌活动，发酵风味更好，制成的饮料营养较全面，因此应根据蔬菜的季节性、成本、发酵适应性、营养成分及色香味等因素，确定混合的蔬菜种类和蔬菜汁比例。冬春季节，胡萝卜、甘蓝、黄豆芽、平菇可按6:2:1:1的比例混合。春夏季换成番茄或其他蔬菜与豆芽、平菇混合，夏秋季还可将胡萝卜、甘蓝换成冬瓜、南瓜等。

（5）加热灭菌　蔬菜浆汁混合后，于 95~100℃下灭菌 2min，或采用高温瞬时加热灭菌。

（6）接种、发酵　一般乳酸菌种子液接种量为 5%~10%，发酵温度为 30℃。乳酸菌活动需要一定的碳源和氮源，蔬菜汁中碳源不足时应补充葡萄糖或蔗糖，使其含糖量达 5%，在原料氮不足时可添加 5%~10% 的脱脂乳粉，这既补充了氮源，还会使发酵风味更好。

发酵成熟度取决于产品要求和酸度。若取 20% 发酵汁调成成品，则可使发酵汁酸度达到 1.5% 再终止发酵。终止发酵可以通过加热杀菌实现，也可将发酵汁移置于低温下（4℃左右）抑制乳酸菌活动。

（7）调配　根据消费者的爱好配成各种味型的蔬菜乳酸发酵饮料。如以加糖为主的甜酸味，以加盐和味精为主的咸鲜味，添加芹菜汁、姜汁等辛香调料的辛香味。

（8）均质　调配后的饮料经高压均质机以 19.6MPa 以上的压力均质。冷却，即为成品。

6. 品质鉴别

产品特点：色泽美观，酸甜适口，营养丰富、全面。

7. 讨论题

蔬菜汁发酵时发现碳源不足时的补救措施是什么？

二、　酵母菌发酵果汁饮料

果汁发酵饮料所用的酵母菌有啤酒酵母、中型假丝酵母和葡萄酒酵母等。原料果汁采用由葡萄、柑橘等各种水果压榨出来的果汁，或除去固形物后的果汁。

1. 工艺流程

果汁→接种→发酵→超滤→滤液分装→成品

2. 操作要点

将葡萄酒酵母接种于蜜橘汁（糖度 10.5°Bx，不溶性固形物 0.5% 以下）中，20℃发酵 48h，然后用醋酸纤维膜超滤器进行超滤，滤液用来配制果汁饮料，未通过超滤膜的残液含有酵母菌，可用作下次发酵的菌种。

第二节　浓缩果汁饮料

一、　浓缩葡萄汁

1. 工艺流程

原料选择→清洗→破碎、除梗→加热→榨汁→杀菌冷却→澄清→离心分离→过滤→浓缩→除酒石→调配→杀菌→灌装→成品

2. 操作要点

（1）原料选择　选择充分成熟、新鲜、糖度高、风味浓郁的原料，未成熟的原料糖度低、酸度高、单宁含量多，风味差，不适于加工果汁。

（2）清洗、破碎、除梗　用清水浸泡后，再用 0.03% 的高锰酸钾溶液浸泡 2~3min，用水反

复冲洗干净。然后用葡萄破碎压榨机进行破碎和除梗。除果梗要彻底，严防单宁溶出和色泽发暗。

（3）热压榨、过滤、杀菌 为使红葡萄色素溶出，一般要进行热压榨，加热温度60～75℃，要防止高温破坏原料的色、香、味等特性，以及种皮和种子中单宁的溶出。加热软化后的果浆进行粗滤取汁，滤渣再进行榨汁。两次葡萄汁合并后进行杀菌和冷却，杀菌采用片式加热器加热至85℃维持15s。

（4）澄清、过滤 将葡萄汁迅速冷却至40～45℃，立即进行加酶澄清处理。一般果胶酶的用量为0.01%～0.05%，其他酶制剂的用量0.005%～0.025%，先将果胶酶溶于低温的果汁中，再加入40～45℃的果汁中，搅拌均匀后，保温4～10h。经加酶处理后的果浆进行过滤，过滤多采用板框过滤机，以硅藻土作助滤剂，硅藻土的用量为0.5%～1%，反复过滤至果汁中无悬浮果肉为止。

（5）浓缩、除酒石 浓缩一般采用薄膜流降或强制循环式的真空低温浓缩法，蒸发除去20%～30%的水分，并回收芳香物质及除去酒石结晶。除酒石一般采用冷冻的方法，即将葡萄汁贮于−18℃的环境中，冷冻4～7d，再解冻并完全澄清后，用虹吸法吸取上层清液。此外，在果汁中加入酸式苹果酸钙、乳酸盐或磷酸盐及酒石酸二钾，都可将酒石迅速沉淀。

（6）过滤 将除去酒石后的果汁进行最后过滤，并兑入芳香成分回收液，把糖度调成70%。采用管式或片式热交换器，进行90℃、30s的杀菌后，迅速冷却到85℃，装入专用贮汁罐中，经脱气后加盖密封，倒置2min，然后冷却至常温，进行贮藏待用。

二、 浓缩黑莓汁

1. 工艺流程

原料挑选 → 清洗 → 榨汁 → 离心分离 → 脱气 → 酶处理 → 澄清 → 过滤 → 一次杀菌 →
真空浓缩 → 二次杀菌 → 冷却 → 调配 → 计量包装 → 冷藏

2. 操作要点

原料经挑选、清洗、榨汁，离心分离（3000r/min）果汁，脱气真空度0.695MPa，时间20min，加入果胶酶，在（40±2）℃保温处理1～2h，酶用量为果汁的0.1%，在40℃静置1～2h澄清，在35～40℃开始过滤，回流过滤10min，观察滤出液至澄清，得黑莓汁。超高压瞬时杀菌（110±5℃，10s），急冷至50～55℃，真空浓缩，真空度0.096～0.99MPa，在可溶性固体物达42～45°Bx时进行二次杀菌，即在90℃杀菌3min，冷却到30℃，按规定调配（可溶性固形物42°Bx），pH 5.0～6.5，放在−30～−18℃条件下恒温冷藏。

第三节 调配型果蔬汁饮料

一、 高澄清度杨梅果汁

杨梅是一种独特的浆果，富含有机酸、维生素C、果胶、花色苷和矿物质等成分，具有优良的清热止渴功效。未处理的杨梅原汁由于含酸量极高，且含较多果胶、单宁、花色苷和细胞碎片，会出现连续沉淀、汁液浑浊、酸涩难咽等现象，采用果胶酶－明胶净化法对杨梅汁处理后，可保持杨梅原有色泽和风味，汁液完全透明，既可单独配制饮料，也可与其他果蔬汁配制复合型饮料。

1. 工艺流程

杨梅解冻→包裹挤压榨汁→离心分离碎果肉→果胶酶净化处理→明胶净化处理→澄清过滤→巴氏杀菌→澄清果汁

2. 操作要点

首先采用醋酸－氧化钙处理杨梅原汁，离心分离悬浊物，然后用 10000U/g 果胶酶在 45℃ 处理 1h，加热灭酶后，再添加 10% 明胶液处理果汁 6h，得到的杨梅果汁透明度达 96.7% 。可溶性固体物含量基本不变，色泽保持红色。此澄清杨梅汁可直接配制 25% 、30% 和 50% 等原汁含量的杨梅汁饮料，也可进一步浓缩成透明的 70°Bx 的浓缩杨梅汁。

二、 香蕉汁饮料

1. 参考配方

香蕉浸提汁 30% ，甜橙汁 5% ，西番莲汁 2% ，砂糖 9% ，抗坏血酸 0.02% ，水约 54% ，稳定剂少量。

2. 工艺流程

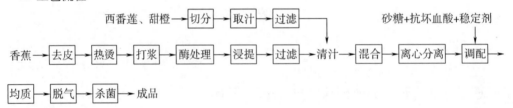

3. 操作要点

香蕉去皮后，在 1.25% 亚硫酸氢钠溶液中浸泡 3min，立即在 85℃ 水中瞬间处理 1min，使酶失活，捞出沥干，加少量水打浆，加入 0.02% 复合果胶酶制剂，用柠檬酸调节料液 pH 至 3.5，在 45℃ 酶解 4h。加热到 85℃，使果胶酶失活。加 3 倍水浸提，用 100 目筛过滤，得澄清的香蕉浸提汁。将此种果汁与甜橙汁、西番莲汁混合均匀，离心分离，除去混杂的固体颗粒。按配方进行调配。此后在 18～20MPa 均质处理，再于 40～50℃，真空度 0.0078～0.0105MPa 脱气，在 95℃ 瞬间杀菌 15s，冷却到 28～30℃，无菌包装并密封。产品为淡橙黄色液体，具有三种水果的香味，酸甜适中。

三、 甜瓜汁饮料的制作

甜瓜又称香瓜，为葫芦科属一年生蔓性草本植物。甜瓜肉软或脆，汁多，香味独特。具有清热解暑、止渴利尿、消除疲劳功效。

1. 工艺流程

原料选择→清洗→去皮切蒂→切瓣去瓤→破碎榨汁→加热过滤→调配→脱气→均质→杀菌→灌装→密封→冷却→成品

2. 操作要点

甜瓜挑选后，清洗，去皮，切蒂，切瓣，去瓤，破碎，用螺旋榨汁机取汁，加热到85℃，趁热过滤通过100目筛。取甜瓜原汁40kg，糖水60kg，柠檬酸适量，羧甲基纤维素钠少量，将混合液调配成糖度10%～12%，酸含量为0.15%～0.20%（以柠檬酸计）。在真空度0.08MPa（绝对真空度0.18%）条件下真空脱气，在13～19MPa均质处理，在93℃瞬间杀菌30s。在无菌条件下灌装密封。然后倒罐1～3min，快速冷却到37℃。产品淡黄白色至淡黄色，有甜瓜特有芳香，甜酸适口。

第四节　带果肉果蔬汁饮料

一、带瓜肉黄瓜汁饮料

1. 参考配方

黄瓜15%，梨5%，砂糖5%，天冬氨酰苯丙氨酸甲酯0.04%，增稠剂0.2%，抗坏血酸0.1%，酸梨汁适量，其余均为水。

2. 工艺流程

梨→清洗→挑选→切分（去皮核）→烫漂→打浆┐

黄瓜→清洗→拣选→去皮切分→烫漂护色→冲洗、冷却→打浆→（加辅料）调配→胶磨→

脱气→均质→脱气→超高温瞬时灭菌→热灌装→封盖→灭菌冷却→成品

3. 操作要点

黄瓜经挑选，清洗，切除两端，去皮，切成3～5mm厚片，在150～200mL/L醋酸锌溶液中100℃，pH 8.5护色处理2min，捞出，冲洗，冷却，打浆，备用。鸭梨去皮核，切成3～5mm厚片，沸水热烫30～50s，用热水打浆，在80～95℃以上完成打浆，迅速冷却备用。稳定剂用糖粉分散，热水溶胀，与原辅料一起调配，胶体磨处理。物料均质前后，分别进行脱气处理，第一次用热排气方式，在60～70℃保温10～15min，第二次在0.08MPa（绝对真空度0.018MPa）真空脱气，两次均质，第一次压力15MPa，第二次压力30MPa。在132℃瞬时灭菌15s，在60℃以上热灌装，封盖，100℃灭菌15min。产品口感细腻圆润，有良好的色泽和风味。

二、草莓带肉果汁

1. 参考配方

原果汁50%，砂糖6%，琼脂0.1%，羧甲基纤维素钠0.2%，甜味剂（天冬氨酰苯丙氨酸甲酯）0.1%，酸味剂适量，其余均为水。

2. 工艺流程

草莓→清洗→去除果柄→打浆破碎→胶体磨处理→（加稳定剂、酸味剂、甜味剂）调配→

脱气→均质→排气及杀菌处理→灌装→冷却→检验→成品

3. 操作要点

草莓经清洗，去除果柄，加入 10% ~ 15% 水打浆破碎，冷榨取汁，用 0.5 ~ 0.8mm 的筛网滤去种子。按上述配方，将白糖加适量水溶解，加热煮沸过滤，制成糖浆备用。将甜味剂、酸味剂、稳定剂分别用少量水溶解，制成溶液。配料的顺序为：在过滤的糖浆中依次加入甜味剂、稳定剂、酸味剂，如需要加防腐剂，应在酸味剂加入前进行，每种原料加入时，应予以搅拌，以便混合均匀。在 90.6 ~ 93.3kPa（绝对真空度 4.7 ~ 7.4MPa）进行脱气。再均质处理，第一次均质压力 16.4MPa，第二次均质压力 11.8MPa，均质温度 60℃。杀菌处理采用超高温瞬时杀菌（即 121℃，5 ~ 10s）。灌装，冷却，即为成品。产品鲜红色，均匀一致，酸甜适口，无异味，具有草莓果实的芳香。

第三章

蛋白饮料的加工

概　述

一、　蛋白饮料的定义

蛋白饮料是指以乳或乳制品、或有一定蛋白质含量的植物的果实、种子或种仁等为原料，经加工或发酵制成的饮料。

二、　蛋白饮料的分类

蛋白饮料一般可按蛋白质的来源进行分类，主要可分为两大类：

1. 动物蛋白饮料

动物蛋白饮料中的动物蛋白主要是乳及乳制品，或其他动物蛋白，以这些动物蛋白为主要原料，再加入相应的添加剂配成动物蛋白饮料。而按其主要原料不同，又可分为乳制饮料和其他动物蛋白饮料两类。

（1）配制型含乳饮料　以鲜乳或乳制品为原料，加入水、糖、果汁、可可、酸等调制而成的制品，成品中蛋白质含量≥1.0%。

（2）发酵型含乳饮料　以鲜乳或乳制品为原料，经乳酸菌培养发酵制成的乳液中加入水、糖、酸等调制而成的制品。成品中蛋白质含量≥1.0%。

（3）乳酸菌含乳饮料　以鲜乳或乳制品为原料（经发酵或未经发酵），加入水或其他辅料调制而成的液状制品，成品中蛋白质含量≥0.7%。

2. 植物蛋白饮料

植物蛋白饮料是以富含蛋白质的植物籽仁，如大豆、绿豆、花生仁、芝麻、杏仁、核桃仁、葵花籽仁等为主要原料，再加入甜味剂、稳定剂、香味剂、风味剂、色素酸味剂等，经过原料处理、浸泡、选料、磨浆、浆渣分离、调配、杀菌、均质等工艺而制成的饮料。其中又以豆奶为主要代表。其他品种的种类虽多，但产量并不大。

第一节　果汁乳饮料

一、实验目的

①学习并掌握果汁乳饮料加工的基本方法。

②了解果汁乳保持稳定的基本原理。

二、设备和用具

手摇搅拌器 1 台，温度计 1 只，天平 1 架，小型均质机 1 台，水浴锅、冰柜各 1 台。

三、参考配方

加工前必须先根据成分含量要求确定配方，再按配方选择混合原料的种类，并计算其用量。果汁乳饮料配方见表 3-1。

表 3-1　　　　　　　　　　　果汁乳饮料配方例

	物料	用量/%	物料	用量/%	物料	用量/%
例1	牛乳	20	苹果果汁	20	着色剂	0.001
	脱脂乳	40	柠檬酸	0.2	香精	0.1
	砂糖	11	耐酸性 CMC	0.3	加水至	100
例2	牛乳	50~80	糖	约8	加水至	100
	GENUJM 果胶	0.4~0.6	浓缩果汁	8~16		
例3	乳粉	3~15	浓缩果汁	2~10	果味香精	适量
	柠檬酸溶液调 pH		GENUJM 果胶	0.25~0.9	色素	适量
	至 3.8~4.0		柠檬酸钠	0.5	加水至	100

四、生产机理

果汁乳饮料是指在牛乳或脱脂乳中添加稳定剂、果汁、有机酸和砂糖等，经混合调制而成的酸味强烈爽口的乳饮料。

由于乳蛋白等电点在 pH 4.6~5.2，在这个范围内，乳蛋白会凝固沉淀，而水果乳饮料的酸味风味感知的良好范围是 pH 4.5~4.8，为了解决这一矛盾，在加工中需添加稳定剂，通过均质处理获得稳定均一的产品。

常用的果汁乳饮料稳定剂有羧甲基纤维素（CMC）、果胶、藻酸丙二醇酯等，其中耐酸性 CMC 目前使用较为广泛，添加量为 0.3%~0.4%。耐酸性 CMC 保持稳定的原因是，在酪蛋白等电点附近，耐酸性 CMC 借助少量的静电作用与蛋白质结合形成被膜，使蛋白质不能相互凝聚而保持稳定。

五、工 艺 流 程

```
        ┌─────────────────┐ 果汁、香精、柠檬酸
        │砂糖、稳定剂混合溶解│
        └─────────────────┘
                  │         │
                  ↓         ↓
脱脂乳、牛乳 ──→ ┌───┐ ┌───┐ ┌───┐ ┌───┐ ┌───┐
              │混合│→│均质│→│杀菌│→│冷却│→│灌装│──→ 成品
              └───┘ └───┘ └───┘ └───┘ └───┘
```

六、操 作 要 点

（1）原料混合　选定配方后，按要求进行原料混合处理，首先取稳定剂与不少于稳定剂质量5倍的糖粉干混均匀，然后在搅拌状态下，撒入乳液和水中，待完全溶解混匀后，再在搅拌状态下缓慢地喷洒果汁、香精及柠檬酸。

（2）均质　将混合好的原料在30～40℃、15MPa条件下均质。

（3）杀菌　采用UHT处理，即140℃、4s杀菌或加热煮沸，然后在70～80℃高温下灌装。

（4）冷却、灌装　迅速冷却至15～20℃，无菌灌装。

七、注 意 事 项

①添加的果汁及柠檬酸浓度要尽可能低，搅拌强度要大，添加速度要慢。

②酸和果汁的温度要在20℃以下。

③添加完果汁和柠檬酸之后再添加香精和色素。

八、品 质 鉴 别

（1）感官评定制品品质，与市场所售果奶进行比较。

（2）测定其脂肪、蛋白质、非脂乳固体含量与同类产品比较。

九、讨 论 题

①从加工工艺上分析影响果汁乳饮料稳定的因素有哪些？

②乳蛋白的等电点为pH 4.6～5.2，而果汁乳饮料酸味和风味感的良好范围为pH 4.5～4.8，如何解决二者之间的矛盾？

第二节　乳酸菌饮料

（非脂乳固体3%以上）

一、实 验 目 的

①了解稀释型乳酸菌饮料的加工工艺过程。

②掌握乳杆菌的生理学特性，了解其发酵时pH管理。

二、 设备和用具

小型均质机水浴锅，无菌操作台，冰箱，手摇搅拌器，各 1 台。

三、 工 艺 流 程

原料乳检测 → 均质 → 杀菌 → 冷却 → 乳酸发酵 → 破凝乳、混合 ← 稳定剂、糖混合灭菌 → 均质 → 冷却 → 稀释 → 无菌灌装

四、 操 作 要 点

（1）原料乳检测　选择合格的脱脂乳，必要时可作抗生素残留检验。因发酵后要与果汁、糖等混合，所以非脂乳固体含量要提高至 10% ～15%，以保证成品非脂乳固体量。

（2）均质　均质条件为 50～60℃、10～25MPa，使混合物均匀地分散开来，增加其黏度和稳定性。

（3）杀菌　若稀释用灭菌乳，则前期杀菌应采用超高温（UHT）处理，以便保存。若稀释用无菌水，则采用 90～95℃，10～30min 较好，这样除可防止杀菌时引起褐变外，还有利于乳酸菌生长。

（4）接种发酵　冷却后接种 1% ～3% 乳酸菌工作发酵剂。制作乳酸菌饮料，代表性的乳酸菌是干酪乳杆菌，培养温度较低（30～45℃），属中温型乳酸菌，培养时间为 10h 至几天，发酵时间由最终的稀释倍数确定。其原则是发酵要进行到稀释之后能达到使蛋白质保持稳定的 pH。

（5）破凝乳、混合　发酵终了冷却后，边破碎凝乳，边混入灭菌备用的稳定剂、砂糖液、果汁等混合液。稳定剂采用 HM 果胶，占总量的 0.25% ～0.6%，糖的加入量约占总量的 8%。

（6）均质、冷却、稀释、灌装　混合液经均质后，冷却至 5℃，再用 1.5～3 倍无菌冷却水稀释，在无菌条件下灌装、密封。

五、 讨 论 题

①记录实验数据，找出不同菌种的最佳接种量发酵时间。
②品尝所制产品，讨论其成品保存方式，市场上是否有同类产品？你认为配方如何调整？
③如果在后期混合物中加入果汁，其发酵剂应作何调整？

第三节　植物蛋白饮料的加工及稳定性能实验

一、 实 验 目 的

①掌握植物蛋白饮料的加工工艺流程。
②学会使用胶体磨和磨浆机。

二、 设备和用具

胶体磨，磨浆机，盆，台秤，烤箱。

三、 参 考 配 方

浸泡大豆 1kg，白砂糖 540g，添加剂（单甘酯、蔗糖酯、琼脂），碳酸氢钠 15g，水 7.5kg，乙基麦芽酚 0.3g。

四、 生 产 机 理

植物蛋白饮料是以植物蛋白为原料制成的乳浊型饮料，由于其脂肪含量高、蛋白质热稳定性差，产品极易出现分层沉淀缺陷，因此改善乳化稳定性成为提高质量的关键。为了避免上述现象的发生，使用乳化剂是行之有效的办法之一。

五、 工 艺 流 程

原料的选择 → 浸泡 → 磨浆 → 胶体磨细化 → 混合调配 → 均质 → 灌装 → 杀菌 → 冷却 → 成品

六、 操 作 要 点

（1）原料的选择　选取无杂质、无霉变的优质大豆。

（2）浸泡、磨浆　用大豆 3 倍质量的水，常温下浸泡 12h，使大豆充分吸水膨胀，提高出浆率。把大豆用清水冲 2 ~ 3 次，研磨时采用两次研磨，即先用磨浆机（间隙 0.05mm）加大豆质量 8 倍左右的热水（80℃）进行粗磨，再将所得豆奶用胶体磨进行精磨。为了提高原料利用率，可将分离出的豆渣再研磨一次，所得的豆奶与第一次豆奶混合后再进行精磨。

（3）混合调配　按配方在豆奶中加入白砂糖、稳定剂、乳化剂及各种配料，搅拌均匀。

（4）均质　将混合的料液通过胶体磨使其充分乳化，达到长期稳定不分层。（2 次）

（5）灌装　采用 70 ~ 80℃热灌装，立即封口，可减少豆奶中溶解的空气量，并在冷却后达到一定的罐内真空度。

（6）杀菌　由于豆奶营养丰富，pH 为 7.5 左右，很适合一般腐败菌的生长，特别是芽孢菌很难在常压下杀死，必须进行杀菌处理，杀菌条件为 121℃、15 ~ 20min。

（7）冷却　杀菌后的乳液要迅速冷却至常温，以保证产品质量。

七、 结 果 分 析

观察哪组的稳定性好（分层时间、程度），稳定剂不同对饮料品质的影响（口感、色泽、稳定性等）。

八、 品 质 鉴 别

（1）感官指标　呈均匀乳白色，具有浓郁的豆香气，呈均匀混浊的乳液状，无杂质。

（2）理化指标　可溶性固形物（以折光计）≥6%；蛋白质≥0.5%；脂肪≥1%；砷≤0.5mg/kg；铅≤1.0mg/kg；铜≤10mg/kg。

（3）微生物指标　细菌总数≤100 个/mL，大肠杆菌≤6 个/mL，致病菌不得检出。

九、 注 意 事 项

用磨浆机将大豆进行磨浆时，注意调好磨的间隙，以 0.05mm 为最好，使之产生天然乳那样均匀的悬浮粒度。如间隙过大，大豆颗粒过粗，影响其纤维组织彻底破碎，包在大豆里的蛋白质不能充分提出，从而使大豆原浆浓度低，影响其质量，降低营养价值。如果间隙小，颗粒细，在浆渣分离时部分豆渣混入乳中，其颗粒因重力作用，连同凝固蛋白质沉入底部，产生沉淀、分层现象，影响质量。

十、 讨 论 题

植物蛋白饮料中加稳定乳化剂的作用是什么？

第四章
茶饮料的加工

概　述

一、茶饮料定义

茶饮料是指以茶叶的水提液或其浓缩液、茶粉等为原料，经加工制成的，保持原茶汁应有风味的液体饮料，可添加少量的食糖和（或）甜味剂。

二、茶饮料的分类

按照产品风味分茶饮料（茶汤）、调味茶饮料、复合（混）茶饮料、茶浓缩液。

（1）茶饮料（茶汤）　以新鲜茶叶为主要原料，经过加水提取、杀菌浓缩、少添加或不添加糖、保持原茶风味的液体饮料。

（2）调味茶饮料　以茶叶的水提取液或其浓缩液、茶粉等为主要原料，加入水、糖、酸味剂、食用香精、果汁、乳制品等，经加工调制制成的液体饮料。

（3）复合（混）茶饮料　以茶叶和植（谷）物的水提取液或其浓缩液、干燥粉为原料，加工制成的，具有茶与植（谷）物混合风味的液体饮料。

（4）茶浓缩液　采用物理方法从茶叶水提液中除去一定比例的水分经加工制成的，加水复原后具有原茶汁应有风味的液态制品。

三、茶饮料制作的工艺要点

影响茶饮料品质的因素主要是加工的各个环节：原料选择、浸提、过滤、添加抗氧化剂或其他添加剂、包装、灭菌、贮藏等技术。控制好这些技术可以有效地提高茶饮料的品质。

1. 原料选择

根据产品的特殊要求有针对性地筛选茶叶原料、水质和风味物质。

2. 茶叶

应选择外观光亮，香气浓郁纯正，外形均匀一致的当年新茶，确保饮料产品有理想的色泽、香气和滋味。速溶茶或茶浓缩汁可根据产品要求直接选用或单独订购。

3. 水质

水中的金属离子对茶浸提液的颜色及滋味都会产生较大的影响，因此，浸提用水应进行去离子处理，同时应将水的 pH 控制在 6.5 左右，即微酸性至中性范围。茶饮料用水必须是符合卫生标准的饮用水并经处理后方能使用。

4. 添加风味物质

主要是基于其独特风味特性或其保健效果，目前添加的风味物质主要有：甜味剂、酸味剂、香味剂、色素添加剂和营养强化剂等。

第一节 茶 浓 缩 液

一、 实 验 目 的

①掌握植物茶浓缩液加工的工艺流程。
②学会使用提取罐和高温杀菌锅。

二、 设 备 和 用 具

提取罐，高温杀菌锅等。

三、 参 考 配 方

茶叶 500g，水 5～10kg，糖（可不添加）。

四、 实 验 原 理

茶浓缩液通常称为纯茶饮料，也称茶汤饮料，以新鲜茶叶为主要原料，经过加水提取、杀菌浓缩，少添加或不添加糖、保持原茶风味的茶饮料。其品质主要指茶滋味、茶香、茶色、澄清透明等诸方面。澄清透明是其中很重要的一个组成部分。所以要重点注意其澄清工艺。

五、 工 艺 流 程

原料的选择与处理 → 浸提（85℃） → 粗滤（80℃） → 冷却（5℃） → 精滤（5℃） →
调配（80℃）→ 高温杀菌浓缩（90℃）→ 灌装（88℃）封盖 → 冷却 → 成品

六、 操 作 要 点

（1）原料的选择与处理　选取无杂质、无霉变的优质茶叶，粉碎。
（2）浸提、粗滤　茶水比例通常为 1∶（20～30）较合适。提取水温：一般绿茶汁、花茶汁的提取水温以 60~80℃ 为宜；乌龙茶、红茶汁的提取水温以 80~90℃ 为宜。提取时间：水温高，提取时间短，水温低，提取时间长，在 80~95℃ 水温下提取，一般提取时间 15~20min 即可达到提取率；在 60~80℃ 水温下，则需 20~30min 才可达到较高提取率，一般高温提取时间不超过 30min。

（3）冷却　冷却目的是使茶浸出液快速降至室温，以防止长时间静置引起茶汁氧化褐变。冷却至室温（20~30℃）即可。

（4）过滤　提取罐出料口通常已安装 40 目的金属筛网，茶提取液在提取罐抽出时，滤除茶渣。但茶汁中的杂质，应先采用 300 目的不锈钢筛网或铜丝网预滤，再采用精滤。精滤后的茶汁要求澄清透明，无浑浊或沉淀。预滤作业也可采用高速离心机离心过滤，再经过精滤，可采用 10~70μm 孔径的精密过滤器，可获得澄清透明的茶汁。

（5）调配、杀菌　目的是调整茶汁的浓度，并加入必要的香味品质改良剂。将茶汁加热至 80~95℃，加热一方面可去除茶汁中的氧气，另一方面能进行浓缩达到茶品要求（可溶性固形物含量为 20%），同时还兼杀菌作用。

（6）冷却　杀菌后的茶汁要迅速冷却至常温，以保证产品质量。

七、品质鉴别

（1）感官指标　具有茶汁应有的外形、色泽、香气和滋味；稀释后呈澄清或均匀状态，无正常视力可见的茶渣和外加杂质。

（2）理化指标　可溶性固形物（以折光度计）≥20%，具体指标见表 3-2。

表 3-2　　　　　　　　　　　　　　茶饮料理化指标

项　　目	指　　标							
	红茶浓缩液	青茶浓缩液	绿茶浓缩液	花茶浓缩液	白茶浓缩液	黄茶浓缩液	黑茶浓缩液	其他茶浓缩液
茶多酚/（g/kg）≥	15.0	25.0	30.0	30.0	30.0	30.0	15.0	15.0
咖啡因/（g/kg）≥	5.0	4.0	4.0	5.0	4.0	4.0	5.0	5.0

（3）微生物指标　具体指标见表 3-3。

表 3-3　　　　　　　　　　　　　　茶饮料微生物指标

项　　目		指　　标
总砷（以 As 计）/（mg/kg）	≤	1.0
铅（以 Pb 计）/（mg/kg）	≤	2.0
菌落总数/（cfu/mL）	≤	1000
霉菌及酵母/（cfu/mL）	≤	20
大肠菌群/（MPN/100mL）	≤	30
致病菌（沙门菌、志贺菌、金黄色葡萄球菌）		不得检出

八、 结果分析

观察哪组茶汁的品质好（口感、色泽、稳定性等），品尝所制产品，市场上是否有同类产品？你认为配方如何调整？

第二节 调味茶饮料

一、 实 验 目 的

掌握调味茶饮料加工的工艺流程。

二、 设备和用具

配料罐，高温杀菌锅等。

三、 参 考 配 方

茶浓缩液（红茶、绿茶等）：配料（橙汁、果汁、鲜牛乳等）为 1:30，0.2% 柠檬酸，8% 蔗糖，食用香精。

四、 生 产 机 理

按我国软饮料国家标准和茶饮料轻工行业标准规定，调味茶饮料是以茶叶的水提取液或其浓缩液、茶粉等为主要原料，加入水、糖、酸味剂、食用香精、果汁、乳制品等，经加工调制制成的液体饮料，具有茶叶的独特风味。调味茶饮料可分为果味茶饮料、果汁茶饮料、碳酸茶饮料、奶味茶饮料及其他茶饮料；按原料茶叶的类型又可分为红茶饮料、乌龙茶饮料、绿茶饮料和花茶饮料。

五、 工 艺 流 程

茶浓缩液 → 调配（80℃）→ 精滤（60℃）→ 高温杀菌（138℃/8min）→ 灌装（95℃）封盖 → 倒瓶（88℃）→ 冷却（40℃）→ 成品

六、 操 作 要 点

①调配时注意各辅料添加顺序，一般将柠檬酸最后加入，防止因形成不溶性酸沉淀物而导致最终产品中产生絮状物。一般在调配到接近饮料成品浓度时，再边搅拌边加入溶解后的柠檬酸，可保证搅拌均匀后体系值远离茶汤体系的等电点。

②经水溶解后的香精、辅料必须通过精滤，以防止配料中的杂质在茶饮料中产生粒状悬浮物，并保证茶饮料成品不会因为糖及其他辅料的不洁净导致饮料中产生絮状物。茶饮料的过滤精度要求达到 500 目以上。

③倒置时间控制在5min 左右。

七、　结 果 分 析

观察哪组产品的品质好（口感、色泽、稳定性等），品尝所制产品，市场上是否有同类产品？你认为配方如何调整？

第五章

固体饮料的加工

概　　述

一、　固体饮料定义

固体饮料是指以糖、乳和乳制品、蛋或蛋制品、果汁或食用植物提取物等为主要原料，添加适量的辅料或食品添加剂制成的每 100g 成品水分不高于 5g 的固体制品，呈粉末状、颗粒状或块状。如豆晶粉、麦乳精、速溶咖啡、菊花晶等。它的主要成分为固体原料和植脂末等。

1. 固体原料

用食品原料、食品添加剂等加工制成的粉末状、颗粒状或块状等固态的供冲调饮用的制品。

2. 植脂末

以糖和（或）糖浆、植物油、酪蛋白等为主要原料，添加或不添加其他辅料、食品添加剂，经加工制成的粉状固体产品。

二、　固体饮料的分类

按原料或产品性状进行分类，可分为以下类别及相应的种类。

1. 风味型固体饮料类

以食用香精（料）、食糖和（或）甜味剂、酸度调节剂、植脂末等作为调整风味主要手段，经加工制成的固体饮料。如奶味固体饮料、果味固体饮料、茶味固体饮料、咖啡味固体饮料等。

2. 果蔬固体饮料类

以水果和（或）蔬菜（包括可食的根、茎、叶、花、果）或其汁液等为原料，经加工制成的，可添加食盐、食糖（或）甜味剂等其他原料的固体饮料。

3. 蛋白固体饮料类

以乳和/或乳制品、或有一定蛋白质含量的植物果实、种子或果仁等为原料，经加工制成的，可添加食糖（或）甜味剂等其他原料的固体饮料。

4. 茶固体饮料类

以茶叶或茶鲜叶为主要原料，经水提取或采用茶鲜叶榨汁，经加工制成的，可添加食糖（或）甜味剂等其他原料的固体饮料。

5. 咖啡固体饮料类

以咖啡的水提取液为主要原料，可添加其他食品原料，经加工制成的固体饮料。

6. 植物固体饮料类

以植物及其提取物（水果、蔬菜、茶、咖啡除外）为主要原料，经加工制成的固体饮料。

7. 特殊用途固体饮料类

通过调整饮料中营养素的成分和含量，或加入具有特定功能成分的适应人体某种特殊需要的固体饮料，如固体运动饮料、固体营养素饮料、固体能量饮料等。

三、 固体饮料加工的工艺流程

固体饮料品种繁多，范围广泛，生产制作方法大致有两种。一是将各种原料进行配料、成形、烘干、筛分、包装或先干燥、粉碎然后混合、包装，此法简单，只要控制好原料质量，就可得到较好的产品。二是适于生产质量较高的产品的方法。它采用混合、均质、脱气、干燥等工序进行加工。但对于菊花茶、速溶咖啡、速溶茶等高档饮料，其工艺又有一定差异、大多由萃取工艺和造粒工艺两部分组成。总之应根据所用物料的性质、特点、产品规格、档次等因素来具体选择，并确定合适的工艺参数和最佳工艺路线。

第一节　中华猕猴桃晶

一、 参 考 配 方

猕猴桃原浆 20%，白砂糖 85%，麦芽糖浆 5%，柠檬酸 1.3%，苹果酸 0.6%，柠檬酸钠 0.3%，食盐 2%，环烷酸钠 2%，糖蜜素 0.2%，香精适量。

二、 工 艺 流 程

猕猴桃→ 挑选 → (加乙烯) 催熟 → 洗果 → 打浆 → 过滤 → 浓缩 → (加辅料) 配料 → 造粒 → 干燥 → 包装 →成品

三、 操 作 要 点

（1）催熟　选择八九成熟、无霉烂的新鲜猕猴桃果，经 3~5d 催熟处理，使果实柔软即可使用。中华猕猴桃果实对乙烯十分敏感，在密闭的室内分层平铺数层猕猴桃果，每天喷射少量乙烯，即可催熟。熟果经流水洗净，再经无菌水冲洗备用。

（2）打浆　调好打浆机的筛网直径在 0.6mm 左右。将催熟的猕猴桃果经打浆机进行打浆处理。因猕猴桃浆易褐变，所以在打浆过程中要适当添加一些抗氧化剂，如维生素 C 等。

（3）过滤　经打浆得到的果浆仍然有杂质存在，必须经过过滤处理，可将果浆打入离心机中进行过滤，得到果汁。

（4）浓缩　将上述果汁打入真空浓缩锅内进行浓缩至 3～4 倍浓度，以利保存。注意真空度控制在 80～90kPa，出锅温度 50℃左右。

（5）配料　生产固体饮料的天然果蔬汁，一般要求用各种载体填充，再进行先期干燥，以增添固体饮料的溶解性和口感。填充料包括蔗糖、葡萄糖、植物胶、糊精、淀粉、羧甲基纤维素钠等。按配方将物料置入搅拌机内进行搅拌直至呈松软状混合物为止，注意控制其水分含量在 10% 左右。

（6）造粒　将上述物料移入造粒机内造粒，造粒机筛网直径 10～12 目。

（7）干燥　将造粒好的物料装入托盘中，置真空干燥箱内进行干燥。抽真空，通蒸汽。注意压力、温度和真空度之间的关系。也可在 70～80℃ 的烘干房内进行干燥，这种方法要求经验丰富、操作熟练，否则容易烘焦而影响产品质量和外观。

（8）包装　干燥完毕后，待真空度回零位，开箱取出托盘，冷却后经检验合格即可进行包装。因猕猴桃晶易受潮，故应在干燥的房间包装。

第二节　纯天然蔬菜复合营养粉

一、参考配方

胡萝卜，芹菜，菠菜，青豆，耐酸性（羧甲基纤维素钠），柠檬酸，蔗糖（脂肪酸）酯，单脂肪酸甘油酯，BE－乳化剂，抗氧化剂，胡萝卜香精，白砂糖。

二、加工技术

1. 胡萝卜汁的制取

（1）工艺流程

胡萝卜→ 清洗 → 去皮 → 热烫 → 切块打浆 → 调 pH → 胶磨 → 过滤 → 杀菌 → 贮存

（2）操作要点　将胡萝卜用 3% 复合磷酸盐 90℃、4min 去皮，以 0.5% 柠檬酸与 0.3% D－异抗坏血酸混合液 100℃、6min 热烫，加入胡萝卜鲜重 1/4 的水打浆，经 0.5mm 筛网过滤，用柠檬酸溶液调整 pH 至 3.8，进行胶磨，在 95℃ 杀菌 30s，得胡萝卜汁进行冷藏。

2. 芹菜汁的制取

（1）工艺流程

选料 → 清洗 → 护绿 → 过滤 → 胶磨 → 脱气 → 杀菌 → 贮存

（2）操作要点　将芹菜放入 0.19mol/L 碳酸钾溶液中浸渍 30min 护绿处理，水洗，用 100℃柠檬酸与异抗坏血酸水溶液处理 3min，加入冷水中急冷。放入榨汁机中榨汁，用 80 目筛过滤。脱气，快速加热到 95℃，30s，杀菌，冷却备用。

3. 菠菜汁的制取

（1）工艺流程

菠菜→清洗→浸碱液→预煮→硫酸铜溶液处理→洗涤→打浆→榨汁→过滤→杀菌→贮存

（2）操作要点　用稀碱液浸泡已洗好的菠菜 20～30min。将稀碱液煮沸，放入菠菜预煮 2～3min，再用调好 pH 的硫酸铜溶液浸泡 20～30min，捞出，滤干，清水洗涤，打浆，榨汁，过滤，80℃杀菌 30min，低温保存。

4. 青豆浆的制取

（1）工艺流程

青豆→筛选→脱皮→浸泡→灭酶→热磨浆→过滤→均质→杀菌→贮存

（2）操作要点　先用 115℃直接蒸汽短时间处理，使豆皮膨胀，再进行卧式干燥，先用热空气干燥，再常温空气干燥，然后脱皮。用碳酸氢钠溶液浸泡 8～10h，再用 1% 碳酸氢钠溶液和蒸汽间接加热，在 95℃保持 5min，用胶体磨研磨两次，同时加入 95℃的 0.1% 碳酸氢钠溶液，溶液与豆的质量比为 8∶1。磨浆离心去豆渣，加热钝化胰蛋白酶抑制物，在 65℃、1.19MPa 均质，130℃杀菌 90s，冷却贮存。

5. 混合液的调配

胡萝卜、芹菜、菠菜、青豆混合汁→加乳化稳定剂→加糖液→调 pH→胶磨→均质→脱气→杀菌→真空浓缩→冷冻干燥→无菌包装→贴标→检验→贮存→成品

6. 纯天然蔬菜营养粉的制取

（1）参考配方　胡萝卜∶芹菜∶菠菜∶青豆为 30∶20∶15∶20，固形物 15%，羧甲基纤维素钠 0.2%，琼脂 0.1%，蔗糖（脂肪酸）酯 0.19%，总酸 0.15g/100mL，总糖≤30%。

（2）操作要点　将各蔬菜汁按上述配方进行配料，依次加入溶解好的糖液、各种稳定乳化剂。均匀混合，温度保持 60℃左右，用碳酸氢钠溶液调整 pH 到 6.5～6.7。在 60℃进行两次胶磨和均质处理，在 130℃瞬时灭菌 5s，在 45～50℃、16kPa 真空浓缩脱水，冷冻干燥，包装。

Part 4

第四篇
畜产品加工学实验

第一章
肉制品的制作

概　述

一、　肉制品定义

肉制品是指用畜禽肉为主要原料，制作过程中加入调味料、香辛料、糖及蛋白、食品添加剂等制作的熟制成品或半成品，如香肠、火腿、培根、酱卤肉、烧烤肉等。

二、　肉制品的分类

1. 按产生的流源分为两大类，一类是中国传统风味的中式肉制品，如金华火腿、广式腊肠、南京板鸭、德州扒鸡、道口烧鸡等传统名特产品。另一类是西式肉制品，有香肠类、火腿类、培根类、肉糕类、肉冻类等。

2. 按加工工艺

（1）灌肠类肉制品　灌肠类肉制品是以畜禽肉为主要原料，经腌制（或未经腌制）、绞碎或斩拌乳化成肉糜状，并混合各种辅料，然后充填入天然肠衣或人造肠衣中成型，根据品种不同再分别经过烘烤、蒸煮、烟熏、冷却或发酵等工序制成的肉制品。

（2）罐头肉制品　罐头肉制品是指以畜禽肉为原料，调制后装入罐头容器或软包装经排气、密封、杀菌、冷却等工艺加工而成的耐贮藏食品。

①清蒸类罐头：将处理后的原料直接装罐，按不同品种仅加入食盐、胡椒、月桂叶等经密封杀菌后制成。清蒸类罐头较好地保持了原料特有的风味。

②调味类罐头：调味类罐头是指将经过处理、预煮或烹调的肉块装罐后，加入调味汁液制成的罐头。有时同一种产品因各地区消费者的口味要求不同调味方法也有差异。成品应具有原料和配料的特有风味和香味、块形整齐、色泽一致、汁液量和肉量保持一定比例。这类产品按调味方法不同又可分红烧、五香、浓汁、油炸、豉汁、茄汁、咖喱等类别。各种类别各自具有该产品的特有风味和香味。

③腌制类罐头：将处理后的原料肉经过以食盐、亚硝酸盐、砂糖等按一定配比组成的混合盐腌制后﹁再进行加工制成的罐头。如火腿、午餐肉、咸牛肉、咸羊肉等。

④烟熏类罐头：此类产品是指处理后的原料经过腌制烟熏后制成的罐头。如火腿和烟熏肋肉等。

⑤香肠类罐头：此类产品是指肉经腌制加香料斩拌后制成肉糜直接装入肠衣中经烟熏预煮制成的罐头。

（3）脱水肉制品　脱水肉制品是指将原料肉先经熟加工，再成型、干燥或先成型再经熟加工制成的易于常温下保藏的干熟类肉制品。这类肉制品可直接食用，成品呈小的片状、条状、粒状、团粒状、絮状。

干肉制品主要包括肉干、肉脯和肉松三大种类。

（4）发酵肉制品　发酵肉制品主要是发酵灌肠制品，另外还有部分火腿。这些制品常以酸性（pH）高低、原料形态（绞碎或不绞碎）、发酵方法（有无接种微生物或/和添加碳水化合物）、表面有无霉菌生长、脱水的程度进行分类。甚至以地名进行命名，如金华火腿、宣威火腿（云腿）等。

（5）其他肉制品

①腌腊肉制品：中式腌腊肉制品如广东腊肉，西式腌腊肉制品主要是培根。

②熏烤肉制品：中式烟熏肉制品如哈尔滨熏鸡、沟帮子熏鸡、北京熏肉。烤制品如广东脆皮乳猪、上海烤肉、广式叉烧肉、北京烤鸭。

③酱卤肉制品：将原料肉加入调味料和香辛料，以水为加热介质煮制而成的熟肉类制品。如德州扒鸡。

第一节　广式香肠

一、实验目的

通过对香肠的加工操作，了解其加工特点及工艺要领，要求初步掌握其加工工艺。

二、设备和用具

天平或盆盘盛器，砧板，刀，灌肠工具，烘烤设备。

三、参考配方

100kg 广式香肠：瘦肉 70kg，肥肉丁 30kg，酒精体积分数为 60% 的大曲酒 2.5~3kg，硝酸钠 50g，白酱油 2.5~3kg，精盐 2kg，白砂糖 6~7kg，味精 0.2kg，清水按肉量的 15%~20% 加入。

四、工艺流程

原材料的选择与处理 → 拌料 → 灌制 → 漂洗 → 日晒、烘烤 → 成熟 → 成品

五、操作要点

（1）原材料的选择及处理

①猪肉：以新鲜猪后腿瘦肉为主，夹心肉次之（冷冻肉不用），肉膘以背膘为主，腿膘次之。剥皮剔骨，除去结缔组织，各切成小于 $1cm^3$ 的肉丁，分开放置；或者用绞肉机绞成边长 8～10mm 的肉丁。肥膘切丁后用温开水洗去浮油、杂质后沥干待用。

②其他材料的准备：肠衣用新鲜猪或羊的小肠衣，以 26～30mm 宽度为好。干肠衣在用前要用温水泡软洗净，沥干水后在肠衣一端打死结待用，麻绳用于结扎香肠。一般加工 100kg 原料用麻绳 1.5kg。

（2）拌料　按瘦、肥 7∶3 比例的肉丁放入容器中，另将其余配料用少量温开水（50℃左右）溶化，加入肉馅中充分搅拌均匀，使肥、瘦肉丁均匀分开，不出现黏结现象，静置片刻即可灌肠。

（3）灌制　将上列配置好的肉馅用灌肠机灌入肠中（用手工灌肠时可用搅肉机取下筛板和绞刀，安上漏斗代替灌肠机），每灌到 12～13cm 时，即可用麻绳结扎，待肠衣全灌满后，用细针（百支针）戳洞，以便于水分和空气外泄。

（4）漂洗　灌好结扎后的湿肠，放入温水中漂洗几次，洗去肠衣表面附着的浮油、盐汁等污物。

（5）日晒、烘烤　水洗后的香肠分别挂在竹竿上，放到日光下晒 2～3d。工厂生产的灌肠应进烘房烘烤，温度在 50～60℃（以炭火为佳），每烘烤 6h 左右，应上下进行调头换尾，以使烘烤均匀。烘烤 48h 后，香肠色泽红白分明，鲜艳光亮，没有发白现象，烘制完成。

（6）成熟　日晒或烘烤后的香肠，放到通风良好的场所晾挂成熟。一般一根麻绳两节香肠（一对）进行剪肠，穿挂好后凉挂 30d 左右，此时为最佳食用时期。成熟率约为 60%。规格为每节 13.5cm，直径 1.8～2.1cm，色泽鲜明，瘦肉呈鲜红色或枣红色，肉膘呈乳白色，肉身干爽结实，有弹性，指压无明显凹痕，咸度适中，无肉腥味，略有甜香味。在 10℃ 下可保藏 4 个月。

附几种香肠的配料如下。

（1）无硝广式腊肠配料　猪后腿瘦肉 70kg，白砂糖 8kg，液体葡萄糖 2kg，白膘丁 30kg，白酱油 0.5kg，酒精体积分数为 60% 的大曲酒 3kg，精盐 3～3.4kg。

（2）武汉腊肠配料　瘦猪肉（绞碎）75kg，汾酒 2.5kg，白糖 4kg，肥肉（切丁）30kg，细盐 3kg，生姜粉 0.3kg，硝酸盐 50g，味精 0.3kg，白胡椒粉 0.2kg。

（3）四川香肠配料　瘦猪肉 80kg，白糖 1kg，花椒 0.1kg，肥肉 20kg，白酱油 3kg，混合香料 0.15kg，精盐 3kg，白酒 1kg。

（4）北京香肠配料　瘦猪肉 70kg，肥肉丁 30kg，白酒 2kg，白糖 3kg，细盐 3kg，蔻仁面 0.05kg，硝酸盐 50g，味精 0.2kg。

六、注意事项

①用绞肉机绞肉时，肉丁不能绞的过细，否则影响肠内水分外散，一般以边长 8～10mm 为宜。

②搅拌时，使肥、瘦肉丁均匀分开，不易出现黏结现象，静置片刻即可灌肠。拌好的肉馅应迅速灌制，否则色泽变褐，影响制品外观。

③烘烤温度一般为 50~60℃，温度过高，会使脂肪熔化而渗出，色泽发暗，瘦肉烤熟而降低出品率，并使肉馅收缩出现空心肠；温度过低，延长烘烤时间，水分排出缓慢，且会造成糖、酒等辅料发酵，使成品变酸。

七、品质鉴别

（1）组织及形态　肠体干爽，呈完整的圆柱形，表面有自然皱纹，断面组织紧密。

（2）色泽　肥肉呈乳白色，瘦肉鲜红、枣红或玫瑰红色，红白分明、有光泽。

（3）风味　咸甜适中，鲜美适口，腊香明显，醇香浓郁，食而不腻，具有广式腊肠的特有风味。

八、讨论题

硝酸盐在本实验中的作用是什么？如何控制烘烤时辅料的发酵？

第二节　灌　　肠

一、实验目的

了解灌肠加工的特点及工艺要领，要求初步掌握其加工工艺。

二、设备和用具

绞肉机，拌和机，剁肉机，灌肠机，烘房，冷库。

三、参考配方

各种西式、中式灌肠配方参见表 4-1 和表 4-2。

四、工艺流程

原材料→ 整理 → 腌制 → 制馅 → 灌制 → 烘烤 → 煮制 → 烟熏 →成品

五、操作要点

（1）原材料整理、腌制

①整理：生产灌肠的原料肉，应选择脂肪含量低、结着力好的新鲜猪肉、牛肉。要求剔去大小骨头、剥去肉皮，修去肥油、筋头、血块、淋巴结等。最后切成拳头大小的小块，将猪膘切成 1cm 见方的膘丁，以备腌制。原料肉的新鲜度、蛋白质的数量、质量对肉的黏着性影响较大，最终影响到制品的保水性，而保水性好的产品易保持原形并多汁柔软、风味好，故原料肉的配比要保证一定的瘦肉量。

表 4 - 1 　　　　　　　　各种西式灌肠配料表

名称	瘦猪肉		肥猪肉		牛肉		其他配料（kg/50kg 肉馅）	备注
	质量/kg	规格（筛板孔径）/mm	质量/kg	规格/cm³	质量/kg	规格（筛板孔径）/mm		
里道斯（立陶宛）	15	2～3	10	1	25	2～3	淀粉5，大蒜0.15，黑胡椒粉0.05，硝酸钠0.025，精盐1.75～2（腌制用）	
小红肠（维也纳）	10		12.5		27.5		淀粉2.5，胡椒粉0.095，玉果粉0.065，硝酸钠0.025，精盐1.75（腌制用）	用1.8～2.4cm口径羊肠衣灌制
大红肠	12.5	绞碎	6.5	绞碎	31	绞碎	淀粉2，胡椒粉0.095，玉果粉0.065，大蒜0.065，桂皮0.015，硝酸钠0.025，精盐1.75（腌制用）	用牛拐头（盲肠）灌制
保大斯（波尔塔瓦）	17.5	2～3	12.5	0.7	20	2～3	淀粉2.5，黑胡椒粉0.05，大蒜0.15，硝酸钠0.05，精盐1.75～2（腌制用）	用牛大肠衣或羊拐头灌制
鲜干肠（克拉科夫）	18	2～3	12	0.5	20	2～3	淀粉2.5，白糖0.065，胡椒粉0.095，玉果粉0.03，大蒜0.095，硝酸钠0.025，精盐1.75（腌制用）	用4～5cm口径牛大肠衣
熏干肠（莫斯科）	7.5	2～3	12.5	0.8	30	2～3	胡椒粉0.075，胡椒粒0.125，优质白酒0.5，白糖1，味精0.1，硝酸钠0.05，精盐2.5（腌制用）	用牛大肠衣或洋布袋口径7cm
沙西斯戈	32.5	1～2	10	1	7.5	1～2	淀粉3，胡椒粉0.07，桂皮0.09，大蒜0.05，味精0.09，硝酸钠0.05，精盐1.75～2（腌制用）	用羊小肠衣灌制

②腌制：每100kg原料加入3~5kg精盐，硝酸钠50g，磨细拌和均匀后拌和在切好的肉块上，装入容器腌制2~3d。大规模生产时，需在5℃以内的条件下进行。待肉块切面变成鲜红色，且较坚实有弹性，无黑心时腌制结束。

脂肪应单独进行腌制，一般以带皮的大块肉膘进行腌制，也可腌去皮的脂肪块。先把肥膘用清水冲洗沥干后，将按配料的比例混合好的硝酸盐均匀地揉擦在脂肪上，然后移入10℃以下的冷库内，一层层地堆起，经3~5d脂肪坚硬，有坚实感，切面色泽一致即可使用。

（2）制馅

①绞碎：腌制后的肉块，需要用绞肉机绞碎。一般用2~3mm孔径粗眼绞肉机绞碎。牛肉纤维组织结实，硝酸盐不易渗入，所以要多一道工序，即在加入硝酸盐后，先用大眼（1.3cm）绞肉机绞碎，并搅拌后再冷却。在绞碎时必须注意，由于与机械摩擦而温度升高，尤其在夏天更应注意，必要时须进行冷却。

表4-2　　　　　　　　　　　　各种中式灌肠配料表

名称	瘦猪肉		肥猪肉		其他配料（kg/50kg 肉馅）	备注
	质量/kg	规格（筛板孔径）/mm	质量/kg	规格/cm³		
哈尔滨红肠	38	2~3	12	1	淀粉3.0，味精0.045，大蒜0.15，胡椒粉0.045，硝酸钠0.025，精盐1.75~2	
松江肠	38.5	2~3	8.5	0.25~0.4	淀粉2.0，胡椒粒0.07，味精0.045，大蒜0.05，胡椒粉0.07，硝酸钠0.05，桂皮粉0.025，精盐1.75~2.0	用牛拐头灌制
一号茶肠	38.5	肉泥	8.5	0.8	淀粉2.0，味精0.09，胡椒粉0.09，豆蔻粉0.025，大蒜0.35~0.40，硝酸钠0.05，精盐1.75~2.0	
小干肠	38.5	2~3	8.5	0.4~0.5	淀粉2.0，味精0.09，胡椒粉0.09，桂皮粉0.05，大蒜0.075，硝酸钠0.05，精盐1.5~1.75	用羊小肠衣灌制
北京香雪肠	25	2	25	1	淀粉7.5，味精0.05，鲜姜0.5，香雪酒1.0，硝酸钠0.025，精盐2.0	
普通猪肉灌肠	30 20	粗粒 细粒	5	1	淀粉2.5，胡椒粉0.063，五香粉0.30，小茴香0.31，白糖1.25，味精0.31，大曲酒0.25，硝酸钠0.025，精盐1.75	

续表

名称	瘦猪肉		肥猪肉		其他配料	备 注
	质量/kg	规格（筛板孔径）/mm	质量/kg	规格/cm³	（kg/50kg 肉馅）	
沈阳长征肠	42.5	肉泥	5	绞碎	淀粉 2.5，胡椒粉 0.07，大蒜 0.25，味精 0.1，茴香 0.05，香油 0.25	

②剁碎：为把原料粉碎至肉浆状，使成品具有鲜嫩细腻的特点，原料需经剁碎工序（大红肠、小红肠必须经剁碎工序）。剁碎的程序是先剁牛肉后剁其他原料，因为牛肉的脂肪较少，比较耐热。牛肉置入绞肉机时，需同时加入适量的水（夏季用冰屑水）和预先配好的配料，然后加入猪肉混合剁碎至糯糊状，具有黏性时，再翻入搅拌机和膘丁搅拌均匀即成肉馅。剁制时的加水量，一般每 100kg 原料为 30～40kg，根据原料干湿程度和肉馅是否具有黏性为准，灵活掌握。

③拌馅：目的是进一步提高肉馅的保水性，使肌肉组织和脂肪组织均匀混合成良好的乳化状，改善制品组织状态，提高产品的嫩度及弹性。其效果取决于时间、肉的温度和添加料的顺序。

通常是将剁碎的牛肉和规定量的水在绞馅机中混合，经 6～8min，水被肉充分吸收后，再按配方规定加入香料，然后加入猪肉，混合 4～6min，最后加入膘丁充分混合 2～3min。淀粉必须先以清水调和，除去底部杂质后，在加肥肉丁之前加入。拌馅时间应以拌好的肉馅弹力好，包水性强，没有乳状分离，脂肪块分布均匀为宜。肉馅温度不应超过 10℃为宜。

（3）灌制　灌制过程包括灌馅、捆扎和吊挂等工作。在装馅前对肠衣进行质量检查。肠衣必须用清水冲洗，不得漏气。灌制前将肠衣按规格要求剪断，用纱绳扎好一头，另一头套在灌肠机的管子上进行灌馅，灌制时必须掌握肠内肉馅松紧均匀，尽量不使肉馅内留有空气，否则会使成品产生气泡、肉馅下沉，形成上空下实现象且容易变质，但也不能过紧，以免水煮时肠衣破裂。待灌满后，用手或扎绳机将肠衣顶端用纱绳结紧。口径大或质量差的肠衣，大多在灌肠半腰处加扎一道纱绳，并与肠衣顶端纱绳连接，以防肠子中断。灌好的肠子，须用小针戳孔放气。每根灌肠上段结以约 10cm 长的双道纱绳，悬挂于木棒上，待烘烤。悬挂的灌肠相互之间不应紧贴在一起，以防烘烤时受热不均。

（4）烘烤　为使灌肠膜干燥及肠内杀菌，延长保存时间，增加肠衣的机械强度，促进硝酸盐的作用使成品呈现粉色，一般均要进行烘烤。烘房温度保持在 65～80℃，烘烤时间以肠中心温度达 45℃以上为准，待肠衣表皮干燥、光滑，手摸无黏湿感觉，表面深红色，肠头附近无油脂流出时，即可出烘房，大约 1h。烘房使用的木材应以不含或少含树脂类的硬木为好，以防止产生黑烟将灌肠熏黑。灌肠在烘房内距火焰应保持一定距离，以下垂的一端与焰火相距 60cm以上为宜，以防肠端脂肪烤化流油，或者把肠端肉馅烤焦。同时必须保持温度正常稳定，每隔 5～10min 要把烘房内的灌肠调换一下位置，避免烘烤不匀。目前一些大城市食品厂烘烤采用煤气上少加木材保持烟熏味。

（5）煮制　水煮可消灭各种微生物，使肌肉蛋白凝固，部分胶原蛋白纤维变成明胶，形成把脂肪和水分包围起来的微细结构，使制品多汁柔软、有弹性。

煮制和染色同时进行。煮制通常用水煮，先使锅内水温达到 90～95℃，放入色素搅和均匀，随即放入灌肠。保持水温80℃左右。灌肠在锅内的位置须移动 1～2 次，以防染色不均。约1h（时间取决于灌肠的粗细），待灌肠中心温度达 75℃ 以上时，用手掐肠体感到挺硬、有弹性时，即为煮熟，可以出锅。习惯上每 50kg 灌肠需用水量约 150kg。

灌肠的色泽，除了大红肠、小红肠是红色外，其他品种根据需要而定。红色素国家规定使用红曲米，一般均在煮灌肠锅内随水放入红米粉，数量按需要而定。

（6）烟熏　烟熏的作用主要是使灌肠有一种清香的烟熏味，并借烟中的酚、醛类的化学作用，使灌肠易于防霉、防腐。熏烟和烘烤可在一处进行。熏房内温度保持在 60～70℃。烟的来源，目前在烧着的木材堆上覆盖锯木屑的办法来产生烟。烟熏过程中，要使灌肠之间保持一定距离，如相互紧靠，则靠着的一面烟未熏到，会形成"粘疤"，影响质量。烟熏室温保持在 40～50℃，烟熏 5～7h，待灌肠表面光滑而透出肉馅红色，并且有枣子式皱纹时，即为烟熏成熟的成品。出烘房自然冷却，除去烟尘，即可食用。

六、品质鉴别

（1）灌肠标准

①感官指标：肠衣（肠皮）干燥完整，并与内容物密切结合，坚实而有弹力，无黏液及霉斑。切面坚实而湿润，肉呈均匀的蔷薇红色，脂肪为白色。无腐臭、无腐败味。

②理化指标：亚硝酸盐（mg/kg，以 $NaNO_2$ 计）≤30。

③细菌指标：见表 4-3。

表 4-3　　　　　　　　　　　　灌肠细菌指标

项目	指标	
	出厂	销售
细菌总数/（个/g）	≤30000	≤50000
大肠菌数/（个/100g）	≤40	≤150
致病菌（指肠道致病及致病性球菌）	不得检出	不得检出

（2）灌肠品质鉴定方法

视觉检验：主要检查灌肠外皮是否完整，肠衣是否干燥，色泽是否正常，纱绳是否扎紧，有无霉点，肠头是否发黑。同时取灌肠一根，中间切断，再在断面剖开，观察肉馅和膘丁的颜色是否均匀，是否呈淡黄色，肉馅结构是否结实，是否有空洞。

味觉和触觉检验：主要是检验灌肠的味道是否咸淡适中，是否具有灌肠的香味，有无酸味、膻味和腐败味，手摸灌肠是否坚实而有弹性。

根据上述感官检验项目综合质量界限如下。

（1）新鲜灌肠的特征

外观：肠衣干燥，表面无霉点，无黏液，坚固而具有弹性，肠衣和肉馅紧紧贴住，不易分离，无黑点，无杂质。

气味：具有灌肠的固有气味和香味，无酸味，无哈喇味和腐败味。

肉馅：肉馅粉红色，膘丁白色，内部坚实，无空洞。

（2）开始变质灌肠特征

外观：肉馅易和肠衣分离，肠衣湿润而有黏性，易破裂。

气味：香气减退或消失，有酸味或腐败味。

肉馅：膘丁呈淡黄色，肉馅松散，四周色泽灰暗，有褐色斑点。

七、讨 论 题

①提高灌肠保水性的措施有哪些？

②灌肠烘烤的目的是什么？

第三节 腊 肉

一、实 验 目 的

了解腊肉加工过程，初步掌握其加工原理。

二、设 备 和 用 具

麻线，腌板，剥皮刀，簸箕，天平（感应量 0.1g），台秤，小缸，烘烤熏烟炉，温度计，铝锅。

三、参 考 配 方

剔骨肋条鲜猪肉，精盐，硝酸盐，白糖，酱油，大曲酒，白酒，花椒，混合香料，八角，荜拨，甘草。

四、工 艺 流 程

$$配料\longrightarrow$$

原料肉→ 修整 → 腌制 → 烘制 →成品

五、操 作 要 点

1. 广式腊肉

（1）原料肉的修整　选择健康猪的腰部、肋部和下腹部的新鲜肉，剔去肋骨、椎骨、软骨，切除奶脯，切成3cm 宽、36～40cm 长，约 0.17kg 重的薄肉片。肉的一头刺一小洞，系上 15cm 长的麻线。然后用40℃的温开水洗去浮油，稍沥干水分，放入配料液中腌制。

（2）配料　配料标准按每 50kg 修整后的肉计，用精盐1.5kg，硝酸盐25g，白糖2kg，白酱油2kg，酒精体积分数为 60% 的大曲酒 0.9kg。

先将白糖、硝酸盐、精盐等所有固体腌料倒入容器中，然后加入大曲酒、白酱油使固体腌料和液体调料充分混合拌匀，并完全溶化后待用。

（3）腌制 将切好的肉条放入腌肉缸中，每隔30min 翻动 1 次，使每根肉条都与腌液接触，腌制 5～8h 后，取出挂在竹竿上（如余有配料液，可分次涂擦于肉条表面），放于阳光充足的地方晾晒 3h，使肉身干爽后，再进行烘制。

（4）烘制 用烤房或烤箱烘制，温度掌握在 40～50℃，烘烤 2～3d 即成。烘烤中要上下调换位置，注意检查质量，以防烘坏。此外，还可以用日光曝晒，晚上移进室内，晒数天后，至肉表面出油时即可。但如遇阴雨天气，应及时进行烘烤，以防变质。

（5）成品 肥肉呈金黄色，瘦肉红亮，味香而鲜美，肉条整齐，肉质光洁不带碎骨，表面无盐霜，成品率不低于70%。

2. 川味腊肉

（1）原料肉的修整 选用经卫生检验合格的新鲜猪肉，剔骨带皮，切成长 30～40cm，宽 4～6cm，重 0.7～0.85kg 的长条肉块。

（2）配料 每100kg 肉，用食盐 7～8kg，花椒 0.1kg，白酒 0.15kg，糖 0.5kg，硝酸盐 2g，混合香料 0.15kg（用桂皮 3kg，八角 1kg，荜拨 3kg，甘草 2kg 碾成粉末而成）。

（3）腌制 将盐放在铁锅内炒热，晾凉后放入硝酸钠、辅料拌均匀，一次涂在肉上，然后将肉块皮面向下，肉面向上（最后一层皮面向上），平放在腌肉缸或腌肉池内，并将剩余的配料均匀地撒在腌肉面上，腌制 2～3d 翻缸一次，再腌 2～3d，配料全部渗入肉内即可出缸。

（4）水洗 出缸后用 15～20℃的温水洗净肉上的白霜或杂质，然后悬挂在通风处晾干，再进行烘烤。

（5）烘烤 通常用烘干房烘烤，开始时温度为40℃左右，经过 4～5h 后逐渐加温，最高不超过55℃，以免烤焦流油，影响品质。最后逐步降温，共计需要烘烤32h。在烘烤过程中，当烤制肉皮略带黄色时，翻竿一次，烤到皮色干硬，瘦肉呈鲜红色，肥肉透明或乳白色时就可以出炕。腊肉出炕后，悬挂在空气流通处，散尽热气后即为成品。成品率为70%左右。其规格是：无骨带皮，形状长条，每块 0.5～0.75kg，长度 27～37cm，宽度 3.3～5.0cm。

六、 品 质 鉴 别

（1）广式腊肉感官评定标准

色泽：色泽鲜明，有光泽，肌肉呈鲜红色或暗红色，脂肪透明或呈乳白色。

组织状态：肉身干爽、结实，坚韧有弹性。

气味：具有广式腊肠固有的风味。

（2）川味腊肉感官评定标准

色泽：色泽鲜明，瘦肉具有鲜红色，肥肉透明或呈乳白色。

组织状态：肉身干爽、结实、有弹性，指压无明显凹痕。

气味：具有腊味固有的风味，不哈不臭。

七、 讨 论 题

为什么腊肉最好的生产季节在冬季5℃以下？腊肉的防腐机理是什么？

第四节 方 肉

一、实 验 目 的

①通过方肉的加工，初步掌握其加工原理。

②与国内的腊肉加工比较，了解有何异同。

二、设备和用具

烘烤熏烟炉1个，腌板1块，剥皮刀1把，天平（感应量0.1g）1架，台秤1台，小缸2只，温度计1支，铝锅，麻线10g。

三、参 考 配 方

剔骨肋条鲜猪肉，精盐，硝酸盐，白糖，调味料。

四、工 艺 流 程

原料肉→修整→腌制→脱盐→整形→干燥→烟熏→水煮→贮存→成品（配料进入腌制）

五、操 作 要 点

方肉又称外国式腊肉，因其形状呈长方形，故名方肉。

（1）原料肉的修整　将冷却后的胸肋部的肉，剔去肋骨，切除乳头和腹膜，修整边缘，成为长20~30cm，宽15cm的长方形肉块。

（2）腌制　小块腊肉一般不挤血，采用湿淹法进行腌制。将修整后的肉平放在缸内，皮面向下，逐层堆叠，最后一层皮面向上，用石头加压，按每100kg原料肉用腌制液6~10kg，倒入缸中，溶液要高出肉面10cm左右。腌制液的配制是：水100kg，硝酸盐350~500g，食盐22~25kg，调味料200~500g，砂糖5~7kg。腌制温度以5℃为最佳，不得超过12℃。应根据温度、食盐浓度和肉质等确定腌制的时间，一般是每千克肉重腌制5d左右。

（3）脱盐及整形　为了使腊肉内外盐味一致，应将腌制后的肉块，放入10℃左右的水中浸泡2~3h，然后整理成方形。

（4）干燥　将整形后的肉块挂在通风处风干1~3d，也可以在40℃以下的烘干房中干燥2~3h，达到表面干燥，使烟的成分渗透入肉内。

（5）烟熏　将干燥后的肉块挂在熏烟室（可与干燥室共用），进行烟熏，一般采用30~40℃，熏制7~10h即可，具体时间按贮存期的长短而定。

（6）水煮　在食用前必须将肉块放入70~75℃的水中煮30min左右，具体时间以肉块中心达到62~65℃为宜。当肉中心达到60℃左右时，肉中气体膨胀，肉块上浮，这时再在70~75℃

的温度内煮30min，以能达到杀菌和除去部分烟熏味等目的，以上共需煮2~4h。

（7）贮存　水煮后的方肉，水分含量较高，不宜长期保存。在常温下，不超过48h。如在 -10℃条件下贮存，可以保存7d左右。

生熏方肉，水分较低，含盐量高，在常温下悬挂于阴凉通风处，能保存3~4d，在 -10℃冷藏，可保存1个月以上。

六、品质鉴别

优质的方肉色泽鲜明，肌肉呈鲜红或暗红色，脂肪透明或呈乳白色，肉身干爽、结实、富有弹性，并且具有方肉应有的熏肉风味。

七、讨论题

①实验中方肉的感官特征变化有哪些？
②比较国内腊肉与国外方肉加工过程，分析水煮在方肉加工中的作用。

第五节　肉　松

一、实验目的

学习了解肉松的加工过程，掌握其加工方法。

二、设备和用具

剥皮刀，炉灶，锅，锅铲，砧板，簸箕。

三、参考配方

猪肉，精盐，酱油，白糖，生姜，茴香，八角，陈皮，桂皮，五香粉，葱，味精。

四、工艺流程

```
                配料┐
    原料处理 → 烧煮 → 炒压 → 成熟 → 包装 → 成品
```

五、操作要点

肉松是用瘦肉脱水，达到干燥的原理制成的。畜、禽的肉均可加工肉松。一般认为猪肉松最好，黄牛肉松其次，鸡肉松第三，水牛肉松居尾。猪肉中以色深、肉质老的新鲜后腿肉为制作肉松的上乘原料，比用夹心肉、冷冻分割精肉为原料制作的肉松纤维长、成品率高、味道鲜美。

（1）原料处理　选择经卫生检验合格且新鲜瘦肉多的后腿肌肉为原料，先剔去骨头，把皮、脂肪、筋腱和结缔组织分开，再将瘦肉顺其纤维纹路切成 3~4cm 的方块。

（2）配料　由于各地的习惯和肉的种类不同，肉松的配料方法很多。现按100kg瘦肉计算，举例如下。

太仓肉松：精盐 1.67kg，酱油 7.0kg，白糖 11.1kg，酒精体积分数为 50% 的白酒 1.0kg，茴香八角 0.38kg，生姜 0.28kg，味精 0.17kg。

涪陵肉松：酱油 7.5kg、白糖 1.5~2kg，曲酒 1.0kg，老姜 0.12kg。

一般肉松：精盐 2.67kg，酱油 11.0kg，冰糖 4.4kg，黄酒 6.6kg，茴香八角适量。

（3）烧煮加工　烧煮是肉松加工中比较重要的一道工序，它直接影响肉松的纤维及成品率。

将切好的瘦肉块和生姜、香料（用纱布包起）放入锅中，加入与肉等量的水。投料时注意将老的和嫩的分开投料。加工分以下三个阶段进行。

①肉烂期（大火期）：用大火煮，直到煮烂为止，大约需要 4h。煮肉期间要不断加开水，以防煮干，并撇去上浮的油沫，保证成品质量。因为撇不净浮油，肉松就不易炒干，还容易焦锅，成品颜色发黑；同时检查肉是否煮烂，其方法是用筷子夹住肉块，稍加压力，如果肉纤维自行分离，可认为肉已煮烂。这时可将料酒放入，继续煮到肉块自行散开时，再加入白糖，用锅铲轻轻搅动，30min 后加入酱油、味精，煮到汤快干时，改用中火，防止起焦块，经翻动几次后，肌肉纤维松软，即可进行下一步。

②炒压期（中火期）：取出生姜和香料，采用中等火力，用锅铲一边压散肉块，一边翻炒。注意炒压要适时，因为过早炒压工效很低，而炒压过迟，肉太烂，容易粘锅炒煳，造成损失。

③成熟期（小火期）：用小火勤炒勤翻，操作轻而均匀。当肉块全部炒松散和炒干时，颜色即由灰棕变为金黄色，成为具有特殊香味的肉松。

为了使炒好的肉松进一步蓬松，可利用滚筒式擦松机将肌肉纤维擦开，再用抖动筛将长短不齐的纤维分开，使成品规格整齐一致。

（4）包装和贮藏　肉松的吸水性很强，长期贮藏最好装入玻璃瓶或马口铁盒中，短期贮存可装入食品塑料袋内。刚加工成的肉松趁热装入预先经过洗涤、消毒和干燥的玻璃瓶中，贮存于干燥处，可以半年不变质。

六、品 质 鉴 别

太仓肉松呈金黄色或淡黄色，带有光泽，絮状，纤维洁纯疏松，口味鲜美，香味浓郁，无异味异臭，嚼后无渣，成品中无焦斑、碎骨、衣膜及其他杂质，含水量低于 20%。

七、讨 论 题

①试说明肉松耐贮存的原因。

②煮肉时撇去浮油对产品最终品质有何影响？

第六节　肉　干

肉干是用猪、牛等瘦肉经煮熟后，加入配料复煮、烘烤而成的一种肉制品。按原料分为猪肉干、牛肉干等；按形状分为片状、条状、粒状等；按配料分为五香肉干、辣味肉干和咖喱肉干等。

一、实验目的

学习了解肉干的加工过程，掌握其加工方法。

二、设备和用具

剥皮刀，炉灶，锅，锅铲，砧板，簸箕。

三、参考配方

猪肉，牛肉，精盐，酱油，白糖，黄酒，生姜，五香粉，葱。

四、工艺流程

配料┐

原料的选择与处理 → 水煮 → 复煮 → 烘烤 → 包装 → 贮存 → 成品

五、操作要点

（1）原料的选择与处理　选用符合食品卫生标准的新鲜猪肉和牛肉，以前后腿的瘦肉为最佳。先将原料肉的脂肪和筋腱剔去，切成 0.5kg 左右的肉块，然后放入清水浸泡，萃取血水、污物，约 1h，再用清水漂过、洗净、沥干。

（2）水煮　将肉块放入锅中，用清水煮开后撇去肉汤上的浮沫，浸烫 20～30min，使肉发硬，然后捞出切成 1.5cm³ 的肉丁或切成 0.5cm×2.0cm×4.0cm 的肉片（按需要而定），原汤待用。

（3）配料（五香肉干）　按每 100kg 瘦肉计算，食盐 1.75kg，酱油 9.5kg，茴香粉 0.15kg，白糖 4.5kg，酒 0.75kg，生姜 0.5kg，花椒 0.15kg，大料 0.2kg，桂皮 0.3kg，甘草 0.1kg，丁香 0.05kg，橘子 1.0kg。

（4）复煮（红烧）　取原汤一部分，加入配料，用大火煮开。当汤有香味浓度增大时，改用小火收汁，即将肉丁或肉片放入锅内，用锅铲不断轻轻翻动，直到汤汁将干时，将肉取出。

（5）烘烤　将肉丁或肉片铺在铁丝网上用 50～55℃ 进行烘烤 8～10h，注意经常翻动，以防烤焦，烤到肉发硬变干，具有芳香味美时即成肉干。此烘烤的肉干色泽淡黄结实，略带绒毛。牛肉干的成品率为 50% 左右，猪肉干的成品率约为 45%。

（6）包装和贮存　肉干先用纸袋包装，再烘烤 1h，可以防止发霉变质，延长保存期。如果装入玻璃瓶或马口铁罐中，可保存 3~5 个月。肉干受潮发软，可再次烘烤，但滋味较差。

六、品质鉴别

（1）感官指标　见表 4-4。

表 4-4　　　　　　　　　　　肉干感官指标

项目	指标	
	肉干	肉糜干
形态	呈块状（片、条、粒状），同一品种的厚薄、长短、大小基本均匀，表面可带有细微绒毛或香辛料	
色泽	呈棕黄色或褐色、黄褐色，色泽基本一致、均匀	呈棕黄色、棕红、枣红色，色泽基本一致、均匀
滋味与气味	具有该品种特有的香味（麻辣、五香、咖喱、果汁等味），味鲜美醇厚，甜咸适中，回味浓郁	具有该品种特有的香味（麻辣、五香、咖喱、果汁等味），味鲜美醇厚，甜咸适中，回味浓郁
杂质	无肉眼可见杂质	

（2）理化指标　见表 4-5。

表 4-5　　　　　　　　　　　肉干理化指标

项目		指标	
		牛肉干	猪肉干
水分/%	≤	20	20
脂肪/%	≤	20	12
蛋白质/%	≥	40	36
氯化物（以 NaCl 计）/%	≤	7	7
总糖（以蔗糖计）/%	≤	30	30

（3）微生物指标　见表 4-6。

表 4-6　　　　　　　　　　　肉干微生物指标

项目		指标	
		牛肉干	猪肉干
细菌总数/（cfu/g）	≤	10000	
大肠菌群/（MPN/100g）	≤	30	
致病菌（沙门菌、金黄色葡萄球菌、志贺菌）		不得检出	

七、讨论题

试说明采用烘烤、炒制、油炸等不同方法所制的成品在成品率、风味上有何不同。

第七节　北京酱牛肉

一、实验目的

学习了解肉干的加工过程，掌握其加工方法。

二、设备和用具

刀具，炉灶，锅，锅铲，砧板，簸箕，笊篱。

三、参考配方

煮制时的参考配方（按50kg牛肉计算）：干黄酱10kg，豆蔻50g，大盐1.5kg，肉桂75g，大料150g，花椒75g，白芷50g，石榴子75g，丁香50g。

四、工艺流程

原料选择与修整 → 煮制 → 翻锅 → 焖煮 → 出锅 → 成品

五、操作要点

(1) 原料选择与修整　选用经卫生检验合格的鲜、冻牛肉。去掉污物、杂质后，用清水冲洗干净，切成750g左右的方肉块，控净血水，以待下锅。

(2) 煮制　先将锅内放上清水，把火点燃，然后将黄酱、大盐按量放入锅内，用笊篱用力搅匀，等黄酱澥好后，用密网笊篱捞几下，去除杂质即可。随后将水放足，以能淹没过牛肉为适度。用旺火把汤烧开，先打酱泛，即撇净汤面的浮沫，然后把垫锅算子放入锅底，用铁铲或长把笊篱将其压住，防止垫锅算子上下左右浮动。垫锅算子是用3.5cm左右宽的竹板编成85cm见方的竹算子。垫锅算子放好后，按照牛肉的老嫩程度和吃火程度分别下锅。肉质老的、吃火大的放底层，肉质较老，块大的先放下层，肉质嫩、吃火小的放上层，仍用旺火使汤大开，约60min。

(3) 翻锅　锅内大开60min后先撇净血沫，然后投入辅料，同时把牛肉翻动一下，兑上老汤，老汤兑好后进行压锅。压锅就是把压锅算子压住，防止牛肉浮起，出现旱肉现象，汤要没过牛肉5cm，老汤不足要补上清水，大开锅后改用文火焖煮。

(4) 焖煮　牛肉在焖煮过程中每隔60min翻一次，翻2~3次锅，翻锅时要把老的、吃火慢的放在开锅头上，翻动后，仍用算子压好，继续用文火焖煮。

(5) 出锅　牛肉煮4~5h待大部分已熟时，用笊篱把牛肉捞起。捞时先将肉在汤里把辅料渣涮净，捞出的肉轻轻地放在屉里，要注意保持牛肉的完整。一边捞肉一边用竹筷子逐块检查牛肉的成熟程度。熟透的肉质松软，用筷子一触即透，内外弹力一致。没熟透的肉质坚硬，颜色发红，有的切面还能见血筋。没熟透的牛肉要继续煮制，直到熟透方可出锅。牛肉出锅后，要及时送到晾肉间，打开空调，将牛肉降温晾凉，凉透即为成品。

六、 品 质 鉴 别

酱牛肉要煮熟煮透，颜色棕黄，牛肉表面有光泽，无煳焦，不牙碜，无毛和辅料渣，略有弹性，五香味浓，酥软可口。

七、 讨 论 题

①观察实验操作中牛肉色泽、风味的变化，计算出品率及生产成本。
②酱牛肉加工中的关键步骤是什么？如何保证成品的质量？

第八节　南京（盐水）板鸭

一、 实 验 目 的

通过对南京板鸭的加工操作，了解其加工特点及工艺要领，要求初步掌握其加工工艺。

二、 设 备 和 用 具

宰杀刀，接血盆，水桶，大盆，烫毛缸，净小毛镊子，盐卤缸，台秤，毛巾等。

三、 参 考 配 方

活鸭2.5kg，食盐（包括炒熟食盐）150～200g，生姜100～150g，八角（茴香）300～450g，葱150g，盐卤。

四、 工 艺 流 程

原料的选择 → 宰杀 → 烫煺毛 → 取内脏 → 清膛水浸 → 腌制（卤的配制与保管）→ 叠坯、排坯、晾挂 → 成品

五、 操 作 要 点

（1）原料的选择　做板鸭要用健康、无损伤的活鸭。肉用型的品种如北京鸭、娄门鸭等，而以两翅下有"核桃肉"，尾部四方肥的为佳，活重1.5kg以上。

（2）宰杀　以口腔宰杀为优，可保持商品完整美观，减少污染，但为容易抠出内脏起见，目前板鸭加工多采用三管齐断法。宰前12h即停止喂食，但饮水不能断（放河塘内），便于放血干净和内脏易于处理。宰杀要注意宰断三管，刀头过深，容易掉头、出次品。

（3）烫煺毛

①烫毛：烫毛水温65～68℃，水量要多，便于鸭尸在水内搅烫均匀，且容易拔毛。鸭宰杀以后停放时间不能过久，一般4～5min，尸体未发硬，以利于拔净鸭毛，如时间过久，则毛孔收缩，尸体发硬，烫煺毛就很困难。

烫毛时的注意点：鸭尸在温水内烫毛时间不宜过长（65℃，5min）。如水温过高，掌握不住，则制出的成品皮色不好，易出次品。另鸭子的脚像鹰爪式，拔毛时易划破鸭皮。温度过低，鸭脚爪不能脱皮，大毛不易拔动，如用力拉，易把皮撕破。此外，水温调节时必须烧开水，再加冷水调节到65～68℃。

②煺毛（拔掉鸭毛）：鸭毛按禽类羽毛加工工艺习惯语来分：有大毛、小毛、绒毛。按羽毛分类：可分为翅羽、背羽、腹脯羽、项羽、尾羽等。煺毛的程序是：先拔翅羽毛、次拔背毛、再拔腹脯毛、尾毛、项毛，即拔大毛。鸭毛拔出后随即拉出鸭舌（为使头部盐卤易透入），投入冷水中浸洗，并用镊子拔净小毛、绒毛。

（4）取内脏

①下四件：即两翅、两脚。从翅、腿中间关节处切断。小腿骨头需露出，并不抽筋，否则会造成腿部空虚而成次品。

②开口子：将右翅提起，用力在右翅肋下垂直向下切深3cm，并可听到"噗"的一声，将刀向上划至翅根的中部，再向下划至腰窝，形成一月牙形的口子，长7～8cm。注意一定要与鸭体平行围绕核桃肉，防止口子偏大。因为鸭子食道偏右，便于拉出食道，故切口在右翅下。若遇公鸭，顺手用指头在泄殖腔口挤出生殖器后用刀割去。

③挖心脏：用左手抵住胸部，用右手大拇指在月牙子下部推断肋骨，右手食指由口子伸进胸腔抽出心脏，然后扣出食道和嗉囊。若遇公鸭，在取心脏后，用右手食指挖出喉结。

④取鸭肫（肌胃）：用右手食指，由月牙口子伸入腹腔，先将内脏与体壁相连的筋、膜绞断。握住鸭肫，用力拖至月牙口子边上，然后抓住所拿出的食道，用力轻轻向外抽，鸭肫、鸭肝就可拉出。再扯出肠子，到肠子拉紧时，用左手食指或中指顶入泄殖腔，用指头轻轻一绞，则肠子就在近肛门处断掉，于是全部消化系统由月牙口子内拉出。最后取出鸭肺。鸭肺不能残留在内，以免影响板鸭质量。

按上述方法取出内脏后，鸭子空腹，但外观完整美观，与没有取内脏的光鸭一样。

（5）清腔水浸

①将取出内脏后的鸭子，用清洁冷水洗净体腔内残留的破损内脏和血液，从肛门内把肠子断头拉出剔除。注意切勿将腹膜内脂肪和油皮抠破，影响板鸭质量。

②水浸（冷水拔血）：把洗净的鸭尸浸泡于清洁冷水中（注意肚内灌满水），浸3～4h，以拔出体内血液，使肌肉洁白，成品口味鲜美，延长保存期。

③沥水：浸水拔血后，用手提起左翅，同时用右手食指或中指伸进泄殖腔，把腰部和腿腔两边膜撩出，挂起鸭子沥水晾干。

（6）卤水的准备与保管

①炒磨食盐：腌鸭用的食盐，一般用粗盐（大子盐）经过炒熟磨细，使盐分易渗进肌肉内，拔出血水，鸭子才能腌透。炒盐时必须加入少量茴香（八角），加入量为100kg粗盐加200～300g。

②新卤的配制：用宰杀后的浸泡鸭尸的血水，加盐配成。每100kg血水加粗盐75kg，放锅内煮沸成饱和溶液，用勺撇去血沫与泥污，再用纱布滤去杂质，放进腌缸，每200kg卤水再放入大片生姜100～150g、八角50g、葱150g，使卤具有香味，冷却后即成新卤。

③老卤：新卤经过腌鸭多次使用和长期贮存即成老卤。用新卤腌制板鸭不及老卤好，老卤越老越好。这是因为腌制鸭子后一部分营养物质渗进卤水，每烧煮一次，卤水中营养成分就浓

厚一些，越是老卤其中营养成分越浓厚，且每批鸭子在卤水中相互渗透、吸收，促使鸭子味道更好。

④卤的保管：腌鸭的盐卤以保持澄清为原则，每腌一次，一部分血液拔入盐卤中，使盐卤成淡红色，并混浊，因此盐卤澄清工作一定要定期进行。每缸腌鸭 4~5 次（一般 200kg 卤水可腌鸭 70~80 只）必须烧卤，否则卤水会变质发臭，会出次品，带臭味。板鸭生产结束后，每年 5 月份进行一次烧卤，并补充食盐，使卤水保持 22~25°Bé。

在腌制前必须检查卤水和烧卤工作。

（7）腌制

①擦盐：用炒干并带茴香八角磨细的食盐抹擦。用盐量为净鸭重的 1/16，一般每只鸭子 150g 左右炒盐。方法是先取 50~100g 盐放进右翅下月牙口子内，用右食指、中指将盐放进素口，然后把鸭子放在案板上左右前后翻动，再用左食指、中指伸入泄殖腔，同时提起鸭子，使盐倒入腔部（腹部和泄殖腔处），这样处理后胸部腹腔全布满食盐，腌制均匀而透彻。其余食盐一部分抓在手掌中，在鸭两大腿下部向上抹一抹，则大腿肌肉因抹盐的压力就离开了腿骨向上收缩，盐分由骨肉脱离处空隙入内，再将余盐放颈部刀口外，鸭嘴内也撒一点盐，其余少量盐放在脑部两旁肌肉上，用手轻轻搓揉，然后叠放缸中进行干腌。

②抠卤：将擦好盐的鸭尸逐一叠入缸内，经过 12h 以上的盐腌（一般傍晚盐腌至次日晨即可），肌肉内部分血水浸出存留在体腔内，此时鸭尸被盐腌紧缩，为了使体腔内血卤很快排除，用左手提鸭翅，右手二指撑开泄殖腔，放出盐水。必要时再叠放 8h，进行第二次抠卤，目的是腌透鸭肉，浸出肌肉中的血水，使肌肉洁白美观。抠出的血水经烧煮后，作新卤处理。

③复卤：抠卤后，由左翅刀口处灌入配制好的老卤，再逐一倒入老卤缸内（腿向上），用竹篾盖子盖住，压上石头，以防鸭尸上浮，使鸭尸全部腌在老卤中。复卤的时间随鸭子的大小和气候而定，一般 24h 即可全部腌透出缸，出缸时用手指伸入泄殖腔排除卤水，可挂起来使卤水滴净。

④叠坯：把流尽卤水的鸭尸放在案板上，背朝下，肚子向上，用手掌压放在鸭的胸部，使劲向下压，使胸前人字骨随即压下，使鸭成扁平形，再把四肢排开盘入缸中，头在缸中心，以免刀口渗出血水污染鸭体。一般叠坯时间 2~4d，之后进行排坯。

⑤排坯：将叠坯鸭取出，用清水净体（注意不能使清水流入鸭体内），挂在木档钉上，用手将颈拉开，胸部拍平，挑起腹肌，也就是使两腿之间及肛门部用手挑成球形，达到外形美观，然后挂在通风处风干，等鸭子皮干水净后，再收回复排，加盖印章（一般在板鸭左侧面），送入仓库晾挂。晾挂的鸭体相互不接触，经两周后即成板鸭。

六、品质鉴别

（1）成品标准　板鸭成品必须是腿部肉发硬，周身干燥，皮面光滑无皱纹，肌肉收缩，颈骨露出，颈能直立不弯腰，胸骨与胸部凸起，全身呈扁圆形，肉红。

（2）板鸭品质检查

①肉眼检查：观察鸭体的外观、颜色、表面和深部的色调，无霉斑，皮白，肌肉切面干而紧实，呈玫瑰红色，色调一致。

②嗅觉检查：盐香味，无任何异味。

③嗅觉检查：口尝试板鸭的味道，食之有特有的香、酥、嫩、回甜的美味。

（3）南京板鸭的质量规格

特级板鸭：肌肉丰满，全身有明显的脂肪，尾部脂肪丰满。质量在1.7kg以上。

一级板鸭：肌肉较良好，身部有明显的脂肪，尾部脂肪丰满。质量在1.5~1.6kg。

二级板鸭：鸭肉较良好，身部有少量的脂肪，尾部脂肪欠丰满。质量在1.2~1.4kg。

三级板鸭：有一般肥膘，质量在1~1.2kg。

四级板鸭：质量在1kg以下者。

七、讨　论　题

①说明卤水在加工中的作用。

②为什么加工过程中采用先抠卤，后复卤，而不直接采用卤水腌制？

第九节　脱骨扒鸡

一、实　验　目　的

通过对脱骨扒鸡的加工操作，了解其加工特点及工艺要领，要求初步掌握其加工工艺。

二、设备和用具

宰杀刀，接血盆，水桶，大盆，烫毛缸，净小毛镊子，缸，台秤，毛巾等。

三、参　考　配　方

具体见操作要点。

四、工　艺　流　程

活鸡宰杀 → 光鸡整形 → 晾干 → 涂色（糖稀、蜂蜜） → 油炸 → 卤煮 → 出锅 →
整形（趁热整形）→ 上光 →成品

五、操　作　要　点

1. 活鸡的宰杀和半成品的加工

选择合格的活鸡，按照一定的要求和方法操作，以保证肉的品质。

（1）宰杀方法　宰杀的基本要求是，切割部位要准确，血液要放净，鸡体不受损伤，外形整齐美观，保证肉品质量。脱骨扒鸡宰杀要求颈部宰杀法，此法也称切断三管刺杀放血法，即用刀从鸡体的喉部割断食管、气管和血管，把血放净。

宰杀时，左手抓住鸡的两翅和头部，使喉部向上，并用小指勾牢右脚，使鸡体固定，不易挣扎，右手持刀，把三管一齐割断。在割断三管时，要注意把颈部的两根血管都要切断。

宰杀时，手要捏紧鸡的头部，把皮肤绷紧，刀口不宜过大，熟练工人宰杀鸡的刀口一般只比黄豆略大一点，不致影响鸡体的外形。放血时，右手捏住鸡的喙，左手将鸡体提起，使头向下，便于把血放净。

（2）浸烫去毛　鸡在宰杀以后，需要随即浸烫、去毛。浸烫要用热水，利用毛孔热胀冷缩的原理，使毛孔膨胀，羽毛容易拔除，以保持宰后鸡体的光洁。

①浸烫：要根据鸡的品种和月龄适当掌握水的温度和浸烫时间。手工烫毛的水温，为62~65℃，对月龄短的新鸡，温度要低些，老鸡水温度要适当高些，浸烫时间一般为30~60s。

浸烫时，一是要等鸡呼吸完全停止，全身死透；二是要在鸡的体温没有散失的情况下，投入浸烫，否则鸡体冷了毛孔紧缩，影响去毛；三是水温不能过高，时间不能过长，否则把皮"烫热"了，肌蛋白凝固，皮的韧性小，推毛时容易破皮，并且脂肪溶解，从毛孔渗出，表皮呈暗灰色，带有油光，造成次品。如果水温过低，时间过短，烫得不透，就造成"生烫"拔毛困难，拔毛时造成破皮，使商品质量同样不合要求。因此，掌握适当温度和浸烫时间是很重要的。

手工烫毛，应会掌握水温。有经验的工人一般采用手指测温的办法，把手先在冷水中浸一下，然后伸进热水内，如果觉得水烫而皮肤又没有被刺痛的感觉即可。另外，还有一个办法，即抓住鸡的颈部，先把它的两脚浸入热水中，再提起来看看，如果两爪卷曲，就是温度过高；两爪虽不卷曲，但脚上的外皮不易拉掉，则说明水温过低，此时要把水温调整好，才能达到浸烫的要求。

浸烫程度的判断：当鸡的羽毛较松软，容易吸水，看到鸡体在热水中毛孔张开，而不再在水面漂浮就行了。或者试拔一下翅毛，当翅毛容易拔除时，即可取出去毛。

②去毛：浸烫好后的鸡，即可去毛，要求去毛要快，并要去干净。手工去毛时，要根据羽毛的性能，特点和分布的位置，有顺序地进行。翅上的羽毛片长根深，要首先拔除；背毛因皮紧不易破损，可以推脱；胸脯毛松软，弹性大，可用手抓除；尾部的羽毛硬而根深，且尾部富有脂肪，容易破皮，需小丛细拔，不宜过分用力；颈部的毛因颈皮容易滑动，又易破，要用手指握颈，略带转动，逆毛倒搓。

（3）开膛、拉肠、整理　经过浸烫、去毛的鸡，就可以开膛，以便于拉肠或取出内脏，开膛时位置要正确，同时要符合加工制品的要求。

在开膛之前，先要进行整理，使鸡的全身光洁，保持清洁卫生，便于净膛、拉肠的进行。

①除粪污：经过浸烫、去毛的鸡，内脏尚留在腹腔之中，这时，直肠还有遗留的粪污，必须加以清除，才便于操作，以避免在开膛、拉肠时粪便污染鸡肉体。操作时，将鸡体腹部朝上，两掌托住背部，以两指用力按捺鸡的下腹部向下推挤，即可将粪便从肛门排出体外。

②拔细毛：浸烫去毛以后，全身羽毛已基本推净，但仍残存有细小绒毛及血管毛，必须拔除干净。拔细毛一般采用浸水拔毛法。将鸡体漂在冷水中（冬季水温20℃左右），左手在水面控制鸡体，并用手指将表皮绷紧，使毛孔竖起，右手执拔毛钳从左背尾部开始，逆毛方向经过左腿及翅外侧钳到颈部，再顺毛方向从颈根钳净右背，经过右翅及腿外侧，直到尾部，然后翻转鸡体，从左腹开始，逆毛方向顺序钳到颈根，再从颈根顺毛方向钳到尾部，经过这样四个来回地钳除，可将全身细毛拔除。在腿部拔细毛时，要同时将脚上外皮拉去，使鸡体全身洁白干净。

③洗瘀血：钳毛后，再在清水内洗去瘀血。操作方法是：一手握住头颈，用另一只手的中指和拇指将口腔、喉部和耳侧的瘀血挤出，再抓住鸡头在水中上、下、左、右摆动，把血污洗

净，同时顺势把鸡的嘴壳和舌衣拉去。

④开膛、拉肠：脱骨扒鸡采取肛门后部开刀法。

首先取嗉囊，从右侧翅膀前（背面处）开半寸左右的刀口，取出嗉囊，在此过程中千万注意不可弄破嗉囊，以免内容物溢出，污染鸡体；而后在肛后部开刀，轻下刀，不要割破直肠，操作时，使鸡体仰卧，用左手控制鸡体，以右手食指和中指从肛门刀口处伸入腹腔夹住肠壁与胆囊连接处的下端，向左弯转，抠住肠管，将肠子慢慢拉出，而后以四个手指伸入腹腔，触到鸡的心脏，同时向上一转，把周围的薄膜划开，再手心向上，四指抓牢心脏，把内脏全部取出。

在净膛拉肠时，要注意防止拉断肠管和胆囊破裂。如因操作不慎拉断了肠管或是胆囊破碎，要继续清除肠管，并用清水彻底清洗干净，不使肠管或胆汁留到腹内，以免污染鸡体，影响肉的质量。

开膛后的鸡体，在腹腔内，仍可能遗留残余的血污，因此，仍应在清水中漂洗，使鸡体内部保持干净，然后将腹腔中的积水沥尽，使其不留污秽。

⑤整形：开膛、拉肠以后，要进行造型整理，将宰好的鸡先用木棒把胸部拍平，然后把一只翅膀插入鸡的口腔，另一只翅膀向后扭住，再把两条鸡腿拆弯，并将鸡爪塞入膛内。整形后投入沸水锅中煮一小会儿，使鸡身发挺取出，控净水分，凉透待用。

2. 加工方法

（1）糖色的制备　将蔗糖放入有少许油的油锅里（水也可），进行熬制，达到稀糖化后即可下锅，此时色为酱红色即成。

（2）涂色　将光鸡凉透后均匀涂上一层薄薄的糖稀，待下锅油炸。也可直接涂蜂蜜水（每500g 蜂蜜加水 4kg），略等片刻后油炸。

（3）油炸　将上色后的鸡放在 80～90℃热油中炸 1～2min，炸到鸡皮变为黄红色时捞出。

（4）配料　需选用经三年晾晒的发酵陈年老酱，并配以下列几味中药。以 50kg 配料为例：

陈年老酱1kg，砂仁 7.5g，花椒 50g，大料 75g，小茴香 75g，肉桂 50g，白芷 75g，豆蔻7.5g，丁香 5g，盐 1.5kg，大葱 0.5kg，姜 150g，大蒜 150g。除盐，酱，葱，姜，蒜外，其他辅料装入料袋下锅。

（5）卤煮与整形　汤锅沸后，把光鸡一层一层地摆在锅内，将料袋同时下锅，等汤沸后再放酱。下酱后用篦子压住，再加火卤煮。锅开后，若为八个月内的肉鸡，煮 40min 即熟；若为老鸡，煮 20～40min，而后微火焖煮 6～10h，使全部配料浸透肉内，肉烂骨松，一抖就能脱骨的时候，即可小心捞出，出锅后要趁热整理。方法是用手蘸着鸡汤，把鸡的胸部轻轻朝下压平，而后用鸡油上光，使成品显得丰满美观。

鸡汤可以连续使用，但要及时清锅，每次煮鸡后用布袋过滤，去掉残渣，下次煮鸡时再添水加料。在夏季天气较热，隔天不用的老汤，要加热煮沸，防止败坏。

脱骨扒鸡不宜久存，应随加工随销售，否则天气热易腐败变质。天气凉爽时易风干，不易嚼烂。一般冬季可存放 10d 左右，春秋不超过 5d，夏季不宜过夜，必要时可回锅加热，防止变质变味。

六、品质鉴别

熟制品具有辅料的天然枣红色或红中带黄、略带光泽；造型完整，优质扒鸡应翅腿齐全，鸡皮完整，外形美观，热时一抖即可脱骨，凉后轻轻一提骨肉即可分离，软骨关节香酥如粉，肌肉丝易嚼断；肌肉软嫩易脱骨，口感适宜，咸淡适中，味道芳香馥郁，细嚼咸中带甜，食后回味余香绵长，具有脱骨扒鸡特殊的香味，无异味。

七、 讨 论 题

如何延长脱骨扒鸡的货架期？

第十节　清蒸猪肉罐头

一、 实 验 目 的

了解和熟悉清蒸猪肉罐头的加工方法，罐头中心温度测定及密封检验的方法与基本原理。

二、 设备和用具

杀菌锅，电蒸汽发生器 DZF－1 型，空气压缩机，真空封罐机（Armfierld），电动卷边切割锯（PURPY），卷边投影仪（PURPY），量卷边用卡尺，罐头温度测定仪（包括热电偶），平锉刀，钳子，钻孔器，台秤，剔骨刀，割肉刀，真空表，小瓷盘，空铁罐，罐盖，磨刀石。

三、 参考配方 （按 6 罐/组、 一个组）

优质猪肉（约 2500g），精盐 50g，月桂叶 6 片，葱头 8 个，胡椒 12 粒。

四、 工 艺 流 程

清洗猪肉 → 剔除骨头、淋巴、杂质等 → 切块 → 称量 → 加辅料 → 装罐 → 真空密封 → 固定热电偶 → 测量与杀菌（15min—70min—10min/121℃，反压冷却）→ 冷却 → 成品 → 保温保藏 → 封口质量检测 → 感官评定 → 计算杀菌值

五、 操 作 要 点

（1）清洗猪肉、空罐及罐盖，剔除骨头，按 50g/块左右切块。

（2）按猪肉 385g/罐、盐 5g/罐、洋葱 6～7g/罐、胡椒 2 粒/罐、月桂叶 1 片/罐，定量称量。混匀装入 569 型空罐（净重 397g），共装 6 罐。

（3）封罐　将装好的罐头放入真空封罐机，关好门，拉开抽真空开关，抽到 46.7kPa，关闭真空开关，抬高罐瓶到封口位置，打开卷边开关，自动卷封完毕后，自动离开，放空气。落下罐瓶，打开门取出罐瓶。检查卷边、密封良好的即可备用。

表 4 – 7　　　　致死率 L_i 表（$Z = 10$）　　　$L_i = \log^{-1}（T_i - 121.1）/10$

$T/°C$	Z 值									
	0	1	2	3	4	5	6	7	8	9
90	0.0008	0.0008	0.0008	0.0008	0.0009	0.0009	0.0009	0.0009	0.0009	0.0010
91	0.0010	0.0010	0.0010	0.0010	0.0011	0.0011	0.0012	0.0012	0.0012	0.0012
92	0.0012	0.0013	0.0013	0.0013	0.0014	0.0014	0.0014	0.0015	0.0015	0.0015
93	0.0016	0.0016	0.0016	0.0017	0.0017	0.0017	0.0018	0.0018	0.0019	0.0019
94	0.0020	0.0020	0.0020	0.0021	0.0021	0.0022	0.0022	0.0023	0.0023	0.0024
95	0.0025	0.0025	0.0026	0.0026	0.0027	0.0028	0.0028	0.0029	0.0030	0.0030
96	0.0031	0.0032	0.0032	0.0033	0.0034	0.0035	0.0036	0.0036	0.0037	0.0038
97	0.0039	0.0040	0.0041	0.0042	0.0043	0.0044	0.0045	0.0046	0.0047	0.0048
98	0.0049	0.0050	0.0051	0.0053	0.0054	0.0055	0.0056	0.0058	0.0059	0.0060
99	0.0062	0.0063	0.0065	0.0066	0.0068	0.0069	0.0071	0.0073	0.0074	0.0076
100	0.0078	0.0079	0.0081	0.0083	0.0085	0.0087	0.0089	0.0091	0.0093	0.0096
101	0.0098	0.0100	0.0102	0.0105	0.0107	0.0110	0.0112	0.0115	0.0117	0.0120
102	0.0123	0.0126	0.0129	0.0132	0.0135	0.0138	0.0141	0.0145	0.0148	0.0151
103	0.0155	0.0158	0.0162	0.0166	0.0170	0.0174	0.0178	0.0182	0.0186	0.0191
104	0.0195	0.0200	0.0204	0.0209	0.0214	0.0219	0.0224	0.0229	0.0234	0.0240
105	0.0245	0.0251	0.0257	0.0263	0.0269	0.0275	0.0282	0.0288	0.0295	0.0302
106	0.0309	0.0316	0.0324	0.0331	0.0339	0.0347	0.0355	0.0363	0.0371	0.0380
107	0.0389	0.0398	0.0407	0.0417	0.0427	0.0436	0.0447	0.0457	0.0468	0.0479
108	0.0490	0.0501	0.0513	0.0525	0.0537	0.0549	0.0562	0.0575	0.0589	0.0602
109	0.0617	0.0631	0.0646	0.0661	0.0676	0.0692	0.0708	0.0725	0.0741	0.0759
110	0.0776	0.0794	0.0813	0.0832	0.0815	0.0871	0.0891	0.0912	0.0933	0.0955
111	0.0978	0.1000	0.0102	0.0147	0.1071	0.1096	0.1122	0.1148	0.1175	0.1202
112	0.1230	0.1259	0.1288	0.1318	0.1349	0.1380	0.1413	0.1446	0.1479	0.1514
113	0.1549	0.1585	0.1622	0.1659	0.1698	0.1738	0.0778	0.1820	0.1862	0.1905
114	0.1950	0.1995	0.2042	0.2089	0.2138	0.2188	0.2239	0.2291	0.2344	0.2399
115	0.2455	0.2512	0.2571	0.2630	0.2692	0.2754	0.2818	0.2884	0.2952	0.3020
116	0.3090	0.3162	0.3236	0.3311	0.3436	0.3467	0.3549	0.3631	0.3715	0.3802
117	0.3891	0.3981	0.4073	0.4163	0.4266	0.4365	0.4466	0.4570	0.4677	0.4787
118	0.4897	0.5013	0.5128	0.5249	0.5371	0.5495	0.5624	0.5754	0.5889	0.6024
119	0.6165	0.6309	0.6456	0.6605	0.6761	0.6920	0.7077	0.7246	0.7413	0.7587
120	0.7764	0.7943	0.8130	0.8319	0.8511	0.8711	0.8913	0.9124	0.9328	0.9551
121	0.9775	1.000	1.023	1.047	1.071	1.096	1.122	1.148	1.175	1.202
122	1.230	1.259	1.288	1.318	1.349	1.380	1.413	1.446	1.479	1.514
123	1.549	1.565	1.622	1.659	1.698	1.738	1.788	1.820	1.862	1.905

续表

T/℃	Z 值									
	0	1	2	3	4	5	6	7	8	9
124	1.950	1.995	2.042	2.089	2.138	2.188	2.239	2.291	2.344	2.399
125	2.455	2.512	2.571	2.630	2.692	2.754	2.818	2.884	2.952	3.020
126	3.090	3.162	3.236	3.311	3.436	3.467	3.549	3.631	3.715	3.802
127	3.891	3.98	4.073	4.168	4.266	4.365	4.466	4.570	4.677	4.786
128	4.891	5.013	5.128	5.249	5.371	5.495	5.624	5.754	5.869	6.024
129	6.165	6.309	6.456	6.605	6.761	6.920	7.077	7.246	7.413	7.589
130	7.764	7.943	8.130	8.319	8.511	8.711	8.913	9.124	9.328	9.551

（4）安装热电偶　将五个罐瓶正中心冲一个孔，依次将热电偶正好装入罐中心处。

（5）杀菌　将密封好的罐头依次放入杀菌锅，将装入热电偶的罐头放入杀菌锅的中心处和其他要求的位置上。密封好杀菌锅，逐渐放入热蒸汽，从排气阀排出空气。按 15min–70min/121℃ 的杀菌公式，逐渐提高蒸汽压，达到 $120 \times 10^7 Pa$，并不断变换数字温度计上的显示开关，测出每个热电偶在不同时间的温度（每隔 2min 测一次），并做好记录。

（6）冷却　待到达杀菌要求后，关闭热蒸汽，通入压缩空气，保持反压为 $(1.1 \sim 1.5) \times 10^5 Pa$，逐渐通入冷水。到上方溢水口溢出水后，逐渐关小空气压力，增大水的压力，保持反压基本不变，此时操作要务必小心，一旦压力突然回零，将前功尽弃。等到中心温度回到40℃为止。降低水压到常压，停止通水。从杀菌锅中取出罐头。擦干表面水分。

六、品质鉴别

（1）测量真空度　将擦干的部分罐头保温一周、一月后（或用上一组的产品）测其真空度。将结果记录清楚。并进行感观分析，看产品是否合乎要求。其他产品应低温保藏，以备陈列观摩。

（2）品尝　一周、一月后分别取出一罐进行品尝。从颜色、香味、组织状态、pH、口味、形态等方面进行分析，看产品是否合乎要求。

（3）卷边质量检查　将打开过的罐头卷边锯开，测量其宽度、身钩、叠接度、盖钩、交叠处盖钩、厚度、皱纹最大深度；并计算卷边重合率、盖钩完整率、紧密度等值。

（4）计算实际杀菌的 F 值　根据各阶段温度，从表4–7中查出相应的致死率，求出实际杀菌的 F 值。

$$F_{实际} = \Delta t \sum L_i$$

七、讨论题

①真空度大小对罐头的质量和保存期有何影响？

②反压冷却有何作用？

③试根据实际杀菌值，评价杀菌式的合理性。

第十一节　原汁猪肉罐头

一、实验目的

①掌握肉类罐头的加工工艺和操作要领。

②了解其加工机理。

二、设备和用具

罐头瓶，封罐机，高压灭菌锅等。

三、参考配方

猪肉（含猪皮，25kg），精盐0.25kg，白胡椒粉125g，鲜姜片1735g，辣椒丝69.5g等。

四、工艺流程

空罐清洗

原料验收→清洗刮割→分段→剔骨去皮→处理检查→切块→拌料→装罐→排气→密封
→杀菌→冷却→保温→检验→成品

五、操作要点

（1）空罐清洗　用0.1%的温碱水充分洗涤，再用清水冲洗，烘干待用。

（2）原料半成品的准备

①原料验收：采用卫生检验合格的猪肉，去皮去骨猪肉，除去过多肥膘，控制肥膘厚度1～1.5cm；猪皮取自健康良好、不带猪毛、溃伤及密集红点的新鲜或冷冻良好的猪皮。

②清洗刮割：用刀刮除皮和肉上的污物，割去残留的奶头肉、血污肉及残毛，然后用沸水洗净。

③切块：将猪肉切成3.5～5cm方块，重50～70g，切块力求完整，大小一致。

④猪皮胶准备：猪皮预煮10～15min，用刀剔除皮下脂肪，然后用温水将脂肪碎屑全部洗净，再将皮切成小块，加入2～3倍的水熬制，熬到汁液浓度10～15°Bé，撇去上浮油层，出锅经四层纱布过滤待用。该汁液应现做现用，否则易凝固，再加热时，出现变色。

（3）拌料　将肉块，精盐，白胡椒粉，鲜姜片，辣椒丝，混合搅拌。

（4）装罐　每罐先加入浓度16%～18%的猪皮胶52g，然后装入5～7块肉块，肉块应按肥瘦、部位搭配均匀。

（5）封罐　采用真空封口机封口，真空度69～73kPa，罐盖先经沸水消毒2～3min。封口后用温水洗净罐外油污。

（6）杀菌　封罐后应尽快杀菌，其间不得超过40min。杀菌公式为：

$$\frac{20min—60min—20min}{121℃（1kg/cm^2）}$$

杀菌后迅速冷却至37℃左右，擦罐，抽样保温检测。

六、品质鉴别

肉色正常，在加热状态下汤汁呈淡黄色或淡褐色，允许有少量沉淀，具有加猪皮胶调味料后应有的滋味、气味，无异味，肉质软硬适度。

七、讨论题

简述杀菌条件确定的依据，说明罐头能长期保藏的原因。

第十二节　红烧肉罐头

一、实验目的

①了解肉类罐头加工的一般工艺和操作要领。
②掌握罐藏机理。

二、设备和用具

罐头瓶，封罐机，高压灭菌锅等。

三、参考配方

具体见操作要点。

四、工艺流程

原料半成品 → 空罐清洗 → 装罐 → 排气 → 封罐 → 杀菌 → 冷却 → 保温 → 检验 → 成品

五、操作要点

（1）空罐清洗　用0.1%的温碱水充分洗涤，再用清水冲洗，烘干待用。

（2）原料半成品的准备。

①预煮：带皮去骨肋条肉，预煮30min（加鲜葱、生姜各2g/kg）。

②上色油炸：趁热擦干肉皮表面水分，均匀涂上蜂蜜（蜂蜜可用糖稀代替），用200～220℃的植物油油炸45s，炸至发红。

③切块：炸后切成宽1.2～1.5cm，长6～8cm的片状。

④复炸：油炸30s，冷却后备用。

⑤准备配汤：红烧肉罐头原辅材料搭配为红烧肉 280～285g，肉汤 115g，黄酒 5.2g，葱 0.52g，味精 0.17g，酱油 23.7mL，砂糖 6.9g，精盐 2.4g，生姜 0.52g。

先将酱油、精盐、砂糖、肉汤等放入锅内，煮沸 3min 后再加入黄酒、味精，搅拌均匀后过滤备用。

（3）装罐　称重、搭配后进行装罐。装罐时注意：

①装罐时留 8～10mm 的顶隙；

②保证罐头净重，容许稍有过量，不应低于标准（一般红烧肉罐头装入量约为 397g）；

③装罐时注意保持罐口清洁；

④肉块装入后立即注入预先调制好的肉汤。

（4）排气　采用加热排气法，中心温度 60～65℃，时间 10～15min。

（5）封罐　加上带有橡胶垫圈的盖子立即封罐。

（6）杀菌、冷却　采用 121.5℃保持 1h，缓慢放气冷却，以防玻璃瓶迸裂。

（7）擦罐、干燥、贮存、检查。

六、结 果 分 析

（1）色泽　肉色正常，具有该品种应有的酱红色或棕红色，同一罐内色泽均匀。

（2）滋味气味　具有红烧猪肉罐头应有的滋味和气味，无异味。

（3）组织形态　组织柔嫩，肥瘦搭配尚适度，块形尚均匀，允许添秤小块不超过两块；熔化油加肥膘不超过固形物质量的 40%。

七、讨 论 题

①试分析小型加工肉罐头时加热排气的作用。

②罐头加工中是否需要预封，预封对罐头制作有何益处？

第十三节　北京圆火腿

北京圆火腿是用大口径人造纤维肠衣灌制而成的，肉质略带烟熏味，外形似圆柱体，也称"熏圆腿"。成品直径 12～13cm，长 40～50cm，外表（肠衣）呈浅棕色，肉质细嫩呈淡红色，结构致密，按压有弹性。口感咸淡适中，鲜嫩，风味独特。

一、实 验 目 的

①了解北京圆火腿加工的一般工艺和操作要领。

②掌握各工序加工原理。

二、设 备 和 用 具

拉紧封口机，盐水注射器，高压灭菌锅，冰箱，天平或盆盘盛器，砧板，刀，灌肠工具，烘烤设备，滚揉机等。

三、参 考 配 方

精选瘦肉 10kg，混合粉 150g，淀粉 250g，精盐 250g，亚硝酸钠 1.5g。

四、工 艺 流 程

原料选择和剔骨整理 → 盐水配制 → 盐水注射 → 原料肉滚揉 → 灌制成型 → 熏制 → 煮制 →

冷却 →成品

五、操 作 要 点

要制出高品质的北京圆火腿，特别是出品率、色泽、鲜嫩度等要达到高指标，与加工过程中的五个环节有密切关系，任何一个步骤的疏忽，都会导致品质变劣。

（1）原料选择和剔骨整理

①选料：选择经兽医卫生检验合格的猪胴体，取其大排和去蹄膀的后腿为原料。前腿肉因夹油过多，不易修尽，不宜采用。

②剔骨：剔骨的好坏对后道工序影响很大。要求做到：尽量少破坏肉的组织结构，力求保持肉的原结构块型。目的是为了让注入的盐水尽可能地保留在肌肉内，使肌肉保持膨胀状态，对肌肉产生压力，加速添加剂的渗透扩散，以利于缩短成熟过程。

③修脂肪：修尽后腿和大排的皮下脂肪。修去硬筋、肉层间的夹油、粗血管等结缔组织和软骨、瘀血、淋巴结等，使之成为纯精肉。再把修好的后腿肉，按其原生长的块型结构，大体分成 4 块。要注意以下两点：①对较大的肉块，沿肉纤维平行的方向，在中间划一刀，以免腌制时因肉块过大而中心腌不透；②把少数色泽过深的肉块拣出，用盐水浸漂，漂去血水，备作绞制粗粒子肉糜用，在滚揉时加入。有两个好处：一是减少制品切面色差，色调均匀，整体如一，消除拼凑感；二是这部分肉糜有弥合空洞的作用。

修去脂肪的肉即装入不透水的浅盘内，迅速注射盐水，并置于 2～4℃的冰箱内。

（2）注射盐水腌制　腌料配制是北京圆火腿加工工艺的中心环节。产品的保水性、风味、色泽、切片性等品质问题，都与腌料配制是否合理有关。还需要注意，一般主张腌制料以现配现用为好，以避免各种添加剂之间发生反应，生成无用或有害物质。

盐水注射量：用盐水泵经过导管和多针头注射器，把 8～10℃ 的盐水强行注入肉块内，大的肉块分多处注射，以达到大体均匀的原则。盐水注射量应根据原料的具体情况来确定，过多或过少都会降低滚揉后原料的黏度。一般分为以下三种情况。

①热肉的盐水注射量：宰后趁热拆骨加工的肉，其酸度基本上与宰前相近，呈中性状态，肉的保水性未有多大改变，肌肉中原含水分基本未曾流失。这类肉的盐水注射量，一般控制在 18% 左右。

②鲜冻肉的盐水注射量：指冷藏时间不太长，肉质鲜红，水分损失不多，肌肉中的冻结晶尚未形成较大冰块，肌肉纤维组织破坏不大，冻结时失水不严重的冻肉。这类肉的盐水注射量一般控制在 20% 左右。

③冻肉的盐水注射量：这类肉因冷藏时间过久，肌肉内部的冰结粒较大，由于冰的低温膨

胀，对肌肉产生较大的压力，肌肉纤维破坏较大，解冻时水分流失较多。这类肉的盐水注射量一般控制在22%左右。

在实际操作中，应视原料情况酌情变动。为避免盐水用量过多，在滚揉时不宜把未被吸收的盐水随肉全部倒入机内，留出少量作为机动。待滚揉一段时间后，视肉的干湿程度酌情添加。

注射好盐水的肉应迅速转入2～4℃的冰箱中，冰箱温度不宜过低，否则盐水的渗透扩散速度大大降低，甚至肉块内部冻结，滚揉时不能最大限度地提取蛋白质，肉块间的黏着力减弱，保水性也下降，制出的产品，一是"老"，二是切片性差。

（3）原料肉滚揉 即使有了较好的配方，如果没有熟练的滚揉技术和优良设备，也不可能获得好的产品品质。配方与滚揉有相辅相成的协同关系。不论采用何种方式滚揉，都要达到以下目的和作用。

①使肉质松弛软化：肉在滚揉机肚里翻滚时，部分肉由机肚里的挡板托至高处，到达顶部时肉靠自重落下，与底部的肉块互相撞击。因为旋转是连续的，所以每块肉都有自身翻滚、肉块间互相摩擦和撞击的机会。结果使原来僵硬的肉块慢慢地软化，肌肉组织松弛，加速了盐水渗透和扩散，同时起到拌和作用，使肉发色均匀。

②提取蛋白质：由于盐水里添加了磷酸盐，为滚揉提取蛋白质已创造了条件。滚揉时肉块间互相摩擦、撞击和挤压，而使可溶性蛋白质渗出肉外，与未被吸收尽的盐水、淀粉组成黏糊状物质，增加肉块间的结着力。煮制时一经受热，这部分糊状物质首先凝固，阻止了里边的汁液外渗流失。滚揉是提高肉制品保水性和产品鲜嫩可口的关键。

③加速肉的成熟，改善产品风味：盐水的pH调节在6～7，比肌肉的极限pH（5.2～5.4）高得多。在滚揉过程中，加速盐水渗透扩散的同时，也加速了肉的pH回升，一定程度上阻止了肌肉的僵直发展，缩短候熟过程，使肉质变嫩，风味变佳。

经过初次滚揉的肉，柔软性大大增加，有较大的可塑性。因此，成品切片时出现空洞的可能性减少。

滚揉工作宜在8～10℃的环境内进行，因为蛋白质在此温度时黏性较好。若温度过低，则会使某些磷酸盐溶解度降低而结晶析出。第一次滚揉时间约1h。经过第一次滚揉的肉，装入盘内，仍放置于2～4℃的冰箱内，存放20～30h。再进行第二次滚揉，顺序是先把肉倒入机内，滚揉30～45min，再把混合粉按2.5%加入肉内。加入的方法是以边滚边逐步添加为好，同时加入经过36～40h腌渍的粗肉糜（这部分肉糜腌渍用的盐水与注射用的相同），加入量通常为15%左右。

加入这部分肉糜有两个作用：a.增加肉块间的黏合作用；b.因这部分肉体积小，受力时被挤向块肉间隙处，从而填补可能出现的空洞。

经过两次滚揉的肉，可塑性更大，表面包裹着更多的糊状物质，即可停机出肉灌制。

（4）灌制成型

①肠衣的准备：把将要使用的人造纤维肠衣，预先截成75cm长的小段，一端用专用的封口机封住。然后在常温清洁水里浸泡约30min，即可使用。

②灌制：经过两次滚揉的原料肉，应迅速灌入肠衣，不能在常温下长久放置。否则蛋白质的黏度会降低，影响肉块间的黏结力，且微生物也容易繁殖。

灌制具体方法如下：首先进行定量，每只坯肉约2kg（可根据肠衣的容量变动）。然后，把称好的肉通过漏斗装入肠衣内，用细钢针在肠体周围稀疏地扎些小孔，以排除混入肉内的空气，再送至拉紧封口机进行拉紧封口。再检查一遍，肠衣内壁有无小气泡，再一次扎眼排气，便可进行烘烤。

（5）熏制　灌好的熏火腿，用绳吊挂在串杆上，火腿之间保持一定距离，以互不相碰为原则。串杆在熏架上，火腿的下端距离地面1m左右，以免火苗烧坏肠衣，即可送入专用的熏房进行熏制。

熏材用含树脂低的硬质木柴及其锯木屑，混合熏制。程序是：底层铺木屑，上面架设少量木柴生火燃烧，产生大量的热。若熏室内温度偏低，可以用煤气同时加热。木屑缓慢燃烧时，产生大量烟雾，透过纤维肠衣渗入肉馅内，达到熏制作用。熏制时间一般需2h左右。

（6）煮制　煮制的具体方法是把锅内的水预热至85℃左右，再把熏制后的圆火腿投入水中，水温骤然下降至78~80℃，如果水温偏离这个范围，就要设法调节。温度过高，会使肠衣破裂；温度偏低，则煮制时间过长。煮制时间一般为2.5h左右。出锅前需进行测温，以火腿中心温度达到68~70℃为标准。出锅后一般先自然冷却，待温度明显降低后，进入零上温度冰箱继续冷却，即得成品。

六、讨　论　题

①试比较西式火腿与中式火腿在加工工艺上的异同。
②试分析滚揉操作时，温度、时间对肉的影响。

第二章

乳制品加工

概　　述

一、 乳制品定义

乳制品，指的是使用牛乳或羊乳及其加工制品为主要原料，加入或不加入适量的维生素、矿物质和其他辅料，使用法律法规及标准规定所要求的条件，加工制作的产品。

二、 乳制品的分类

乳制品包括液体乳（巴氏杀菌乳、灭菌乳、调制乳、发酵乳）；乳粉（全脂乳粉、脱脂乳粉、部分脱脂乳粉、调制乳粉、牛初乳粉）；其他乳制品等。

第一类是液体乳类。主要包括杀菌乳、灭菌乳、酸乳等。

杀菌乳以生鲜牛（羊）乳为原料，经过巴氏杀菌处理制成液体产品，经巴氏杀菌后，生鲜乳中的蛋白质及大部分维生素基本无损，但是没有 100% 地杀死所有微生物，所以杀菌乳不能常温储存，需低温冷藏储存，保质期为 2 ~ 15d。

酸乳以生鲜牛（羊）乳或复原乳为主要原料，添加或不添加辅料，使用保加利亚乳杆菌、嗜热链球菌等菌种发酵制成的产品。按照所用原料的不同，分为：纯酸牛乳、调味酸牛乳、果料酸牛乳；按照脂肪含量的不同，分为：全脂、部分脱脂、脱脂等品种。

灭菌乳以生鲜牛（羊）乳或复原乳为主要原料，添加或不添加辅料，经灭菌制成的液体产品，由于生鲜乳中的微生物全部被杀死，灭菌乳不需冷藏，常温下保质期 1 ~ 8 个月。

第二类是乳粉类。包括全脂乳粉、脱脂乳粉、全脂加糖乳粉、调味乳粉、婴幼儿乳粉和其他配方乳粉。

乳粉以生鲜牛（羊）乳为主要原料，添加或不添加辅料，经杀菌、浓缩、喷雾干燥制成的粉状产品。按脂肪含量、营养素含量、添加辅料的区别，分为：全脂乳粉、低脂乳粉、脱脂乳粉、全脂加糖乳粉、调味乳粉和配方乳粉。

配方乳粉针对不同人群的营养需要，以生鲜乳或乳粉为主要原料，去除了乳中的某些营养物质或强化了某些营养物质（也可能二者兼而有之），经加工干燥而成的粉状产品，配方乳粉的种类包括婴儿、老年及其他特殊人群需要的乳粉。

第三类是炼乳类。

炼乳以生鲜牛（羊）乳或复原乳为主要原料，添加或不添加辅料，经杀菌、浓缩，制成的黏稠态产品。按照添加或不添加辅料，分为：全脂淡炼乳、全脂加糖炼乳、调味/调制炼乳、配方炼乳。

第四类是乳脂肪类。包括打蛋糕用的稀奶油、常见的配面包吃的奶油等。

乳脂肪以生鲜牛（羊）乳为原料，用离心分离法分出脂肪，此脂肪成分经杀菌、发酵或不发酵等加工过程，制成的黏稠状或质地柔软的固态产品。按脂肪含料不同，分为：稀奶油、奶油、无水奶油。

第五类是干酪类。

干酪以生鲜牛（羊）乳或脱脂乳、稀奶油为原料，经杀菌、添加发酵剂和凝乳酶，使蛋白质凝固，排出乳清，制成的固态产品。

第六类是乳冰淇淋类。

冰淇淋是以饮用水、牛乳、乳粉、奶油（或植物油脂）、食糖等为主要原料，加入适量食品添加剂，经混合、灭菌、均质、老化、凝冻、硬化等工艺而制成的体积膨胀的冷冻食品。

第七类是其他乳制品类。主要包括干酪素、乳糖、奶片等。

干酪素以脱脂牛（羊）乳为原料，用酶或盐酸、乳酸使所含酪蛋白凝固，然后将凝块过滤、洗涤、脱水、干燥而制成的产品。

乳清粉以生产干酪、干酪素的副产品——乳清为原料，经杀菌、脱盐或不脱盐、浓缩、干燥制成的粉状产品。

复原乳又称"还原乳"，是指以乳粉为主要原料，添加适量水制成与原乳中水、固体物比例相当的乳液。

地方特色乳制品是使用特种生鲜乳（如水牛乳、牦牛乳、羊乳、马乳、驴乳、骆驼乳等）为原料加工制成的各种乳制品，或具有地方特点的乳制品（如奶皮子、奶豆腐、乳饼、乳扇等）。

第一节　巴氏杀菌乳

一、实验目的

通过在实验室条件下对新鲜牛乳的加工，进一步了解和熟悉其工艺过程，掌握加工原理。

二、设备和用具

消毒纱布1块，250～500mL量筒2个，500mL烧杯2个，小型均质机1台，水浴锅1台，温度计、玻棒各 1 支，全自动液体包装机 1 台，冰柜 1 台。

三、参 考 配 方

原料乳，脱脂乳粉，稀奶油等。

四、生 产 机 理

巴氏杀菌乳是通过热处理杀灭牛乳中的致病微生物，以最大限度地减少乳品的物理、化学及感官的变化为原则。

适当的杀菌条件组合除达到上述目的外，尚可减少牛乳中的革兰阳性嗜冷菌（牛乳热处理后导致腐败的最常见的菌）。尽管通过处理可去除牛乳中除芽孢形成菌外的嗜冷菌，但不能完全破坏胞外分解酶，表 4-8 所示为 HTST 杀菌处理后酶存活的情况，因此巴氏杀菌乳的保存期较短。

表 4-8 乳 HTST 杀菌后残存酶活力

降解作用酶	乳 HTST 杀菌后残存酶活力/%
脂酶	59
蛋白酶	66
磷酸酶 C	30

由于巴氏杀菌是一种相对温和的热处理形式，对乳的影响不很显著，也没有明显的蒸煮味，没有发现活性巯基，乳清蛋白变性程度低，在 5% ~ 15%，有极少的热敏性营养素损失。

五、工 艺 流 程

原料乳验收 → 过滤、净化 → 标准化 → 均质 → 杀菌 → 冷却 → 灌装 → 封口 → 冷藏 → 成品

六、操 作 要 点

（1）原料乳验收 采用酒精实验法检验鲜乳的新鲜度，并测定原料乳密度、脂肪、蛋白质含量。

（2）过滤、净化 将检验合格乳，过滤除去尘埃、杂质。

（3）标准化 为使产品达到 GB 19645—2010 的理化指标，必须对原料乳进行标准化，用稀奶油和脱脂乳粉来调节乳中脂肪、蛋白质、非脂乳固体的量。

（4）均质 先将牛乳预热至 50 ~ 65℃，通过 140 - 210kg/cm^2 压力均质，防止脂肪上浮，改善组织状态和消化吸收程度。

（5）杀菌、冷却 杀菌条件采用 80 ~ 85℃，3 ~ 5min。由于杀菌后仍有部分微生物残存，且在以后工序中可能被再污染，因此，为了抑制乳中微生物发育，增加保存性，杀菌后必须迅速冷却至 4℃ 以下。

（6）灌装、冷藏 采用自动包装机将乳灌装于灭菌的一次包装袋内，密封后冷藏。

七、 品质鉴别

根据 GB 19645—2010（表 4 – 9、表 4 – 10）要求检测产品质量，检查是否达标，观察其不同保存条件下的质量变化。

（1）感官检验

表 4 – 9　　　　　　　　　　　巴氏杀菌乳感官特性

项目	全脂巴氏杀菌乳	部分脱脂巴氏杀菌乳	脱脂巴氏杀菌乳
色泽	呈均匀一致的乳白色，或微黄色		
滋味和气味	具有乳固有的滋味和气味，无异味		
组织状态	均匀的液体，无沉淀，无凝块，无正常视力可见异物		

（2）理化检验

表 4 – 10　　　　　　　　　　　巴氏杀菌乳理化指标

项目		全脂巴氏杀菌乳	部分脱脂巴氏杀菌乳	脱脂巴氏杀菌乳
脂肪/%		≥3.1	1.0 ~ 2.0	≤0.5
蛋白质/%			≥2.9	
非脂乳固体/%			≥8.1	
酸度/°T	牛乳		12 ~ 18	
	羊乳		6 ~ 13	
杂质度/（mg/kg）			2	

（3）微生物检验　微生物检验根据 GB 19645—2010 中的方法进行检验。

八、 讨 论 题

①试比较巴氏杀菌乳与灭菌乳的区别，其在加工工艺及质量标准上有何差异？
②巴氏杀菌乳灭菌处理时采用的温度、时间不同对产品的品质有何影响？

第二节　凝固型酸乳

一、 实 验 目 的

①了解和熟悉凝固型酸乳制作的工艺过程。
②掌握菌种活化、扩大、保存的方法，熟悉无菌操作。

二、 设备和用具

2~5mL 灭菌吸管 2 支，铂耳 1 支，50~100mL 灭菌量筒 2 个，酒精灯 1 盏，恒温箱，无菌操作台，冰箱，20mL 试管装 2 支，200~300mL 三角瓶装 2 瓶，500~1000mL 三角瓶，50~100mL 灭菌量筒 2 个，灭菌特制酸凝乳瓶 20 个，灭菌勺 1 个，温度计、玻棒各 1 支。

三、 参 考 配 方

酸凝乳发酵剂 1 瓶，原料乳 5000mL，白砂糖 350~400g、脱脂乳培养基（20mL 试管装 2 支，200~300mL 三角瓶装 2 瓶）。

四、 生 产 机 理

牛乳经过巴氏杀菌后冷却，加入纯乳酸菌发酵剂在适当温度下培养，随着乳酸菌的增殖，牛乳逐渐酸化，酪蛋白粒子中的钙、磷离子游离出来，成为溶解状态，与乳酸结合生成乳酸钙。当 pH 达到 5.2~5.3，酪蛋白粒子就失去稳定开始沉淀，pH 降到等电点（4.6~4.7）时，完全发生沉淀，这些蛋白沉淀物可将脂肪球和含有可溶性成分的乳清包起来，使制品呈半流体状有一定硬度的胶体，组织状态平滑，似柔软乳蛋糕状。

随着乳酸含量的增加，发酵菌本身会产生抑制作用，其中乳酸离子对发酵菌的危害比氢离子要大得多。但在低酸度乳中乳酸通常为 0.85%~0.95%，高酸度乳中乳酸含量为 0.95%~1.20%，低于有些乳酸菌耐性界限（嗜热链球菌能忍受 0.8%，保加利亚乳杆菌能耐受 1.7%，约古特乳杆菌耐受 2.7%），故不能使乳酸菌停止生长，要抑制乳酸菌生长，必须使产品冷却。

冷却后冷藏后熟，除抑制菌体生长，降低酶的活性，延长保存期外，还可促进香味物质产生，改善酸奶硬度。香味物质产生的高峰期一般在制作完成后的第 4h 或更长时间，所以，要使酸乳形成良好的风味，需 12~24h 来完成。由于酸乳冰点在 -1℃，故要延长保存期，冷藏温度应控制在 0℃ 或 -1℃ 左右。

在酸乳制作时，除产生乳酸外，还有少量副产品，包括羰基化合物（如乙醛、丁二酮、丙酮、3-羟-2-丁酮）、挥发性脂肪酸（如甲酸、己酸、辛酸等）和醇类。

五、 工 艺 流 程

原料乳→ 过滤 → 混合 → 杀菌 → 冷却 → 接种 → 分装 → 封装 → 发酵 → 冷却后熟 →成品

六、 操 作 要 点

（1）发酵剂的制备

①菌种的选择与活化：制作酸乳制品用发酵剂的菌种一般由专门实验室保存，使用者应根据生产酸乳制品种类进行选择（参阅表 4-11）并活化。

表 4 – 11   发酵乳制品发酵剂微生物的种类及菌种特性

种类	菌种	主要机能	最适生长温度/℃	最适温度下凝乳时间/h	极限酸度/°T	适应的酸乳制品
乳酸杆菌	*L. bulgaricus*	产酸生香	45～50	12	300～400	酸凝乳、牛乳酒
	L. helveticus	产酸生香	40～42			马乳酒
	L. acidophilus	产酸	45～50	12	300～400	嗜酸菌乳
	L. casei	产酸	45～50	12	300～400	液状酸凝乳
乳酸球菌	*Str. thermophilus*	产酸	50			酸凝乳
	Str. lactis	产酸	30～35	12	120	人工酪乳、酸稀奶油
	Str. cremoris	产酸	30	12～14	110～115	人工酪乳、酸稀奶油
	Str. diacetilactis	产酸生香	30	18～48	100～105	人工酪乳、酸稀奶油
	Leu. cremoris	生香	30	—	—	人工酪乳、酸稀奶油
酵母菌	*Candida Kefir* *Kluyveromyces fragilis*	生醇及 CO_2	16～20	15～18		牛乳酒

活化按无菌操作进行，菌种为液体状时，用灭菌吸管取 1～2mL 接种于装灭菌脱脂乳的试管中，菌种为粉状的用铂耳取少量接种混合，然后置于恒温箱中。根据不同菌种的特性（参见表 4 – 11）选择培养温度与时间，培养活化，活化可进行一至数次，依菌种活力确定。

②调制母发酵剂：取制备母发酵剂，用脱脂乳量 1%～2% 的充分活化的菌种，接种于盛有灭菌脱脂乳的三角烧瓶中，充分混匀后置于恒温箱中培养。供制取生产发酵剂用。

③调制生产发酵剂：取制备的生产发酵剂，用脱脂乳量 1%～2% 的母发酵剂接种于盛有灭菌脱脂乳的三角烧瓶中，充分混匀后置于恒温箱中培养。供生产酸乳制品时使用。

④发酵剂质量检查：质量合格的发酵剂凝块硬度适宜，均匀而细滑，有弹性，无龟裂、气泡及乳清分离，酸味、风味与活力等均符合菌种特性要求。达到上述质量的生产发酵剂准予用于生产酸乳制品。

调制好的发酵剂不立即使用时应置于冰箱中保存。

（2）原料乳检测   检测鲜牛乳的新鲜度、密度、总干物质等，控制非脂干物质不低于8.5%，比重计读数在 1.029～1.031；如果不够，应添加脱脂乳粉。同时应检测抗生素等，确保原料乳满足发酵要求。

（3）混合、灭菌   将原料乳中加糖溶解、滤入大三角瓶中，置于水浴上加热杀菌，90℃、5min 或 85℃、30min，加热期间注意搅拌几次，防止沸水溅入乳中。

（4）冷却   将灭菌乳取出用冷水冷却至 45℃。

（5）先用洁净的灭菌勺，将发酵剂表层 2～3cm 去掉，再用灭菌玻棒搅成稀奶油状。

（6）接种   用洁净灭菌量筒取乳量 2%～3% 的生产发酵剂，用等量灭菌乳混匀后倒入冷却乳中，充分混匀。

（7）分装 加发酵剂混匀后尽快分装于灭菌的酸乳瓶中，再用纸包好瓶口。

（8）发酵、冷却后熟 置于42℃恒温箱中培养发酵2～3h。发酵结束后于5℃下贮藏。

七、注 意 事 项

①本法采用先加入发酵剂后分装的发酵方法，故加发酵剂后应尽快分装完毕。

②实验过程中要做到无菌操作，防止二次污染。

八、品 质 鉴 别

（1）感官评定

色泽：色泽均匀一致，呈乳白色或微黄色。

滋味、气味：具有发酵乳特有的滋味、气味。

组织状态：组织细腻、均匀，允许有少量乳清析出；风味发酵乳具有添加成分特有的组织状态。

（2）理化指标 见表4-12。

表4-12　　　　　　　　发酵酸乳理化指标

项目	发酵酸乳
脂肪/（g/100g）	≥3.1
非脂乳固体/（g/100g）	≥8.1
蛋白质/（g/100g）	≥2.9
酸度/（°T）	≥70

（3）微生物指标 见表4-13。

表4-13　　　　　　　　发酵酸乳微生物指标

项目	发酵酸乳
大肠菌群（MPN/100mL）	≤90
致病菌（指肠道致病菌和致病性球菌）	不得检出
乳酸菌数	1×10^6

九、讨 论 题

①试说明酸凝乳形成冻胶状态的原因。

②调节杆菌、球菌比例，对酸乳质量有何影响？

第三节　发 酵 奶 油

一、实 验 目 的

①了解和熟悉发酵奶油的工艺过程。

②了解影响发酵奶油产品的因素。

二、设备和用具

离心机，恒温箱，无菌操作台，冰箱，灭菌勺1个，温度计、玻棒各1支，搅拌器，天平，水浴锅，秒表等。

三、参 考 配 方

新鲜牛乳5kg，发酵剂12.5g等。

四、生 产 机 理

发酵奶油即酸乳奶油，是乳脂经过发酵、成熟、搅拌、压炼得到的酸性奶油。乳脂是新鲜牛乳中密度最小、体积最大的部分，可以通过离心机将稀奶油与脱脂乳迅速而较彻底地分开。

五、工 艺 流 程

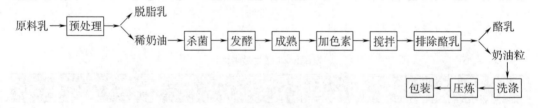

六、操 作 要 点

（1）原料乳的验收　除符合正常乳的要求外，含抗菌素或消毒剂的稀奶油不能用于生产发酵奶油。

（2）原料乳的预处理　新鲜的全脂乳通过离心的方式，会分成富含脂肪的、含脂较低的两部分，前者称为稀奶油，后者称为脱脂乳。离心条件一般为4000~9000r/min。

（3）稀奶油杀菌　稀奶油杀菌可以杀灭病原菌和腐败菌以及其他杂菌和酵母等；破坏各种酶，提高奶油保存性和风味；加热杀菌可以除去那些特异的挥发性物质，改善奶油的香味。稀奶油的杀菌温度与时间有以下几种方法：72℃，15min；77℃，5min；82~85℃，30s；116℃，3~5s或再经过脱臭器以除去一些不良的气味。杀菌后，迅速冷却到18~20℃。

（4）发酵用菌种　生产酸性奶油用的纯发酵剂是产生乳酸的菌类和产生芳香风味的混合菌种。菌种有下列几种：乳酸链球菌、乳脂链球菌、嗜柠檬酸链球菌、副嗜柠檬酸链球菌、丁二酮乳链球菌、丁二酮乳链球菌。发酵剂的制备方法同酸乳的相似。

（5）发酵 稀奶油中加入5%的工作发酵剂，18~20℃发酵，每隔1h搅拌5min，直至非脂部分的酸度达到90°T，停止发酵，转入物理成熟。

（6）成熟 稀奶油冷却至脂肪的凝固点，以使部分脂肪变为固体结晶状态，这一过程称为稀奶油物理成熟。制造酸性奶油时，则在发酵前或后，或与发酵同时进行。成熟通常需要12~15h。

（7）搅拌 成熟良好的稀奶油可以提高搅拌的效率。利用机械的冲击力，使脂肪球破碎，脂肪游离出来并集结成奶油粒，同时析出酪乳。搅拌的温度：搅拌的速度为40r/min，夏季搅拌的最适8~10℃，冬季最适11~14℃。在窥视镜上观察，由稀奶油状变为较透明、有奶油粒生成即可停止搅拌，如用手摇搅拌机，在奶油粒快出现时，可感到搅拌较费劲。

（8）洗涤 为了除去奶油粒表面的酪乳，调整奶油的硬度，消除稀奶油的不良气味，需要用符合饮用水卫生要求的水清洗2~3次，水温在3~10℃。

（9）压炼 为使奶油粒变为组织致密的奶油层，使水滴分布均匀，使食盐全部溶解，并均匀分布于奶油中。同时调节水分含量，即在水分过多时排除多余的水分，水分不足时，加入适量的水分并使其均匀吸收。

七、品质鉴别

奶油应呈均匀一致的颜色（白色或淡黄色），稠密而味纯，具有奶油的芳香味。

水分应分散成细滴，从而使奶油外观干燥，含水量不超过16%。

硬度应均匀，这样奶油就易于涂抹，有舌触即融的感觉。

脂肪含量不少于80%~82.5%，发酵奶油酸度可大于20°T。

八、讨论题

①哪些因素会影响发酵奶油的产品品质？

②试分析加工过程中发酵奶油会产生哪些风味缺陷，试分析原因。

第四节 干 酪

一、实验目的

①了解和熟悉干酪的加工过程，掌握干酪的加工原理。

②了解干酪产品的影响因素。

二、设备和用具

干酪槽（带有干酪生产用具），温度计，成型机，过滤袋，刀，案板等。

三、参考配方

新鲜牛乳100kg，发酵剂1~2kg，$CaCl_2$15~20g，凝乳酶30mL等。

四、生产机理

干酪是指在新鲜乳经过预处理后，加入适量的乳酸菌发酵剂和凝乳酶，使乳蛋白质（主要是酪蛋白）凝固后，排除乳清，将凝块压成所需形状而制成的产品。制成后未经发酵成熟的产品称为新鲜干酪；经长时间发酵成熟而制成的产品称为成熟干酪。

干酪的主要成分为蛋白质和脂肪，等于将原料乳中的蛋白质和脂肪浓缩10倍，最主要成分是酪蛋白。原料乳中的酪蛋白被酸或凝乳酶作用而凝固，形成干酪的组织，并包拢乳脂肪球。干酪成熟过程中，在相关微生物的作用下使酪蛋白分解，产生水溶性的含氮化合物，如肽、氨基酸等，形成干酪的风味物质。其中pH、Ca^{2+}浓度、温度、加热处理均会影响干酪的加工品质。

乳糖大部分转移到乳清中。残存在干酪凝块中的部分乳糖可促进乳酸发酵，产生乳酸，抑制杂菌繁殖，提高添加菌的活力，促进干酪成熟。

五、工艺流程

原料乳→ 净乳 → 标准化 → 杀菌 → 冷却 → 添加发酵剂 → 调整酸度 → 加氯化钙 → 加色素 → 添加凝乳酶 → 凝块切割 → 搅拌 → 加温 → 排出乳清 → 堆积 → 成型压榨 → 盐渍 → 成熟 → 上色挂蜡 →成品

六、操作要点

（1）原料乳的预处理

①净乳：用离心除菌机进行净乳处理，可以将乳中90%的细菌除去，尤其是芽孢菌。一般情况不用均质。

②标准化：主要是调整原料乳中的乳脂率和酪蛋白的比例，使其比值符合产品要求。一般要求酪蛋白/脂肪 =0.7。

③杀菌：加热杀菌使部分白蛋白凝固，留存于干酪中，可以增加干酪的产量。如果杀菌温度过高，时间过长，则变性的蛋白质增多，破坏乳中盐类离子的平衡，进而影响皱胃酶的凝乳效果，使凝块松软，收缩作用变弱，易形成水分含量过高的干酪。在实际生产中多采用63℃、30min的保温杀菌（LTLT）或71～75℃、15s的高温短时杀菌（HTST）。

（2）添加发酵剂　将干酪槽中的牛乳冷却到30～32℃，然后按原料乳量的1%～2%加入发酵剂，边搅拌边加入，并在30～32℃条件下充分搅拌3～5min。如果生产干酪的牛乳质量差，则凝块会很软。可在100kg原料乳中添加5～20g的$CaCl_2$（预先配成10%的溶液），以调节盐类平衡，促进凝块的形成。为使干酪成品质量一致，可用1mol/L的盐酸调整酸度，一般调整酸度至0.21%左右。

（3）添加凝乳酶　凝乳酶取自犊牛第四胃，是干酪制作必不可少的凝乳剂。根据活力测定值计算凝乳酶的用量。用1%的食盐水将酶配成2%溶液，并在28～32℃下保温30min。然后加入到乳中，搅拌2～3min后加盖，静止。活力为（1∶10000）～（1∶15000）的液体凝乳酶的剂量在每100kg乳中可用到30mL。

（4）凝块切割　当乳凝固后，凝块达到适当硬度时，即可开始切割。先沿着干酪槽长轴用水平式刀平行切割，再用垂直式刀沿长轴垂直切后，沿短轴垂直切，使其成为 0.7~1.0cm 的小立方体。

（5）凝块的搅拌及加温　凝块切割后开始用干酪耙或干酪搅拌器轻轻搅拌。边搅拌边升温，初始时每 3~5min 升高 1℃，当温度升至 35℃ 时，则每隔 3min 升高 1℃。当温度达到 38~42℃ 停止加热，并维持此时的温度。在整个升温过程中应不停地搅拌，以促进凝块的收缩和乳清的渗出，防止凝块沉淀和相互黏连，升温和搅拌是干酪加工工艺中的重要过程，它关系到生产的成败和成品质量的好坏。

（6）排出乳清　乳清酸度达 0.17%~0.18% 时，凝块收缩至原来的一半，用手捏干酪粒感觉有适度弹性即可排除全部乳清。乳清由干酪槽底部通过金属网排出。此时应将干酪粒堆积在干酪槽的两侧，促进乳清的进一步排出。

（7）堆积　乳清排除后，将干酪粒堆积在干酪槽的一端或专用的堆积槽中，上面用带孔木板或不锈钢板压 5~10min，压出乳清使其成块，这一过程即为堆积。

（8）成型压榨　将堆积后的干酪块切成方砖形或小立方体，装入成型器中进行定型压榨。先进行预压榨，压力 0.2~0.3MPa，时间 20~30min。将干酪反转后装入成型器内以 0.4~0.5MPa 的压力在 15~20℃ 条件下再压榨 12~24h。其目的主要是协助最终乳清排出；提供组织状态；干酪成型；在以后的长时间成熟阶段提供干酪表面的坚硬外皮。

（9）盐渍　加盐改进干酪的风味、组织和外观；排除内部乳清或水分，增加干酪硬度；限制乳酸菌的活力，调节乳酸的生成和干酪的成熟，防止和抑制杂菌的繁殖。常用的加盐方法有干盐法、湿盐法和混合法。干盐法：在定型压榨前，将所需的食盐撒布在干酪粒（块）中，或者将食盐涂布于生干酪表面。湿盐法：将压榨后的生干酪浸于盐水池中浸盐，盐水浓度第 1~2d 为 17%~18%，以后保持 20%~23% 的浓度。混合法：是指在定型压榨后先涂布食盐，过一段时间后再浸入食盐水中的方法。

（10）干酪的成熟　将生鲜干酪置于一定温度（10~12℃）和湿度（相对湿度 85%~90%）条件下，经一定时期（3~6 个月），在乳酸菌等有益微生物和凝乳酶的作用下，使干酪发生一系列的物理和生物化学变化的过程，称为干酪的成熟。

七、品质鉴别

（1）感官评定

①外观：外皮均匀，无裂缝，无损伤，无霉点霉斑。

②色泽和组织状态：色泽呈白色或淡黄色，有光泽，软硬适度，质地细腻均匀，有可塑性，切面湿润。

③滋味、气味：具有该种干酪特有的香味，以香味浓郁者为佳。

（2）理化指标　水分 ≤42%；脂肪 ≥25%；食盐（以 NaCl 计）1.5%~3.5%；汞（ ×10^{-6}mg/kg，以 Hg 计，按鲜牛乳折算）≤0.01。

（3）微生物指标　大肠菌群（个/100g）≤90；霉菌总数（个/g）≤50；酵母（cfu/g）≤50；致病菌不得检出。

八、讨论题

①哪些加工过程会影响干酪的品质和收得率？

②干酪加工过程中会出现哪些品质的缺陷，如何防止？

第五节　乳粉的加工及冲调性能评价

一、 实 验 目 的

①了解和熟悉乳粉的加工过程，掌握乳粉的加工原理。
②了解乳粉产品的影响因素，掌握冲调性的评价方法。

二、 设 备 和 用 具

均质机，喷雾干燥机，烧杯等。

三、 参 考 配 方

新鲜牛乳，糖，脱脂乳粉，稀奶油等。

四、 生 产 机 理

乳粉是指以新鲜乳为主要原料，并配以其他辅料，经杀菌、浓缩、干燥等工艺过程制得的粉末状产品。具有便于贮藏、运输；便于饮用，可以调节产乳的淡旺季节对市场的供应；能够抑制了微生物的繁殖等优点。

乳粉中的蛋白质在加工过程中很少变性；但在加热过程中，若操作不当，也会引起蛋白质变性，使溶解度降低，其沉淀物是磷酸三钙的变性酪蛋白酸钙。乳粉中的乳糖呈非结晶的玻璃状态。α - 乳糖与 β - 乳糖的无水物保持平衡状态，其比例大致为 $1:1.6$。乳粉中呈玻璃状态的乳糖，吸湿性很强，所以很容易吸潮。人们还利用乳糖的这一特性来制造速溶乳粉。

乳粉的冲调性与可湿性、沉降性、分散性和溶解性有关。可湿性：乳粉表面吸收水分而变湿的能力。将样品加入到 24℃ 或 50℃ 的水中，然后用特殊的搅拌器使之复原，静置一段时间后（有规定），使一定体积的复原乳在刻度离心管中离心，去除上层液体，加入与复原温度相同的水，使沉淀物重新悬浮，再次离心后，记录所得沉淀物的体积。喷雾干燥产品复原时使用温度为 24℃ 的水。

五、 工 艺 流 程

原料乳→预处理与标准化→杀菌与均质→浓缩→喷雾干燥→出粉→冷却→筛粉→晾粉→检验→包装→成品

六、 操 作 要 点

（1）原料乳的预处理与标准化　为保证产品品质稳定，将验收合格的新鲜牛乳进行标准化，然后杀菌。常用的杀菌方法：80℃，15s。

（2）均质　破碎脂肪球，使其分散在乳中，形成均匀的乳浊液。经过均质的原料乳制成的乳粉，冲调后复原性更好。

（3）真空浓缩　一般将原料乳浓缩至原体积的1/4，乳干物质达到45％左右，浓缩后的乳温一般均为47～50℃。

（4）干燥　一般采用离心或压力喷雾干燥方法。最终使乳粉中的水分含量在2.5％～5％，抑制细菌繁殖；延长了货架寿命；降低质量和体积；减少产品的贮存和运输费用。

（5）筛粉　用机械振动筛筛粉，使乳粉粒度为40～60目之间。乳粉颗粒达150μm左右时冲调复原性最好；小于75μm时，冲调复原性较差。

（6）晾粉　使乳粉的温度降低，同时乳粉表观密度可提高15％，有利于包装。

七、品质鉴别

（1）感官要求　见表4-14。

表4-14　　　　　　　　　　　　乳粉感官要求和检验方法

项目	要求		检验方法
	乳粉	调制乳粉	
色泽	呈均匀一致的乳黄色	具有应有的色泽	取适量试样置于50mL烧杯中，在自然光下观察色泽和组织状态。闻其气味，用温开水漱口，品尝滋味
滋味、气味	具有纯正的乳香味	具有应有的滋味、气味	
组织状态	干燥均匀的粉末		

（2）理化检验　见表4-15。

表4-15　　　　　　　　　　　　乳粉理化指标

项目		指标	
		乳粉	调制乳粉
蛋白质/%	≥	非脂乳固体[a]的34%	16.5
脂肪[b]/%	≥	26.0	—
复原乳酸度　牛乳	≤	18	—
羊乳		7～14	—
杂质度/（mg/kg）		16	—
水分/%		5.0	
溶解度		GB 5413.29—2010	

注：a. 非脂乳固体（％）=100％-脂肪（％）-水分（％）。

　　b. 仅适用于全脂乳粉。

（3）微生物检验　不得含有致病菌。

八、讨 论 题

①目前生产乳粉的方法有哪些？各有哪些利弊？

②生产乳粉时，为什么要先浓缩处理？

③乳粉的冲调性跟哪些因素有关？如何提高乳粉的冲调性？

第六节　冷饮制品

国外冷饮品中发展最早的是冰淇淋。开始在欧洲用冰冻食品的方法据说是由意大利人马可·波罗（Marco-Plo）在十五世纪游历我国时传去的。而冰淇淋的出现，则是在 1778 年 8 月的巴黎，相传那时正值酷暑，法国卡他司公爵的厨师制造了最初的冰淇淋，其清凉可口，沁人心脾。至 1776 年，法国人克蒙在其著作中谈及制造方法，于是冰淇淋的工艺技术才公布于世。其后由于生产不断发展，于 1861 年创造了冰淇淋凝冻机；1902 年采用了高压均质设备；1921 年出现了雪糕、棒冰等冷饮品；1935 年制造了连续式冰淇淋凝冻机；1948 年制造了雪糕连续式凝冻机。冷饮品种也不断发展壮大。

一、实 验 目 的

①使学生了解和熟悉膨化雪糕和冰淇淋的加工原理和技术。

②使学生了解和熟悉膨化雪糕生产的设备、工作原理和启动、运行、关闭方法，特别是了解物料膨化的原理。

③了解和掌握凝冻机的工作原理和操作技术。

④充分理解和体会冰淇淋老化和凝动的作用。

二、设 备 和 用 具

（1）膨化雪糕　小型整体式膨化雪糕机，不锈钢配料桶，冰柜，保温销售箱，电炉，小型均质机，铝锅，台秤，80 目筛，包装纸，包装箱，小竹棒，搅拌棒。

（2）冰淇淋实验室用设备　小型整体式膨化雪糕机，不锈钢配料桶，冰柜，保温销售箱，电炉小型均质机，铝锅，台秤，80 目筛，包装纸，包装箱，小竹棒，搅拌棒。

（3）冰淇淋工厂用设备　混料器，配料机，蒸汽杀菌机，均质机，老化缸，冰淇淋凝冻机，隧道式速冻机，冷库，冰柜，120 目筛子，纸杯灌装机等。

三、参 考 配 方

（1）普通膨化雪糕参考配方　牛乳粉 1kg，白糖 10kg，蛋白糖（30 倍）0.5kg，甜蜜素 65g，糊精 2kg，淀粉 2kg，鲜奶素 0.10kg，柠檬黄适量，棕榈油 1.5kg，稳定剂 0.45kg，加水至 100kg。

（2）山楂雪糕参考配方　山楂浆 50kg，白糖 140kg，蛋白糖（30 倍）1.4kg，甜蜜素 65g，糊精 10kg，淀粉 20kg，山楂香精 1kg，胭脂红适量，棕榈油 1.5kg，稳定剂 4kg，水 800kg。

（3）红豆雪糕参考配方　白砂糖 80kg，蛋白糖 0.5kg，甜蜜素 0.5kg，红豆（熟）50kg，饴糖 150kg，糊精 50kg，炼乳 0.3kg，红豆香精 0.4kg，色素适量，棕榈油 15kg，稳定剂 5kg，加水至 1000kg。

（4）冰淇淋参考配方　牛乳粉 1.0kg，白糖 1.2kg，蛋白糖（30 倍）0.01kg，甜蜜素 6.5g，糊精 0.2kg，淀粉 0.2kg，鲜奶素 0.010kg，柠檬黄适量，棕榈油 0.15kg，冰淇淋稳定剂 0.05kg，蛋黄粉 0.1kg，加水至 10.0kg。

（5）中脂拉花冰淇淋参考配方　牛乳粉 5kg，白糖 15kg，蛋白糖（30 倍）0.1kg，甜蜜素 65g，糊精 2kg，淀粉 2kg，鲜乳素 0.05kg，炼奶香精 60g，柠檬黄适量，棕榈油 3kg，稳定剂 0.5kg，增效剂 60g，加水至 100kg。

（6）果味涂层冰淇淋参考配方

主料：糖 15%，乳粉 8%，棕油 6%，蛋黄粉 1%，糊精 1%，复合乳化剂 0.4%，香兰素 0.01%，甜蜜素 0.05%，香精 0.1%。

涂层：糖 16%，葡萄糖浆 10%，保水剂 8%，明胶 8%，涂膜剂 1%，氯化钙 0.2%，复合酸味剂 0.2%，色素适量。

四、工 艺 流 程

（1）膨化雪糕

原料 → 选料 → 配料 → 加处理水 → 杀菌保温 → 均质 → 冷却 → 加香精 → 膨化 → （模具消毒）浇模 → （竹棒消毒）插杆 → 冻结 → 脱模 → 包纸 → 装箱 → 成品

（2）冰淇淋

原料 → 混合 → 溶化搅拌 → 巴氏杀菌 → 过筛 → 均质 → 冷却 → 成熟老化 → 加香精 → 凝冻 → 灌注纸杯（或模具）→ 速冻硬化 → 检验 → 入库 → 销售

（注：实验室可参考膨化雪糕工艺与设备）

五、操 作 要 点

1. 膨化雪糕

①预先将膨化雪糕机按要求开启，使盐水温度降至 -20 ~ -25℃，备用。

②使学生了解冷冻设备的开启、运行、关机方法和安全常识。

③按配方称量好各种原料。

④将称量好的原料用适量的水溶化后，用 80 目筛箩（或消过毒的双层纱布）过滤。

⑤将过滤好的混合料，加入需要量的处理水。放在铝锅内加热到 80 ~ 85℃杀菌，保温 10 ~ 15min。

⑥将杀菌后的料液均质（也可不均质），冷却后加入香精，搅拌均匀。

⑦竹棒和模具需在 100℃下消毒 20min。

⑧浇模时注意液面应摇平，然后插杆，放入盐水池中冻结。

⑨脱模：将冻结好的模具，放入 50℃左右的温水中，烫盘数秒钟后，使雪糕脱出。检查质量。

⑩包装：包纸、装盒、装箱、放入冷库或冰柜。

⑪销售：将成品放入保温冷藏销售柜或一般的冷藏柜中销售。

⑫消毒：用完后的设备需用0.03%~0.04%漂白液进行消毒处理。

2. 冰淇淋

①乳粉需溶化后经120目筛过滤。

②棕榈油需熔化后使用。

③稳定剂等量小的料需与砂糖混合后加入。

④杀菌：76~78℃，20~30min；或80~83℃，10~15min。

⑤杀菌后应用筛过滤，避免有面疙瘩混入。

⑥均质：150~180kg/cm^2，60~70℃。

⑦冷却：用冷热交换器迅速冷却到4~5℃。

⑧成熟老化：-3~-5℃，10~12min；刮刀转速150~240r/min；刮刀与桶壁的间距为0.2~0.3mm。

⑨灌装：灌装在纸杯中可作为软质冰淇淋直接食用；实验室可灌装在雪糕模具中。

⑩硬化：在-25~-35℃、1~6h的条件下，将灌装冰淇淋的纸杯进行速冻硬化。实验室可将灌装冰淇淋的雪糕模具放入提前预冷到-23℃左右的盐水池中速冻。

⑪贮藏：将成品放入-20℃以下的冷库或冰柜中贮藏。

⑫成品：根据灌装的模具，可得到相应式样的冰淇淋。

六、品质鉴别

（1）感官指标

色泽：应具有与该品种相应的色泽，均匀一致。

滋味及气味：滋味协调，香味纯正，应具有该品种特有的风味，无异味。

组织状态：组织细腻、乳化完全、无油点、无杂质、冻结坚实。

形态：形态完整，空头率每盒不超过10%，歪插率每盒不超过5%，断插率每盒不超过4%，无变形，无收缩现象。

包装：清洁、紧密，无渗漏现象。外包装纸盒破碎率不得超过三处，每处不超过50mm，内包装纸散碎率每盒不得超过20%。

（2）理化指标 见表4-16。

表4-16　　　　　　　　　　冰淇淋和膨化雪糕理化指标

项目	冰淇淋						膨化雪糕	
	全乳脂		半乳脂		植脂			
	清型	组合型[a]	清型	组合型[a]	清型	组合型[a]	清型	组合型[a]
非脂乳固形物[b]/%	6.0							
总固形物/%	30.0						20.0	

续表

项目	冰淇淋						膨化雪糕	
	全乳脂		半乳脂		植脂			
	清型	组合型[a]	清型	组合型[a]	清型	组合型[a]	清型	组合型[a]
脂肪	8.0		6.0	5.0	6.0	5.0	2.0	1.0
蛋白质/%	2.5	2.2	2.5	2.2	2.5	2.2	0.8	0.4
膨胀率/%	10~140							

注：a. 组合型产品的各项指标均指主体部分。

　　 b. 非脂乳固形物含量按原始配料计算。

（3）微生物指标　大肠菌群数每100g中最近似数为450。杂菌数：每毫升产品中不得超过3万个菌落。

不得检出致病菌（指肠道病菌、致病性球菌）。

七、讨 论 题

①膨化雪糕机膨化的原理是什么？

②老化、凝冻和均质各有哪些作用？

③冰淇淋凝冻机的工作原理是什么？

④目前市场上同类产品有哪些品牌？

⑤冰淇淋在加工过程中常见的缺陷有哪些？造成的原因有哪些？

第三章

蛋制品的加工

概　　述

禽蛋营养丰富，含有人体所必需的动物蛋白、脂肪、卵磷脂及矿物质和维生素，易于消化吸收，是仅次于乳、肉的营养食品。但其很容易被微生物侵蚀，一旦微生物侵入蛋内，只要条件适宜就会迅速繁殖引起禽蛋腐败变质。为了延长禽蛋贮存，调节市场供应，增加食品风味，常需将鲜蛋加工成蛋制品。

一、 蛋制品的定义

蛋制品是指包括以鸡蛋、鸭蛋、鹅蛋或其他禽蛋为原料加工而制成的制品。

二、 蛋制品的分类

蛋制品分为4个：再制蛋类、干蛋类、冰蛋类和其他类。

1. 再制蛋类

再制蛋类是指以鲜鸭蛋或其他禽蛋为原料，经由纯碱、生石灰、盐或含盐的纯净黄泥、红泥、草木灰等腌制或用食盐、酒糟及其他配料糟腌等工艺制成的蛋制品。

如：皮蛋、咸蛋、糟蛋。

2. 干蛋类

干蛋类指以鲜鸡蛋或者其他禽蛋为原料，取其全蛋、蛋白或蛋黄部分，经加工处理（可发酵）、喷粉干燥工艺制成的蛋制品。

如：巴氏杀菌鸡全蛋粉、鸡蛋黄粉、鸡蛋白片。

3. 冰蛋类

冰蛋类是指以鲜鸡蛋或其他禽蛋为原料，取其全蛋、蛋白或蛋黄部分，经加工处理，冷冻工艺制成的蛋制品。

如：巴氏杀菌冻鸡全蛋、冻鸡蛋黄、冰鸡蛋白。

4. 其他类

其他类是指以禽蛋或上述蛋制品为主要原料，经一定加工工艺制成的其他蛋制品。

如：蛋黄酱、色拉酱。

第一节 皮　蛋

皮蛋又称变蛋，由于在其蛋白或蛋黄表面上有状似松花的结晶，故又称松花蛋。

皮蛋营养丰富，据测每 100g 皮蛋的可食部分，含水 67mL，蛋白质 13.6g，脂肪 12.4g，碳水化合物 4g，钙 82mg，磷 212mg，铁 3.0mg，热量 7.6×10^5 J。

目前我国生产的皮蛋主要有两大类：溏心皮蛋和硬心皮蛋。其中溏心皮蛋的蛋黄呈现黏稠的饴糖状态，蛋黄蛋白一般都呈棕褐色，加工工艺多为浸泡法；硬心皮蛋蛋黄凝结而呈较硬的状态，加工工艺多为泥包法。

一、 实 验 目 的

通过实验掌握皮蛋的加工方法，并进一步了解其加工特点及工艺要求。

二、 设 备 和 用 具

小缸，台秤或杆秤，放蛋容器，照蛋器。

三、 参 考 配 方

鲜鸭蛋（或鲜鸡蛋），生石灰，Na_2CO_3，食盐，Pb_2O_3（又称黄丹粉，密陀僧或生金粉），红茶末，开水，黄泥，稻壳等。

四、 生 产 机 理

皮蛋加工的原理主要是禽蛋的蛋白质遇到料液（或料泥）中的氢氧化钠后发生变性而凝固，同时由于蛋白质中的氮基与糖中的羧基在碱性环境中产生美拉德反应使蛋白形成棕褐色，由于蛋白质所产生的 H_2S 和蛋黄中的金属离子结合使蛋黄产生各种颜色。另外，茶叶也对颜色的变化起作用。

五、 工 艺 流 程

（1）溏心皮蛋加工工艺流程

原材料的选择

辅料的选择 → 料液的配制 → 碱度测定 → 装缸 → 灌料 → 泡制 → 质检 → 涂泥包糠 → 装缸密封 → 贮藏 → 成品

（2）硬心皮蛋加工的工艺流程

$$原材料的选择$$

辅料的选择 → 料泥的配制 → 碱度测定 → 包料滚糠 → 装缸密封 → 成熟 → 成品

六、操 作 要 点

1. 原材料的选择

（1）原料鸭蛋的选择　原料蛋的好坏是决定皮蛋质量的一个重要因素，所以必须对原料蛋逐个检查和严格挑选。用于皮蛋加工的原料蛋必须新鲜，用照蛋灯透视时，气室高度不得高于9mm，整个蛋内容物呈均匀一致的微红色，蛋黄不见或略见暗影，胚珠无发育现象。如将蛋迅速转动可以略见蛋黄也随之缓缓转动。次品蛋如破损蛋、热伤蛋、胚胎发育蛋、贴皮蛋、散黄蛋、腐败蛋、霉蛋、绿色蛋白蛋、异物蛋、水泡蛋、钢壳蛋、沙壳蛋等均不宜加工皮蛋。此外，还要根据蛋的大小加工。

（2）辅料的选择

①生石灰（CaO）：加工皮蛋必须用生石灰，不宜用熟石灰。要求选用白色、体轻、块大、无杂质，加水后能产生强烈气泡，并迅速由大块变为小块，直至白色的粉末为好。有效 $NaOH$ 的含量不应低于75%。加工皮蛋使用石灰的量要适宜，以满足与 Na_2CO_3 作用所生成的 $NaOH$ 的浓度达4%～5%为宜。使用石灰过多，不仅浪费且会使皮蛋有苦味，如果用量少时，又会影响皮蛋的凝固。

②纯碱（Na_2CO_3）：加工皮蛋的纯碱要求色白、粉细，含 Na_2CO_3 在96%以上。不宜用普通黄色的"老碱"或"土碱"。如果使用存放过久的陈碱，需在锅内灼烧处理，以除去水分和 CO_2。

③茶叶：选用红茶叶或茶末为好，因红茶中含单宁酸芳香油比绿茶多。发霉变质的茶叶不能使用。

④食盐：要求用市售的干燥食盐。食盐在加工中可以使皮蛋收缩离壳，且增加盐味，起到防腐的作用。

⑤氧化铅：氧化铅能促进料液进入蛋内，加速蛋白质凝固，使成熟加快。但氧化铅是有毒的化合物，长期食用，铅在人体中积累，会造成慢性中毒，故应严格控制用量，尽量少用或不用。氧化铅通常是蛋黄色的细粉，品质较好，若是红黄色粉末，含杂质较多，品质较差。

⑥烧碱（NaOH）：可代替纯碱和石灰加工皮蛋。用烧碱配制皮蛋料液时，要使用包装完好的纯品。烧碱在空气中极易吸收水分，使表面呈润滑状态，时间稍久就会变成黏稠如甘油状的液体烧碱，这种液体烧碱具有强烈的腐蚀性，在配料操作时，要防止烧灼皮肤和衣服等。

⑦草木灰：要选择纯净、干燥的新灰。

⑧其他：稻壳要求金黄色、清洁、干燥、无霉烂。黄泥要求从深层挖取，黏性好，无异味。

2. 溏心皮蛋的加工方法

（1）料液的配制　以800只鸭蛋计。水 50kg，纯碱 3.25～3.75kg，生石灰 12.5～14kg（用化学纯 CaO 时 4.5～5kg 即可），红茶 1.5～2kg，食盐 2～2.5kg，氧化铅 100～150g。

方法：先将红茶末放入大缸，灌入约2/3的热开水将茶末泡开，然后把石灰投入缸内（注意石灰不能一次投入太多，否则会造成沸水溅出伤人），同时把纯碱放在另一小缸内，用另外 1/3 的热开水溶化后灌入大缸中，最后把氧化铅、食盐放入大缸中并充分搅拌，等料液冷凉至 25℃ 以下才能应用。

如料液用烧碱配制，则不用纯碱和石灰，50kg 水加 2～2.1kg 烧碱，其他配料与上法同。先将茶末、食盐、氧化铅放入缸内，灌入热开水，然后把烧碱分批投入，充分搅拌（注意防止烧碱伤人）。

（2）料液碱度的测定　用刻度吸管取澄清料液 4mL 注入 300mL 三角瓶中，加水 100mL，加入 10% $BaCl_2$ 溶液 10mL，摇匀，静置片刻，加 0.5% 酚酞指示剂 3 滴，用 1mol/L HCl 标准溶液滴定至溶液的粉红色恰好消退为止。用 1mol/L HCl 标准溶液的毫升数即相当于 NaOH 百分含量，料液中的 NaOH 含量要求达到 4%～5%。

（3）装缸、灌料、泡制　将检验合格的鸭蛋装入缸内，装蛋至离缸口 15～17cm，用竹盖撑封或铺一层稻草，然后将配好并已晾凉的料液在不停地搅拌下徐徐倒入缸内，使蛋全部浸入料液中。

（4）管理　灌料后，室温要保持 20～25℃，最低不能低于 15℃，最高不能超过 30℃。如果发现室温过高或过低，要采取措施进行调整。浸泡过程中，对皮蛋的变化情况要进行三次检查。

第一次检查：鲜蛋下缸后，夏天（25～30℃），经 5～6d；冬天（15～20℃）经 7～10d 即可检查。用灯光透视时，蛋黄贴蛋壳一边，类似鲜蛋的红搭蛋、黑搭蛋，蛋白呈阴暗状，说明凝固良好。如果还像鲜蛋一样，说明料性太淡，要及时补料。如果大部分发黑，说明料性太浓，必须提早出缸。

第二次检查：鲜蛋下缸 15d 左右，可以剥壳检查，此时蛋白已经凝固，蛋白表面光洁，褐中带青，全部上色，蛋黄已变成褐绿色。

第三次检查：鲜蛋下缸 20d 左右剥壳检查，蛋白凝固很光洁，不粘壳，呈棕黑色，蛋黄呈绿褐色，蛋黄中心呈蛋黄色溏心。此时如发现蛋白烂头和粘壳现象，说明料液太浓，必须提前出缸。如发现蛋白软化，不坚实，表示料性较弱，宜稍推迟出缸时间。

溏心皮蛋成熟时间 20～30d（气温高，时间较短；气温低，时间稍长）。已成熟的皮蛋可以出缸。出缸时用特制的捞子把皮蛋轻轻从缸中捞出，用清洁水冲洗粘在蛋壳上的料液，冲洗后要晾干。

（5）包泥前的品质检验　冲洗晾干后的皮蛋，及时进行品质检验，剔除一切破、次、劣皮蛋。方法如下：

观——观察皮蛋的壳色和完整程度，剔除蛋壳黑斑过多和裂纹蛋。

颠——用手颠。将皮蛋放在手中，抛起 13～17cm 高，连抛数次，好蛋有轻微的弹性，若无弹性为次劣皮蛋。

摇晃——用手摇法。用拇指、中指捏住皮蛋的两端，在耳边上下摇动，若听不出什么声响，便是好蛋；若听到内部有水流的上下撞击声，即为水响蛋。听到只有一端发出水荡声音即为烂头蛋。

弹——即用手弹。将皮蛋放在左手掌中，以右手食指轻轻弹打蛋的两端，弹声如为柔软的"特""特"声即为好蛋。如发出比较生硬的"得""得""得"声即为劣蛋（包括水响蛋、烂头蛋等）。

透视——用灯光透视。如照出皮蛋大部分呈黑色（墨绿色），蛋的小头呈棕色，而且稳定不动者，即为好蛋；如蛋内部全呈黑色影，并有水泡阴影来回转动，即为水响蛋；如蛋内全部为黄褐色，并有轻微移动现象，即为未成熟皮蛋；如蛋的小头蛋白过红，即为碱伤蛋。

品尝——在样品中抽取约 10% 有代表性的样品皮蛋剥壳检验，先观察外形、色泽、硬度等情况，再用刀纵向剖开，观察其内部蛋黄、蛋白的色泽、状态，最后用鼻嗅、嘴尝，评定其气味、口味，以便总结经验。

（6）涂泥包糠 鲜蛋经过浸泡后，蛋壳变脆易破损，另一方面未包料的皮蛋受热、受寒、受潮容易变色变质。为了延长保存时间，必须涂泥包糠。方法是用残料加黄泥调成浓厚糯糊状（注意不可掺用生水）。两手戴手套，左手抓稻壳，右手用泥刀取 50～100g 料泥在稻壳上同时压平放皮蛋于泥上，双手团搓几下即可包好。

包好料泥的皮蛋迅速装缸密封贮藏。保藏期间要注意不使料泥干裂，甚至脱落，否则会引起皮蛋变质。

3. 硬心皮蛋的加工方法

（1）料泥的配制 以 1000 枚特级鸭蛋计。水 17.5～24kg，生石灰 6kg，纯碱 1.2～1.6kg，红茶末 0.5～1.5kg，食盐 1.5～1.75kg，草木灰 15kg。

方法：先将红茶末放入锅内加水煮沸，留 20% 茶汁备用，其余茶汁倒入缸内，再将石灰投入茶汁中化开，然后加纯碱和食盐，捞出石灰渣后按量补足石灰，用留下的 20% 茶汁冲洗石灰渣，防止石灰渣带失碱粉。搅拌均匀后，将草木灰的一半倒入缸内，搅拌 3～4min 后，再把其余的一半倒入充分搅拌，搅匀起黏无块时方可停手，然后将料泥取出倒在地面上冷却，第二天将冷却成硬块的料泥全部扒入石臼或木桶中，用木棒一下紧挨一下地锤打，边打边翻，要反复打搅至发黏纯熟似稠糊状时方可停止。

（2）料泥的测定 取料泥一小块，放于盘中，表面抹平抹光，将鸭蛋白滴在料泥上，等 10min 看蛋白是否凝固，用手指摸上去有凝固成粒状或片状带黏性的感觉，证明料泥正常，可以使用。如不凝固，没有粒状或片状，不带黏性，说明料泥碱性过重，如摸上去像粉末，说明料泥碱性不足。后两种情况应及时调整用碱量，达到第一种情况时，方可使用。

（3）包料滚糠 方法同溏心皮蛋工艺中的涂泥包糠，唯泥料用量要准确一致，料泥为蛋重的 65%～67%，防止半边厚半边薄，一端多一端少以及隔缝空白出现，搓好后，滚上稻壳放于缸内。

（4）封缸 每缸装至九成满后，用两层塑料薄膜盖住缸口，并用细麻绳扎紧，不得漏气，缸上贴标签，注明时间、批次、级别、数量。

（5）成熟 在正常情况下，春秋季（平均室温在 15.5～21℃）一般经 70d 可成熟；夏季（平均室温在 26.5～35℃）经 30d 可成熟；冬季（平均室温在 4.4～10℃）经 4 个月可以成熟。成熟后，要进行品质检验，其方法与溏心皮蛋相同。

七、品质鉴别

（1）感官评定 见表 4-17。

表 4 – 17　　　　　　　　　皮蛋感官评定指标

项目		等级		
		优级	一级	二级
蛋内品质	外观	包泥蛋的泥层和稻壳薄厚均匀，微湿润。涂膜蛋的涂膜均匀。真空包装蛋封口严密，不漏气。涂膜蛋、真空包装蛋及光头蛋无霉变，蛋壳应清洁完整	包泥蛋的泥层和稻壳薄厚均匀，微湿润。涂膜蛋的涂膜均匀。真空包装蛋封口严密，不漏气。涂膜蛋、真空包装蛋及光头蛋无霉变，蛋壳应清洁完整	包泥蛋的泥层和稻壳要求基本均匀，允许有少数露壳或干枯现象。涂膜蛋、真空包装蛋及光头蛋无霉变，蛋壳应清洁完整
	形态	蛋体完整，有光泽，有明显振颤感，松花明显，不粘壳或不粘手	蛋体完整，有光泽，略有振颤，有松花，不粘壳或不粘手	部分蛋体允许不够完整，允许有轻度的粘壳和干缩现象
	颜色	蛋白呈半透明的青褐色或棕褐色，蛋黄呈墨绿色，并有明显的多种色层	蛋白呈半透明的青褐色或棕褐色，蛋黄呈墨绿色，色层允许不够明显	蛋白允许呈不透明的青褐色或透明的黄色，蛋黄允许呈绿色，色层可不明显
	气味与滋味	具有皮蛋应有的气味和滋味，无异味，不苦、不涩、不辣，回味绵长	具有皮蛋应有的气味和滋味，无异味	具有皮蛋应有的气味和滋味，无异味，可略带辛辣味
破损率/%		≤3	≤4	≤5

（2）理化指标　见表 4 – 18。

表 4 – 18　　　　　　　　　皮蛋理化指标

项目	指标
pH（1∶15 稀释）	≥9.0
铅（Pb）/（mg/kg）	≤2.0

（3）微生物指标　见表 4 – 19。

表 4 – 19　　　　　　　　　皮蛋微生物指标

项目	指标
细菌总数/（cfu/g）	≤500
大肠菌群/（MPN/100g）	≤30
致病菌（沙门菌、志贺菌）	不得检出

八、讨　论　题

①试比较溏心皮蛋与硬心皮蛋在加工工艺上的差别。

②试说明皮蛋加工的基本原理，各辅料的作用是什么？

③加工配料中能否不加入氧化铅？

第二节　咸　　蛋

一、实　验　目　的

了解咸蛋的加工工艺。

二、设备和用具

小缸或小坛，台秤，照蛋器，泥容器。

三、参　考　配　方

具体见操作要点。

四、生　产　机　理

　　加工咸蛋的目的是增加其保藏性。咸蛋主要用食盐腌制而成，食盐渗入蛋中，由于食盐溶液产生的渗透压把微生物细胞体内的水分渗出，从而抑制了微生物的发育，延缓了蛋的腐败变质速度，同时食盐可以降低蛋内蛋白酶的活动，延缓蛋内容物的分解变化速度，使咸蛋的保藏期较鲜蛋长。

五、工　艺　流　程

原料的选择
辅料的选择→料泥配制（盐水）→料泥（盐水）测定→包料（浸泡）→装缸密封→成熟→成品

六、操　作　要　点

1. 原辅料的选择

（1）蛋的选择　蛋类一般选择鸭蛋，原因是鸭蛋中脂肪含量较高，蛋黄脂肪中的色素含量也较高，故成品蛋黄为橘红色，油润鲜艳，蛋黄脂肪凝聚于蛋黄中心。检验方法同第一节，但对不适合加工皮蛋的轻度裂纹蛋、薄皮蛋、厚皮蛋等可用于咸蛋加工，只是厚皮蛋在腌制时不易渗透盐分，故在加工前应先用醋浸泡数小时后在腌制。

（2）辅料的选择

①食盐：食盐除增加风味、防腐外，还可以使蛋黄中的脂肪凝聚在蛋黄中心，且可使蛋中内容物凝固收缩而离壳。因此食盐应纯度高，水分含量低，杂质含量少。

②黄泥：一般选用无杂质、无异味、干燥、砂石含量少的，不得选用河边、池塘、水坑边

的黑泥，因为其腐殖质含量多，易使蛋变质发臭。

2. 盐泥涂布法

（1）配料　以1000枚鸭蛋计，食盐7.5kg，干黄泥8.5kg，净水4kg。

将选择好的干黄泥放在缸或木桶内加水充分浸泡，然后用木棒搅和，使其成糨糊状，再加入食盐继续搅拌均匀。

（2）上料　将经过挑选合格的鸭蛋逐枚放入泥浆中（每次3~5个），使蛋壳上粘满盐泥，再取出放入缸内，最后把剩余的盐泥倒在蛋面上，盖上缸盖即可。

（3）成熟　盐泥咸蛋春秋季35~40d成熟，夏季20~25d即可成熟。

3. 盐水浸泡法

（1）盐水的配制　用开水把食盐配成20%的盐水，冷却至20℃左右待用。夏天盐水浓度可以略微提高。

（2）原料、用具准备　将挑选合格的蛋用凉水洗净晾干；装蛋的缸要用沸水洗涤、抹干。

（3）浸泡　将蛋整齐摆放缸内，至缸口5~6cm处，盖上竹篦并卡住，以防移位；将晾凉的盐水缓慢地倒入其中，使蛋全部淹没，然后加盖密封使其成熟。

（4）成熟、贮存　盐水腌制的咸蛋成熟期要比盐泥涂布法短，主要是由于盐水对鲜蛋的渗透作用较快。一般其成熟期为夏季15~20d，春秋25~30d即可成熟，腌制时间不宜过长，以防蛋壳上生黑斑，出现发臭。

七、品质鉴别

优质咸蛋具有细嫩、松沙、油露的特点。从外观上看，优质咸蛋应是外壳光滑，没有裂缝、无霉斑。用手轻摇有轻度水荡感。通过灯光或在光亮处照看，蛋白透明、红亮清晰，蛋黄缩小并靠近蛋壳。如果打开观察，好的咸蛋应是蛋白稀薄、透明无色，蛋黄浓缩、黏实、呈红色。

八、讨论题

①试比较两种咸蛋制作过程、成品质量，观察其不同点。

②采用盐泥涂布法和盐水浸泡法加工的皮蛋，其质量有何区别？说明原因。

③如何延长咸蛋的保质期，你认为还应该采取哪些措施？

第五篇
果蔬制品工艺学实验

第一章
果蔬罐头的加工

概　述

一、　果蔬罐头的定义

以新鲜的果品为原料，根据它们的理化性质，采用不同的加工工艺制成各种制品，这一系列过程即称之为果蔬加工。食品罐藏就是将食品密封在容器中，经过高温处理，将绝大部分微生物消灭，同时在防止外界微生物再次侵入的条件下，借以获得在室温的条件下，长期贮藏的一种保藏的方法。果蔬罐头就是果蔬原料经过前处理后，装入密封的容器内，在进行排气、密封、杀菌，最后制成别具风味，能长期保持的食品。

二、　果蔬罐头的分类

1. 水果类

（1）糖水类水果罐头　把经分级去皮（或核）、分选好的水果原料装罐，加入不同浓度的糖水而制成的罐头产品称为糖水类水果罐头。

（2）糖浆类水果罐头　又称为液态蜜饯罐头，将处理好的原料经糖浆熬煮至可溶性固形物达60%～70%后装罐，加入高浓度糖浆而制成的罐头产品称为糖浆类水果罐头。

2. 蔬菜类

（1）清渍类蔬菜罐头　选用新鲜或冷藏良好的蔬菜原料，经加工处理、预煮漂洗（或不预煮），分选装罐后加入稀盐水或糖盐混合液（或沸水、或蔬菜汁）而制成的罐头产品称为清渍类蔬菜罐头。

（2）醋渍类蔬菜罐头　选用鲜嫩或盐腌蔬菜原料，经加工修整、切块装罐，再加入香辛配料及醋酸、食盐混合液而制成的罐头称为醋渍类蔬菜罐头。

（3）调味类蔬菜罐头　选用新鲜蔬菜及其他小料，经切片（块）、加工烹调（油炸或不油炸）后装罐而制成的罐头产品称为调味类蔬菜罐头。

（4）盐渍（酱渍）类蔬菜罐头　选用新鲜蔬菜，经切块（片）（或腌制）后装罐，再加入砂糖、食盐、味精等汤汁（或酱）而制成的罐头产品称为盐渍类蔬菜罐头。

第一节　糖水橘子罐头

一、实验目的

①加深理解水果类酸性食品的罐藏原理，掌握一定的操作技能。

②认识酸碱法去囊衣对制品的影响。

③观察不同浓度的糖液对成品固形物品质及产品形态的影响，同时观察杀菌时间长短与罐头品质的关系。

二、设备和用具

瓷盘，脸盆，铝盆，漏盆，漏勺，铝锅，电炉，温度计，瓶刷，搅拌玻棒，移液管（1mL、5mL），杀菌锅，台秤，空罐（205 旋口瓶），瓶盖。

三、参考配方

具体见操作要点。

四、生产机理

果蔬罐藏是将新鲜果蔬预处理后，经过装罐、加热排气、密封、杀菌等一系列加工工序而进行保藏的一种加工方法。密封是为了防止外界微生物和空气进入容器内发生污染变质，杀菌是为了杀灭罐头内部的有害微生物及引起食品变质的生物酶类，从而使罐内的果蔬的风味和营养成分得以较长期的保存。

五、工艺流程

选料→称料→热烫→去皮、去络、分瓣→去囊衣→漂洗→整理→加糖液、装罐→排气→密封→杀菌→冷却→成品

六、操作要点

（1）选料、处理　选取 2680g 优质橘子，放入 96 ~ 100℃水中，浸泡热烫 50s（冬天），取出后，剥去橘皮、橘络，并分瓣。

（2）去囊衣　用 37% 的 HCl（约 6.87mL，应计算）配成 0.1% HCl 溶液 3000mL，在 40 ~ 50℃条件下，保温浸泡橘瓣 15 ~ 20min。然后放入漏盆内，在流动水中漂洗 30min。

称取 2.4g NaOH 溶于 3000mL、40℃的水中，保温浸泡橘瓣 5 ~ 8min，再用漏盆盛好，放入流动水中漂洗 30min。

（3）整理　将全去囊衣的橘瓣逐瓣检查，去除残余囊衣、橘络和橘核等，并洗净。

（4）空罐、空盖的杀菌　将备用的 10 个罐瓶、10 个罐盖先用清水洗一遍，再用清洗剂配热水洗刷一遍、冲洗干净后再用沸水浸泡 30～60s。罐盖采取同样消毒处理。

（5）配糖　用折光仪测量经过酸碱处理好的橘瓣中的含糖量（可溶性固形物的含量）。

按经验公式计算配糖的浓度，要求开罐时达到 14%～18%（按 16% 计）。

$$配糖\% = \frac{16\% \times 净重 - 橘子中的含糖量 \times 橘瓣重}{糖液重}$$

注：净重 = 橘瓣重 + 糖液重

如果要求为：橘瓣重 160g/罐，糖液重 120g/罐，橘子中可溶性固形物含量可测定，则可求需配制的糖的浓度。

配制好标准糖液后，再配制 35% 和 10% 的糖液，三种糖液装罐做对比实验。三种不同糖液的罐瓶各做三瓶，做好标记。根据实验数字填好表 5-1。

表 5-1　　　　　　　　　　　配制三种不同糖液实验记录

糖液号	砂糖称量/g	配水量	糖液浓度	备　注
1		400～450mL	35%	高糖液实验
2		400～450mL	计算值	开罐为 16%
3		400～450mL	10%	低糖液实验

糖液煮沸后，加 1% 羧甲基纤维素（约 1mL），制成含 0.025‰ 羧甲基纤维素的糖浆。再用煮沸杀菌过的纱布过滤。

（6）装罐、排气、密封　按 160g 橘子/罐、120g 糖浆/罐，装罐。放入铝锅水浴中，轻松地盖上盖子。待排气中心温度达 70～75℃时，旋进瓶盖。准备杀菌。注意三种类型的标记。

（7）杀菌　按表 5-2 的三种方法杀菌，进行对比实验。

表 5-2　　　　　　　　　　　杀菌对比实验的对比数据

罐　号	A_1	B_1	C_1	A_2	B_2	C_2	A_3	B_3	C_3
糖浆浓度		35%			计算值			10%	
杀菌公式		5min—15min/100℃（沸水中）			5min—20min/100℃（沸水中）			5min—10min/88℃（88℃水中）	
pH、外观（一周后）（一月后）									

（8）冷却　杀菌达到要求后通入冷水冷却到中心温度达 40℃ 为止。取出，擦净罐头外部水分。

七、品质鉴别

①从外观色泽、组织状态（均匀一致，酱体呈胶黏状，不流散，不分泌汁液，无糖晶析）、

形态、口感、酸度等方面观察一周后罐头有何变化。一月后有无变化。

②与市场上的同类产品比较，感官指标如何？

八、讨 论 题

①糖液浓度对橘子罐头品质有何影响？

②不同杀菌温度和时间对罐头有何影响？

③橘子罐头出现白色沉淀和汁液浑浊是什么原因，如何防止？

第二节 蘑 菇 罐 头

一、实 验 目 的

①加强对蘑菇变色的原因及控制办法认识和了解。

②熟悉蘑菇罐头的制作工序和操作要求。

③加强理论知识与实践知识的结合，培养学生的实际操作本领。

二、设 备 与 用 具

铝盆、整修刀、漂洗罐、预煮锅、分级机、排气箱、封罐机、杀菌锅空罐（962#）、汤勺、罐瓶清洗剂

三、参 考 配 方

蘑菇，精盐，柠檬酸，护色液，水，焦亚硫酸盐。

四、工 艺 流 程

原料验收 → 护色 → 漂洗 → 预煮 → 冷却 → 分级 → 修整 → 配汤装罐 → 排气 → 密封 → 杀菌 → 冷却 → 擦罐 → 成品

五、操 作 要 点

（1）原料验收 蘑菇应菌伞完整、无开伞、颜色洁白、无褐变及斑点。菇伞直径 2 ~ 4cm，菇梗切剥平整，其长度不超过 1.5cm。无畸形，不带泥。

（2）护色 采用护色液护色。

①领取适量的原料，放在玻璃烧杯中，摇动烧杯使蘑菇受到一定的机械撞击，以使其出现轻重不等的机械伤。置放于空气中 1h 后，取出一半于 0.1% 的焦亚硫酸钠溶液中浸泡 2min。按上述工艺做至成品。

②取适量原料立即浸入清水中放置半小时后，按上述工艺做至成品。

③取适量原料，立即浸入 0.03% 焦亚硫酸钠溶液中，30min 后，按上述工艺做至成品。

④取上述适量原料，立即浸入 0.5% ~0.8% NaCl 溶液中，30min 后，按上述工艺做至成品。

⑤取适量原料，立即浸入 0.05% 焦亚硫酸钠溶液中，2min 后，按上述工艺做至成品。

以上 5 种方法，每种至少做 3 罐，标上标记，予以区别对比。

（3）漂洗　护色后原料以流动水漂洗 30min。

（4）预煮　预煮时，菇：水 =2：3，水中加入 0.007% ~0.1% 柠檬酸，在 95 ~98℃ 的条件下，预煮 5 ~8min。煮后以流动水冷却。

①取定量原料于 0.05‰ 焦亚硫酸钠加 0.1% 柠檬酸液预煮 5 ~8min。

②取定量原料于 0.5‰ 焦亚硫酸溶液中浸泡 2min 后，漂洗 30min 后：

a. 取其一部分至少 3 罐原料，放在清水中预煮 5 ~8min；

b. 取其一部分至少 3 罐原料，放在清水中预煮 15min；

c. 取其一部分，放在 0.07% ~0.1% 柠檬酸溶液中预煮 5 ~8min；

d. 取其一部分，放在 0.07% ~0.1% 柠檬酸溶液中预煮 15min。

以上 4 种方法处理后的原料最后均按照工艺流程做成成品。

③取定量原料于 0.03% 焦亚硫酸钠溶液中浸半个小时后，于 0.07% ~0.1% 柠檬酸液中预煮 15min（至少 3 罐），最后按照工艺流程做至成品。

（5）分级、修整　按直径 <18mm、18 ~20mm、20 ~22mm、22 ~24mm、24 ~27mm、> 27mm 分为六个等级。修正带有泥根、柄过长或起毛、斑点、空心等蘑菇。

（6）空罐和汤汁的准备　空罐必须经检查消毒后使用。

汤汁为 2.3% ~2.5% 沸盐水中加入 0.05% 柠檬酸，过滤后备用。

（7）配汤装罐　采用 962# 型罐，净重 291g，蘑菇装 225 ~235g、汤汁装 165 ~180g，加汤时要求汤汁温度大于 80℃。

（8）排气、密封　热排气时罐中心温度为 70 ~80℃，时间为 8 ~10min，排气完毕后立即封罐。真空封罐时，真空度控制在 46 ~53kPa，12min。

（9）杀菌、冷却　采用 $\dfrac{10min - (17 \sim 20min) - 反压冷却}{121℃}$，反压冷却到 38 ~40℃。

①采用杀菌式 10min - 10min/121℃（反压冷却）进行杀菌。

②采用杀菌式 10min - 15min/121℃（反压冷却）进行杀菌。

③采用杀菌式 10min - 20min/121℃（反压冷却）进行杀菌。

④采用杀菌式 10min - 25min/121℃（反压冷却）进行杀菌。

⑤采用杀菌式 10min - 7min/125℃（反压冷却）进行杀菌。

⑥采用杀菌式 10min - 40min - 10min/118℃（反压冷却）进行杀菌。

以上 6 种方法均按基本工艺流程做至成品。每种至少 3 罐。杀菌后取出每一种的一罐置于 37℃ 保温箱中一周后开罐检验。取出每种中的另一罐于 55℃ 保温箱中保温一周后检验。

六、注意事项

①蘑菇的加工流程越短越好，严禁其与铁、铜等金属器具接触；避免长时间在水中浸泡。

②加热要快速，以破坏蘑菇中酶的活力。

七、品质鉴别

①从外观、组织状态、形态、口感、酸度等方面观察其一周后有何变化，一月后有无变化。

②与市场上的同类产品比较，感官指标如何？

八、讨论题

①不同的护色方法与条件和成品的品质有何关系？
②预煮和杀菌时间的不同对成品品质有何影响？

第二章

果蔬糖制品的加工

概　述

一、 果蔬糖制品的定义

果蔬糖制品是将果蔬原料或半成品经预处理后，利用食糖的保藏作用，通过加糖浓缩，将固形物浓度提高到65%左右，而得到的加工制品。

糖制品采用的原料十分广泛，绝大部分果蔬都可以用作糖制原料，一些残次落果和加工过程中的下脚料，也可以加工成各种糖制品。

二、 果蔬糖制品分类及特点

1. 蜜饯类

蜜饯类制品的特点是保持了果实或果块一定的形状，一般为高糖食品。将成品含水量在20%以上的称蜜饯，成品含水量在20%以下的称果脯。

（1）干态蜜饯（果脯）　即果脯在糖制后，再进行晾干或烘干的制品。如苹果脯、桃脯等。

（2）糖衣蜜饯（返砂蜜饯）　即在制作干态蜜饯时，为改进产品外观，在它的表面蘸敷上一层透明胶膜或干燥结晶的糖衣制品，如橘饼、冬瓜糖等。

（3）糖渍蜜饯　即糖制后不再烘干或晾干，成品表面附一层浓糖汁，成半干性制品。或将糖制品直接保存在浓糖液中，如糖青梅、糖柠檬等。

（4）加料蜜饯（凉果）　即制品不经过蒸煮等加热过程，直接以干鲜果品或果坯拌以辅料后晾晒而成。如话梅、加应子等。

2. 果酱类

果酱类制品的特点是不保持果蔬原来的形态，一般为高糖且高酸食品。

（1）果酱　果肉加糖煮制成稠度的酱状产品，但酱体中仍能见到不完整的肉质片、块。

（2）果泥　经筛滤后的果浆加糖制成稠度较大且质地细腻均匀的半固态制品。如制成具有一定稠度、且质地均匀一致的酱体时，则通常称之为"沙司"。

（3）果丹皮　由果泥进一步干燥脱水而制成呈柔软薄片的制品。

（4）果冻　果汁加糖浓缩，冷却后呈半透明的凝胶状制品。如果在制果冻的原料中再加入少量的橙皮条（或橘皮片）浓缩，冷却后这些条片较均匀地撒在果浆中制品通常称之为"马茉兰"。

（5）果糕　将果实煮烂后，除去粗硬部分，将果肉与糖、酸、蛋白质等混合，调成糊状，倒入容器中冷却成形或经烘干制成松软而多孔的制品。

第一节　果脯、蜜饯

果脯蜜饯是以水果、蔬菜等为原料，经糖制加工而成的。其营养丰富，富含葡萄糖、果糖，易于吸收，还含有果酸、矿物质、多种维生素和氨基酸，为我国特有的传统食品，其种类繁多，风味优美，加工工艺各异。

果脯蜜饯的加工原理是利用蔗糖的性质来改变加工原料的风味，增强产品的品质。利用高浓度糖液产生较大的渗透压，在糖煮过程中，使原料肉质部分渗入大量糖分，排出水分，使微生物细胞原生质的水分被糖液析出，处于脱水状态而无法活动。因此，果脯蜜饯即使不密封也不易变质。另外，由于氧在糖液中的溶解度小于氧在水中的溶解度，故糖液的浸渍还能阻止果实中的维生素 C 的氧化损失，有利于果脯、蜜饯产品的保色作用，并能改善成品的风味。

按蜜饯加工工艺不同可分为：果脯类、糖衣果脯类、普通蜜饯类、带汁蜜饯类等。按生产地域分为：京式蜜饯、苏式蜜饯、广式蜜饯、闽式蜜饯等。

本部分实验将从以下几方面进行：①果脯类蜜饯糖制技术的掌握，根据其加工工艺不同，分别从一次煮成法、多次煮成法、快速煮制法等方面实验，了解糖制原理及效果；②有些产品需要进行包糖衣，通过冬瓜糖条的制作对这一工艺有所了解。

一、山　楂　脯

1. 实验目的

学会熏硫操作，掌握山楂脯的制作技术。

2. 设备和用具

波美密度计或糖度计，不锈钢刀，捅核器（机），不锈钢盆，不锈钢锅，大缸，木筐或竹筐，漏勺，烤箱，烤盘（木或竹）。

3. 参考配方

山楂果，硫黄（优质）或亚硫酸盐，白砂糖，无毒玻璃纸或塑料袋。

4. 生产机理

一次煮成法是把预处理好的果蔬原料置于糖液中一次性煮制而成，由于与糖液一起加热，可使果蔬组织因加热而疏松软化、原果胶分解成果胶，使纤维素与半纤维素之间松散，同时糖液因加热而黏度降低，分子活动增强，易于渗入组织，分子扩散、蒸发都受到激发。

煮制过程中果蔬组织紧密程度、幼嫩情况是糖煮质量好坏的关键；另外，糖液的起始糖度也至关重要。

该方法速度快、工序少、质量高，但技术要求较高，如果控制不好，轻则影响色泽、外观，重则引起干缩或潮解。

5. 工艺流程

原料选择 → 去核 → 熏硫 → 糖制 → 烘烤 → 整形 → 包装 → 成品

6. 操作要点

（1）原料选择　选择个大均匀、肉质硬实、新鲜饱满、色泽鲜艳，成熟度为 8～9 成的山楂，剔除有病虫害、机械损伤、干疤、过生过熟、严重畸形的果实。

（2）预处理

①去核。将选好的山楂用清水洗净，用捅核机或手工将果梗、果蒂、果核除去。

②熏硫。把硫黄放入小铁碗中，点燃生烟后放在大缸底，将去核后的山楂放入竹筐中，放在缸上，用净布盖好进行熏硫 20～30min。硫黄用量对果重为 0.4%～0.6%。（也可将山楂果倒入含二氧化硫为 0.2%～0.3% 的亚硫酸盐溶液中，浸泡洗涤 15～20min，然后用清水冲洗一次，沥干水分，准备糖制。）

（3）糖制（一次煮成法）

①在锅中配制 40% 浓度的糖液 2kg，煮沸，把预处理好的果实约 2kg，倒入锅中，倒入量以糖液淹没果实为度。

②煮沸，用文火熬煮，搅拌均匀，至果体出现裂痕时，加入蔗糖，维持 10～15min，并轻轻翻动。

③加入干白砂糖，在每次糖液煮沸后 5min 加入一次，共加 3～4 次，每次的加入量为果实质量的 6%～8%。

④然后，大火煮制，让果实上下剧烈翻滚 5～10min。

⑤待果肉呈现透明状时，将其捞出连同糖液一起入缸浸泡 4～6h。

⑥将山楂脯用漏勺轻轻捞出，沥干糖液后，摆盘烘烤。

（4）烘烤　保持 70℃ 恒温烘烤 15h 左右；其他烘烤操作同苹果脯。

（5）回潮与包装　将烘烤好的山楂脯放在室内回潮 24h，然后用无毒塑料小食品袋密封包装。

7. 结果分析

观察采用一次煮成法时糖液中可溶性固形物的变化。

8. 讨论题

①山楂中水溶性物质较多，特别是色素，清洗时应注意哪些问题？

②山楂脯在糖煮时，糖液为何不加有机酸进行转化？剩余糖液能否作为饮料加工的原料？

二、苹　果　脯

1. 实验目的

学会使用糖度计，掌握多次煮成法和苹果脯的加工技术。

2. 设备和用具

糖度计，温度计，不锈钢刀，不锈钢盆或瓷盆，不锈钢锅，烤箱，烤盘（木或竹），无毒玻璃纸或塑料袋。

3. 参考配方

具体见操作要点。

4. 生产机理

对于组织致密的果蔬，糖制时组织内部蒸发失水的速度超过组织内外糖液平衡速度，若用一次煮成法时不易透糖至果蔬中心，产品容易成干缩态，故多采用多次煮制法，以减缓原料失水蒸发速度，延长内外糖液平衡所需时间。

多次煮制法每次煮制时间短，放冷糖渍时间长，煮制只起到加热糖液、原料及略微浓缩提高糖度的作用，因此透糖顺利、均匀，原料不致因内外浓度相差太多而干缩，产品品质较好，但生产周期长，煮制过程不能连续化，费时、费工、占容器。

5. 工艺流程

原料选择→清洗→去皮→切分→浸硫→糖制→烘烤→整形→包装→成品

6. 操作要点

（1）溶液配制　配制 1% 的食盐溶液 2kg，0.25% 的 $NaHSO_3$ 2kg，50% 的糖液 4kg，65% 的糖液 2kg。

（2）原料选择　一般选用晚熟品种，在成熟期采收，要求果大、圆整、质地疏松、不易煮烂，无病变、虫蛀、伤疤，无损伤。

（3）预处理

①清洗。将选好的果实在水中清洗，除去附着在表面的泥沙和异物，以流动水为佳。

②去皮、切分。苹果皮口感差，不利透糖，必须除去。用不锈钢刀削去果皮、切成 4 瓣并挖去果心。

苹果果肉中含单宁物质较多，一旦暴露于空气中，很容易发生褐变，故去除果核后要尽快护色，将其用清水洗净后浸入 1% 的食盐溶液中。如果果肉组织比较疏松，可在护色液中加入适量的硬化剂，如配制成 0.1% 的 $CaCl_2$ 溶液，在护色的同时，果肉组织得到硬化，一般浸泡 2~3h。

③浸硫。将果块浸入 0.25% 的亚硫酸氢钠溶液中，浸泡 2~4h 后用清水冲洗，沥干。硫处理可以抑制氧化变色，使制品色泽清淡，呈半透明状。

（4）糖制（多次煮成法）

①第一次糖煮。取水 2kg 放入锅中加热至 80℃ 时，加入白砂糖 2kg，同时加入柠檬酸 4g，共同煮沸 5min；取已处理好的果块 5kg，放入糖液中，煮沸 10~15min，然后连同糖液带果块一起放入一容器中浸泡 24h。此时测量一下糖液的浓度。

②第二次糖煮。将糖液及果块放入锅中加热至沸后分两次加入白砂糖 2kg，保持微沸至糖液浓度达 65% 时，加入 65% 冷糖液 2kg，立即起锅，放入容器中浸泡 24~48h。

出锅时，再升温到 80℃ 左右，将果块捞出沥干糖液，使果碗朝上摆入烘盘。

（5）烘烤

①烘烤温度。先将烤箱调到 60℃，放入烤盘，升温到 60℃，保持 6h；再升温到 70℃；烘烤结束前 6h 再降温到 60℃，一般烘烤 20h 左右。

②倒盘和整形。在烘烤期间倒盘 1~2 次，可在烘烤的中前期和中后期进行；倒盘的方法是

将烤盘的上中下位置互换；在第二次倒盘时，要对产品进行整形，将其压成或捏成扁圆形，然后再送入烤箱继续烘烤，烘烤至果实表面不黏手，水分约 18% 时取出。

③包装。烤好的果脯放在 25℃的室内回潮 24～36h，然后进行检验、修整，去掉果脯上的杂质、斑点及碎渣，挑出煮烂的、干瘪的、色泽不好的，最后将检验合格的果脯用无毒玻璃纸包装好。

7. 结果分析

①观察苹果脯制作过程中苹果感官上的变化，记录糖液浓度的变化。

②检测最终糖液中的主要成分，按不同比例稀释品尝。

8. 讨论题

①在烤箱中烘烤果脯为何不通风排湿？糖液保存时预防酵母污染的措施是什么？

②为防止煮烂，可采取哪些方法？

三、 胡萝卜脯

1. 实验目的

了解并掌握冷热交替法糖制果脯的技术。

2. 设备和用具

糖度计或波美密度计，不锈钢刀，不锈钢盆，不锈钢锅，烤箱，烤盘（木或竹），冰箱，无毒玻璃纸或塑料袋。

3. 参考配方

胡萝卜 1.5kg，明矾 6g，白砂糖 0.9kg，亚硫酸氢钠 12g。

4. 生产机理

冷热交替糖制法是让原料在糖液中交替进行着加热糖煮、放冷糖渍，利用温差特殊环境，使原料组织受到冷热交替的变化，果蔬组织内部水蒸气分压时大时小，变化较大，利用压差的变化促使糖分更快地渗入组织，加快了内外糖液浓度的平衡速度，缩短糖煮时间，一般 1～2h 即可完成糖煮操作。

5. 工艺流程

原料选择→洗涤→去皮→切分→护色→热烫→糖制→烘烤→整形→包装→成品

6. 操作要点

（1）原料选择　选择色泽鲜艳、发育良好，青头小、根部短齐、上下粗细相差不大，芯柱较细的黄色或红色八九成熟胡萝卜，剔除病虫害及伤坏者，腰部直径 2.5cm 以上。

（2）预处理

①洗涤：将选好的胡萝卜在清水中洗涤干净。

②去皮：用不锈钢刀将洗净的胡萝卜去皮。

③切分：胡萝卜体形较大，难以透糖，需要将其切分。将去皮的原料切去青头和尾根并切成 5mm 厚的薄片，或切成瓣形和条形均可，注意不可切得太厚。

④护色：切分后的条片，放在 0.4% 的亚硫酸氢钠溶液中浸泡 2～3h。

⑤热烫：锅中放入清水，加入 0.2% 的明矾，煮沸后，将原料条片放入，在沸水中煮 3～5min，取出用冷水冷凉。

（3）糖制（采用冷热交替法）　将配制好的 20% 的糖液煮沸，把热烫好的原料放入，煮沸 8min，立即捞出浸入 20% 的冷糖液中冷却 8min；将原糖液浓度提高到 35% 煮沸，把原料从冷糖液中捞出加入其中，煮沸 8min 后，立即捞出浸入 35% 的冷糖液中冷却 8min；如此冷热交替进行，逐步提高糖液浓度到 45%、55%、65%，直至原料吸收糖液达饱和状态。

（4）烘烤　将糖制好的胡萝卜脯，捞出、沥干、摆入烤盘、送入烤箱，在 65～70℃ 的温度下烘烤 12～15h，中间注意倒换烤盘，直至表面不粘手，水分含量在 18% 时为止。

（5）回潮、包装　同山楂脯。

7. 结果分析

观察采用冷热交替法时糖液的变化，记录各步加工的时间，与前几种加工方法进行比较。

8. 讨论题

①为何冷热交替法可使糖制时间大大缩短？

②原料热烫时加入明矾起何作用？

四、冬瓜糖条

1. 实验目的

了解并掌握冬瓜糖条的制作技术，学会挑砂操作。

2. 设备和用具

糖度计或波美密度计，温度计，不锈钢刀，不锈钢盆，不锈钢锅，不锈钢铲，瓷盘，吹风机，pH 试纸，无毒玻璃纸或塑料袋。

3. 参考配方

冬瓜 5kg，生石灰 480g，白砂糖 3kg，明矾 100g，亚硫酸氢钠 100g。

4. 生产机理

冬瓜糖条制作有两步关键加工：硬化处理和挑砂。

硬化处理是把原料放在石灰、氯化钙、亚硫酸氢钙等稀溶液中浸渍，或在腌制时加入明矾和石灰。由于这些钙或铝的盐离子可与原料中的果胶物质生成不溶性盐类，使组织坚硬耐煮。

硬化剂使用时，注意用量适当，加入过量会生成过多的果胶物质的钙盐，或引起部分纤维素的钙化，从而降低果实对糖的吸收，从而使制品质地粗糙，因此对硬化剂的选择、用量及浸渍时间可根据加工原料而定。本实验采用石灰水浸泡，使瓜条清脆，同时经石灰水浸泡后，冬瓜条失去生命力，细胞膜渗透能力增强，易于渗糖。

挑砂是在糖制后期，通过控制糖分的饱和率，使糖液浓度达到 75%～80%，另外在整个糖制过程中糖液、瓜条的酸含量很少，糖液中转化糖少，因此通过快速冷却，使其返砂，析出糖霜，提高制品外观品质。

5. 工艺流程

原料选择 → 去皮 → 切条 → 浸石灰 → 脱灰 → 发酵 → 热烫 → 糖腌渍 → 糖煮 → 糖液浸泡 → 糖榨 → 挑砂 → 烘烤 → 包装 → 成品

6. 操作要点

（1）原料选择　选个大、肉厚、坚实、皮薄、瓤少、成熟但不过老的冬瓜，剔除腐烂变质部分。

（2）预处理

①去皮、切条：将冬瓜洗净后，去掉外皮，至外皮稍带青色为止，然后切瓣并挖去瓜瓤，

将瓜肉切成长 40mm 左右，8~12mm 见方的瓜条。

②浸石灰：按每 5kg 水加生石灰 0.4kg 的比例，把石灰化开搅匀，澄清后，取上清液倒入瓷盆中，然后倒入冬瓜条，使其全部浸没在石灰水中，浸泡 10h 左右，待瓜条质地变硬，能折断为止，浸透后取出。

③脱灰：将浸过灰的瓜条先放入清水中冲洗净表面的石灰，然后用清水浸泡脱灰；浸泡 12h 左右，每 2~3h 换水一次；脱灰到 pH 7 时为好。

④发酵：脱灰后停止换水，在 30℃左右的水中浸泡 16~20h，使其轻微发酵至水面有少量泡沫出现，以增加透性便于渗糖，为加快发酵，可在水中放少许白糖。

⑤热烫：锅中放入对瓜条质量 120% 的清水，加入对瓜条质量 0.2% 的明矾，烧开后，把瓜条放入，热烫 5~10min，烫至瓜条弯曲时不易折断，然后捞出立即投入冷水中冷却，待彻底冷后捞出沥干水分。

（3）糖制

①糖腌渍：每 5kg 瓜条用糖 3kg，并称取 0.2% 的亚硫酸氢钠，放在糖中搅拌均匀。然后一层瓜条一层糖，把瓜条腌渍起来。最上层要多撒糖，用糖把瓜条盖住。腌渍 48h，进行糖煮。

②糖煮：把腌渍冬瓜的糖液放入锅中煮沸，把冬瓜条放入，煮沸后维持 15min 左右，然后连糖液带瓜条一起倒入瓷盆中浸泡 24~48h。

③糖榨：把冬瓜条从糖液中捞出，将糖液倒入锅中加热。调整浓度达 75%~80%，待糖液煮沸后，把瓜条倒入，沸煮 20~30min（文火）后，瓜条全榨成白色，锅上蒸汽不浓时，糖液成黏稠状即可准备出锅。

④挑砂：榨好出锅的冬瓜条，立即捞入瓷盘中，开动吹风机，吹风冷却，并用不锈钢铲不断翻动，待瓜条表面出现糖的结晶不粘铲时，挑砂结束。

⑤烘烤：将挑砂好的瓜条送入烤箱，在 50℃左右的温度下烘干。

⑥包装：将烘好的冬瓜条，进行冷却，然后用塑料袋密封包装。

7. 结果分析

分析比较冬瓜条的加工工艺，详细记录操作中观察到的现象。

8. 讨论题

①瓜条发酵起何作用？加入什么物质可加快发酵速度？

②冬瓜糖条挑砂操作的原理是什么？

第二节　糖　果　片

一、实验目的

了解糖果片的加工工艺，掌握其加工原理。

二、设备和用具

小型打浆机，木刮刀，铲刀，钢化玻璃板，不锈钢盆，不锈钢锅，烤箱，木框，竹篦。

三、参考配方

苹果 10kg，白砂糖 6kg。

四、工艺流程

原料→选果→洗涤→蒸煮→打浆→果泥配料→搅拌→刮片→第一次烘烤→接片→第二次烘烤→焖片→切片→第三次烘烤→包装→成品

五、操作要点

（1）原料处理　选择苹果或其他含果胶多、含水较少的野生果，剔除霉烂变质果，清除杂质，用清水洗去泥沙后，沥干余水。

（2）蒸煮、打浆　将洗好的果实放入锅内，用蒸汽蒸到用手一捏能烂，就可出锅。然后将煮熟的果实放入搅拌器中进行打浆，按每 10kg 果泥加 5 ~ 7kg 水的比例，将水分几次加入到打浆机中。打浆机篦子孔径为 0.6 ~ 1mm，制备的果泥含固形物 10% 以上，泥体细腻，色泽鲜艳，具有各种果特有的浓郁香味。

（3）配料搅拌　根据果泥的含果胶量，适当增减加糖比例，一般加糖量为鲜果的 60% 左右，再配入糖果片切片的边角料 20% ~ 30%，搅拌均匀，接近糊状即可。果泥的固形物含量为 45% 以上。

（4）刮片　将混合好的果泥摊在玻璃板上，用木刮刀刮平，在果泥稠稀适当时，刮片的厚度在 1.5mm 左右，烘干后饼厚 1mm 左右。刮片杠上有调节厚薄的装置，在糊稀时可调得厚一些，糊稠时可调得薄一点。然后放入烘箱。

（5）第一次烘烤　烘箱温度控制在 60 ~ 65℃。当烘到用手摸饼片不太粘手，并有一定弹性，能从玻璃板上揭下来时，用铲刀从玻璃板四周铲离，用手轻轻揭起，摊于竹篦子上，再放入烘箱。一般需烘烤 2 ~ 3h，饼片含水 2% ~ 22%。

（6）第二次烘烤　控制温度为 50℃ 左右，一般烘 1 ~ 1.5h，至不粘手时取出。此时果片含水分 10% ~ 12%。

（7）焖片　将烘好的果片堆成若干小垛，片与片之间用包装纸垫好，放入焖片室，温度保持在 40 ~ 45℃，焖 20 ~ 24h，把片饼焖到不酥不粘为宜，此时果片水分含量为 7% ~ 8%。

（8）切片　把焖好的饼片揭出，切成圆形或方形。在揭纸时应注意不要揭坏饼片。切片后的下脚料再配入下批果泥中。

（9）第三次烘烤　将切好的圆片，放入 40℃ 烘房中，烘 24h，烘至含水分 4% ~ 6% 时取出。把破片、双片挑出，合格品进行包装。

六、注意事项

①在配料时，加入白糖与色素后，不要搅拌得时间过长，因搅拌时易产生热量，同时糖也与酸接触，在酸和热的作用下，部分糖将转化成还原糖。还原糖过多则易使饼片发黏，不易烘干。

②果胶含量是决定成型的主要因素，含量偏低时，缺乏黏性，成型不好，果片易碎。

③三次烘烤和一次焖片，可排除水分，使成品含水达到标准，并将部分蔗糖转化为还原糖。糖的转化与 pH、温度、时间关系密切，酸度越高，温度越高，时间越长，转化的还原糖含量就越高，从而造成甜酸比例失调，适口性降低，还容易吸潮，影响保存。

七、品质鉴别

产品要求色泽均匀，酸甜适口，无酵味，无异味和杂质。圆形或方形片状，表面光洁，基本无毛边，无气泡，糖均匀，质酥，厚薄基本一致。总糖含量为 75% ～80%，还原糖不超过 12%，水分含量 5% ～6%，酸度应小于 2.5%。

八、讨论题

①防止蔗糖过分转化应采取哪些措施？转化糖过高对成品有哪些影响？
②论分析糖果片制作时失水率与温度、时间、含糖量及转化率的关系。

第三节 果 酱

一、实验目的

①理解果酱加工的基本原理。
②熟悉果酱加工的工艺流程，掌握果酱加工技术。

二、设备和用具

手持折光仪，打浆机，不锈钢锅，不锈钢刀，不锈钢盆，电炉，温度计，胶体磨，四旋盖玻璃瓶，台秤，天平等。

三、参考配方

苹果 10kg，白砂糖 8～10kg，柠檬酸 10g。

四、生产机理

果酱是由果实去皮、去核。经软化打浆、加入砂糖和其他辅料后，经加热浓缩至可溶性固形物达 65% ～70% 的凝胶状酱体。它利用高浓度糖溶液的极高渗透压作用，使微生物细胞生理脱水来抑制微生物生长发育，从而达到保藏的目的。

果酱加工的实质在于利用果实中的糖、酸、果胶在一定条件下形成凝胶的过程，关键是创造良好的凝胶条件。

五、工艺流程

原料选择 → 去皮 → 切分、去核 → 预煮 → 打浆 → 浓缩 → 装罐 → 封盖 → 杀菌、冷却 → 成品

六、操作要点

（1）原料选择　要求选择成熟度适宜，含果胶、酸较多，芳香味浓的苹果。

（2）清洗　将选好的苹果用清水洗涤干净。

（3）去皮、切分、去核　将洗干净的苹果用不锈钢刀去掉果梗、花萼，削去果皮、切分并挖去果核。

（4）预煮、打浆　将果块放入不锈钢锅中，并加入果块质量50%的水，煮沸15～20min进行软化，然后用筛板孔径0.70～1.00mm的打浆机打浆。

预煮的目的是破坏酶的活力、防止果品变色和果胶分解；软化果肉组织，便于打浆和糖的渗入，并使组织中果胶溶出；还可以排除部分水分，缩短时间。

注意：预煮软化升温要快，时间依原料而定，不能产生糊锅、变褐、焦化等不良现象。

（5）浓缩　果浆和白砂糖比例为1∶（0.8～1）的质量比，并添加0.1%左右的柠檬酸。

先将白砂糖配成75%的浓糖液煮沸后过滤备用。

按配方将果浆、白砂糖放入不锈钢锅中，在常压下迅速加热浓缩，并不断搅拌；浓缩时间以25～50min为宜或者在常压下用旺火煮到"挂牌"，即温度为106～110℃，便可起锅装罐（酱体固形物含量达60%～65%即可停止浓缩）。出锅前，加入柠檬酸并搅匀。

浓缩时间不宜过长或过短，过长直接影响果酱的色、香、味和胶凝力，过短糖分不易渗入果肉，果酱胶凝状态不良，并且易引起含酸量低的果酱因转化糖不足而在贮藏期间产生蔗糖结晶现象。

（6）装罐、封盖　将瓶盖、玻璃瓶先用清水洗干净，然后用沸水消毒3～5min，沥干水分，装罐时保持罐温40℃以上。

果酱出锅后，迅速装罐，需在20min内完成，装瓶时酱体温度保持在85℃以上，装瓶后迅速拧紧瓶盖。

（7）杀菌、冷却　采用水浴杀菌，升温时间5min，沸腾下保温15min；然后产品分别在75℃、55℃水中逐步冷却至37℃左右。

（8）果酱的主要理化指标　可溶性固形物含量65%～70%；总含糖量不低于50%；含酸量以pH计，在2.8以上，3.1左右为好。

七、品质鉴别

（1）感官评定　分别从色泽、组织状态（均匀一致，酱体呈胶黏状，不流散，不分泌汁液，无糖晶析）、风味（酸甜适口，具有适宜的苹果风味，无异味）等方面对所得产品进行评价。同时，测定产品的总糖含量（不低于50%）和可溶性固形物含量（不低于65%）。

（2）实验结果　观察不同浓缩时间果酱质量及保存期的变化。

八、讨论题

①为何果酱出锅到封口要求在20min内完成，且酱温保持在85℃以上？

②预煮软化时为何要求升温时间要短？

③果酱产品若发生汁液分离是何原因？如何防止？

第四节 纯 果 冻

一、实 验 目 的

掌握纯果冻的加工技术。

二、设 备 和 用 具

细布袋，不锈钢盆或铝盆，不锈钢锅或铝锅，瓷盘。

三、参 考 配 方

山楂，白砂糖，明矾。

四、生 产 机 理

纯果冻是采用一种或几种果汁，加入砂糖、有机酸、果胶等配料，加热浓缩而成的。

本实验是利用山楂中的高甲氧基果胶在水中加热溶出形成果胶－糖－酸型凝胶。果冻凝胶形成的基本条件是：必须含有一定比例的糖、酸、果胶。一般认为要形成良好凝胶需糖65%～70%，pH 2.8～3.3，果胶0.6%～1%。

高甲氧基果胶凝胶原理在于：分散高度水合的果胶束因脱水及电性中和而形成胶凝体，果胶束在一般溶液中带负电荷，当溶液pH低于3.5，脱水剂含量达50%以上时，果胶即脱水并因电性中和而胶凝。在胶凝过程中酸起到消除果胶分子中负电荷的作用，使果胶分子因氢键吸附而相连成网状结构，构成凝胶体的骨架。糖除了起脱水作用外，还作为填充物使凝胶体达到一定强度。

五、工 艺 流 程

原料选择 → 处理 → 软化 → 取汁 → 加糖浓缩 → 入盘 → 冷却 → 成品

六、操 作 要 点

（1）原料选择　选择成熟度适宜，含果胶、酸多，芳香味浓的山楂，不宜选用充分成熟果。

（2）预处理　将选好的山楂用清水洗干净，并适当切分。

（3）加热软化　将山楂放入锅中，加入等量的水，加热煮沸30min左右并不断搅拌，使果实中糖、酸、果胶、色素及其他营养素充分溶解出来，以果实煮软便于取汁为标准。

为提高可溶物质提取量，可将山楂果煮制2～3次，每次加水适量，最后将各次汁液混合在一起。加热软化可以破坏酶的活力，防止变色和果胶水解，便于榨汁。

（4）取汁　软化的果实用细布袋揉压取汁。

（5）加糖浓缩　果汁与白糖的混合比例为 $1:(0.6 \sim 0.8)$，再加入果汁和白砂糖总量的 $0.5\% \sim 1.0\%$ 研细的明矾。

先将白砂糖配成 75% 的糖液过滤。将糖液和果汁一起倒入锅中加热浓缩，要不断搅拌，浓缩至终点，加入明矾搅匀，然后倒入消毒过的盘中，静置冷凝。

（6）终点判断　折光仪测定法：当可溶性固形物达 66% ～69% 时即可出锅；温度计测定法：当溶液的沸点达 $103 \sim 105\,^{\circ}\mathrm{C}$ 时，浓缩结束；挂片法（经验法）：用搅拌的竹棒从锅中挑起浆液少许，横置，若浆液呈现片状脱落，即为终点。

七、结 果 分 析

观察浓缩过程中可溶性固形物的变化，熟悉终点判断方法。

八、讨 论 题

制作中加入明矾有何作用？是否可以不加明矾？

第三章

果蔬干制品及速冻制品的加工

概　述

一、　果蔬干制品及速冻制品的定义

1. 果蔬干制品

果蔬干制品是指新鲜果蔬经自然干燥或人工干燥，使其含水量降到一定程度（果品 15% ~ 25%，蔬菜 3% ~ 6%）以下而制成的产品。

2. 果蔬速冻制品

果蔬速冻制品是指新鲜果蔬经预处理后，于 −30 ~ −25℃ 低温下，在 30min 内使其快速冻结，然后在 −20 ~ −18℃ 的低温下保存待用的产品。

二、　果蔬干制品及速冻制品加工原理

1. 果蔬干制品加工原理

果蔬干制品加工属于干藏加工食品的一类。习惯上，将以果品为原料的干制品称为果干，以蔬菜为原料的干制品称为干制蔬菜或脱水蔬菜。前者如葡萄干、红枣、荔枝干等，后者如黄花、干椒、脱水大蒜等。所谓干制，就是经过一定预处理的原料在自然或人工控制的条件下促使其脱除一定水分，而将其可溶性物质的浓度提高到微生物难以利用的程度的一种食品加工方法。

2. 果蔬速冻制品加工原理

果蔬速冻就是运用现代制冷技术，在尽可能短的时间内将其温度降到它的冻结点（即冰点）以下的预期冻藏温度；使它所含的大部分随果蔬内部热量的外散形成冰晶体，以减少生命活动和生化反应所需的液态水分；并在相应的温度冻藏，抑制微生物活动和酶活力引起的生化反应，从而保证果蔬品质的稳定性。

第一节　膨化果蔬脆片

一、实验目的

掌握膨化果蔬脆片制作基本原理，了解苹果脆片制作工艺过程。

二、设备和用具

真空油炸釜，切片机，沥油机，冷却水塔，真空油炸笼，浸泡箱，小径杀毒锅，电子秤，糖度计，包装机等。

三、参考配方

蔬菜类有洋葱，胡萝卜，甜椒，南瓜，黄瓜，四季豆，马铃薯，番薯，萝卜，芹菜，豌豆荚等；水果类有香蕉，苹果，菠萝，木瓜，菠萝，桃子，杏子，山楂等。本实验以苹果脆片为例介绍果蔬脆片的生产工艺。

四、生产机理

膨化果蔬脆片是一种以新鲜水果或蔬菜为原料，把果蔬切成一定厚度的薄片，在真空低温的条件下将其油炸脱水而得到的一种酥脆性的片状食品。由于是低温操作，因此能最大限度地保存食品的色、香、味及营养成分，维生素 C 能保持 90% 以上，且该类食品有很强的复水性，在热水中浸泡几分钟，即可还原为鲜品，顺应了国际食品天然化、营养化、风味化和方便化的趋势，因此，作为一种纯天然风味、休闲、方便、保健型的高新食品，已越来越受到消费者的欢迎。

膨化果蔬脆片主要是利用真空低温油炸脱水技术制作而成的一种食品。主要是利用在较高的真空度条件下，果蔬中水分的汽化温度明显降低，油温在 70 ~ 90℃就可以；同时，水分汽化会使物料体积迅速变大而膨化，使所加工的物料变得酥脆。

五、工艺流程

原料挑选 → 清洗 → 去把 → 切片 → 灭酶 → 甩干 → 冷冻 → 低温真空油炸 → 离心脱油 → 冷却 → 调味 → 包装 → 成品

六、操作要点

（1）原料挑选　品种不可使用香蕉苹果，因其极易变软，可用红玉、国光、富士等品种作原料。先行挑选，把霉烂、生虫者剔出，并按成熟度分别处理。合理的分级便于加工和提高利用率。

（2）清洗　将原料用清洁的水浸泡 30 ~ 40min 并洗涤，洗去原料表面黏附的灰尘、杂物等，并及时用水冲净，使原料清洁。

（3）去把、切片　将苹果只去把不去皮和核，置于切片机中，切成 2~4mm 的薄片。过薄易碎，过厚不易炸透，还会使水分不易脱出，使果蔬片不脆，色泽也易变暗。

（4）灭酶　用 95℃热水将切好的原料预煮 3~5min，及时冷却，甩干浮水，以保证色泽美观。

（5）冷冻　将灭酶沥干后的苹果片置于冷冻室中，作冷冻处理。

（6）真空油炸　封闭真空油炸釜，抽出釜中的空气，至接近真空状态，并将其中的油加热至 100~120℃，再将装有冷冻苹果片的油炸笼迅速置入真空油炸釜的沸油中，以防物料在油炸前融化，此时保持 90~100℃，真空度由 0.06MPa 逐渐上升到 0.092MPa，维持 30min 进行油炸处理。油炸时保持原料筐转动。

（7）离心脱油　从真空油炸釜中取出油炸笼，置于离心沥油机中用减压真空进行脱油，在 0.06MPa、120r/min 条件下维持 2min 即可。

（8）冷却　将脱油的苹果脆片，用冷风冷却。

（9）调味　用 0.1% 柠檬酸，12%~15% 的糖液喷在脆片上以增加风味。喷后稍加烘干即可进行包装。

（10）包装　按一定分量（袋内装 20~35g）经电子秤称量后，用不透气、不透水的彩印铝箔复合袋包装，真空包装机封口。

七、品质鉴别

（1）感官指标　见表 5-3。

表 5-3　　　　　　　　　膨化果蔬脆片感官指标

项　目	指　标
色泽	各种水果、蔬菜脆片应具有与其原料相应的色泽
滋味和口感	具有该品种特有的滋味与香气，口感酥脆、无异味。
形状	块状、片状、条状或该品种应有的整形状。各种形态应基本完好，同一品种的产品厚薄基本均匀，且基本无碎屑
杂质	无肉眼可见外来杂质

（2）理化要求　见表 5-4。

表 5-4　　　　　　　　　膨化果蔬脆片理化指标

项　目		指　标
净含量允许差	≤100g/袋	±5.0
	>100g/袋	±3.0
水分/%		≤5.0
酸价（以脂肪计）/KOH（mg/g）		≤5.0
过氧化值（以脂肪计）/%		≤0.25

（3）卫生要求　见表 5 - 5。

表 5 - 5　　　　　　　　　　　膨化果蔬脆片卫生要求

项　　目	指　　标
汞（以 Hg 计）/（mg/kg）	≤0. 01
铅（以 Pb 计）/（mg/kg）	≤0. 2
镉（以 Cd 计）/（mg/kg）	≤0. 1
砷（以 As 计）/（mg/kg）	≤0. 2
菌落总数/（个/g）	≤500
大肠菌群/（个/100g）	≤30
致病菌	不得检出

八、讨 论 题

在苹果脆片的加工制作过程中进行冷冻处理的目的是什么？

第二节　脱 水 蔬 菜

一、实 验 目 的

①掌握蔬菜干制基本原理及热风干制技术。
②熟悉蔬菜干制工艺流程及操作要点，理解各工艺过程对干制品品质的影响。

二、设 备 和 用 具

洗涤槽或洗涤用塑料盘，不锈钢小刀，案板，不锈钢菜刀，托盘天平，500mL 量筒，台秤，烘箱热风干燥箱。

三、参 考 配 方

甘蓝，胡萝卜，洋葱，亚硫酸氢钠等。

四、生 产 机 理

通过干制，减少蔬菜中的水分含量，降低水分活度，使可溶性物质的浓度增高，从而有效抑制微生物的生长繁殖。同时，蔬菜本身所含酶的活力也受到抑制，达到产品长期保存的目的。

五、工 艺 流 程

原料选择 → 清洗 → 去皮 → 切分 → (护色) → 干制 → 回软 → 包装 → 成品

六、操 作 要 点

（1）原料选择　选择无病虫害、无腐烂斑点、成熟度一致的蔬菜为原料

（2）清洗、去皮　将称取的蔬菜用自来水清洗干净，手工法去皮。

（3）切分　为便于干制，将原料切分为 3～5mm 宽的细条。对于胡萝卜、马铃薯之类的原料，在切分前还要去皮。

（4）护色　对于甘蓝一类的绿叶蔬菜需在干制前进行护色。护色用 0.2% 亚硫酸氢钠溶液浸泡 2～3min，而后沥干水分。

（5）干制　鉴于各种原料的含水量、组织致密度等各不同，其干制工艺略有区别，通过干制，使其水分含量降至 6%～8%。

甘蓝：装载量 3.0～3.5kg/m²，干燥温度 55～60℃，完成干燥需 6～9h。

胡萝卜：装载量 5～6kg/m²，干燥温度 65～75℃，完成干燥需 6～7h。

洋葱：装载量 4kg/m²，干燥温度 55～60℃，完成干燥需 6～8h。

七、品 质 鉴 别

（1）感官指标　依原料本身颜色呈现相应色泽，无褐变，无焦煳。

（2）理化指标　水分含量 6%～8%。

（3）微生物指标　致病菌不得检出。

八、讨 论 题

影响干燥速率的主要因素有哪些?

第三节　速 冻 蔬 菜

一、实 验 目 的

掌握蔬菜速冻及冷冻保藏的基本方法和原理。

二、设 备 和 用 具

切菜刀，不锈钢锅，塑料袋，台秤，速冻机。

三、参 考 配 方

菠菜，食盐。

四、生产机理

蔬菜速冻加工后，会很好地保持原料原有的风味及营养成分，并且由于速冻后的低温可极大程度地抑制微生物的活动，也可有效地抑制果蔬中酶的活力，使得速冻品可以较长时间保存。

五、工艺流程

原料选择 → 清洗 → 切根 → 剔选 → 烫漂 → 冷却 → 沥水 → 摆盘 → 速冻 → 挂冰衣 → 整形、包装 → 冻藏 → 成品

六、操作要点

（1）原料选择　色泽深绿色、鲜嫩、无病虫害、无黄枯叶、无损伤和腐烂、高度在 25～35cm。

（2）清洗、切根　在清水中冲洗干净，洗去泥沙杂草，切去菜根，留根茬 0.2～0.3cm。根较粗时，在根的截面用小刀划一"十"字，以利于烫漂、沥干水分。

（3）烫漂　将5%的食盐水（以护色和增加硬度）温度控制在98℃左右进行烫漂，烫漂时间，根部70s，叶部50s，烫漂温度和时间要严格控制，以防烫漂不足或过度。

（4）冷却　烫漂后立即将菠菜投入0～5℃的冷水中冷却，沥干水分。

（5）摆盘、速冻　按长度分级摆放在冷冻盘中（根朝向一端，表面压平，并挤去过多水分），然后放入速冻机中速冻，冻好后放入0～2℃冷水中浸泡片刻，使表面结成一层冻衣，以利于保护成品。

（6）整形、包装　整理表面使其整齐美观后，装入塑料袋，放入冷冻库中贮藏。（-18℃低温下贮运）。

七、结果分析

按照产品的原料品质，净料质量、出品率以及速冻效果制表说明。

八、讨论题

①影响速冻制品品质的因素有哪些？

②叶菜速冻应注意什么问题？产品挂冰衣有何作用？

CHAPTER

4

第四章

腌制蔬菜的加工

概　述

一、腌制蔬菜的定义

蔬菜腌制是将新鲜蔬菜原料经清洗、整理、部分脱水或不脱水等预处理后，加入食盐（及其他添加物质）渗入到蔬菜组织内，提高渗透压，抑制腐败菌的生长，从而防止蔬菜败坏的保藏方法。

二、腌制蔬菜制品的分类

按是否发酵分为两大类：发酵性蔬菜腌制品、非发酵性蔬菜腌制品。

1. 非发酵性腌制品

食盐浓度高，间或加用香料，乳酸发酵轻微。由于盐分高，通常感觉不出酸味。

（1）咸菜类　只进行腌渍，根据菜体与菜卤是否分开的情况分为：

湿态：制成后，菜与菜卤不分开，如腌雪里蕻、盐渍黄瓜、盐渍白菜等。

半干态：蔬菜以不同的方式脱水后，再经腌制成不含菜卤的制品，如榨菜、冬菜、萝卜干等。

干态：蔬菜以反复晾晒和盐渍的方式脱水加工而成的含水量较低的蔬菜制品，如梅干菜、干菜笋等。

（2）酱菜类　蔬菜经腌制后，再经脱盐、酱渍。

咸味酱菜：用咸酱（豆酱）酱渍而成。如扬州酱黄瓜、北京八宝菜、天津什锦酱菜等。

甜味酱菜：用甜酱（面酱）酱渍而成，如：酱包瓜。

2. 发酵性腌制品

（1）酸菜类　腌制时，食盐浓度较低，经典型的乳酸发酵而成，成品有较高的酸分。

干盐处理：用粉状细盐与蔬菜混合，不用加水，如：酸甘蓝，酸白菜。

盐水处理：蔬菜加入预先调制的盐水中进行发酵。如：酸黄瓜，泡菜。

（2）醋渍品类　腌制过程中先进行乳酸发酵，再用醋渍。

酸味：醋渍时，只用醋酸。

甜味：醋渍时，在加用醋酸的同时，加用食糖。

第一节　泡　菜

一、实验目的

①掌握泡菜加工工艺流程及各工艺过程的操作要点。

②理解泡菜加工的各工艺过程对泡菜品质的影响及泡菜加工中发生的一系列变化，并掌握泡菜加工的基本原理。

二、设备和用具

洗涤槽或洗涤用的塑料盆，泡菜坛，案板，台秤，铲子，不锈钢刀，小布袋（用以包裹香料）等。

三、参考配方

具体见操作要点。

四、生产机理

泡菜是利用泡菜坛造成的坛内嫌气状态，配制适宜乳酸菌发酵的低浓度盐水（6%～8%），利用乳酸发酵对各种新鲜蔬菜进行腌制而制成的一种带酸味的腌制品。腌制时由于蔬菜上或老盐水中带有乳酸菌、酵母菌等微生物，可以利用蔬菜、盐水中的糖进行乳酸发酵、酒精发酵等，生成大量乳酸（达0.4%～0.8%）、少量乙醇及微量醋酸，降低制品及盐水的 pH，抑制有害微生物的生长，从而提高制品的保藏性；同时发酵生成的各种有机酸与乙醇生成具有芳香气味的酯，加之添加配料的味道，都赋予泡菜特有的香气和滋味。另外由于腌制采用密闭的泡菜坛，可以使残留的寄生虫卵窒息而死。

五、工艺流程

原料处理 → 配制盐水 → 入坛泡制 → 泡菜管理 → 成品

六、操作要点

（1）原料处理　清洗剔除甘蓝菜外层的老叶、腐烂叶及有病斑与烂点的菜叶，将甘蓝切分，松散叶片，沥干菜叶表面水分，使失水20%。

（2）配制盐水　选用井水、泉水等含矿物质较多的硬水，若水质较软，配制盐水时酌加少量钙盐，以增加成品脆性。

配制比例是：冷却的沸水 1.25kg，盐 88g，糖 25g，也可以在新盐水中加入 25%～30% 的老盐水，以调味接种。

香料包：称取花椒 2.5g，大料 1g，生姜 1g，其他如八角茴香、草果等适量，用布包裹，备用。各种香料最好碾磨成粉包裹。

（3）入坛泡制　将甘蓝放入已经清洗、消毒好沥干的泡菜坛，装至一半时，放入香料包、干红辣椒等，再放甘蓝至距离顶部 6cm 处，加入盐水将甘蓝完全淹住，并用竹片将原料卡压住，以免浮出水面，水与原料比约为 1:1，然后加盖加水密封。将坛置于阴凉处任其自然发酵。腌制 5～6d 即可食用，观察其颜色、质地、风味的变化。

（4）泡菜管理

①初期发酵阶段。由于食盐的渗透作用，原料体积缩小，盐水下落，此时应再适当添加原料和盐水，保持其装满至坛口下 6cm 许为止；同时此阶段会大量产气，要注意外水槽加水，以保持其水位，保证封口严密、逸气自如，保证中期发酵阶段坛内的无氧环境。

②中期发酵阶段。坛内可形成一定的真空度，为防止因外界气压突然改变而使外水槽的清水吸入坛内，造成制品污染，或者开盖检查时，造成外水内滴，故一方面可通过换水或加护罩等方法，保持外水槽内水的清洁卫生，同时可在水槽内投入 15%～20% 的精盐，使更安全。

③泡菜的成熟期。随所泡蔬菜的种类及当时的气温而异，一般新配的盐水在夏天时需 5～7d 即可成熟，冬天则需 12～16d 才可成熟。甘蓝（叶菜类）需时较短，根类菜及茎菜类则需时较长一些。

④揭盖取食后，注意随吃随投料以减少坛内空隙，减少杂菌活动；多种蔬菜共泡时，最好投入适量大蒜、洋葱、红皮萝卜之类有杀菌作用的蔬菜，也可减少杂菌。另外，泡菜坛内忌油脂类物质，取食泡菜时，不要用带有油脂的筷子或其他用具，以免油类浮在液面，滋生杂菌。

七、品质鉴别

（1）感官评定指标

色泽：依原料种类呈现相应颜色，无霉斑。

香气滋味：酸咸适口，味鲜，无异味。

质地：脆，嫩。

（2）观察泡制用水的硬度对成品品质的影响。

八、讨论题

①泡菜制作时，常出现的问题是什么，如何进行预防？

②试述泡菜发酵机理，腌制时是如何抑制杂菌的？

③影响乳酸发酵的因素有哪些？

第二节　低盐酱菜

一、实验目的

熟悉酱菜加工的工艺流程，掌握低盐酱菜的加工方法。

二、设备和用具

夹层锅，恒温鼓风干燥箱，真空封口机，台秤，天平等。

三、参考配方

半成品酱腌菜坯：大头菜、油姜、榨菜、萝卜等均可。

香味料：符合国家有关标准。

包装袋：三层复合袋（PET/AC/PP），氧气和空气透过率为零，袋口表面平整、光洁。

配方：菜丝100%，白砂糖6%，味精0.2%，醋0.05%，香辣油2%，防腐剂0.05%

四、生产机理

将传统工艺加工的酱菜半成品，进行切分、脱盐后添加各种作料，以降低含盐量，改善风味，并通过装袋、杀菌等工艺改善其卫生质量，从而提高其保藏性，以适应消费者需求，提高产品附加值。

五、工艺流程

酱腌菜坯→ 切丝 → 低盐化 → 沥水 → 烘干 → 配料 → 称重 → 装袋 → 封口 → 杀菌 → 冷却 →

检验擦袋 → 入库 →成品

六、操作要点

（1）低盐化　将切好的菜坯丝与冷开水（或无菌水）以1:2质量比混合，对菜丝进行3min洗涤，以除去部分盐分，实现低盐化，然后沥干水分，用烘箱进行鼓风干燥，去掉表面明水。

（2）配料　按配方将菜丝与香味料混合均匀。

（3）装袋　按100g+2%进行装料，装料结束，用干净抹布擦净袋口油迹及水分。

（4）封口　真空度0.08~0.09MPa，4~5s热封。封口不良的袋，拆开重封。

（5）杀菌　封口后及时进行杀菌，杀菌公式（5~10）min/95℃。

（6）冷却　杀菌后立即投入水中进行冷却，以尽量减轻加热所带来的不良影响。

七、品质鉴别

（1）感官指标

色泽：依原料不同呈现相应的颜色，无黑杂物。

香气滋味：味鲜，有香辣味。

质地：脆、嫩。

组织形态：丝状，大小基本一致。

（2）理化指标

净重：100g±2g

食盐含量（以 NaCl 计）：7~8g/100g。

氨基酸态氮（以 N 计）：>0.148g/100g。

砷（以 As 计）：<0.5mg/kg。

铅以（Pb 计）：<1.0mg/kg。

总酸（以乳酸计）：<0.8g/100g。

（3）微生物指标　大肠菌群近似值：≤30 个/100g，致病菌不得检出。

八、讨 论 题

为何要进行切丝处理？

第六篇
食品分析与检测技术

第一章
食品营养成分分析

概　　述

　　食品营养成分就是指食品中对人体具有营养学意义的成分。主要有蛋白质、脂肪、碳水化合物、维生素、矿物质（也称为无机盐）和水。其中，蛋白质、脂肪和碳水化合物被称为三大营养素。它们都是动植物食品中的主要组成成分，能供给机体能量。无机盐和维生素则不能给人类提供热量，但它们是人体多种酶和生理活性物质的重要组成部分。水则是维持人体生存的重要物质。

　　食品营养成分的摄入是否合理直接关系着人体的健康，但是没有一种天然的食物能供给人体所需的全部营养素。因此，对食品进行营养成分分析，掌握食品中营养素的质和量，可以很好地指导人们合理营养与膳食。总之，在食品的生产、加工、运输、贮藏、销售过程中，对食品进行营养成分的检测，可以及时了解食品品质的变化，以及为食品新资源和新产品的研发提供可靠的依据。

第一节　食品检验的基础知识

一、样品的采集、制备及保存

1. 样品的采集要求

　　进行食品检验，首先需要从整批被检食品中抽取一部分作为检验样品（分析样品），该操作过程称为样品的采集，简称采样。而对分析样品进行检验的结果可以用来反映整批食品的性状，因此，采样时必须注意样品的代表性和均匀性。

此外，要认真进行采样记录。写明样品的生产日期、批号、采样条件、包装情况等，外地调入的食品应结合运货单、兽医等卫生人员证明、商品检验机关或卫生部门的化验单、厂方化验单了解起运日期、来源地点、数量、品质情况，并填写检验项目及采样人。

2. 采样的数量和方法

采样数量应能反映该食品的卫生质量和满足检验项目对试样量的需要。通常一式三份，分别供检验、复验、备查或仲裁使用，一般散装样品每份不少于0.5kg。

采样方法要根据试样的性质来进行。

（1）液体、半流体食品，如用大桶装者，应先充分混匀后采样。

（2）粮食及固体食品应自每批食品的上、中、下三层中的不同部位分别采取部分样品混合后按四分法对角取样，再进行几次混合，最后取有代表性样品。

（3）肉类、水产等食品应按分析项目要求分别采取不同部位的样品或混合后采样。

（4）罐头、瓶装食品或其他小包装食品，应根据批号随机取样。同一批号取样件数，250g以上的包装不得少于6个，250g以下的包装不得少于10个。

3. 样品的制备

采样得到的样品往往数量过多，颗粒太大，组成不均匀，因此，必须对样品进行粉碎、混匀、缩分。样品制备的目的是要保证样品十分均匀，使在分析时取任何部分都能代表全部样品的成分。

样品的制备方法因产品类型不同而异。

（1）液体、浆体或悬浮液体　一般将样品摇匀，充分搅拌。

（2）互不相溶的液体　应首先使不相溶的成分分离，再分别进行采样。

（3）固体样品　应用切细、粉碎、捣碎、研磨等方法将样品制成均匀可检状态。

（4）罐头　水果罐头在捣碎前须清除果核；肉禽罐头应预先清除骨头；鱼类罐头要将调味品（葱、辣椒）分出后再捣碎。

4. 样品的保存

样品采集后应迅速化验。如果不能立即分析，则应妥善保存，不使样品发生受潮、挥发、风干、变质等现象，以保证其中的成分不发生变化。

制备好的样品应放在密封洁净的容器内，置于暗处保存。易腐败的食品，应放在冰箱中保存，但保存时间也不宜过长，否则，会发生样品变质或待测物质的分解现象。特殊情况下，样品中可加入适量的不影响分析结果的防腐剂，或将样品置于冷冻干燥器内进行升华干燥来保存。

二、 样品的前处理

进行食品检验时，通常利用食品中被测组分本身所具有的物理化学性质或待测组分与某种试剂之间特定的物理化学反应，来获知被测物质存在与否及其含量信息。但是，由于食品组成复杂，往往由于杂质（或其他组分）的干扰，使检验者对被测物质的存在和含量无法进行判断，达不到定性定量的目的。

为了保证检验工作的顺利进行，在样品测定之前，首先需要对样品进行预处理，消除杂质的干扰。根据测定需要和样品的组成及性质，可采用不同的前处理方法。常用的方法有以下几种。

1. 有机物破坏法

有机物破坏法主要用于食品中无机元素的测定。

食品中的无机元素，常与蛋白质等有机物质结合成为难溶的或难于离解的有机金属化合物，从而失去其原有的特性。要测定这些无机元素的含量，需要在测定前采用高温或强氧化条件破坏有机结合体，释放出被测组分。

有机物破坏法可分干法和湿法两大类。

（1）干法灰化法　将样品置于坩埚中，小心进行炭化，然后在 $500 \sim 600℃$ 高温灼烧至灰分中无炭粒存在并且达到恒重为止。

为了缩短灰化时间，促进灰化完全，防止部分金属元素的挥发损失，常常向样品中加入灰化助剂，如 HNO_3、H_2O_2、$(NH_4)_2CO_3$、$Mg(NO_3)_2$ 等，这些助剂有的利用其氧化作用，有的则与残灰混杂，使灰分呈松散状态，炭粒充分暴露，从而明显加速灰化。

干法灰化法的优点在于有机物分解彻底，操作简便，使用试剂少，故空白值低；但此法所需时间长，而且由于温度高易造成某些易挥发元素的损失。

（2）湿法消化法　向样品中加入强氧化剂，并加热消化，使样品中的有机物质完全分解、氧化，呈气态逸出，待测成分转化为无机状态存在于消化液中，供测试用。常用的强氧化剂有浓 HNO_3、浓 H_2SO_4、$HClO_4$、$KMnO_4$、H_2O_2 等。

湿法消化的优点：有机物分解快，所需时间短，由于加热温度较干法灰化低，故可减少金属挥发的损失。但在消化过程中，常产生大量有害气体，因此操作过程需在通风橱内进行。试剂用量较大，空白值高。

2. 溶剂提取法

在同一溶剂中，不同的物质具有不同的溶解度。利用样品各组分在某一溶剂中溶解度的差异，将不同组分完全或部分地分离。

溶剂提取法主要分为浸提法和萃取法。

（1）浸提法　用适当的溶剂浸泡固体样品，把样品中的某种待测成分提取出来。提取方法如下。

①振荡浸渍法：将样品切碎，放在合适的溶剂系统中浸渍、振荡一定时间，即可从样品中提取出被测成分。此法简便易行，但回收率较低。

②捣碎法：将切碎的样品放入捣碎机中，加溶剂捣碎一定时间，使被测成分提取出来。此法回收率较高，但干扰杂质溶出较多。

③索氏提取法：将一定量样品放入索氏提取器中，加入溶剂加热回流一定时间，将被测成分提取出来。此法溶剂用量少，提取完全，回收率高。

（2）萃取法　利用某组分在两种互不相溶的溶剂中分配系数的不同，使其从一种溶剂转移到另一种溶剂中，而与其他组分分离。

萃取通常在分液漏斗中进行，一般需经 $4 \sim 5$ 次萃取，才能达到完全分离的目的。当用较水轻的溶剂，从水溶液中提取分配系数小，或振荡后易乳化的物质时，采用连续液液萃取器会得到更好的萃取效果。

3. 蒸馏法

蒸馏法是利用液体混合物中各组分挥发度的不同进行分离的。可用于将干扰组分蒸馏除去，也可用于将待测组分蒸馏逸出，收集馏出液进行分析。

根据样品中待测组分性质的不同，可采取常压蒸馏、减压蒸馏、水蒸气蒸馏等蒸馏方式。

4. 沉淀法

沉淀法是利用被测物质或杂质能与试剂生成沉淀的反应，经过过滤等操作，使被测成分同杂质分离。例如，测定食盐中硫酸盐含量时，可向样品溶液中加入氯化钡试剂，其与硫酸根反应生成硫酸钡沉淀，用质量法称出硫酸钡的质量后，再换算成食盐中硫酸盐的含量。

5. 色层分离法

色层分离法又称色谱分离法，是一种在载体上进行物质分离的一系列方法的总称。根据分离原理的不同，可分为吸附色谱分离法、分配色谱分离法和离子交换色谱分离法等。

（1）吸附色谱分离法　利用硅胶、氧化铝、聚酰胺、硅藻土等吸附剂经活化处理后所具有的适当的吸附能力，对被测组分或干扰组分进行选择性吸附而进行的分离。例如，颜色较深的液体，在滴定时较深的颜色会影响滴定终点的观察，故可用吸附剂处理除去色素，有利于滴定终点的观察。

（2）分配色谱分离法　根据不同物质在两相间的分配比不同所进行的分离。两相中的一相是流动相，另一相是固定相。被分离的组分在流动相沿着固定相移动的过程中，由于不同物质在两相中具有不同的分配比，当溶剂渗透在固定相中并向上渗展时，这些物质在两相中的分配作用反复进行，从而达到分离的目的。例如，把混合糖类的试液，点样于滤纸上，用苯酚 – 1% 氨水饱和溶液展开，苯胺邻苯二酸显色剂显色，于105℃加热几分钟，则可以看到被分离开的戊醛糖（红棕色）、己醛糖（棕褐色）、己酮糖（淡棕色）、双糖类（黄棕色）的色斑，可用于混合糖类的分离与鉴定。

（3）离子交换色谱分离法　利用离子交换剂与溶液中的离子之间所发生的交换反应来进行分离。分为阳离子交换和阴离子交换两种。交换作用可用下列反应式表示：

$$阳离子交换 \ R – H + M^+X^- \Longleftrightarrow R – M + HX$$
$$阴离子交换 \ R – OH + M^+X^- \Longleftrightarrow R – X + MOH$$

式中　R——离子交换剂的母体；

MX——溶液中被交换的物质。

将被测离子溶液与离子交换剂一起混合振荡，或将样液缓缓通过用离子交换剂作成的离子交换柱时，被测离子或干扰离子即与离子交换剂上的 H^+ 或 OH^- 发生交换，被测离子或干扰离子留在离子交换剂上，被交换出的 H^+ 或 OH^-，以及不发生交换反应的其他物质留在溶液中，从而达到分离的目的。在食品分析中，可应用离子交换分离法制备无氨水、无铅水。离子交换分离法还常用于分离较为复杂的样品。

6. 透析法

食品中所含的干扰物质，如蛋白质、树胶、鞣质等是高分子物质，其分子粒径远远大于被测组分的分子粒径。透析法就是利用被测组分分子在溶液中能通过透析膜，而高分子杂质不能通过透析膜的原理来达到分离的目的。

透析膜的膜孔有大小之分，为了使透析成功，必须根据所分离组分的分子颗粒大小，选择合适的透析膜。例如，从食品中分离糖精时，将样品液包入袋形玻璃纸（透析膜）中，扎好袋口悬于盛水的烧杯中进行透析，为了加速透析进行，操作时可以搅拌或适当加温。糖精的分子比膜孔小，即通过玻璃纸的膜孔进入水中，蛋白质等杂质的分子比膜孔大，仍然留在纸袋里，待透析平衡后，纸袋外面的溶液即可供糖精测定，以此达到糖精与高分子杂质分离的目的。

三、分析方法

常用的分析方法有：感官检验法、化学分析法、仪器分析法等。

1. 感官检验法

感官检验法主要依靠人的感觉器官，即视觉、嗅觉、味觉等，对被检物质的外观、颜色、气味和滋味等进行综合性鉴别分析。

2. 化学分析法

化学分析法是以物质的化学反应为基础，使被测组分在溶液中与试剂作用，由生成物的性状和含量或消耗试剂的量来确定组分和含量的方法。

化学分析法包括定性分析和定量分析。但对于食品分析来说，由于大多数食品的来源及主要成分都是已知的，因此，在实际工作中主要进行定量分析。定量分析法包括重量法和容量法，食品中水分、灰分、脂肪、果胶、纤维等成分的测定，常规法都是重量法。容量法又包括酸碱滴定法、氧化还原滴定法、络合滴定法和沉淀滴定法，其中前两种方法最常用，如酸度、蛋白质的测定一般利用酸碱滴定法，而还原糖、维生素 C 的测定通常利用氧化还原滴定法。

3. 仪器分析法

仪器分析法是以物质的物理或物理化学性质为基础，利用仪器来测定物质含量的方法。包括物理分析法和物理化学分析法。

物理分析法是通过测定密度、黏度、折射率、旋光度等物质特有的物理性质来求出被测组分含量的方法。如密度法可测定糖液的浓度、酒中酒精含量等；折光法可测定果汁、番茄制品、蜂蜜、糖浆等食品的固形物含量，牛乳中乳糖含量等；旋光法可测定饮料中蔗糖含量、谷类食品中淀粉含量等。

物理化学分析法是通过测量物质的光学性质、电化学性质等物理化学性质来求出被测组分含量的方法，包括光学分析法、电化学分析法、色谱分析法等。光学分析法可用于测定食品中无机元素、碳水化合物、蛋白质、氨基酸、维生素等成分。电化学分析法可用于测定食品中无机元素、pH、酸根、维生素等成分。色谱分析法可用于食品中微量成分的分离分析，食品分析中常用的是薄层层析法、气相色谱法、高效液相色谱法和色谱－质谱联用法，可用于测定食品中的有机酸、氨基酸、糖类、维生素等成分。

第二节　水分含量及水分活度的测定

一、全脂乳粉中水分的测定

1. 实验目的与意义

水是食品中的重要组成成分。不同种类的食品，水分含量差别很大，若控制一定的水分含量，对于保持食品的感官性质，维持食品中其他组分的平衡关系，保证食品具有一定的保存期等均起着重要的作用。此外，原料中水分含量的高低，对于食品的品质和保存，进行成本核算，提高经济效益等均具有重大意义。故食品中水分含量的测定是食品分析的重要项目之一。

通过本实验了解测定乳粉中水分的意义和重要性，了解乳粉中的水分含量对乳粉的品质和保存期的影响。

2. 实验要求

①掌握全脂乳粉中水分的测定方法。

②领会常压干燥法测定水分的原理及操作要点。

③熟悉烘箱的使用、天平称量、恒重等基本操作。

3. 实验原理

食品中的水分受热以后，产生的蒸气压高于空气在电热干燥箱中的分压，使食品中的水分被蒸发出来。同时，由于不断的加热和排走水蒸气，而达到完全干燥的目的，食品干燥的速度取决于这个压差的大小。利用常压干燥法将乳粉在 101～105℃烘箱内干燥，以其失重来测定乳粉中水分的含量。

4. 实验仪器

带盖铝皿或带盖玻璃皿（直径 50～70mm），电热恒温干燥箱 200℃，干燥器，分析天平。

5. 实验材料

全脂乳粉。

6. 实验步骤

（1）准备干燥器。

（2）准备烘箱　温度控制在 101～105℃。

（3）准备称量皿　将带盖铝皿或玻璃皿清洗干净，放在 101～105℃烘箱中，盖斜支于皿口边，干燥 1h 左右，取出盖好。置于干燥器冷却 25～30min，取出于分析天平称量。重复操作至恒重，即前后两次质量差不超过 2mg。

（4）测定水分　准确称取 3～5g 乳粉（精确至 0.0001g）于已恒重的带盖铝皿或玻璃皿中，盖斜支于皿口边，置 101～105℃烘箱中干燥 2～4h，取出加盖，但不要盖紧，置于干燥器中冷却 25～30min 后，盖好取出，于分析天平中称重。

然后再置于 101～105℃烘箱中干燥 1h 后取出，于干燥器中冷却 25～30min 后进行第二次称量，反复操作至最后两次质量差不超过 2mg 为止，从干燥前后失重的质量差，计算出乳粉中水分含量。

7. 计算

$$水分含量(\%) = \frac{m_1 - m_2}{m_1 - m_3} \times 100$$

式中　m_1——称量皿和乳粉的质量，g；

　　　m_2——称量皿和乳粉干燥后的质量，g；

　　　m_3——称量皿质量，g。

要求在重复性条件下获得的两次独立测定结果的绝对差值不得超过算术平均值的 5%。

8. 注意事项

①乳粉中的水分含量一般控制在 2.5%～3.0%，可抑制微生物生长繁殖，延长保存期。

②在测定过程中，称量皿从干燥箱中取出后，应迅速放入干燥器中进行冷却。

③在水分测定中，恒重的标准一般为 1～3mg，依食品的种类和测定要求而定。

④测定水分后的样品，可供测灰分含量用。

9. 讨论题

①什么是恒重？

②温度过高对本实验有什么影响？

③从烘箱中取出的称量皿为什么要在干燥器中冷却？

二、 面包中水分含量的测定

1. 实验目的与意义

水分是维持人体正常生理活动的重要物质之一，营养素的吸收，代谢产物的排泄，都离不开水。水还是体内各器官、肌肉、骨骼的润滑剂，没有水就没有生命。

水是食品中的重要组成成分。控制一定的水分含量，对于保持食品的感官性质，维持食品中其他组分的平衡关系，保证食品具有一定的保存期等均起着重要的作用。面包水分随品种不同略有差异，一般为32% ~42%，如主食面包水分含量为32% ~36%，花色面包水分含量为36% ~42%。新鲜面包的水分含量若低于28% ~30%，其外观形态干瘪，失去光泽。

通过本实验明确测定面包中水分含量的意义和重要性，了解面包中的水分含量对面包质量的影响。

2. 实验要求

①掌握面包中水分含量的测定方法。

②掌握测定面包中水分含量的操作要点。

③熟悉烘箱的使用、天平称量、恒重等基本操作。

3. 实验原理

对于水分含量在16%以上的对热稳定的样品，以面包为例，样品通常采用二步干燥法进行测定。即首先将样品称出总质量后，在自然条件下风干15~20h，使其达到安全水分标准（即与大气湿度大致平衡），再准确称重，然后再将风干样品粉碎、过筛、混匀，贮于洁净干燥的磨口瓶中备用。然后进一步用常压干燥法测定。

4. 实验仪器

带盖铝皿或带盖玻璃皿（直径50~70mm），电热恒温干燥箱200℃，干燥器，分析天平，标准筛（20目），广口试剂瓶，刀子。

5. 实验材料

面包。

6. 实验步骤

（1）样品的准备

①取半块面包准确称重后，切成厚2~3mm的薄片平摊于纸上，置于室温中，风干15~20h，至其与大气湿度基本平衡，称重。（若面包未全部变脆，应进一步风干。这种干燥物在下一步实验中应不发生水分的变化。）

②研磨样品，使其通过20目筛，充分混合，并保存于密封的广口试剂瓶中，按照测定方法测定该磨细的样品的水分。

（2）准备干燥器。

（3）准备烘箱 温度控制在（130±3）℃。

（4）准备称量皿 将带盖称量皿清洗干净，放在（130±3）℃烘箱中，盖斜支于皿口边，干燥1h左右。置于干燥器冷却25~30min，取出于分析天平称量。重复操作至恒重，即前后两次质量差不超过2mg。

（5）测定水分

①用已恒重的称量皿，准确称取已磨细的样品2g左右。

②将盛有样品的称量皿置（130±3）℃烘箱中干燥1h，取出加盖，但不要盖紧，置于干燥器中冷却25~30min后，取出盖好，于分析天平中称重。

③再将称量皿置于（130±3）℃烘箱中干燥0.5h后取出，于干燥器中冷却25~30min后进行第二次称量，反复操作至最后两次质量差不超过2mg为止，计算面包中的水分含量。

7. 计算

$$W_1(\%) = \frac{(m_1 - m_2) + m_2 W_2}{m_1} \times 100$$

式中　W_1——新鲜面包的水分含量，%；

　　　W_2——风干面包的水分含量，%；

　　　m_1——新鲜面包的总质量，g；

　　　m_2——风干面包的总质量，g。

8. 注意事项

①一个烘箱内放置称量皿不能太拥挤，否则会影响分析结果的重现性。

②每次测定取双样进行平行测定。

三、 水分活度的测定

1. 实验目的与意义

食品中水分含量的测定是食品分析的重要项目之一，但是单纯的水分含量并不是表示食品保藏性能的可靠指标。而水分活度则反映食品中水分的存在状态，即水分与其他非水组分的结合程度或游离程度，表示食品中所含的水分作为生物化学反应和微生物生长的可利用价值。

水分活度近似地表示为在某一温度下溶液中水蒸气分压与纯水蒸气压的比值。水分活度的大小对食品的色、香、味、质构以及食品的稳定性都有着重要影响。各种微生物的生命活动及各种化学、生物化学变化都要求一定的水分活度，故水分活度与食品的保藏性能密切相关。相同含水量的食品由于它们的水分活度不同而保藏性能会有明显差异。

通过本实验明确测定水分活度的意义和重要性，了解水分活度对食品保藏稳定性的影响。

2. 实验要求

①掌握扩散法测定水分活度。

②领会扩散法测定水分活度的原理及操作要点。

3. 实验原理

扩散法即用坐标内插法来测定食品的水分活度。食品样品在康威氏微量扩散皿的密封和恒温条件下，分别在 A_w 较高和较低的标准饱和盐溶液中扩散平衡后，计算样品质量的增加量（在 A_w 较高的标准饱和盐溶液达平衡）和减少量（在 A_w 较低的标准饱和盐溶液达平衡）。以质量增减数为纵坐标，各种标准饱和盐溶液的 A_w 值为横坐标作图，将各点连成一条直线，其与横坐标的交点即为该食品样品的水分活度 A_w。

4. 实验仪器

康威氏微量扩散皿，小玻璃皿或小铝皿（直径 25～28mm、深度 7mm），电热恒温干燥箱，恒温培养箱，干燥器，分析天平。

5. 实验材料

（1）标准水分活度试剂　用标准试剂配成饱和盐溶液，其在 25℃时水分活度 A_w 值如表 6 – 1 所示。实验至少需选取 3 种标准饱和盐溶液。

表 6 – 1　　　　　　　　标准水分活度试剂的 A_w 值（25℃）

试剂名称	A_w	试剂名称	A_w	试剂名称	A_w
硝酸钾（KNO_3）	0.924	醋酸钾（$KAc \cdot H_2O$）	0.224	碳酸钾（$K_2CO_3 \cdot 2H_2O$）	0.427
硝酸钠（$NaNO_3$）	0.737	氯化锶（$SrCl_2 \cdot 6H_2O$）	0.708	氯化镁（$MgCl_2 \cdot 6H_2O$）	0.330
溴化钾（KBr）	0.807	溴化钠（$NaBr \cdot 2H_2O$）	0.577	氯化钡（$BaCl_2 \cdot 2H_2O$）	0.901
氯化钾（KCl）	0.842	硝酸锂（$LiNO_3 \cdot 3H_2O$）	0.476	硝酸镁［$Mg（NO_3）_2 \cdot 6H_2O$］	0.528
氯化钠（$NaCl$）	0.752	氯化锂（$LiCl \cdot H_2O$）	0.110	氢氧化钠（$NaOH \cdot H_2O$）	0.070

（2）水果、蔬菜、面包等食品。

6. 实验步骤

（1）样品的制备

①粉末状、颗粒状固体及糊状样品。取有代表性样品至少 200g，混匀，置于密闭的玻璃容器内。

②块状样品。取可食部分的代表性样品至少 200g。在室温 18～25℃、湿度 50%～80% 的条件下，迅速切成边长小于 3mm 的小块，混匀，置于密闭的玻璃容器内。

（2）恒温预处理　将装有样品的密闭玻璃容器、康威氏扩散皿、小玻璃皿置于恒温培养箱内，于（25±1）℃条件下，恒温 30min。取出后立即使用及测定。

（3）水分活度的测定　取 4 种 A_w 不同的标准饱和盐溶液各 12mL，分别置于 4 只扩散皿的外室，用经恒温且精确称重的玻璃皿，迅速精确称取与标准饱和盐溶液相等份数的同一样品 1.5g，放入盛有标准饱和盐溶液的扩散皿的内室，马上加盖密封（扩散皿磨口边缘需涂上凡士林）。放入（25±1）℃的恒温培养箱内（2±0.5）h 后，取出盛有样品的玻璃皿准确称重，以后每隔 30min 称重一次，至恒重为止。记录每个扩散皿中的玻璃皿和样品的总质量。

7. 计算

以标准饱和盐溶液在 25℃时的 A_w 值为横坐标，样品的质量增减数为纵坐标作图，将各点连成一条直线，其与横坐标的交点即为所测样品的水分活度值 A_w。当三次平行测定结果与算术平均值的相对偏差不超过 10% 时，取三次平行测定的算术平均值作为结果。

计算结果保留三位有效数字。

8. 注意事项

①对食品样品的 A_w 值范围要有所了解或进行预测定，以便正确选择标准饱和盐溶液。

②测定时需选择 3～4 种标准饱和盐溶液，其中 1～2 份的 A_w 值大于或小于试样的 A_w 值。

9. 讨论题

①测定食品中的水分含量与水分活度的意义是什么，二者有何区别和联系？

②为什么试样中含有挥发性物质影响水分活度的准确测定？

第三节　酸度的测定

一、　果汁饮料中总酸度的测定

1. 实验目的与意义

总酸度是指食品中所有酸性成分的总量。它包括未离解的酸的浓度和已离解的酸的浓度，其大小可用标准碱滴定来测定。

食品中的有机酸不仅作为酸味成分，而且在食品的加工、贮运及品质管理等方面被认为是重要的成分。食品中的有机酸影响食品的色、香、味和稳定性。

水果中有机酸的种类很多，常见的有柠檬酸、苹果酸、酒石酸、草酸、琥珀酸、乳酸及醋酸等，不同的水果中有机酸的种类和含量不同，果汁饮料中有机酸的种类和含量取决于其所用水果原料的种类及产品配方，即果汁中的有机酸有的是原料中固有的，有的是在生产加工过程中加入的。不论是哪种途径得到的酸味物质，都是食品重要的呈味剂，对食品的风味有着较大的影响。如果果汁饮料污染了产酸微生物，在贮藏过程中果汁会变酸，产品会变质。

通过本实验明确测定果汁饮料中酸度的意义和重要性，了解酸度对果汁风味的影响。

2. 实验要求

①掌握果汁饮料总酸度的测定方法。

②领会滴定法测定总酸度的原理及操作要点。

3. 实验原理

食品中的有机酸用标准碱液滴定时，被中和成盐类。

$$RCOOH + NaOH \longrightarrow RCOONa + H_2O$$

以酚酞为指示剂，滴定至溶液呈现淡红色半分钟不褪色为终点。根据所耗标准碱液的浓度和体积，可计算样品中总酸的含量。

4. 实验仪器

三角锥瓶（250mL），碱式滴管（50mL），移液管（25mL）。

5. 实验材料

（1）1% 酚酞乙醇溶液。

（2）0.1mol/LNaOH 标准溶液　用小烧杯在粗天平上称取纯固体 NaOH 4g，加水约 100mL，使 NaOH 全部溶解，将溶液倾入另一清洁试剂瓶中，用蒸馏水稀释至 1000mL，用橡胶塞塞住瓶口，充分摇匀。将邻苯二甲酸氢钾于 120℃烘 1h 至恒重，于干燥器冷却至室温后，准确称取 0.3～0.4g，置于 250mL 的锥形瓶中，加入 100mL 蒸馏水，溶解后加入 3 滴酚酞，用以上配好的 NaOH 溶液滴定至微红色半分钟不褪色为终点。

按下式计算 NaOH 标准溶液的量浓度：

$$c = \frac{m \times 1000}{V \times 204.22}$$

式中　c——NaOH 标准溶液的浓度，mol/L；

　　　m——邻苯二甲酸氢钾的质量，g；

　　　V——滴定时消耗 NaOH 标准溶液的体积，mL；

　204.22——邻苯二甲酸氢钾的摩尔质量，g/mol。

（3）果汁饮料。

6. 实验步骤

吸取 25.00mL 饮料于 250mL 的三角瓶中，加入 25mL 新鲜蒸馏水，加入酚酞 3～5 滴，用 0.1mol/LNaOH 滴定至微红色半分钟不褪色为终点。

7. 计算

$$X = \frac{c \times V \times K}{25} \times 100$$

式中　X——总酸度，g/100mL；

　　　c——NaOH 标准溶液的浓度，mol/L；

　　　V——滴定消耗 NaOH 标准溶液的体积，mL；

　　25——吸取样品的体积，mL；

　　　K——酸的换算系数，苹果酸：0.067；柠檬酸：0.064；醋酸：0.060；酒石酸：0.075；

　　　　　乳酸：0.090。

8. 注意事项

①食品中的酸是多种有机酸的混合物，它的滴定曲线没有明显的突跃，特别是某些食品具有较深的颜色，使终点颜色变化不明显，影响滴定终点的判断，易引入误差。如溶液颜色过深，可先加入等量蒸馏水稀释再滴定，或用电位滴定法。

②总酸度通常用该样品中含量最多的酸来表示，一般情况下，橘子、柠檬、柚子等用柠檬酸计；葡萄用酒石酸计；苹果、桃、李子等用苹果酸计；菠菜以草酸计；肉类、乳品以乳酸计；酒类和调味品以乙酸计。完全不知道哪一种酸最多的情况下，可以用任何一种酸来表示（必须注明哪一种酸）。

③样品中 CO_2 对测定有干扰，故对含有 CO_2 的饮料，在测定之前须除去 CO_2。

9. 讨论题

碳酸饮料应如何处理？

二、pH 的 测 定

1. 实验目的与意义

有效酸度是指被测溶液中 H^+ 的浓度，准确地说应是溶液中 H^+ 的活度，所反映的是已离解的那部分酸的浓度，常用 pH 表示。

有效酸度（pH）的大小说明了食品介质的酸碱性。

果汁饮料中的有机酸会影响其 pH，而 pH 的高低对食品的稳定性有一定的影响，降低 pH，能减弱微生物的抗热性和抑制其生长；在果汁加工中，控制介质 pH 还可以抑制产品的褐变。

2. 实验要求

①了解 pH 测定的意义和原理。

②熟练掌握 pH 计的使用方法。

3. 实验原理

利用 pH 计测定溶液的 pH，以玻璃电极为指示电极，$Ag/AgCl$ 或 Hg/Hg_2Cl_2 为参比电极，将两电极插入被测试液中，组成一个原电池，其电动势的大小与溶液 pH 有直线关系：

$$E = E° - 0.0591pH（25℃）$$

即在 25℃时，每相差一个 pH 单位，就产生 59.1mV 的电池电动势，从而可通过对原电池电动势的测量，在 pH 计上直接读出被测试液的 pH。

4. 实验仪器

（1）pH 计　准确度为 0.01。

（2）复合电极　由玻璃电极和 $Ag/AgCl$ 或 Hg/Hg_2Cl_2 参比电极组装而成。

5. 实验材料

（1）pH 4.00 的缓冲溶液（校正 pH 计用）　称取在（115 ±5）℃干燥 2～3h 的邻苯二甲酸氢钾 10.21g，用蒸馏水溶解并稀释至 1000mL。或由商品化的 pH 缓冲剂配制得到。

（2）pH 6.86 的缓冲溶液（校正 pH 计用）　称取在（115 ±5）℃干燥 2～3h 的无水 KH_2PO_4 3.40g 和无水 Na_2HPO_4 3.55g，用蒸馏水溶解并稀释至 1000mL。或由商品化的 pH 缓冲剂配制得到。

（3）果汁。

6. 实验步骤

（1）pH 计的校正　用已知准确 pH 的缓冲溶液（尽可能接近待测溶液的 pH），在测定时采用的温度下校正 pH 计。

（2）测定

①取约 20mL 果汁，放入具塞锥形瓶中剧烈振摇，打开塞子，释放出 CO_2 气体，重复操作至无气体明显逸出。

②将上述果汁倒入小烧杯中，作为被测液，采用适合于所用 pH 计的步骤进行测定，读数显示稳定以后，直接读数。

7. 结果表示

相继进行测定的结果之差最好不大于 0.1 个 pH 单位。如能满足这种重复性的要求，可取两次测定的平均值作为结果。精确到 0.05 个 pH 单位。

8. 注意事项

①测定时应尽可能选用和被测液 pH 接近的标准缓冲溶液来校正 pH 计。

②食品中的 pH 变动很大，不仅取决于原料的品种和成熟度及加工方法，而且还受该食品中缓冲物质及其缓冲能力大小的影响。

9. 讨论题

有效酸度与总酸度有何不同？

第四节 脂肪的测定

一、午餐肉中脂肪含量的测定

（索氏提取法）

1. 实验目的与意义

食品中的脂类主要包括脂肪和一些类脂质，如脂肪酸、磷脂、糖脂、固醇等。大多数动物性食品及某些植物性食品（如种子、果实、果仁等）都含有天然脂肪或类脂化合物。

脂肪是食品中重要的营养成分之一。脂肪可为人体提供必需脂肪酸；脂肪是具有最高能量的营养素，是人体热能的主要来源，每克脂肪在体内可提供 37.62kJ 热能；脂肪还是脂溶性维生素的良好溶剂，有助于脂溶性维生素的吸收；脂肪与蛋白质结合生成的脂蛋白，在调节人体生理机能和完成体内生化反应方面都起着十分重要的作用。但过多摄入脂肪对人体健康也是不利的。

在食品加工生产过程中，原料、半成品、成品的脂类含量对产品的风味、组织结构、品质、外观、口感等都有直接的影响。因此，脂肪在食品中的含量是食品质量管理中的一项重要指标。测定食品中脂肪的含量，可以用来评价食品的品质，衡量食品的营养价值，而且对实行工艺监督、生产过程的质量管理，研究食品的贮藏方式是否恰当等方面都有重要的意义。

2. 实验要求

①掌握索氏提取法的原理。

②掌握索氏提取法的操作要点。

③了解脂类测定的重要性，明确索氏提取法的特点及适用范围。

3. 实验原理

将经前处理而分散且干燥的样品用无水乙醚或石油醚等溶剂回流提取，使样品中的脂肪进入溶剂中，回收溶剂后所得到的残留物，即为脂肪（或粗脂肪）。

4. 实验仪器

恒温水浴锅，烘箱，索氏提取器，大试管（卷纸筒用），50mL 烧杯，20cm×8cm 滤纸，脱脂棉。

5. 实验材料

无水乙醚，石英砂，无水 Na_2SO_4，午餐肉。

6. 实验步骤

（1）索氏提取器的各部位洗净、烘干。脂肪接收瓶（底瓶）烘干至恒重（前后两次质量差不超过 2mg）。

（2）滤纸筒的准备 取 20cm×8cm 的滤纸一张，卷在试管上，将一端约 3cm 纸边折入，用手紧捏，形成袋底，取出试管，在纸底部衬入一块脱脂棉，并用玻棒紧压，备用。

（3）称样、干燥 精密称取已经切碎或绞碎的样品 3~5g，置于 50mL 烧杯中，加入无水硫酸钠 8 ~ 10g，再加入 10g 左右石英砂，用玻棒充分搅匀，无损地移入滤纸筒内，用蘸有无水乙醚或石油醚的脱脂棉擦净烧杯和玻棒，此棉花也放入滤纸筒，在筒口覆以脱脂棉。将装有样品的滤纸筒于 100 ~ 105℃烘干 2h。

（4）提取　将滤纸筒放入索氏提取器的提取筒内，连接已干燥至恒重的底瓶，由提取器冷凝管上端加入无水乙醚或石油醚，加量为底瓶的 2/3 体积。将少量脱脂棉塞入冷凝管上口。将底瓶置于水浴锅中回流提取 6 ~ 12h（如果乙醚挥发太多，不够回流时，可以自冷凝管上端补充乙醚）。水浴温度一般为 55 ~ 65℃，应控制在使提取液每 6 ~ 8min 回流一次。提取结束时，用磨砂玻璃接取一滴提取液，磨砂玻璃上无油斑表明提取完毕。

（5）烘干、称量　取下底瓶，回收乙醚或石油醚，待底瓶内乙醚或石油醚剩 1 ~ 2mL 时，在水浴上蒸干，用脱脂滤纸擦净底瓶外部，于 100 ~ 105℃干燥至恒重。

7. 计算

$$脂肪含量（\%）= \frac{m_1 - m_0}{m} \times 100$$

式中　m——样品质量，g；

　　　m_1——底瓶和脂肪的总质量，g；

　　　m_0——底瓶质量，g。

8. 注意事项

①样品应干燥后研细，装样品的滤纸筒一定要严密，不能往外漏样品，但也不要包得太紧影响溶剂渗透。

②抽提用的乙醚或石油醚要求无水、无醇、无过氧化物。

③提取时水浴温度不可过高，以每分钟从冷凝管滴下 80 滴左右，每小时回流 6 ~ 12 次为宜，提取过程应注意防火。

④反复加热会因脂类氧化而增重，质量增加时，以增重前的质量作为恒重。

⑤食品中脂肪的存在形式有游离态的，如动物性脂肪及植物性的油脂，也有结合态的，如天然存在的磷脂、糖脂、脂蛋白。

⑥脂类不溶于水，易溶于有机溶剂。测定脂类大多采用低沸点的有机溶剂萃取的方法。常用的溶剂有乙醚、石油醚、氯仿 – 甲醇混合溶剂等。其中乙醚溶解脂肪的能力强，应用最多，它的沸点低，且可饱和 2% 的水分，使用时，必须采用无水乙醚做提取剂。

9. 讨论题

①索氏提取器为什么必须烘干？

②放入滤纸筒内的样品高度不能超过回流弯管，为什么？

③索氏提取法适用于哪些食品样品的测定？

二、　麦乳精中脂肪含量的测定

（酸水解法）

1. 实验目的与意义

脂肪是食品中重要的营养成分之一，脂类含量对产品的风味、组织结构、品质、外观、口感等都有直接的影响。测定食品脂肪的含量，可以用来评价食品的品质，衡量食品的营养价值。

通过本实验要明确，必须根据食品中脂肪的存在状态及食品的组成，来确定适当的测定方法。

2. 实验要求

①掌握麦乳精中脂肪含量的测定方法。

②掌握用有机溶剂萃取脂肪及回收溶剂等基本操作方法。

3. 实验原理

麦乳精中脂肪与蛋白质或碳水化合物形成结合态，用乙醚等非极性溶剂不能直接提取其脂肪。本法采用乙醇预先处理样品，破坏脂肪与非脂成分的结合，再经盐酸的水解作用使脂肪游离出来，然后用乙醚和石油醚进行提取。

4. 实验仪器

恒温水浴，100mL 具塞刻度量筒。

5. 实验材料

乙醇（95%），乙醚，石油醚（沸程 30~60℃），HCl，麦乳精。

6. 实验步骤

（1）样品处理

①准确称取样品 1g 左右，置小烧杯中，加 2mL 乙醇将样品充分研磨成糊状。

②加 10mL8mol/L 盐酸溶液继续搅匀，置沸水浴上边加热边用玻棒搅拌，使样品完全溶解，取出冷却。

（2）提取

①用 15mL 乙醇将烧杯中的内容物转移至具塞量筒中，于冰浴中冷至 5℃ 以下。

②用 15mL 乙醚分次洗烧杯，然后合并到量筒中，塞好塞子，上下颠倒旋转混合 1min。小心地打开塞子，放出气体，再加 25mL 石油醚，塞上塞子，上下颠倒旋转混合 1min。

③小心开塞，用 1:1 乙醚 - 石油醚混合液冲洗塞子及量筒内壁附着的脂肪，置冰浴中 30min，待上层液澄清，用移液管将上层液移至已恒重的脂肪烧瓶中。

④再加入 1:1 乙醚 - 石油醚混合液 15mL 至量筒内，混合提取，静置。用移液管将上层液合并到脂肪烧瓶中，如此重复两次。

（3）回收溶剂　回收乙醚及石油醚后，将脂肪烧瓶于 98~100℃ 的温度下干燥 2h，然后取出置于干燥器中冷却至室温，准确称重。重复操作直至恒重。

7. 计算

$$脂肪含量（\%）= \frac{m_2 - m_1}{m} \times 100$$

式中　m——样品质量，g；

　　m_1——脂肪烧瓶的质量，g；

　　m_2——脂肪烧瓶和脂肪的总质量，g。

8. 注意事项

①食品中脂肪的存在形式有游离态的，也有结合态的。麦乳精中的脂肪与蛋白质、碳水化合物形成结合态。

②量筒磨口塞子不能涂油。

③注意安全操作，实验室内应设有除去乙醚、石油醚蒸气的装置，提取时实验室内不允许

使用电炉及其他明火。

④应上下颠倒旋转混合，不要猛烈撞摇，以免乳化。

三、 乳品中脂肪含量的测定 （一）

（碱性乙醚提取法）

1. 实验目的与意义

乳及乳制品是营养价值较高的食品，其中所含的蛋白质属于优质蛋白质，其中的脂肪以较小的微粒分散于牛乳中，含有钙、磷等无机盐和维生素，营养成分齐全，组成比例合适，容易被人体消化吸收，是一种理想的天然食品，越来越受到人们的青睐。因此，测定乳及乳制品中脂肪的含量，用来衡量其营养价值及评价乳及乳制品的质量具有重要意义。

2. 实验要求

①了解碱性乙醚提取法测定乳制品脂肪含量的方法。

②能比较准确地测定出乳品中脂肪含量。

③明确测定乳及乳制品中脂肪含量的意义和重要性。

3. 实验原理

利用氨－乙醇溶液破坏乳的胶体性状及脂肪球膜，使非脂成分溶解于氨－乙醇溶液中，而脂肪游离出来，再用乙醚－石油醚提取出脂肪，蒸馏去除溶剂后，残留物即为乳脂肪。

4. 实验仪器

抽脂瓶（可用100mL具塞量筒代替），刻度管（5mL、10mL），恒温水浴，干燥箱，脂肪烧瓶。

5. 实验材料

氨水，乙醇（96%），乙醚，石油醚（沸程30~60℃），乳或乳制品。

6. 实验步骤

①精确称取样品1~5g于100mL的抽脂瓶中，加60℃蒸馏水10mL溶解。牛乳直接取10.00mL于抽脂瓶中。

②加入浓氨水1.5mL，用玻璃棒搅匀后，将玻璃棒取出先用10mL乙醇洗涤，再用25mL乙醚冲洗玻璃棒，洗液倒入抽脂瓶中，加塞振摇1min。

③加入石油醚25mL，振摇1min，静止约30min，待分层清晰，将混合醚吸出，经干燥滤纸滤入已知质量的脂肪瓶中。

④于抽脂瓶中加入混合液10mL，不要振摇，放置5min，吸出醚层，滤入上述已知质量的脂肪瓶中。

⑤于抽脂瓶中再加入乙醇2mL、1∶1乙醚－石油醚混合液30mL振摇1min，静置分层。吸出醚层，滤入上述脂肪瓶中。

⑥在水浴上回收脂肪瓶中的混合醚液，然后将脂肪瓶在100~105℃干燥2h，取出放干燥器中冷却，称重，重复操作直至恒重。

7. 计算

$$脂肪含量（\%） = \frac{m_2 - m_1}{m} \times 100$$

式中　m——样品质量，g；

m_1——脂肪烧瓶的质量，g；

m_2——脂肪烧瓶和脂肪的总质量，g。

8. 注意事项

①乳及乳制品中脂肪的含量：稀奶油为 12.5% ~ 50%，奶油为 80% ~ 82%，重制奶油为 99% ~ 99.5%，牛乳为 3.5% ~ 4.2%，炼乳为 16%，全脂乳粉为 26% ~ 32%，脱脂乳粉为 1% ~ 1.5%。

②加氨水后，要充分混匀，否则会影响脂肪的提取。

9. 讨论题

如果实验中只取出部分醚层进行测定是否可行？如果可行该如何计算？

四、 乳品中脂肪含量的测定 （二）

（巴布科克法）

1. 实验目的与意义

牛乳中的脂肪含量约为 4%，并且以较小的微粒分散于牛乳中，有利于消化吸收，其中所含的蛋白质属于优质蛋白质，还含有大量的钙、磷等无机盐和维生素，营养成分齐全，组成比例合适，是一种理想的天然食品。因此，测定牛乳中脂肪的含量，具有重要的意义。

2. 实验要求

①掌握鲜乳脂肪的测定方法。

②领会巴布科克法测定乳脂肪的原理及操作要点。

3. 实验原理

用浓硫酸溶解乳中的乳糖和蛋白质等非脂成分，将牛乳中的酪蛋白钙盐转变成可溶性的重硫酸酪蛋白，使脂肪球膜被破坏，脂肪游离出来，再利用加热离心，使脂肪完全迅速分离，直接读取脂肪层的数值，便可知被测乳的含脂率。

4. 实验仪器

巴布科克乳脂瓶（颈部刻度有 0.0 ~ 8.0%、0.0 ~ 10.0% 两种），标准移乳管（17.6mL），乳脂离心机，水浴。

5. 实验材料

浓硫酸（相对密度 1.816 ±0.003），牛乳。

6. 实验步骤

①吸取 17.6mL 均匀鲜乳，注入巴布科克氏乳脂瓶中，再量取 17.5mL 硫酸，沿瓶颈壁缓缓注入瓶中，手持瓶颈回转，使液体充分混合，至无凝块并呈均匀的棕色。

②将乳脂瓶放入乳脂离心机上，以约 1000r/min 的速度离心 5min，取出加入 80℃ 以上的水至瓶颈基部，再置离心机中离心 2min，取出后再加入 80℃ 以上的水至脂肪浮到 2 或 3 刻度处，再置离心机中离心 1min。

③将乳脂瓶置 55 ~ 60℃ 水浴 5min 后，立即读取脂肪层最高点与最低点所占的格数，即为样品含脂肪的百分率。

7. 注意事项

①硫酸的浓度要严格遵守规定的要求配制，如过浓会使乳炭化成黑色溶液而影响读数；过稀则不能使酪蛋白完全溶解，会使测定值偏低或脂肪层浑浊。

②硫酸除可破坏脂肪球膜，使脂肪游离出来外，还可增加液体相对密度，使脂肪容易浮出。
③加热和离心的目的是促使脂肪浮出。

五、 脂肪碘价的测定

1. 实验目的与意义

碘价是指100g脂肪在一定条件下吸收碘的质量（g）。碘价是鉴别脂肪的一个重要常数，碘价越高，油脂的不饱和程度越大，这种油脂越容易氧化变质。故碘价在一定程度上表示出油脂的耐藏性。另一方面，碘价高，说明油脂中所含的不饱和脂肪酸较多，其中有的不饱和脂肪酸为人体必需脂肪酸，对人体健康有重要的意义；碘价越低，则油脂越硬，太硬的油脂常常不容易消化。因此，通过测定油脂的碘价，可以预测油脂的耐藏性及营养价值。

2. 实验要求

①学习测定脂肪碘价的原理和方法。

②明确测定脂肪碘价的意义。

3. 实验原理

碘价高低之所以能表示脂肪不饱和度的大小，是因为脂肪中常含有不饱和脂肪酸，不饱和脂肪酸具有双键，能与卤素起加成反应而吸收卤素。由于氟和氯与油脂作用剧烈，除能起加成反应外还能取代氢原子，而碘在一定条件下主要是与双键起加成作用，故用碘与脂肪中不饱和脂肪酸的双键起加成作用。脂肪的不饱和程度越高，所含的不饱和脂肪酸越多，与其双键起加成作用的碘量就越多，碘价就越高。故可用碘价表示脂肪的不饱和度。

由于碘与不饱和脂肪酸中双键的加成作用较慢，所以测定时常用 ICl 或 IBr 代替碘。其中的氯原子或溴原子能使碘活化。本实验采用的是 IBr。用一定量（必须过量）IBr 和待测的脂肪作用后，加入过量的 KI 与剩余的 IBr 作用析出碘，用 $Na_2S_2O_3$ 定碘，从而计算出待测脂肪吸收的碘量，求得脂肪的碘价。

反应过程如下。

加成作用：$IBr + - CH = CH - \longrightarrow - CHI - CHBr -$

剩余溴化碘中碘的释放：$IBr + KI \longrightarrow KBr + I_2$

用硫代硫酸钠滴定释放出来的碘：$I_2 + 2Na_2S_2O_3 \longrightarrow 2NaI + Na_2S_4O_6$

4. 实验仪器

碘瓶（250mL），量筒（10mL，50mL），滴定管（50mL），吸量管（5mL，10mL），滴管，分析天平。

5. 实验材料

（1）溴化碘试剂　称取 12.2g 碘溶于 1000mL 冰醋酸（99.5%）中，溶时冰醋酸要慢慢加入，边加边摇，在水浴中加热，使碘溶解，冷却，加溴约 3mL。贮于棕色瓶中。

（2）纯 CCl_4。

（3）10% KI　称取 100g KI 溶于水，稀释到 1000mL。

（4）0.05mol/L 硫代硫酸钠溶液　称取硫代硫酸钠（$Na_2S_2O_3 \cdot 5H_2O$）25g，溶于新煮沸后冷却的蒸馏水（除 CO_2，杀死细菌）中，加 Na_2CO_3 约 0.2g，稀释至 1000mL。贮于棕色瓶中置暗处，1d 后进行标定。

（5）1% 淀粉溶液。

（6）花生油或猪油。

6. 实验步骤

①准确称取0.3~0.4g花生油或0.5~0.6g猪油两份，分别放入干燥洁净的碘瓶内。再向各碘瓶加入10mL CCl_4，轻轻振摇，使样品完全溶解。分别准确地向各碘瓶加入IBr 25mL（勿使试剂接触瓶颈），塞好玻璃塞。在塞子和瓶口之间加入数滴10% KI溶液以封闭瓶口缝隙，防止碘升华逸出。混匀后，置暗处（20~30℃）30min（放置期间，不断摇动碘瓶），然后小心打开碘瓶的塞子，使加的数滴KI溶液流入瓶内（勿损失）。用10% KI溶液10mL和蒸馏水50mL把碘瓶塞和瓶颈上的溶液冲入瓶内，混匀。用0.05mol/L $Na_2S_2O_3$溶液滴定，至瓶内溶液呈淡黄色后加1%淀粉溶液约1mL，继续滴定。当接近终点时（蓝色极淡），加塞用力振摇，使碘由CCl_4层完全进入水层，再滴至水层与非水层全部无色时为滴定终点。

②另外再做两份空白实验（除不加样品外，其他操作同样品实验）。

7. 计算

$$碘价 = \frac{(V_2 - V_1)c}{m} \times \frac{126.9}{1000} \times 100$$

式中　V_2——滴定空白所消耗的 $Na_2S_2O_3$ 溶液体积，mL；

　　　V_1——滴定样品所消耗的 $Na_2S_2O_3$ 溶液体积，mL；

　　　c——$Na_2S_2O_3$溶液的浓度，mol/L；

　　　m——样品质量，g。

8. 讨论题

①什么是碘价？

②测定碘价有何意义？

第五节　碳水化合物的测定

一、还原糖的测定（一）

（兰-埃农法）

1. 实验目的与意义

糖类，是由碳、氢、氧三种元素组成的一大类化合物。它是人体热能的重要来源，人体活动的热能的60%~70%由它供给。它是构成机体的一种重要物质，并参与细胞的许多生命过程，一些糖与蛋白质合成糖蛋白，与脂肪形成糖脂，这些都是具有重要生理功能的物质。

糖类在各种食品原料，特别是植物性原料中分布十分广泛，它也是食品工业的主要原料和辅助材料，是大多数食品的主要成分之一，在各种食品中存在形式和含量不一，包括单糖，双糖和多糖。

还原糖是指具有还原性的糖类，在糖类中，分子中含有游离醛基或酮基的单糖和含有游离醛基的双糖都具有还原性。葡萄糖分子中含有游离醛基，果糖分子中含有游离酮基，乳糖和麦芽糖分子中含有游离的潜醛基，故它们都是还原糖。

糖类的测定，在食品工业中具有十分重要的意义，在食品加工工艺中，糖类对改变食品的形态、组织结构、物化性质以及色、香、味等感官指标起着十分重要的作用。如食品加工中常需要控制一定量的糖酸比；糖果中糖的组成及比例直接关系到其风味和质量；糖的焦糖化作用及羰氨反应既可使食品获得诱人的色泽与风味，又能引起食品的褐变，必须根据工艺需要加以控制。食品中糖类含量也标志着它的营养价值的高低，是某些食品的主要质量指标。糖类的测定历来是食品的主要分析项目之一。

2. 实验要求

①初步掌握费林试剂热滴定定糖法的原理和方法。

②正确掌握滴定的终点。

③能较准确地测定果蔬中还原糖的含量。

3. 实验原理

将费林 A 液、B 液混合后，生成天蓝色的 $Cu(OH)_2$ 沉淀，这种沉淀很快与酒石酸钾钠反应，生成深蓝色的酒石酸钾钠铜络合物，这种络合物被果糖、葡萄糖等还原糖还原，生成红色的氧化亚铜沉淀。当达到终点时，稍微过量的还原糖立即把次甲基蓝还原，此时溶液的蓝色褪去，以此为滴定终点，根据含糖样品溶液滴定的体积，就可以计算出样品中糖的含量。

4. 实验仪器

碱式滴定管（50mL，2 支），锥形瓶（250mL，4 个），过滤装置（一套），滤纸，量筒（50mL），电炉，铁架台，烧杯（100mL，2 个），匀浆机或乳钵，pH 试纸，容量瓶（200mL 2 个，250mL 1 个），天平，玻璃珠。

5. 实验材料

（1）费林 A 液　溶解 69.28g 硫酸铜（$CuSO_4 \cdot 5H_2O$）于 1000mL 水中，过滤备用。

（2）费林 B 液　溶解 346g 酒石酸钾钠和 100g NaOH 于 1000mL 水中，过滤备用。

（3）标准转化糖溶液　准确称取于 105℃烘干过的蔗糖 4.75g 溶解在 75mL 水中，加相对密度 1.1029（6.25mol/L）的 HCl 10mL，放置 24h，或在 60~80℃维持 1h 完成转化，然后用 5mol/L NaOH 溶液准确中和，定容至 1000mL。

用移液管吸取 100mL 转化液于 200mL 容量瓶中，用水稀释至刻度备用。

（4）1% 次甲基蓝溶液。

（5）10% NaOH 溶液。

（6）1% 酚酞指示剂。

（7）水果。

6. 实验步骤

（1）试样的制备

①将鲜果洗净擦干，取可食部分用四分法缩分，混合取样 100g 左右，迅速处理成均匀糊状，在 100mL 烧杯里准确称取糊状试样 20~25g，用蒸馏水全部洗入 250mL 容量瓶中，用 10% NaOH 溶液中和至 pH 7 后，加水稀释至刻度，过滤备用。

②吸取滤液 100mL 于 200mL 容量瓶中，加水稀释至刻度。

（2）费林试剂的标定

①预滴定。准确吸取费林 A 液、B 液各 5mL 于 250mL 锥形瓶中，加水 10mL，加玻璃珠数粒，并从注满标准转化糖溶液的滴定管中放入 15mL 于锥形瓶中，把锥形瓶放在石棉网上加热

至沸，继续滴加标准转化糖溶液直至溶液蓝色即将消失，加入 3 滴次甲基蓝，继续滴加标准转化糖溶液直至溶液蓝色褪尽为终点。记录标准转化糖溶液消耗总量。

②精密滴定。准确吸取费林 A 液、B 液各 5mL 于 250mL 锥形瓶中，加水 10mL，加玻璃珠数粒，加入标准转化糖液，其滴加量比上述滴定量少 0.5 ~ 1.0mL，把锥形瓶放在石棉网上加热，使之在 2min 内沸腾，维持沸腾 2min，加入 3 滴次甲基蓝，再以每 2s 1 滴的速度继续滴加标准转化糖液，直至溶液蓝色褪尽为终点。续滴工作应控制在 1min 内完成。记录标准转化糖液消耗的总量。

③计算

$$m_1 = \frac{m \times V}{2000 \times 0.95}$$

式中　　m——称取标准蔗糖的质量，g；

　　　　V——滴定时消耗标准转化糖液的体积，mL；

　　2000——标准蔗糖转化稀释后的总体积，mL；

　0.95——换算系数（0.95g 蔗糖可转化为 1g 转化糖）；

　　m_1——相当于 10mL 费林试剂的转化糖质量，g。

（3）试样的测定

①预滴定。准确吸取费林 A 液、B 液各 5mL 于 250mL 锥形瓶中，加水 10mL，加玻璃珠数粒，并从注满样品液的滴定管中放入 15mL 于锥形瓶中，把锥形瓶放在石棉网上加热至沸，继续滴加样品液直至溶液蓝色即将消失，加入 3 滴次甲基蓝，继续滴加样品液直至溶液蓝色褪尽为终点。记录样品液的消耗总量。

②精密滴定。准确吸取费林 A 液、B 液各 5mL 于 250mL 锥形瓶中，加水 10mL，加玻璃珠数粒，加入样品液，其用量比上述滴定量少 0.5 ~ 1.0mL，把锥形瓶放在石棉网上加热，使之在 2min 内沸腾，维持沸腾 2min，加入 3 滴次甲基蓝，再以每 2s 1 滴的速度继续滴加样品液，直至溶液蓝色褪尽为终点。续滴工作应控制在 1min 内完成。记录样品液消耗的总量。

7. 计算

$$还原糖含量（\%）= \frac{m_1 \times 500}{m \times V} \times 100$$

式中　　m_1——相当于 10mL 费林试剂的转化糖质量，g；

　　　　m——试样的质量，g；

　　　　V——精密滴定时所消耗试样的体积，mL；

　　500——样品稀释后的总体积，mL。

8. 注意事项

①重复滴定，滴定量差值应保持在 0.05mL 以内。

②全部滴定过程必须在沸腾状态下进行，以驱除空气。一般应在 3min 内完成。

③指示剂灵敏度高，在 1 滴糖内终点变化明显。已还原的次甲基蓝遇空气中的氧迅速被氧化恢复蓝色。

④如果被测物中含蛋白质浑浊物较多时，应除去。

9. 讨论题

①本实验方法的实验误差来源是什么？如何消除？

②本实验为什么要在沸腾状态下快速滴定？

二、 还原糖的测定 （二）

（直接滴定法）

1. 实验目的与意义

①掌握直接滴定法测定还原糖的原理和方法。

②掌握滴定的终点。

2. 实验原理

将一定量的碱性酒石酸铜甲、乙液等量混合，立即生成天蓝色的 Cu（OH）₂ 沉淀，这种沉淀很快与酒石酸钾钠反应，生成深蓝色的可溶性酒石酸钾钠铜络合物。在加热条件下，以次甲基蓝作为指示剂，用样品液滴定，样品液中的还原糖与酒石酸钾钠铜反应，生成红色的 Cu_2O 沉淀，待二价铜全部被还原后，稍微过量的还原糖立即把次甲基蓝还原，此时溶液由蓝色变成无色，以此为滴定终点，根据含糖样品溶液滴定的体积，就可以计算出样品中还原糖的含量。

3. 实验仪器

50mL 碱式滴定管，250mL 三角瓶，容量瓶（100mL、250mL、1000mL），移液管（5mL），量筒，漏斗板、漏斗、滤纸，电炉，天平。

4. 实验材料

（1）碱性酒石酸铜甲液　称取 15g 硫酸铜（$CuSO_4 \cdot 5H_2O$）及 0.05g 次甲基蓝，溶于水中并稀释到 1000mL。

（2）碱性酒石酸铜乙液　称取 50g 酒石酸钾钠及 75g NaOH，溶于水中，再加入 4g 亚铁氰化钾，完全溶解后，用水稀释至 1000mL，贮存于橡皮塞玻璃瓶中。

（3）乙酸锌溶液　称取 21.9g 乙酸锌 [Zn（CH_3COO）₂ $\cdot 2H_2O$]，加 3mL 冰醋酸，加水溶解并稀释到 100mL。

（4）10.6% 亚铁氰化钾溶液　称取 10.6g 亚铁氰化钾 [K_4Fe（CN）₆ $\cdot 3H_2O$]，溶于水中并稀释到 100mL。

（5）0.1% 葡萄糖标准溶液　准确称取 1.0000g 经过 98～100℃ 烘干至恒重的无水葡萄糖，加水溶解后转入 1000mL 容量瓶中，加入 5mL HCl，用水稀释至 1000mL。

（6）除深色样品外的其他食品。

5. 操作步骤

（1）样品的处理

①乳类、乳制品及蛋白质的冷食类：称取 2.5～5g 固体样品（吸取 25～50mL 液体样品），置于 250mL 容量瓶中，加 50mL 水，摇匀后慢慢加入 5mL 乙酸锌溶液及 5mL10.6% 亚铁氰化钾溶液，加水到刻度，摇匀后静置 30min，用干燥滤纸过滤，弃去初滤液，收集滤液备用。

②酒精性饮料：吸取 100mL 样品，置于蒸发皿中，用 40g/L NaOH 溶液中和至中性，在水浴上蒸发至原体积的 1/4 后，移入 250mL 容量瓶中，加 50mL 水，摇匀后慢慢加入 5mL 乙酸锌溶液及 5mL10.6% 亚铁氰化钾溶液，加水到刻度，摇匀后静置 30min，用干燥滤纸过滤，弃去初滤液，收集滤液备用。

③含大量淀粉的食品：称取 10～20g 样品，置于 300mL 三角瓶中，加 200mL 水，在 45℃ 水浴中加热 1h，并经常振摇，过滤，滤液收集于 250mL 容量瓶中，慢慢加入 5mL 乙酸锌溶液及 5mL10.6% 亚铁氰化钾溶液，加水到刻度，摇匀后静置 30min，用干燥滤纸过滤，弃去初滤液，

收集滤液备用。

④含 CO_2 的饮料：吸取 100mL 样品，置于蒸发皿中，在水浴上蒸发除去二氧化碳后，移入 250mL 容量瓶中，并用水洗涤蒸发皿，洗液并入容量瓶中，加水到刻度，混匀后，备用。

（2）碱性酒石酸铜溶液的标定　准确吸取碱性酒石酸铜甲液和乙液各 5mL，置于 250mL 三角瓶中，加水 10mL，加玻璃珠 3 粒。从滴定管滴加约 9mL 葡萄糖标准溶液，加热使其在 2min 内沸腾，准确沸腾 30s，趁热以每 2s1 滴的速度继续滴加葡萄糖标准溶液，直至溶液蓝色刚好褪去为终点。记录消耗葡萄糖标准溶液的总体积。平行操作 3 次，取其平均值，按下式计算。

$$m_1 = \rho \times V$$

式中　m_1——10mL 碱性酒石酸铜溶液相当于葡萄糖的质量，mg；

ρ——葡萄糖标准溶液的浓度，mg/mL；

V——标定时消耗葡萄糖标准溶液的总体积，mL。

（3）样品溶液的预测　吸取碱性酒石酸铜甲液和乙液各 5mL，置于 250mL 三角瓶中，加水 10mL，加玻璃珠 3 粒。加热使其在 2min 内沸腾，准确沸腾 30s，趁热以先快后慢的速度从滴定管中滴加样品溶液，滴定时要始终保持溶液呈沸腾状态。待溶液蓝色变浅时，以每 2s 1 滴的速度滴定，直至溶液蓝色刚好褪去为终点。记录样品溶液消耗的总体积。

（4）样品溶液的测定　吸取碱性酒石酸铜甲液和乙液各 5mL，置于 250mL 三角瓶中，加水 10mL，加玻璃珠 3 粒。从滴定管中加入比预测时样品溶液消耗总体积少 1mL 的样品溶液，加热使其在 2min 内沸腾，准确沸腾 30s，趁热以每 2s 1 滴的速度继续滴加样品溶液，直至溶液蓝色刚好褪去为终点。记录样品溶液消耗的总体积。平行操作 3 次，取其平均值。

6. 计算

$$还原糖（以葡萄糖计，\%）含量 = \frac{m_1}{m \times \dfrac{V}{250} \times 1000} \times 100$$

式中　m——样品质量，g；

m_1——10mL 碱性酒石酸铜溶液相当于葡萄糖的质量，mg；

V——测定时消耗样品溶液体积，mL；

250——样品溶液的总体积，mL。

7. 注意事项

①此法所用的氧化剂碱性酒石酸铜的氧化能力较强，醛糖和酮糖都可被氧化，所以测得的是总还原糖量。

②次甲基蓝也是一种氧化剂，但在测定条件下氧化能力比 Cu^{2+} 弱，故还原糖先与 Cu^{2+} 反应，Cu^{2+} 完全反应后，稍过量的还原糖才与次甲基蓝指示剂反应，使之由蓝色变为无色，指示达终点。

③为消除氧化亚铜沉淀对滴定终点观察的干扰，在碱性酒石酸铜乙液中加入少量亚铁氰化钾，使之与 Cu_2O 生成可溶性的无色络合物，而不再析出红色沉淀。

④碱性酒石酸铜甲液和乙液应分别贮存，用时才混合。

⑤滴定时不能随意摇动锥形瓶，更不能把锥形瓶从热源上取下来滴定，以防止空气进入反应液中。

8. 讨论题

①本实验为什么要在沸腾状态下快速滴定？

②本实验方法的实验误差来源是什么？

三、 总糖的测定

（兰－埃农法）

1. 实验目的与意义

总糖是食品生产中的常规分析项目。它反映的是食品中可溶性单糖和低聚糖的总量。其含量对食品的色、香、味、组织状态、营养价值、成本等有一定影响。因此，测定总糖具有重要意义。

2. 实验要求

①初步掌握兰－埃农法测定总糖的原理和方法。

②掌握滴定的终点。

3. 实验原理

将费林 A 液、B 液混合后，生成天蓝色的 $Cu(OH)_2$ 沉淀，这种沉淀很快与酒石酸钾钠反应，生成深蓝色的酒石酸钾钠铜的络合物，这种络合物被果糖、葡萄糖还原，生成红色的 Cu_2O 沉淀。当达到终点时，稍微过量的还原糖立即把次甲基蓝还原，此时溶液的蓝色褪去，以此为滴定终点，根据含糖样品溶液滴定的体积，就可以计算出样品中糖的含量。样品中含有蔗糖等非还原糖，可用 HCl 水解样品，使非还原糖转化为还原糖，然后进行测定，通过计算得到总糖的含量。

4. 实验仪器

50mL 碱式滴定管，250mL 三角瓶，100mL 容量瓶，漏斗板、漏斗、滤纸，50mL 烧杯，电炉，恒温水浴，移液管（5mL、10mL），天平。

5. 实验材料

（1）费林 A 液　溶解 69.28g 硫酸铜（$CuSO_4 \cdot 5H_2O$）于 1000mL 水中，过滤备用。

（2）费林 B 液　溶解 346g 酒石酸钾钠和 100g NaOH 于 1000mL 水中，过滤备用。

（3）1% 次甲基蓝。

（4）1% 酚酞。

（5）30% NaOH。

（6）20% $PbAc_2$ 溶液。

（7）草酸钠（固体）。

（8）浓缩果汁。

6. 实验步骤

（1）费林试剂的标定

①标准转化糖溶液：称取 105℃烘干的蔗糖 1.0～1.5g，用蒸馏水溶解于 250mL 容量瓶中，定容至刻度摇匀。吸此溶液 50mL 注入 100mL 容量瓶中，加浓 HCl 5mL 摇匀，进行转化，置于 70℃水浴中加热（不可超过 70℃），使瓶中溶液于 2～2.5min 内热至 67～69℃，在 69℃保持 7.5～8min，使全部加热时间为 10min，取出，置流动水迅速冷却至 20℃，加 1～3 滴酚酞，以 30% NaOH 溶液中和，加水至刻度，摇匀。

②预滴定：准确吸取费林 A 液、B 液各 5mL 于 250mL 锥形瓶中，加玻璃珠数粒，并从滴定管放入 10mL 标准转化糖溶液，把锥形瓶放在石棉网上加热至沸，维持沸腾 1min，加入 3 滴次甲基蓝，继续滴加样品液直至溶液蓝色褪尽为终点。记录标准转化糖溶液的消耗总量。

③正式滴定：再如上法移取费林 A 液、B 液各 5mL 于另一个 250mL 锥形瓶中，放入玻璃珠数粒，并由滴定管放入较上述滴定所消耗量少 0.5~1.0mL 的标准转化糖溶液，然后加热至沸，维持沸腾 1min，加入 3 滴次甲基蓝，再以每 2s 1 滴的速度继续滴加标准转化糖溶液，直至溶液蓝色褪尽为止。续滴工作应控制在 1min 内完成。记录标准转化糖溶液消耗的总量。

④计算

$$m_1 = \frac{m \times V}{500 \times 0.95}$$

式中 　m_1——相当于 10mL 费林试剂的转化糖质量，g；

　　　　V——滴定时消耗标准转化糖液的体积，mL；

　　　500——标准蔗糖转化稀释后的总体积，mL；

　　0.95——换算系数（0.95g 蔗糖可转化为 1g 转化糖）；

　　　　m——称取标准蔗糖的质量，g。

（2）样品的制备和水解

①称取样品 6g 左右（视含糖量而增减），于 50mL 烧杯中，用 200mL 左右蒸馏水洗入 500mL 容量瓶中，摇匀，然后逐渐滴加 20% $PbAc_2$ 溶液，使产生絮凝状沉淀，充分摇匀，静置 15min，直至上层液清晰为止，然后加水至刻度，加入 1g 左右草酸钠，摇匀，用干滤纸过滤，弃去初滤液 25mL 左右，其余备用。

②吸取上述滤液 50mL 注入 100mL 容量瓶中，加浓 HCl 5mL，摇匀，进行转化（转化条件同费林溶液标定相同），加 1~3 滴酚酞，用 NaOH 中和，加水至刻度。

（3）样品水解液的预测　吸取费林 A 液、B 液各 5mL，于 250mL 锥形瓶中，加玻璃珠数粒，并从滴定管放入 10mL 样品水解液，把锥形瓶放在石棉网上加热至沸，维持沸腾 1min，加入 3 滴次甲基蓝，继续滴加样品水解液直至溶液蓝色褪尽为终点。记录样品水解液的消耗总量。

（4）样品水解液的测定　如上法移取费林 A 液、B 液各 5mL 于另一个 250mL 锥形瓶中，放入玻璃珠数粒，并由滴定管放入较上述滴定所消耗量少 0.5~1.0mL 的试样水解液，然后加热至沸，维持沸腾 1min，加入 3 滴次甲基蓝，再以每 2s 1 滴的速度继续滴加样品水解液，直至溶液蓝色褪尽为止。续滴工作应控制在 1min 内完成。记录样品水解液消耗的总量。

7. 计算

$$总糖含量（以转化糖计,\%） = \frac{m_1 \times 1000}{m \times V} \times 100$$

式中 　m_1——相当于 10mL 费林试剂的转化糖质量，g；

　　　　m——样品的质量，g；

　　1000——样品水解液的总体积，mL；

　　　　V——正式滴定时所消耗样品水解液的体积，mL。

平行实验结果允许差为 0.5%。

正式滴定时，在加热煮沸后所滴入的试样水解液，必须控制在 0.5~1.0mL，否则影响结果的准确性。

8. 讨论题

①本实验为什么要在沸腾状态下快速滴定？

②本实验的误差来源是什么？

四、 乳糖和蔗糖的测定

1. 实验目的与意义

乳糖和蔗糖都是双糖，属于有效碳水化合物。蔗糖由一分子葡萄糖和一分子果糖缩合而成，存在于具有光合作用的植物中，是食品加工业中最重要的甜味剂。乳糖由一分子葡萄糖和一分子半乳糖缩合而成，存在于哺乳动物的乳汁中。它们在食品中，对食品的色、香、味、组织状态、营养价值等有一定影响。因此，测定食品中乳糖、蔗糖的含量对于评价食品的品质具有重要意义。

2. 实验要求

①了解乳糖和蔗糖的测定方法。

②领会乳糖和蔗糖的测定原理及操作要点。

③熟练样品处理、转化、糖滴定等操作。

3. 实验原理

甜炼乳中含有还原性的乳糖及不具有还原性的蔗糖，将样品溶解去除蛋白质后，根据兰－埃农法测定还原糖的原理，可直接测定乳糖的含量，蔗糖不具有还原性，用酸水解，测出水解前后转化糖的量，再求出蔗糖的含量。

兰－埃农法测定还原糖的原理：将费林 A 液、B 液混合后，生成天蓝色的 $Cu(OH)_2$ 沉淀，这种沉淀很快与酒石酸钾钠反应，生成深蓝色的酒石酸钾钠铜络合物，这种络合物被还原糖还原，生成红色的 Cu_2O 沉淀。当达到终点时，稍微过量的还原糖立即把次甲基蓝还原，此时溶液由蓝色变成无色，以此为滴定终点，根据含糖样品溶液的滴定体积就可以计算出样品中糖的含量。

4. 实验仪器

50mL 碱式滴定管，250mL 三角瓶，容量瓶（100mL、250mL、1000mL），天平，电炉，恒温水浴，移液管（5mL、10mL、50mL）。

5. 实验材料

（1）费林 A 液 溶解 69.28g 硫酸铜（$CuSO_4 \cdot 5H_2O$）于 1000mL 水中，过滤备用。

（2）费林 B 液 溶解 346g 酒石酸钾钠和 100g NaOH 于 1000mL 水中，过滤备用。

（3）1% 次甲基蓝乙醇溶液。

（4）醋酸锌溶液 称取 21.9g 醋酸锌 [$Zn(CH_3COO)_2 \cdot 2H_2O$]，加 3mL 冰醋酸，加水溶解，并稀释至 100mL。

（5）10.6% 亚铁氰化钾溶液 称取 10.6g 亚铁氰化钾，加水溶解，并稀释至 100mL。

（6）1:1 HCl 溶液。

（7）30% NaOH 溶液。

（8）0.2% 甲基红乙醇溶液。

（9）甜炼乳。

6. 实验步骤

（1）费林试剂的标定

①用乳糖标定：称取预先在 90℃ 烘箱干燥 2h 的乳糖 0.75g（准确到 0.2mg），用水溶解，并稀释至 250mL 容量瓶内，摇匀，装入滴定管备用。

分别吸取费林 A 液、B 液各 5mL 于锥形瓶中，加入玻璃珠数粒，从滴定管滴加乳糖标准液 15mL，把锥形瓶放在石棉网上加热，使其在 2min 内沸腾，保持沸腾状态 15s，加入次甲基蓝溶液 3 滴，再以每 2s 1 滴的速度继续滴加乳糖标准液，直至溶液蓝色褪尽为止，记录乳糖标准液消耗的总体积数，求出测乳糖时费林试剂的校正值（f_1）。乳糖液滴定的体积数与乳糖质量的关系见表 6-2。

$$m' = \frac{V_1 \times m_1 \times 1000}{250} = 4 \times V_1 \times m_1$$

$$f_1 = \frac{m'}{m_{L_1}} = \frac{4 \times V_1 \times m_1}{m_{L_1}}$$

式中　m'——实测乳糖数，mg；

V_1——滴定时消耗乳糖标准液的体积数，mL；

m_1——称取乳糖的质量，g；

m_{L_1}——由乳糖液滴定的毫升数查表所得的乳糖数，mg。

表 6-2　　　　　　乳糖及转化糖因数表（10mL 费林试剂）

滴定量/mL	乳糖含量/mg	转化糖含量/mg	滴定量/mL	乳糖含量/mg	转化糖含量/mg
15	68.3	50.5	33	67.8	51.7
16	68.2	50.6	34	67.9	51.7
17	68.2	50.7	35	67.9	51.8
18	68.1	50.8	36	67.9	51.8
19	68.1	50.8	37	67.9	51.9
20	68.0	50.9	38	67.9	51.9
21	68.0	51.0	39	67.9	52.0
22	68.0	51.0	40	67.9	52.0
23	67.9	51.1	41	68.0	52.1
24	67.9	51.2	42	68.0	52.1
25	67.9	51.2	43	68.0	52.2
26	67.8	51.3	44	68.0	52.2
27	67.8	51.4	45	68.1	52.3
28	67.8	51.4	46	68.1	52.3
29	67.8	51.5	47	68.2	52.4
30	67.8	51.5	48	68.2	52.4
31	67.8	51.6	49	68.2	52.5
32	67.8	51.6	50	68.3	52.5

若蔗糖与乳糖的含量比超过3∶1时，则在滴定量中加表6-3中的校正数后计算。

表6-3　　　　　　　　溶液中乳糖、蔗糖共存时，乳糖滴定量校正值数

糖液滴定量/mL	10mL 费林试剂	
	蔗糖对乳糖量的比	
	3∶1	6∶1
15	0.15	0.30
20	0.25	0.50
25	0.30	0.60
30	0.35	0.70
35	0.40	0.80
40	0.45	0.90
45	0.50	0.95
50	0.55	1.05

②由蔗糖标定：称取在105℃烘箱中干燥2h的蔗糖约0.2g（准确到0.2mg），用50mL水溶解，并移入100mL容量瓶中，定容，摇匀。

吸取50mL上述蔗糖标准溶液于100mL容量瓶中，加20mL水，再加入10mL1∶1的HCl，置75℃水浴中时时摇动，用2.5min左右时间使瓶内升温至67℃，自达67℃后继续在水浴中保持5min，于此时间内使其温度升到69.5℃，取出，用冷水冷却。当瓶内温度冷却至35℃时，加甲基红指示剂2滴，用30% NaOH中和至中性，冷却至20℃，用水稀释至刻度，摇匀，并在此温度下保温0.5h。装入滴定管备用。

再按照乳糖标定费林试剂的方法进行操作，得出滴定10mL费林试剂（A液、B液各5mL）所消耗的转化糖的体积数，求出测蔗糖时费林试剂的校正值（f_2）。

$$A_2 = \frac{V_2 \times m_2 \times 1000}{100 \times 0.95} \times \frac{50}{100} = \frac{V_2 \times m_2 \times 1000}{200 \times 0.95} = 5.2631 \times V_2 \times m_2$$

$$f_2 = \frac{m''}{m_{L_2}} = \frac{5.2631 \times V_2 \times m_2}{m_{L_2}}$$

式中　m''——实测转化糖数，mg；

　　　V_2——滴定时消耗转化糖液的体积数，mL；

　　　m_2——称取蔗糖的质量，g；

　　　m_{L_2}——由转化糖液滴定的体积数查表所得的转化糖数，mg；

0.95——换算系数（0.95g蔗糖可转化为1g转化糖）。

（2）乳糖测定

①样品处理：称取甜炼乳样品5g（准确到0.2mg），用100mL水分数次溶解，洗入250mL容量瓶中，加5mL醋酸锌溶液，再加入5mL亚铁氰化钾溶液，每次加入试剂时要缓缓加入，并摇动容量瓶，最后用水定容至刻度，摇匀。静置数分钟后，用干燥滤纸过滤，弃去最初25mL

滤液，所得样液装入滴定管内作测定用。

②预滴定：吸取费林 A 液、B 液各 5mL，置于 250mL 锥形瓶中，加玻璃珠数粒，再从滴定管中滴加样品溶液 15mL，把锥形瓶放在石棉网上加热，使其在 2min 内沸腾，保持沸腾状态 15s，加入次甲基蓝溶液 3 滴，徐徐滴入样品溶液直至溶液蓝色褪尽为止，读取消耗样品溶液的体积（mL）数。

③精密滴定：吸取费林 A 液、B 液各 5mL，置于 250mL 锥形瓶中，加玻璃珠数粒，并由滴定管放入较上述滴定所消耗量少 0.5～1.0mL 的样品溶液，把锥形瓶放在石棉网上加热，使其在 2min 内沸腾，保持沸腾状态 2min，加入次甲基蓝溶液 3 滴，继续滴加样品溶液，直至溶液蓝色褪尽为终点，以此滴定量作为计算的依据（在同时测定蔗糖时，此即为转化前滴定量）。

平行操作两次，取其平均值。

④计算

$$乳糖含量（\%）= \frac{m_a \times f_1}{V_3 \times \frac{m}{250} \times 1000} \times 100$$

式中　m——样品的质量，g；

　　　V_3——滴定时消耗样品液的体积数，mL；

　　　m_a——由消耗样品液体积数查表所得乳糖数，mg；

　　　f_1——费林试剂乳糖校正值。

（3）蔗糖测定

①转化前转化糖量的计算：利用测定乳糖时的滴定体积数，从表中查出相应的转化糖量

$$L_1（\%）= \frac{m_b \times f_2}{V_3 \times \frac{m}{250} \times 1000} \times 100$$

式中　L_1——转化前转化糖量，%；

　　　m——样品的质量，g；

　　　V_3——滴定时消耗样品液的体积数，mL；

　　　m_b——由测定乳糖时消耗样品液体积数查表所得转化糖数，mg；

　　　f_2——费林试剂蔗糖校正值。

②样品液的转化：吸取 25mL 样品液至 100mL 容量瓶中，加入 50mL 水，以下按照蔗糖标定内容操作，（即再加入 10mL 1:1 的 HCl，置 75℃ 水浴中时时摇动，用 2.5min 左右时间使瓶内升温至 67℃，自达 67℃ 后继续在水浴中保持 5min，于此时间内使其温度升到 69.5℃，取出，用冷水冷却。当瓶内温度冷却至 35℃ 时，加甲基红指示剂 2 滴，用 30% NaOH 中和至中性，冷却至 20℃，用水稀释至刻度，摇匀，并在此温度下保温 0.5h。装入滴定管备用。）

③预滴定：吸取费林 A 液、B 液各 5mL，置于 250mL 锥形瓶中，加玻璃珠数粒，再从滴定管中滴加样品溶液 15mL，把锥形瓶放在石棉网上加热，使其在 2min 内沸腾，保持沸腾状态 15s，加入次甲基蓝溶液 3 滴，徐徐滴入样品溶液直至溶液蓝色褪尽为止，读取消耗样品溶液的体积数。

④精密滴定：吸取费林 A 液、B 液各 5mL，置于 250mL 锥形瓶中，加玻璃珠数粒，并由滴定管放入较上述滴定所消耗量少 0.5～1.0mL 的样品溶液，把锥形瓶放在石棉网上加热，使其在 2min 内沸腾，保持沸腾状态 2min，加入次甲基蓝溶液 3 滴，继续滴加样品溶液，直至溶液蓝

色褪尽为终点，读取消耗样品溶液的体积数。以此滴定量作为计算的依据。

平行操作两次，取其平均值。

⑤计算

$$L_2(\%) = \frac{m_c \times f_2 \times 100}{V_4 \times \frac{m}{250} \times 1000 \times 25} \times 100$$

式中　L_2——转化后转化糖量，%；

　　m——样品的质量，g；

　　V_4——转化后滴定消耗样品液的体积数，mL；

　　m_c——由 V_4 查表所得转化糖的量，mg；

　　f_2——费林氏试剂蔗糖校正值。

蔗糖量计算：

$$蔗糖含量(\%) = (L_2 - L_1) \times 0.95$$

五、 淀粉的测定 （一）

（酶水解法）

1. 实验目的与意义

淀粉是一种多糖，它广泛存在于植物的根、茎、叶、种子等组织中，是人类食物的重要组成部分，也是供给人体热能的主要来源。在食品加工中可作为主要原料和辅助材料，对改变食品的形态、组织结构、理化性质等方面起着十分重要的作用。淀粉含量是某些食品主要的质量指标，是食品生产管理中常作的分析项目。因此，测定食品中淀粉的含量具有重要的意义。

2. 实验要求

①掌握酶水解法测定淀粉的原理。

②掌握酶水解法测定淀粉的操作方法。

3. 实验原理

样品经除去脂肪和可溶性糖类后，在淀粉酶的作用下，使淀粉水解为麦芽糖和低分子糊精，再用盐酸进一步水解为葡萄糖，然后按还原糖测定法测定其还原糖含量，并折算成淀粉含量。

4. 实验仪器

分析天平，漏斗、滤纸，水浴锅，点滴板，锥形瓶（带回流装置），烘箱，电炉，锥形瓶。

5. 实验材料

（1）乙醚。

（2）85% 乙醇。

（3）6mol/L HCl 溶液。

（4）0.5% 淀粉酶溶液　称取 0.5g 淀粉酶，加 100mL 水使其溶解，加入数滴甲苯或三氯甲烷（防止长霉），贮存于冰箱。

（5）碘溶液　称取 3.6g KI 溶于 20mL 水中，加入 1.3g I_2，溶解后加水稀释到 100mL。

（6）含淀粉的食品。

6. 实验步骤

（1）样品处理　称取 2～5g 样品（含淀粉 0.5g 左右），置于铺有折叠滤纸的漏斗内，先用 50mL 乙醚分 5 次洗涤以除去脂肪。再用约 100mL 85% 的乙醇分次洗去可溶性糖类。最后用 50mL 水将残渣移至 250mL 烧杯中。

（2）酶水解　将烧杯置沸水浴上加热 15min，使淀粉糊化，放冷至 60℃ 以下，加入 20mL 淀粉酶溶液，在 55～60℃ 保温 1h，并不时搅拌。取 1 滴此液于白色点滴板上，加 1 滴碘溶液应不呈蓝色，若呈蓝色，再加热糊化，冷却至 60℃ 以下，再加入 20mL 淀粉酶溶液，继续保温，直至酶解液加碘溶液后不呈蓝色为止。加热至沸使酶失活，冷却后移入 250mL 容量瓶中，加水定容。混匀后过滤，弃去初滤液，收集滤液备用。

（3）酸水解　取 50mL 上述滤液于 250mL 锥形瓶中，加 5mL 6mol/L HCl，装上回流装置，在沸水浴中回流 1h，冷却后加 2 滴甲基红指示剂，用 20% NaOH 溶液中和至红色刚好消失。把溶液移入 100mL 容量瓶中，洗涤锥形瓶，洗液并入 100mL 容量瓶中，加水定容，摇匀，供测定用。

（4）测定　按还原糖的测定方法对样品液进行测定。同时取 50mL 水及与样品处理时相同的淀粉酶溶液，按同一方法做试剂空白实验。然后进行计算。

7. 讨论题

酶水解法有什么特点？

六、 淀粉的测定 （二）

（酸水解法）

1. 实验要求

①掌握酸水解法测定淀粉的原理。

②掌握酸水解法测定淀粉的操作方法。

2. 实验原理

样品经乙醚除去脂肪，乙醇除去可溶性糖后，用酸水解淀粉为葡萄糖，按还原糖测定方法测定还原糖含量，再折算为淀粉含量。

3. 实验仪器

水浴锅，高速组织捣碎机，皂化装置并附 250mL 锥形瓶，天平，电炉，50mL 碱式滴定管，容量瓶。

4. 实验材料

乙醚，85% 乙醇，6mol/L HCl 溶液，40% NaOH，10% NaOH，0.2% 甲基红乙醇溶液，精密 pH 试纸，20% 中性 $PbAc_2$ 溶液，10% Na_2SO_4 钠溶液，淀粉含量较高、而其他多糖含量较少的食品。

5. 实验步骤

（1）样品处理

①粮食、豆类、糕点、饼干、代乳粉等较干燥、易研细的样品：称取 2～5g（含淀粉 0.5g 左右）磨碎、过 40 目筛的样品，置于铺有慢速滤纸的漏斗中，用 30mL 乙醚分三次洗去样品中的脂肪，再用 150mL 85% 乙醇分数次洗涤残渣以除去可溶性糖类。以 100mL 水把漏斗中残渣全部转移至 250mL 锥形瓶中。

②蔬菜、水果、粉皮等水分含量较多，不易研细、分散的样品：先按1∶1加水用组织捣碎机捣成匀浆。称取5~10g（含淀粉0.5g左右）匀浆于250mL锥形瓶中，加30mL乙醚振荡提取脂肪，用滤纸过滤除去乙醚，再用30mL乙醚分两次洗涤滤纸上的残渣，然后以150mL 85%乙醇分数次洗涤残渣以除去可溶性糖类。以100mL水把漏斗中残渣全部转移至250mL锥形瓶中。

（2）水解　于上述250mL锥形瓶中加入30mL 6mol/L HCl，装上冷凝管，置沸水浴中回流2h。回流完毕，立即用流动水冷却。待样品水解液冷却后，加入2滴甲基红，先用40% NaOH调到黄色，再用6mol/L HCl调到刚好变为红色，再用10% NaOH调到红色刚好褪去。若水解液颜色较深，可用精密pH试纸测试，使样品水解液的pH约为7。然后加入20mL 20%中性$PbAc_2$溶液，摇匀后放置10min，以沉淀蛋白质、果胶等杂质。再加入20mL 10% $NaSO_4$溶液，以除去过多的铅。摇匀后用水转移至500mL容量瓶中，加水定容，过滤，弃去初滤液，收集滤液供测定用。

空白实验：取100mL水和30mL 6mol/L盐酸于250mL锥形瓶中，按上述水解方法操作，得试剂空白液。

（3）测定　按还原糖的测定方法对样品液进行测定。然后进行计算。

6. 注意事项

①脂肪含量较低时，可省去乙醚脱脂肪步骤。

②利用HCl对淀粉进行水解，比使用淀粉酶水解更简单易行，HCl能一次将淀粉水解至葡萄糖，免除了使用淀粉酶的繁杂操作。而且盐酸是易得而价廉的试剂，较淀粉酶使用方便易于保存。但盐酸水解淀粉的专一性不如淀粉酶，它可同时将样品中半纤维素水解，因而对含半纤维素较高的食品，不宜采用。

七、 直链淀粉与支链淀粉的测定

（碘显色比色法）

1. 实验目的与意义

淀粉是由葡萄糖单位构成的聚合体，按聚合形式不同，可形成两种不同的淀粉分子——直链淀粉与支链淀粉。直链淀粉的分子呈直链状，支链淀粉的分子上有许多分枝，呈"树枝"状。由于两种淀粉分子的结构不同，性质上也有一定的差异。不同来源的淀粉，所含直链淀粉和支链淀粉的比例是不同的，因而也具有不同的性质和用途。因此，测定直链淀粉与支链淀粉的含量，具有重要的意义。

2. 实验要求

①了解碘显色比色法测定直链淀粉与支链淀粉的原理。

②掌握碘显色比色法测定直链淀粉与支链淀粉的操作方法。

3. 实验原理

淀粉与碘形成碘－淀粉复合物，并具有特殊的颜色反应。支链淀粉与碘生成棕红色复合物，直链淀粉与碘生成深蓝色复合物。在淀粉总量不变的条件下，将这两种淀粉分散液按不同比例混合，在一定波长和酸度条件下与碘作用，生成紫红到深蓝一系列颜色，代表其不同直链淀粉含量比例，根据吸光度与直链淀粉浓度呈线性关系，可用分光光度计测定。

4. 实验仪器

分光光度计，分析天平，容量瓶，吸量管，水浴锅。

5. 实验材料

（1）NaOH 溶液（1mol/L，0.09mol/L）。

（2）1mol/L 乙酸水溶液。

（3）无水乙醇。

（4）碘试剂　称取 2gKI 溶于少量蒸馏水中，再加 $0.2gI_2$，溶解后定容至 100mL。

（5）纯直链淀粉。

（6）纯支链淀粉。

（7）淀粉。

6. 实验步骤

（1）标准溶液的制备　取纯直链淀粉、纯支链淀粉各 0.1000g，分别放入 100mL 容量瓶中，加入 1mL 无水乙醇湿润样品，再加 1mol/LNaOH 溶液 9mL，于沸水浴分散 10min，迅速冷却后，用水定容。

（2）标准曲线的绘制　取 6 个 100mL 容量瓶，分别加入 1mg/mL 直链淀粉标准溶液 0、0.25mL、0.50mL、1.00mL、1.50mL、2.00mL，再依次加入 1mg/mL 支链淀粉标准溶液 5.00mL、4.75mL、4.50mL、4.00mL、3.50mL、3.00mL，总量为 5mL。另取 1 个 100mL 容量瓶，加入 5mL 0.09mol/L NaOH 溶液作空白。然后于各瓶中依次加入约 50mL 水、1mol/L 乙酸水溶液 1mL、碘试剂 1mL，用水定容后显色 10min，在 620nm 处测吸光度。以直链淀粉毫克数为横坐标，吸光度为纵坐标，绘制标准曲线。

（3）样品测定　称取 0.1000g 淀粉样品于 100mL 容量瓶中，加入 1mL 无水乙醇，充分湿润样品，再加 1mol/LNaOH 溶液 9mL，于沸水浴分散 10min，迅速冷却后，用水定容。取 5mL 淀粉分散液于 100mL 容量瓶中，加水 50mL，再加入 1mol/L 乙酸水溶液 1mL 及碘试剂 1mL，用水定容后显色 10min，在 620nm 处测吸光度。

7. 计算

$$直链淀粉含量（\%）= \frac{m' \times 100}{m \times 5} \times 100$$

式中　m'——从标准曲线上查出相应的直链淀粉含量，mg；

　　　m——样品的质量，mg。

8. 注意事项

①配制淀粉分散液时，用 1mol/L NaOH 溶液在沸水浴中加热可加快分散步骤，避免发生沉淀，加热 10min 对直链淀粉测定结果也无影响。

②用无水乙醇作为湿润剂，可防止淀粉在加入 NaOH 时结块。

八、 粗纤维的测定

（称量法）

1. 实验目的与意义

食品中纤维的测定是食品成分分析的项目之一。

纤维广泛存在于植物体内，是植物性食品的主要成分之一，它包括纤维素、半纤维素、树胶、果胶物质、木质素等。由于它们不能被人体消化利用，也称无效碳水化合物。但这些无效碳水化合物能促进肠道蠕动，改善消化系统机能，对人体健康有重要作用。纤维是人们膳食中不可缺少的成分，已日益引起人们的重视。人们每天要从食品中摄取一定量（8～12g）的纤维才能维持人体正常的生理代谢功能。在食品生产和食品开发中，也常需要测定纤维的含量。因此，测定纤维的含量对于食品品质管理和营养价值的评定具有重要的意义。

2. 实验要求

①了解测定粗纤维的意义。

②明确测定粗纤维的原理。

③掌握测定粗纤维方法。

3. 实验原理

在热的稀硫酸作用下，样品中的糖、淀粉、果胶等物质经水解而除去，再用热的 KOH 处理，使蛋白质溶解、脂肪皂化而除去。然后用乙醇和乙醚处理以除去单宁、色素及残余的脂肪，所得的残渣即为粗纤维，如其中含有无机物质，可经灰化后扣除。

4. 实验仪器

天平，锥形瓶，烘箱，G_2 垂融坩埚或 G_2 垂融漏斗，干燥器。

5. 实验材料

1.25% H_2SO_4，1.25% KOH，甲基红，酚酞，含纤维食品。

6. 实验步骤

（1）取样

①干燥样品：如粮食、豆类等，经磨碎过 24 目筛，称取均匀的样品 5.0g，置于 500mL 锥形瓶中。

②含水分较高的样品：如蔬菜、水果、薯类等，先加水打浆，记录样品质量和加水量，称取相当于 5.0g 干燥样品的量，加 1.25% 硫酸适量，充分混合，用亚麻布过滤，残渣移入 500mL 锥形瓶中。

（2）酸处理　于锥形瓶中加入 200mL 煮沸的 1.25% 硫酸，加热使微沸，保持体积恒定（可用回流方法），维持 30min，每隔 5min 摇动锥形瓶一次，以充分混合瓶内的物质。取下锥形瓶，立即用亚麻布过滤后，用热水洗涤至洗液不呈酸性（以甲基红为指示剂）。

（3）碱处理　用 200mL 煮沸的 1.25% KOH 溶液，将亚麻布上的存留物洗入原锥形瓶中，加热微沸 30min（可用回流方法），取下锥形瓶，立即用亚麻布过滤后，用沸水洗涤至洗液不呈碱性（以酚酞为指示剂）。

（4）干燥　用水把亚麻布上的残留物洗入 100mL 烧杯中，然后转移到已干燥至恒重的 G_2 垂融坩埚或 G_2 垂融漏斗中，抽滤，用热水充分洗涤后，抽干，再依次用乙醇、乙醚洗涤一次。将坩埚和内容物在 105℃ 烘箱中烘干至恒重。

如样品中含有较多无机物质，可用石棉坩埚代替垂融坩埚过滤，烘干称重后，移入 550℃ 高温炉中灼烧至恒重，灼烧前后的质量之差即为粗纤维的量。

7. 计算

$$粗纤维含量（\%）= \frac{m'}{m} \times 100$$

式中　m'——残余物的质量（或经高温灼烧后损失的质量），g；

　　　m——样品质量，g。

8. 注意事项

①样品中脂肪含量高于 1% 时，应先用石油醚脱脂，然后再测定。

②本实验测定结果的准确性取决于操作条件的控制，如样品的细度、加热时间、沸腾状态等。

③在这种方法中，纤维素、半纤维素、木质素等食物纤维成分发生了不同程度的降解，且残留物中还包含了少量的无机物、蛋白质等成分，故测定结果称为"粗纤维"。

9. 讨论题

①什么是"粗纤维"？

②测定粗纤维有什么意义？

③本实验测定结果的准确性受哪些因素影响？

九、 果胶物质的测定

（称量法）

1. 实验目的与意义

果胶物质是一种植物胶，存在于水果、蔬菜及其他植物的细胞膜中。果胶物质含量与果蔬的成熟度有关，并影响植物组织的强度和密度。果胶水溶液在一定条件下具有凝胶特性，可用于生产果酱、果冻及高级糖果等；果胶具有增稠、稳定及乳化等功能，可以在解决饮料分层、防止沉淀、改善风味等方面发挥重要作用，由此可见，果胶物质在食品工业中应用较广。因此，测定果胶物质的含量具有重要意义。

2. 实验要求

①了解果胶物质的测定原理。

②掌握果胶物质的测定方法。

3. 实验原理

先用70%乙醇处理样品，使果胶沉淀，再依次用乙醇、乙醚洗涤沉淀，以除去可溶性糖类、脂肪、色素等物质，残渣分别用酸或用水提取总果胶或水溶性果胶。果胶经皂化生成果胶酸钠，再经醋酸酸化使之生成果胶酸，加入钙盐则生成果胶酸钙沉淀，烘干后称重。

4. 实验仪器

烘箱，布氏漏斗、抽滤机、真空泵，天平，锥形瓶（带回流装置），研钵，水浴锅，G_2垂融坩埚。

5. 实验材料

（1）乙醇。

（2）乙醚。

（3）0.05mol/L HCl 溶液。

（4）0.1mol/L NaOH 溶液。

（5）1mol/L 醋酸　取58.3mL冰醋酸，用水定容到100mL。

（6）1mol/L $CaCl_2$溶液　称取110.99g无水$CaCl_2$，用水定容到500mL。

（7）甲基红。

（8）含果胶的食品。

6. 实验步骤

（1）样品处理

①新鲜样品：称取样品30～50g，用小刀切成薄片，置于预先放有99%乙醇的500mL锥形

瓶中，装上回流冷凝管，在水浴上沸腾回流 15min 后，冷却，用布氏漏斗过滤，残渣于研钵中一边慢慢磨碎，一边滴加 70% 的热乙醇，冷却后再过滤，反复操作至滤液不呈糖的反应（用苯酚 – 硫酸法检验）为止。残渣用 99% 乙醇洗涤脱水，再用乙醚洗涤除去脂类和色素，风干乙醚。

②干燥样品：研细，使之通过 60 目筛，称取 5～10g 样品于烧杯中，加入热的 70% 乙醇，充分搅拌以提取糖类，过滤。反复操作至滤液不呈糖的反应。残渣用 99% 乙醇洗涤脱水，再用乙醚洗涤，风干乙醚。

（2）提取果胶

①水溶性果胶提取：用 150mL 水将上述漏斗中残渣移入 250mL 烧杯中，加热至沸并保持沸腾 1h，随时补足蒸发的水分，冷却后移入 250mL 容量瓶中，加水定容，摇匀，过滤，弃去初始滤液，收集滤液即得水溶性果胶提取液。

②总果胶的提取：用 150mL 加热至沸的 0.05mol/L 盐酸溶液把漏斗中残渣移入 250mL 锥形瓶中，装上冷凝器，于沸水浴中加热回流 1h，冷却后移入 250mL 容量瓶中，加甲基红指示剂 2 滴，加 0.5mol/L 氢氧化钠中和后，加水定容，摇匀，过滤，收集滤液即得总果胶提取液。

（3）测定　取 25mL 提取液（能生成果胶酸钙 25mg 左右）于 500mL 烧杯中，加入 0.1mol/L NaOH 溶液 100mL，充分搅拌，放置 0.5h，再加入 1mol/L 醋酸 50mL，放置 5min，边搅拌边缓缓加入 1mol/L $CaCl_2$ 溶液 25mL，放置 1h（陈化），加热煮沸 5min，趁热用烘干至恒重的滤纸（或 G_2 垂融坩埚）过滤，用热水洗涤至无氯离子（用 10% $AgNO_3$ 溶液检验）为止。滤渣连同滤纸一同放入称量瓶中，置 105℃烘箱中（G_2 垂融坩埚可直接放入）干燥至恒重。

7. 计算

$$果胶物质（以果胶酸计，\%）= \frac{(m_1 - m_2) \times 0.9233}{m \times \frac{25}{250}} \times 100$$

式中　m_1——果胶酸钙和滤纸，或果胶酸钙和垂融坩埚质量，g；

　　　m_2——滤纸或垂融坩埚质量，g；

　　　m——样品质量，g；

　　　25——测定时取果胶提取液的体积，mL；

　　250——果胶提取液的总体积，mL；

0.9233——由果胶酸钙换算为果胶酸的系数。

8. 注意事项

①检验糖分的苯酚 – 硫酸法　取检液 1mL，置于试管中，加入 5% 苯酚水溶液 1mL，再加入 H_2SO_4 5mL，混匀，如溶液呈褐色，证明检液中含有糖分。

②加入 $CaCl_2$ 溶液时，应边搅拌边缓缓滴加，以减小过饱和度，并避免溶液局部过浓。

③新鲜试样若直接研磨，由于果胶酶的作用，果胶会迅速分解，故需将切片浸入乙醇中，以钝化酶的活力。

第六节　蛋白质及氨基酸的测定

一、食品中蛋白质的测定

（凯氏定氮法）

1. 实验目的与意义

蛋白质是生命的物质基础，是构成生物体细胞组织的重要成分，一切有生命的活体都含有不同类型的蛋白质。人体内的酸碱平衡、水平衡的维持，遗传信息的传递，物质的代谢及转运都与蛋白质有关。人及动物只能从食品得到蛋白质及其分解产物，来构成自身的蛋白质，故蛋白质是人体重要的营养物质。在食品加工中，蛋白质及其分解产物对食品的色、香、味有着极大的影响，是食品的重要组成成分。

测定食品中的蛋白质含量，对于评价食品的营养价值、合理开发利用食品资源、提高产品质量、优化食品配方、指导生产均具有极其重要的意义。

2. 实验要求

①掌握凯氏定氮法的测定原理。

②掌握凯氏定氮法中样品消化、蒸馏、吸收等基本操作方法。

3. 实验原理

样品与浓硫酸和催化剂一同加热消化，使蛋白质分解，有机氮转化为氨与硫酸结合成硫酸铵。然后加碱蒸馏，使氨蒸出，用硼酸吸收后再以标准盐酸或硫酸溶液滴定。根据标准酸消耗量可计算出蛋白质的含量。其反应式如下：

消化反应 $2NH_2(CH_2)_2COOH + 13H_2SO_4 \longrightarrow (NH_4)_2SO_4 + 6CO_2 + 12SO_2 + 16H_2O$

蒸馏 $(NH_4)_2SO_4 + 2NaOH \longrightarrow 2NH_3 \uparrow + Na_2SO_4 + 2H_2O$

吸收 $2NH_3 + 4H_3BO_3 \longrightarrow (NH_4)_2B_4O_7 + 5H_2O$

滴定 $(NH_4)_2B_4O_7 + 2HCl + 5H_2O \longrightarrow 2NH_4Cl + 4H_3BO_3$

4. 实验仪器

凯氏烧瓶（500mL），可调式电炉，微量凯氏定氮蒸馏装置，酸式滴管，研钵，组织捣碎机。

5. 实验材料

（1）$CuSO_4$。

（2）40% NaOH 溶液。

（3）K_2SO_4。

（4）浓 H_2SO_4。

（5）4% H_3BO_3 溶液。

（6）0.01mol/L HCl 标准溶液。

（7）甲基红 - 溴甲酚绿混合指示剂　1 份 0.1% 甲基红乙醇溶液与 5 份 0.1% 溴甲酚绿乙醇

溶液混合均匀。

（8）含蛋白质的食品。

6. 实验步骤

（1）试样的制备

①固体样品用研钵捣碎、研细。

②其他样品用组织捣碎机捣碎、混匀。

（2）消化 准确称取固体样品0.2～2g（半固体样品2～5g，或吸取液体样品10～20mL），小心移入干燥洁净的凯氏烧瓶中（避免黏附在瓶颈），向瓶内依次加入$CuSO_4$ 0.4g、K_2SO_4 10g、浓H_2SO_4 20mL，轻轻摇匀，将凯氏烧瓶斜放在电炉上（45°），瓶口置一小漏斗，缓慢加热，待泡沫停止产生后，加大火力，保持液体微沸。当液体呈蓝绿色透明时，继续加热30min，取下凯氏烧瓶冷却至室温，缓慢加入适量水，摇匀，待样品冷却至室温，移入100mL容量瓶中，用蒸馏水冲洗烧瓶数次，洗液并入容量瓶，用蒸馏水定容至刻度，摇匀。

（3）蒸馏与吸收 安装好微量凯氏定氮蒸馏装置。于水蒸气发生瓶内装水至2/3容积处，加甲基橙指示剂数滴及H_2SO_4数毫升。在100mL接收瓶内加入10mL 4%的H_3BO_3溶液和2滴混合指示剂，将冷凝管下端插入液面下。准确吸取10mL样品消化稀释液，由进样漏斗加入反应室，以少量水冲洗进样漏斗，再从进样口加入10mL 40% NaOH使其缓缓进入反应室，立即夹好漏斗夹，并加少量水于漏斗密封，以防漏气。进行蒸馏。蒸馏至吸收液中指示剂变为绿色开始计时，继续蒸馏10min后，将冷凝管尖端提离液面再蒸馏1min，用蒸馏水冲洗冷凝管尖端外部后停止蒸馏。

（4）滴定 馏出液用0.01mol/L HCl标准液滴定至微红色为终点。再做一空白实验。

7. 计算

$$蛋白质含量（\%）= \frac{(V_1 - V_0) \times c_{HCl} \times \dfrac{14}{1000} \times F}{m \times \dfrac{V_2}{100}} \times 100$$

式中 V_0——滴定空白吸收液时消耗HCl标准液体积，mL；

V_1——滴定样品吸收液时消耗HCl标准液体积，mL；

V_2——蒸馏时吸取样品稀释液体积，mL；

c_{HCl}——HCl标准溶液的浓度，mol/L；

14——氮的摩尔质量；

F——蛋白质换算系数；

m——样品质量，g。

8. 注意事项

①所用试剂溶液应用无氨蒸馏水配制。

②消化时不要用强火，应保持和缓沸腾，以免样品黏附在凯氏烧瓶内壁上。

③消化过程中应注意不时转动凯氏烧瓶，以便利用冷凝酸液将附在瓶内壁上的样品残渣洗下，并促进其消化完全。

④蒸馏装置不能漏气。

⑤NH_3是否蒸馏完全，可用pH试纸试馏出液是否为碱性。

⑥凯氏定氮法测定氮的含量，依据蛋白质中含氮的多少，换算为蛋白质的含量。

⑦不同的蛋白质其氨基酸的构成比例及方式不同，故不同蛋白质的含氮量也不同。蛋白质中的含氮量一般为 15% ~ 17%，按 16% 计，蛋白质换算系数为 6.25。不同食品蛋白质含氮量略有差异，所以换算系数就不同，如乳制品为 6.38；小麦粉为 5.70；玉米、高粱为 6.24；花生为 5.46；大米为 5.95；大豆及其制品为 5.71；肉及肉制品为 6.25；大麦、小米、燕麦为 5.83；芝麻、向日葵为 5.30。食品中还有非蛋白质物质含氮，故此法测定的蛋白质为粗蛋白。

⑧蒸馏时，蒸汽发生要充足，均匀。

⑨我国规定含乳饮料中蛋白质含量 ≥1.0%。

⑩测定蛋白质的方法，最常用的是凯氏定氮法，此法较准确。此外，双缩脲法、染料结合法等也常用于蛋白质含量的测定，由于方法简便快速，故多用于生产单位质量控制。

9. 讨论题

①当样品消化液不易澄清透明时可采取什么措施？

②消化时加入的 $CuSO_4$、K_2SO_4 起什么作用？

③为什么用凯氏定氮法测定的蛋白质为粗蛋白？

二、 氨基酸的测定

（氨基酸自动分析仪法）

1. 实验目的与意义

在构成蛋白质的氨基酸中，亮氨酸、异亮氨酸、赖氨酸、苯丙氨酸、甲硫氨酸、苏氨酸、色氨酸和缬氨酸等氨基酸在人体中不能合成，必须依靠食品供给，故被称为必需氨基酸。它们对人体有着极其重要的生理功能，如果缺乏会导致人体代谢障碍，甚至引发各种疾病。

随着食品科学的发展和营养知识的普及，食物蛋白质中必需氨基酸含量的高低及氨基酸的构成，越来越得到人们的重视。为提高蛋白质的生理功效而进行食品氨基酸互补和强化的理论，对食品加工工艺的改革，保健食品的开发及合理配膳等工作都具有积极的指导作用。因此，对食品及其原料中的氨基酸进行分离及测定具有极其重要的意义。

2. 实验要求

①掌握氨基酸自动分析仪法的测定原理。

②掌握氨基酸自动分析仪法的基本操作方法。

3. 实验原理

食物蛋白质经 HCl 水解成为游离氨基酸，经氨基酸分析仪的离子交换柱分离后，与茚三酮溶液产生颜色反应，再通过分光光度计比色测定氨基酸含量。

4. 实验仪器

（1）氨基酸自动分析仪。

（2）恒温干燥箱。

（3）真空泵。

（4）真空干燥器。

（5）水解管　耐压螺盖玻璃管或硬质玻璃管，体积 20 ~ 30mL。

5. 实验材料

（1）浓 HCl 和 6mol/L HCl。

（2）苯酚。

（3）0.0025mol/L 混合氨基酸标准液。

（4）pH 2.2、3.3 和 4.0 的柠檬酸钠缓冲液 称取 19.6g 柠檬酸钠（$Na_3C_6H_5O_7 \cdot 2H_2O$）三份，分别加入 16.5mL、12mL 和 9mL 浓 HCl，分别加水稀释到 1000mL，用浓 HCl 或 500g/L NaOH 溶液分别调节 pH 至 2.2、3.3 和 4.0。

（5）pH 6.4 的柠檬酸钠缓冲液 称取 19.6g 柠檬酸钠和 46.8g NaCl，加水稀释到 1000mL，用浓 HCl 或 500g/L NaOH 溶液调节 pH 至 6.4。

（6）pH 5.2 的乙酸锂溶液 称取 168g 氢氧化锂（$LiOH \cdot H_2O$），加入冰乙酸 279mL，加水稀释到 1000mL，用浓 HCl 或 500g/L NaOH 溶液调节 pH 至 5.2。

（7）茚三酮溶液 取 150mL 二甲基亚砜和乙酸锂溶液 50mL，加入 4g 水合茚三酮（$C_9H_4O_3 \cdot H_2O$）和 0.12g 还原茚三酮（$C_{18}H_{10}O_6 \cdot 2H_2O$）搅拌至溶解。

（8）高纯 N_2 纯度 99.99%。

（9）冷冻剂 市售食盐与冰按 1:3 混合。

（10）除蛋白质含量低的水果、蔬菜、饮料和淀粉类食品以外的其他食品。

6. 实验步骤

（1）样品处理和称取 试样采集后用匀浆机打成匀浆（或者将试样尽量粉碎），于低温冰箱中冷冻保存，分析时将其解冻后使用。

准确称取一定量均匀性好的试样（含蛋白质 10~20mg）；均匀性差的试样如鲜肉等，为减少误差可适当增大称样量，测定前再稀释。将称好的试样放于水解管中。

（2）水解 在水解管内加 6mol/L 盐酸 10~15mL（视样品蛋白质含量而定），含水量高的样品（如牛乳）可加入等体积的浓 HCl，加入新蒸馏的苯酚 3~4 滴，再将水解管放入冷冻剂中，冷冻 3~5min，再接到真空泵的抽气管上，抽真空（接近 0Pa），然后充入高纯 N_2；再抽真空充 N_2，重复三次后，在充 N_2 状态下封口或拧紧螺丝盖将已封口的水解管放在（110±1）℃的恒温干燥箱内，水解 22h 后，取出冷却。

打开水解管，将水解液过滤后，用去离子水多次冲洗水解管，将水解液全部转移到 50mL 容量瓶内，定容。吸取滤液 1mL 于 5mL 容量瓶内，用真空干燥器在 40~50℃干燥，残留物用 1~2mL 水溶解，再干燥，反复进行两次，最后蒸干，用 1mL pH 2.2 的柠檬酸钠缓冲液溶解，供仪器测定用。

（3）测定 准确吸取 0.20mL 混合氨基酸标准溶液，用 pH 2.2 的柠檬酸钠缓冲液稀释到 5mL，此标准稀释液的浓度为 5.00nmol/50μL，作为上机测定用的氨基酸标准，用氨基酸自动分析仪以外标法测定样品测定液的氨基酸含量。

7. 计算

$$氨基酸含量（\%）= \frac{\rho \times \frac{1}{50} \times F \times V \times M}{m \times 10^9} \times 100$$

式中 ρ——样品测定液中氨基酸的含量，nmol/50μL；

F——样品稀释倍数或体积换算系数；

V——水解后样品定容体积，mL；

M——氨基酸相对分子质量；

m——样品质量，g；

$\dfrac{1}{50}$——c 的单位由 nmol/50μL 换算成 nmol/μL（或 μmol/mL）的系数；

10^9——样品中氨基酸的质量由 ng 换算成 g 的系数。

8. 注意事项

①氨基酸自动分析仪法不适用于蛋白质含量低的水果、蔬菜、饮料和淀粉类食品中氨基酸的测定。

②氨基酸和茚三酮反应生成蓝紫色化合物，在 570nm 波长下进行比色测定；但脯氨酸和羟脯氨酸则生成黄棕色化合物，在 440nm 波长下进行比色测定。

③显色反应用的茚三酮试剂，随着时间推移发色率会降低，因此在较长时间测样过程中应随时采用已知浓度的氨基酸标准溶液上柱测定以检验其变化情况。

第七节　维生素的测定

一、 维生素 A 的测定

（三氯化锑比色法）

1. 实验目的与意义

维生素 A 对人体有重要的生理功能：维持正常的视觉功能，防治夜盲症；维持上皮组织结构的完整性，增强机体的免疫力；促进骨骼、牙齿和机体的生长发育及细胞的增殖。测定食品中维生素 A 的含量，对于评价食品的营养价值具有重要的意义。维生素 A 的测定，也是食品成分分析的项目之一。

2. 实验要求

①掌握维生素 A 的测定原理。

②掌握比色法测定维生素 A 的基本操作方法。

3. 实验原理

在氯仿溶液中，维生素 A 与 $TiCl_3$ 可生成蓝色可溶性络合物，在 620nm 波长处有最大吸收峰，其吸光度与维生素 A 的含量成正比，可用比色法测定。

4. 实验仪器

天平，组织捣碎机，电炉，三角瓶（带回流装置）、三角瓶（带盖），分液漏斗、漏斗，分光光度计，水浴锅，研钵。

5. 实验材料

（1）无水 Na_2SO_4。

（2）乙酸酐。

（3）无水乙醚。

（4）无水乙醇。

（5）三氯甲烷（应不含分解物）。

检查方法：取少量三氯甲烷置于试管中，加水少许振摇，加几滴硝酸银溶液，若产生白色沉淀，则说明三氯甲烷中含有分解产物氯化氢。

处理方法：置三氯甲烷于分液漏斗中，加水洗涤数次，用无水 Na_2SO_4 或 $CaCl_2$ 脱水，然后蒸馏。

（6）25% 三氯化锑 - 三氯甲烷溶液　将 25g 干燥的 $TiCl_3$ 迅速投入装有 100mL 三氯甲烷的棕色试剂瓶中，振摇，使之溶解，再加入无水 Na_2SO_4 10g。用时吸取上层清液。

（7）1∶1 KOH 溶液。

（8）0.5mol/L KOH 溶液。

（9）维生素 A 标准溶液　视黄醇（纯度 85%）或视黄醇乙酸酯（纯度 90%）经皂化处理后使用。用乙醇溶解维生素 A 标准品，使其浓度大约为 1mg/mL 视黄醇。临用前以紫外分光光度法标定其准确浓度。

（10）1% 酚酞指示剂溶液。

（11）含维生素 A 的食品。

6. 实验步骤

（1）样品处理　根据样品性质，可采用皂化法或研磨法。

①皂化法：适用于维生素 A 含量不高的样品，可减少脂溶性物质的干扰，因为含维生素 A 的样品，多为脂肪含量高的样品，故必须首先除去脂肪，把维生素 A 从脂肪中分离出来。

a. 皂化。称取 0.5 ~ 5g 经组织捣碎机捣碎或充分混匀的样品于三角瓶中，加入 10mL 1∶1 KOH 溶液及 20 ~ 40mL 乙醇，加热回流 30min。加入 10mL 水，轻轻振摇，若无浑浊现象，表示皂化完全。

b. 提取。将皂化瓶内混合物移至分液漏斗中，以 30mL 水分两次洗皂化瓶，洗液并入分液漏斗中。如有渣子，可用脱脂棉漏斗滤入分液漏斗中。再用 50mL 乙醚分两次洗皂化瓶，洗液并入分液漏斗中。振摇 2min（注意放气），静置分层后，水层放入第二个分液漏斗中。皂化瓶再用 30mL 乙醚分两次洗涤，洗液倾入第二个分液漏斗中。振摇后静置分层，将水层放入第三个分液漏斗中，醚层并入第一个分液漏斗中。如此重复操作，直至最后分出的醚层不再使三氯化锑 - 三氯甲烷溶液呈蓝色为止。

c. 洗涤。在第一个分液漏斗中加入 30mL 水，轻轻振摇，静置片刻，放去水层。再加入 15 ~ 20mL 的 0.5mol/L KOH 溶液于分液漏斗中，轻轻振摇后，弃去下层碱液，除去醚溶性酸皂。继续用水洗涤，每次用水约 30mL，直至水洗液不再使酚酞变红为止。醚层液静置 10 ~ 20min 后，小心放掉析出的水。

d. 浓缩。将醚层液经过无水 Na_2SO_4 滤入三角瓶中，再用 25mL 乙醚冲洗分液漏斗和 Na_2SO_4 两次，洗液并入三角瓶中。用水浴蒸馏，回收乙醚。待瓶中剩约 5mL 乙醚时取下，用减压抽气法抽干，立即准确加入一定量的三氯甲烷（约 5mL），使溶液中维生素 A 含量在适宜浓度范围内（3 ~ 5μg/mL）。

②研磨法：适用于每克样品维生素 A 含量 5 ~ 10μg 样品的测定。

a. 研磨。精确称取 2 ~ 5g 样品，放入盛有 3 ~ 5 倍样品质量的无水 Na_2SO_4 研钵中，研磨至样品中水分完全被吸收，并均质化。

b. 提取。小心地将全部均质化样品移入带盖的三角瓶中，准确加入 50 ~ 100mL 乙醚。紧压盖子，用力振摇 2min，使样品中维生素 A 溶于乙醚中。使其自行澄清（1 ~ 2h），或离心澄清（因乙醚易挥发，气温高时应在冷水浴中操作。）。

c. 浓缩。取澄清提取乙醚液 2~5mL，放入比色管中，在 70~80℃ 水浴上抽气蒸干。立即加入 1mL 三氯甲烷溶解残渣。

（2）标准曲线的绘制　准确吸取维生素 A 标准溶液 0、0.1mL、0.2mL、0.3mL、0.4mL、0.5mL 于 6 个 10mL 容量瓶中，用三氯甲烷定容，得标准系列使用液。再取 6 个 3cm 比色杯顺次移入标准系列使用液各 1mL，每个杯中加乙酸酐 1 滴，制成标准比色系列。在 620nm 波长处，以 10mL 三氯甲烷和 1 滴乙酸酐的空白溶液调节光度法的零点。然后将标准比色系列按顺序移入到光路前，迅速加入 9mL 三氯化锑 - 三氯甲烷溶液，6s 内测吸光度（每支比色杯都在临测前加入显色剂）。以维生素 A 含量为横坐标，以吸光度为纵坐标绘制曲线。

（3）样品测定　取两个 3cm 比色杯，分别加入 1mL 三氯甲烷（样品空白液）和 1mL 样品溶液，各加 1 滴乙酸酐。其余步骤同标准曲线的制备。分别测定样品空白液和样品溶液的吸光度，从标准曲线中查出相应的维生素 A 含量。

7. 计算

$$维生素 A 含量 = \frac{\rho - \rho_0}{m} \times V \times \frac{100}{1000} \, (mg/100g)$$

式中　ρ——由标准曲线上查得样品溶液中维生素 A 的含量，$\mu g/mL$；

　　　ρ_0——由标准曲线上查得样品空白液中维生素 A 的含量，$\mu g/mL$；

　　　m——样品质量，g；

　　　V——样品提取后加入三氯甲烷定容的体积，mL；

$\frac{100}{1000}$——将样品中维生素 A 的含量单位由 $\mu g/mL$ 折算成 mg/100g 的折算系数。

8. 注意事项

①乙醚为溶剂的萃取体系，易发生乳化现象。在提取、洗涤操作中，不要用力过猛，若发生乳化，可加几滴乙醇。

②所用三氯甲烷中不应含有水分，因 $TiCl_3$ 遇水会发生沉淀，干扰比色。所以在测定中加入乙酸酐，以保证脱水。

③维生素 A 见光易分解，所以实验应在暗处进行。

④测定结果也可以用国际单位表示，每 1 国际单位维生素 A 相当于 0.3μg 维生素 A。

⑤$TiCl_3$ 腐蚀性强，不能沾到手上。

⑥比色法除用 $TiCl_3$ 作显色剂外，还可用三氟乙酸、三氯乙酸作显色剂。其中三氟乙酸没有遇水发生沉淀而使溶液浑浊的缺点。

二、　维生素 C 的测定

（2, 6 - 二氯靛酚滴定法）

1. 实验目的与意义

维生素是维持机体正常生命活动不可缺少的一类有机化合物。维生素 C 可促进胶原蛋白抗体的形成，具有抗癌作用。维生素 C 能促进胆固醇转化为胆汁酸，降低胆固醇浓度，维生素 C 的强还原性能将 Fe^{3+} 还原为 Fe^{2+}，而使其易于吸收，有利于血红蛋白的形成。如果食物中缺乏维生素 C，就会出现坏血病。

维生素 C 的主要食物来源为水果、蔬菜。成人日需求量为 30mg/d。

2. 实验要求

①掌握 2，6 - 二氯靛酚滴定法测定维生素 C 的原理。

②掌握 2，6 - 二氯靛酚滴定法测定维生素 C 的操作要点。

3. 实验原理

2，6 - 二氯靛酚是一种染料，用 2，6 - 二氯靛酚标准液滴定含维生素 C 的酸性溶液，染料被还原为无色，到达终点时，稍过量的染料在酸性介质中呈浅红色。从染料消耗量即可计算出试样中还原型抗坏血酸量。

4. 实验仪器

组织捣碎机，滴定管，乳钵，漏斗，三角瓶。

5. 实验材料

（1）1% 的草酸溶液。

（2）2% 的草酸溶液。

（3）抗坏血酸标准溶液　准确称取 20mg 抗坏血酸，溶于 1% 的草酸中，并稀释至 100mL，置冰箱中保存。用时取出 5mL，置于 50mL 容量瓶中，用 1% 草酸溶液定容，配成 0.02mg/mL 标准溶液。

标定：吸取标准使用液 5mL 于三角瓶中，加入 6% KI 溶液 0.5mL、1% 淀粉溶液 3 滴，以 0.001mol/L KIO_3 标准溶液滴定，终点为淡蓝色。

计算：

$$\rho = \frac{V_1 \times 0.088}{V_2}$$

式中　ρ——抗坏血酸标准溶液的浓度，mg/mL；

　　　V_1——滴定时消耗 0.001mol/L KIO_3 标准溶液的体积，mL；

　　　V_2——滴定时所取抗坏血酸的体积，mL；

　0.088——1mL 0.001mol/L KIO_3 标准溶液相当于抗坏血酸的量，mg/mL。

（4）2，6 - 二氯靛酚溶液　称取 2，6 - 二氯靛酚 50mg，溶于 200mL 含有 52mg $NaHCO_3$ 的热水中，待冷，置于冰箱中过夜。次日过滤于 250mL 棕色容量瓶中，定容，在冰箱中保存。每周标定一次。

标定：取 5mL 已知浓度的抗坏血酸标准溶液，加入 1% 的草酸溶液 5mL，摇匀，用 2，6 - 二氯靛酚溶液滴定至溶液呈粉红色，在 15s 不褪色为终点。

计算：

$$\rho_1 = \frac{\rho_2 \times V_1}{V_2}$$

式中　ρ_1——每毫升染料溶液相当于抗坏血酸的质量（mg），mg/mL；

　　　ρ_2——抗坏血酸的含量，mg/mL；

　　　V_1——抗坏血酸标准溶液的体积，mL；

　　　V_2——消耗 2，6 - 二氯靛酚的体积，mL。

（5）0.001mol/L KIO_3 标准溶液　精确称取干燥的 KIO_3 3.567g，用水溶解稀释至 100mL，取出 1mL，用水稀释至 100mL，此溶液 1mL 相当于抗坏血酸 0.088mg。

（6）1% 淀粉溶液。

（7）6% KI 溶液。

（8）水果或蔬菜。

6. 实验步骤

（1）提取

鲜样制备：称100g鲜样，加等量的2%草酸溶液，倒入组织捣碎机中打成匀浆。取10～40g匀浆于100mL容量瓶内，用1%草酸稀释至刻度，混合均匀。

干样制备：称1～4g干样放入乳钵中，加1%草酸溶液磨成匀浆，倒入100mL容量瓶中，用1%草酸稀释至刻度。过滤上述样液，不易过滤的可用离心机沉淀后，倾出上清液，过滤备用。

（2）滴定　吸取10mL滤液于三角瓶中，快速加入2，6－二氯靛酚溶液滴定，至溶液出现红色15s不褪色为终点。同时做空白实验。

7. 计算

$$x = \frac{(V - V_0)\rho}{m} \times 100$$

式中　x——样品中还原型抗坏血酸含量，mg/100g；

ρ——1mL染料溶液相当于抗坏血酸的质量（mg），mg/mL；

V——滴定样液时消耗染料的体积，mL；

V_0——滴定空白时消耗染料的体积，mL；

m——滴定时所取滤液中含有样品的质量，g。

8. 注意事项

①所有试剂最好用重蒸馏水配制。

②若测动物性样品，须用10%三氯醋酸代替2%草酸溶液提取。

③若样品滤液颜色较深，影响滴定终点观察，可加入白陶土再过滤。白陶土使用前应测定回收率。

第八节　食物中灰分及几种重要矿物质元素的测定

一、乳粉中灰分含量的测定

1. 实验目的与意义

食品的组成十分复杂，除含有大量有机物外，还含有较丰富的无机成分。当这些组分经高温灼烧时，将发生一系列物理和化学变化，最后有机成分挥发逸散，而无机成分（主要是无机盐和氧化物）则残留下来，这些残留物称为灰分。灰分是标示食品中无机成分总量的一项指标。

测定灰分具有重要的意义。不同的食品，因所用原料、加工方法及测定条件的不同，灰分的组成和含量也不相同，当这些条件确定后，某种食品的灰分常在一定范围内。如果灰分含量超过了正常范围，说明食品生产中使用了不合乎卫生标准要求的原料或食品添加剂，或食品在加工、贮运过程中受到了污染。因此，测定灰分可以判断食品受污染的程度。此外，灰分还可以评价食品的加工精度和食品的品质。总之，灰分是某些食品重要的质量控制指标，是食品成分分析的项目之一。

通过本实验明确测定灰分的意义和重要性。

2. 实验要求

①掌握乳粉中灰分含量的测定方法。

②领会灰分的测定原理及操作要点。

3. 实验原理

把一定量的样品经炭化后放入高温炉内灼烧，使有机物质被氧化分解，以 CO_2、氮的氧化物及水等形式逸出，而无机物质以无机盐和金属氧化物的形式残留下来，称量残留物的质量即可计算出样品中总灰分的含量。

4. 实验仪器

马福炉（高温炉），瓷坩埚，坩埚钳，干燥器，分析天平，电炉。

5. 实验材料

0.5% $FeCl_3$ 与等量蓝墨水混合液，1:4 HCl 溶液，乳粉。

6. 实验步骤

（1）瓷坩埚的准备 将瓷坩埚用 1:4 HCl 溶液煮 1~2h，洗净晾干后，用 0.5% $FeCl_3$ 与等量蓝墨水的混合液在坩埚外壁及盖上编号，置于 550℃ 高温炉中灼烧 1h，移至炉口稍冷，然后移至干燥器中冷却至室温，准确称重。再放入高温炉中灼烧 0.5h，冷却后称重，如此重复，直至恒重（前后两次相差不超过 0.5mg）。

（2）测定 称乳粉 1g 左右放入已恒重的坩埚中，置于电炉上炭化至无烟，移入 550℃ 的高温炉炉口处，稍待片刻，再慢慢移入炉腔内，盖子倚在坩埚边上，关闭炉门，灼烧 2h 后，将坩埚移至炉口，冷却至红热退去，再移入干燥器内，冷却至室温，称重，然后再放入高温炉中灼烧 0.5h，取出移入干燥器内，冷却，称重，重复以上操作直至恒重。

7. 计算

$$灰分（\%）= \frac{m_2 - m_0}{m_1 - m_0} \times 100$$

式中 m_0——空坩埚质量，g；

　　　m_1——样品加空坩埚的质量，g；

　　　m_2——灰分加空坩埚的质量，g。

8. 注意事项

①食品的灰分与食品中原来存在的无机成分在数量和组成上并不完全相同，因为食品在灰化时，某些易挥发元素，如氯、碘、铅等，会挥发散失，磷、硫等也能以含氧酸的形式挥发散失，使这些无机成分减少。另一方面，某些金属氧化物会吸收有机物分解产生的 CO_2 而形成碳酸盐，又使无机成分增多，因此，灰分并不能准确地表示食品中原来的无机成分的总量。从这种观点出发通常把食品经高温灼烧后的残留物称为粗灰分。

②乳及乳制品的灰分含量：牛乳的灰分含量为 0.6%~0.7%，罐藏淡炼乳为 1.6%~1.7%，罐藏甜炼乳为 1.9%~2.1%，乳粉为 5.0%~5.7%，脱脂乳粉为 7.8%~8.2%。

二、 面粉中灰分含量的测定

1. 实验目的与意义

测定灰分可以评价面粉的加工精度和食品的品质。在面粉加工中，常以总灰分含量评定面粉等级，如富强粉的灰分含量为 0.3% ~0.5%；标准粉为 0.6% ~0.9%。

通过本实验明确测定面粉中灰分的意义和重要性，了解面粉中灰分的含量对面粉质量的影响以及对食品加工的影响。

2. 实验要求

①掌握面粉中灰分含量的测定方法。

②掌握高温炉的使用方法，样品炭化、灰化等基本操作方法。

3. 实验原理

把一定量的样品经炭化后放入高温炉内灼烧，使有机物质被氧化分解，以 CO_2、氮的氧化物及水等形式逸出，而无机物质以无机盐和金属氧化物的形式残留下来，称量残留物的质量即可计算出样品中总灰分的含量。

4. 实验仪器

马福炉（高温炉），瓷坩埚，坩埚钳，电炉，干燥器，分析天平。

5. 实验材料

0.5% $FeCl_3$ 与等量蓝墨水混合液，1:4 HCl 溶液，2%醋酸镁酒精溶液，面粉。

6. 实验步骤

（1）瓷坩埚的准备　将瓷坩埚用 1:4 HCl 溶液煮 1~2h，洗净晾干后，用 0.5% $FeCl_3$ 与等量蓝墨水的混合液在坩埚外壁及盖上编号，置于 550℃ 高温炉中灼烧 1h，移至炉口稍冷，然后移至干燥器中冷却至室温，准确称重。再移入高温炉中灼烧 0.5h，冷却后称重，如此重复，直至恒重（前后两次相差不超过 0.5mg）。

（2）测定

①准确称取约 2g 面粉于事先恒重的瓷坩埚中，准确加入 3.0mL 醋酸镁乙醇溶液，使样品湿润，于水浴上蒸发过剩的乙醇。

②将坩埚移放电炉上，坩埚盖斜倚在坩埚口，进行炭化，注意控制火候，避免样品着火燃烧，气流带走样品炭粒。

③炭化至无烟后，将坩埚移入 550℃ 高温炉炉口处，稍待片刻，再慢慢移入炉膛内，坩埚盖仍斜倚在坩埚口，关闭炉门，灼烧约 2h，将坩埚移至炉口，冷却至红热退去，移入干燥器中冷却至室温，称重，灰分应呈白色或浅灰色。

④再将坩埚置高温炉中灼烧 0.5h，取出冷却后称重，如此重复操作直至恒重。

⑤同时作一空白试验，另取一已恒重的坩埚，准确加入 3.0mL 醋酸镁乙醇溶液，在水浴上蒸干，电炉上炭化，再移入 550℃ 高温炉中灼烧至恒重。计算 3.0mL 醋酸镁乙醇溶液带来的灰分质量。

7. 计算

$$灰分（\%）= \frac{(m_3 - m_1) - (m_5 - m_4)}{m_2 - m_1} \times 100$$

式中　m_1——空坩埚的质量，g；

m_2——样品加空坩埚的质量，g；

m_3——灼烧后样品残灰加空坩埚质量，g；

m_4——空白试验的空坩埚质量，g；

m_5——灼烧后空白残灰加坩埚的质量，g。

8. 讨论题

①为什么把食品经高温灼烧后的残留物称为粗灰分？

②对于难灰化的样品可采取什么措施？

三、 食品中铁含量的测定

（邻二氮菲比色法）

1. 实验目的与意义

铁是人体必需的微量元素，也是体内含量最多的一种微量元素，是血红素和一些酶的成分。在体内参与氧的运送、交换和组织呼吸过程等，所以人体每日都必须摄入一定量的铁。人体缺铁时引起贫血等病症，体内含铁过量时也会引起血红症等疾病。食品贮存时因污染铁而产生金属味，色泽加深，品质下降，所以，测定食物中的铁具有非常重要的卫生意义和营养学意义。

2. 实验要求

①掌握邻二氮菲比色法测定铁的原理。

②掌握邻二氮菲比色法测定铁的操作要点。

3. 实验原理

在 pH 2~9 的溶液中，二价铁离子能与邻二氮菲生成稳定的橙红色络合物，在 510nm 有最大吸收，其吸光度与铁的含量成正比，故可用比色法测定。样品液中的三价铁离子，用盐酸羟胺还原成为二价铁离子。

4. 实验仪器

高温炉，水浴锅，电炉，分光光度计。

5. 实验材料

（1）10% 盐酸羟胺溶液。

（2）0.12% 邻二氮菲溶液。

（3）10% 醋酸钠溶液。

（4）1mol/L HCl 溶液。

（5）铁标准溶液　准确称取 0.4979g 硫酸亚铁（$FeSO_4 \cdot 7H_2O$）溶于 100mL 水中，加入 5mL 浓 H_2SO_4 微热，溶解后，滴加 2% $KMnO_4$ 溶液，至最后一滴红色不褪色为止，用水定容至 1000mL，摇匀，此液每毫升含铁（Fe^{3+}）100μg。取此液 10mL 于 100mL 容量瓶中，加水至刻度，摇匀，此液每毫升含铁（Fe^{3+}）10μg。

（6）含铁食品。

6. 实验步骤

（1）样品处理　称取均匀样品 10.0g，干法灰化后，加入 2mL 1:1 HCl，在水浴上蒸干，再加 5mL 蒸馏水，加热煮沸后移入 100mL 容量瓶中，加水至刻度，摇匀。

（2）标准曲线的绘制　吸取 10μg/mL 铁标准溶液 0.0、1.0mL、2.0mL、3.0mL、4.0mL、

5.0mL，分别置于50mL容量瓶中，加入1mol/L HCl溶液1mL、10%盐酸羟胺溶液1mL、0.12%邻二氮菲溶液1mL，然后加入10%醋酸钠溶液5mL，用水稀释至刻度，摇匀，以空白溶液作参比液，在510nm处测吸光度，绘制标准曲线。

（3）样品测定　准确吸取样品液5～10mL于50mL容量瓶中，加入1mol/L HCl溶液1mL、10%盐酸羟胺溶液1mL、0.12%邻二氮菲溶液1mL，然后加入10%醋酸钠溶液5mL，用水稀释至刻度，摇匀，在510nm处测吸光度。

7. 计算

$$铁含量 = \frac{m' \times V_2}{m \times V_1} \times 100 （\mu g/100g）$$

式中　m'——从标准曲线上查得测定用样品液相当的铁含量，$\mu g/100g$；

V_1——测定用样品液体积，mL；

V_2——样品液总体积，mL；

m——样品质量，g。

8. 注意事项

①邻二氮菲比色法测定铁的灵敏度较高，溶液中铁含量为0.1mg/kg时，其颜色也很明显，易于比色测定。

②如果样品中含有其他干扰金属离子，可加柠檬酸盐或EDTA作掩蔽剂。

四、 食品中锡含量的测定

（苯芴酮比色法）

1. 实验目的与意义

锡是人体不可缺少的微量元素之一，它对人们进行各种生理活动和维护人体的健康有重要影响。人体内一般不会缺锡，一旦缺乏会导致蛋白质和核酸的代谢异常，阻碍生长发育。但是人们食入或者吸入过多的锡，就有可能出现头晕、腹泻等不良症状，并且导致血清中钙含量降低，严重时还有可能引发肠胃炎。而工业中的锡中毒，则会导致神经系统、肝脏功能、皮肤黏膜等受到损害。因此，测定食品中的锡含量具有重要意义。

2. 实验要求

①了解利用锡离子与苯芴酮颜色反应测定锡的原理和方法。

②能熟练使用分光光度计。

3. 实验原理

样品经消化后，在弱酸介质中四价锡离子与苯芴酮生成微溶性橙红色络合物，在保护性胶体存在下进行比色测定。

4. 实验仪器

分光光度计，水浴锅，电炉，凯氏烧瓶。

5. 实验材料

（1）10%酒石酸溶液。

（2）1%抗坏血酸溶液，临用时配制。

（3）0.5%动物胶溶液，临用时配制。

（4）0.01%苯芴酮溶液　称取0.010g苯芴酮，加少量甲醇及1:9 H_2SO_4数滴使之溶解，以甲醇稀释至 100mL。

（5）锡标准溶液　精密称取 0.1000g 金属锡（99.99%），置于小烧杯中，加 10mL 硫酸，盖上表面皿，加热至锡完全溶解，移去表面皿，继续加热至发生浓白烟，冷却，慢慢加 5mL 水，移入 100mL 容量瓶中，用 1:9 硫酸多次洗涤烧杯，洗液并入容量瓶中，并稀释至刻度，混匀。此溶液每毫升相当于 1mg 锡。

（6）锡标准使用液　吸取 10.0mL 锡标准溶液置于 100mL 容量瓶中，用 1:9 H_2SO_4 稀释至刻度，混匀。如此再次稀释至每毫升相当于 10.0μg 锡。

（7）1:1 氨水。

（8）酚酞指示剂溶液。

（9）含锡食品。

6. 实验步骤

（1）样品消化　称取混匀的罐装样品 10～20g 于 250mL 凯氏烧瓶中。加入 20mL HNO_3、10mL 浓 H_2SO_4，浸泡 1～2h。然后在电炉上加热，直至溶液清澈透明。继续加热至产生白色浓烟。冷却后，加饱和草酸铵溶液 25mL，再加热至产生白色浓烟，并保持 20min，以驱除多余的 HNO_3。冷却定容至 100mL。

同时做一空白试验。

（2）标准曲线的绘制　吸取 0.0、0.2mL、0.4mL、0.6mL、0.8mL、1.0mL 锡标准使用液（相当于 0、2μg、4μg、6μg、8μg、10μg 锡），分别置于 25mL 比色管中。于各管中加 0.5mL 10% 酒石酸溶液及 1 滴酚酞指示液，混匀，各加 1:1 氨水中和至淡红色，加 3mL 1:9 H_2SO_4、1mL 0.5% 动物胶溶液及 2.5mL 1% 抗坏血酸溶液，再加水 25mL，混匀，再各加 2mL 0.01% 苯芴酮溶液，混匀，1h 后，以零管调节零点，于波长 490nm 处测吸光度，绘制标准曲线。

（3）样品测定　吸取 1.0～5.0mL 样品消化液和同量的空白液分别置于 25mL 比色管。以下操作同标准曲线的绘制。

7. 计算

$$锡含量（mg/kg 或 mg/L）= \frac{(m_1 - m_2) \times V_1 \times 1000}{m \times V_2 \times 1000}$$

式中　m_1——测定用样品消化液中锡的含量，μg；

　　　m_2——试剂空白液中锡的含量，μg；

　　　m——样品质量，g；

　　　V_1——样品消化液的总体积，mL；

　　　V_2——测定用样品消化液的体积，mL。

8. 注意事项

①四价锡离子与苯芴酮生成橙红色络合物的反应在室温较低时反应缓慢，故应放置一段时间后进行比色测定。为了加快反应，标准液和样品溶液加入显色剂后，可在 37℃ 恒温水浴中（或恒温箱内）保温 30min 后比色。

②溶液的 pH 对呈色影响较大，所以标准液和样品溶液需先用氨水调至中性，然后再加其他试剂，保持 pH 一致。

五、 食品中锌含量的测定

（原子吸收分光光度法）

1. 实验目的与意义

锌是人类及哺乳动物体内必需的一种微量元素。但如果人体摄入过量，则引起锌中毒。金属锌本身无毒，但其化合物有毒。口服过量的锌化合物可引起急性肠炎、肾损害，3~5g $ZnCl_2$ 可导致人死亡。国际上对食品中的锌含量给予了限制。因此，测定食品中的锌含量具有重要意义。

2. 实验要求

①掌握利用原子吸收分光光度法测定锌的原理和方法。

②能熟练使用原子吸收分光光度计。

3. 实验原理

样品经处理后，导入原子吸收分光光度计中，经原子化后，吸收213.8nm的共振线，其吸光度与食品中锌含量成正比，用标准曲线法定量。

4. 实验仪器

原子吸收分光光度计，水浴锅，瓷坩埚，高温炉，天平。

5. 实验材料

（1） 1:10 H_3PO_4。

（2） 1mol/L HCl　取10mL HCl加水稀释至120mL。

（3） 混合酸　HNO_3 与 $HClO_4$ 按3:1混合。

（4） 锌标准溶液　精密称取0.5000g金属锌（99.99%）溶于10mL HCl中，然后于水浴上蒸发至近干，用少量水溶解后移入1000mL容量瓶中，用无离子水定容。贮于聚乙烯瓶中，此溶液每毫升相当于0.5mg锌。

（5） 锌标准使用液　吸取10.0mL锌标准溶液于50mL容量瓶中，用0.1mol/L HCl定容。此溶液每毫升相当于100μg锌。

（6） 含锌食品。

6. 实验步骤

（1） 样品处理　准确称取5.0~10.0g经捣碎均匀的样品于瓷坩埚中，加入1mL 1:10 H_3PO_4，小火炭化，然后移入高温炉中，500℃灰化16h。取出坩埚，冷却后加少量混合酸；小火加热，不使干涸，必要时再加少许混合酸，如此反复处理，直至残渣中无炭粒。待坩埚稍冷，加10mL 1mol/L HCl，溶解残渣并移入50mL容量瓶中，再用1mol/L HCl反复洗涤坩埚，洗液并入容量瓶中并稀释至刻度，混匀备用。

取与处理样品相同量的混合酸和1mol/L HCl按同一操作方法做试剂空白试验。

（2） 测定　吸取0.00、0.10mL、0.20mL、0.40mL、0.80mL锌标准使用液，分别置于50mL容量瓶中，以1mol/L HCl稀释至刻度，混匀（各容量瓶中溶液每毫升相当于0、0.2mL、0.4mL、0.8mL、1.6mL锌）。

将处理后的样液、试剂空白液和各容量瓶中的锌标准液分别导入火焰进行测定。

测定条件：灯电流6mA，波长213.8nm，狭缝0.38nm，空气流量10L/min，乙炔流量2.3L/min，灯头高度3mm，氘灯背景校正（也可根据仪器型号，调至最佳条件）。

以锌含量对应吸光度，绘制标准曲线。试样吸光值与曲线比较求出锌含量。

7. 计算

$$锌含量（mg/kg 或 mg/L）= \frac{(\rho_1 - \rho_2) \times V \times 1000}{m \times 1000}$$

式中　ρ_1——测定用样品液中锌含量，$\mu g/mL$；

　　　ρ_2——试剂空白液中锌含量，$\mu g/mL$；

　　　V——样品处理液总体积，mL；

　　　m——样品质量，g 或 mL。

8. 注意事项

①实验使用的玻璃器皿要事先用 $1:1$ HNO_3 浸泡过夜，然后用去离子水冲洗干净，除去玻璃表面吸附的金属离子。

②点燃火焰时，必须先开空气后开乙炔；熄灭火焰时，必须先关乙炔后关空气。室内若有乙炔气味，应立即关闭乙炔气源，开通风，排除问题后，再继续实验。

六、　食品中镉含量的测定

[原子吸收分光光度法（碘化钾－4－甲基戊酮－2 法）]

1. 实验目的与意义

镉不是人体必需元素，金属镉属微毒，进入体内可长期储留引起慢性中毒。食品中镉含量极微，原子吸收法测镉灵敏度较高，可满足测定要求。因此，利用原子吸收分光光度法测定食品中的镉含量，了解其是否符合食品卫生要求中的限量规定具有重要意义。

2. 实验要求

①掌握利用原子吸收分光光度法测定镉的原理和方法。

②熟悉原子吸收分光光度计的基本结构和使用方法。

3. 实验原理

本法采用 KI—4－甲基戊酮－2 法。

样品经处理后，在酸性溶液中，镉离子与碘离子形成络合物，经 4－甲基戊酮－2 萃取分离，导入原子吸收分光光度计中。镉离子在空气－乙炔火焰中原子化，并吸收 228.8nm 特征谱线，吸光度与镉离子浓度成正比，用标准曲线法定量。

4. 实验仪器

原子吸收分光光度计，水浴锅，瓷坩埚，高温炉，天平。

5. 实验材料

（1）$1:10$ H_3PO_4。

（2）$1mol/L$ HCl。

（3）$5mol/L$ HCl。

（4）混合酸　HNO_3 与 $HClO_4$ 按 $3:1$ 混合。

（5）$1:1$ H_2SO_4。

（6）25% KI 溶液。

（7）镉标准溶液　精密称取 $1.0000g$ 金属镉（99.99%），溶于 $20mL$ $5mol/L$ HCl 中，加入 2 滴 HNO_3 后移入 $1000mL$ 容量瓶中，以去离子水定容，混匀，贮于聚乙烯瓶中，此标准液每毫升相当于 1mg 镉。

（8）镉标准使用液　吸取 10.0mL 镉标准液于 100mL 容量瓶中，以 1mol/L HCl 稀释至刻度，混匀。同法稀释数次至每毫升相当于 0.2μg 镉。

（9）4 - 甲基戊酮 - 2（又称甲基异丁酮，缩写 MIBK）。

（10）含镉食品。

6. 实验步骤

（1）样品处理　同原子吸收分光光度法测锌。

（2）萃取分离　分别吸取样品处理液和空白处理液 25.00mL 于两个分液漏斗中，加 1:1 H_2SO_4 10mL 和去离子水 10mL，混匀。

准确吸取镉标准使用液 0.0、0.25mL、0.50mL、1.50mL、2.50mL、3.50mL、5.0mL 于 7 个分液漏斗中，各加 1mol/L HCl 溶液至 25mL，再加 1:1 H_2SO_4 10mL 和去离子水 10mL，混匀。

向各分液漏斗中加入 25% KI 溶液 10mL，混匀后静置 5min。再各加入 10mL4 - 甲基戊酮 - 2 后振摇 2min，静置 30min 待分层。

弃去下层水溶液，塞少许脱脂棉于分液漏斗颈部，将 4 - 甲基戊酮 - 2 层溶液经脱脂棉滤至具塞试管中备用。

（3）测定　测定条件：灯电流 6～7mA，波长 228.8nm，狭缝 0.15～0.2nm，空气流量 5L/min，乙炔流量 0.4L/min，灯头高度 10mm，氘灯背景校正（也可根据仪器型号，调至最佳条件）。

按上列条件调节仪器，待仪器工作稳定后，喷入无离子水调零。再分别将标准液、样品、空白溶液的 4 - 甲基戊酮 - 2 提取液喷入火焰，记录吸光度，以镉含量对应吸光度绘制标准曲线。试样吸光值与曲线比较求出镉含量。

7. 计算

$$镉含量（mg/kg 或 mg/L）= \frac{(\rho_1 - \rho_2) \times 1000}{m \times \frac{V_2}{V_1} \times 1000}$$

式中　ρ_1——测定用样品液中镉含量，μg；

ρ_2——试剂空白液中镉含量，μg；

m——样品质量，g；

V_1——样品处理液总体积，mL；

V_2——测定用样品处理液体积，mL。

8. 注意事项

①使用的所有玻璃仪器均需用稀 HNO_3 浸泡，以水冲净后使用。

②所用水为去离子水，或不含镉的蒸馏水。

③如为液体样品，可量取 10mL，滴入数滴 HNO_3，水浴蒸干后灰化。

④本法为火焰原子吸收法，如使用石墨炉原子化器，测定条件应予改变。石墨炉原子化法灵敏度高，样品可不经萃取直接进样。

附注：

（1）本章中所使用的水，在没有注明其他要求时，均指纯度能满足分析要求的蒸馏水或去离子水。

（2）本书中所使用的液体化学试剂，如乙醇、H_2SO_4、HCl 等，在没有注明浓度要求时，均指不经稀释的试剂级浓度。

（3）配制溶液

①溶液未指明用何种溶剂配制时，均指水溶液。

②一般试剂和提取用溶剂，可用化学纯；配制微量物质的标准溶液时，试剂纯度应在分析纯以上；标定标准溶液所用的基准物质，应选用优级纯；若试剂空白值较高或对测定发生干扰时，则需用纯度级别更高的试剂，或将试剂纯化处理后再用。

（4）溶液浓度

①量浓度，表示 1L 溶液中含有溶质的量。用 mol/L 指量浓度，表示 1L 溶液中含有溶质的摩尔数。

②% 指百分比浓度

a. 容量百分比浓度（%）指 100mL 溶液中含液体溶质的体积（mL）。

b. 质量容量百分比浓度（%）指 100mL 溶液中所含溶质的质量（g），如 20% NaOH，指取 20g NaOH 溶于水中，并稀释到 100mL。

③按比例配制的液体组分溶液，指各组分的体积比。如三氯甲烷－丙酮－甲酸（9∶3∶1）指 9 体积的三氯甲烷、3 体积的丙酮和 1 体积的甲酸。

（5）分析结果的表示方法

毫克百分含量：每百克（或每百毫升）样品中所含被测物质的毫克数。

百分含量（%）：每百克（或每百毫升）样品中所含被测物质的克数。

千分含量（‰）：每千克（或每升）样品中所含被测物质的克数。

百万分含量：每千克（或每升）样品中所含被测物质的毫克数。

十亿分含量：每千克（或每升）样品中所含被测物质的微克数，或每克（或每毫升）样品中所含被测物质的纳克数。

第二章
食品新鲜度的检验

概　　述

食品新鲜度是食品的主要品质。它与食品的色，香，味，营养价值，甚至是否变成有害食品密切相关。新鲜的食品具有自然诱人的色，香，味，可体现不同食品的特征。新鲜食品具有丰富的营养成分，为人体所必需。

食品在贮存的过程中，其品质会发生变化。一方面受细菌，霉菌等和酶的作用，食品中的有机物会发生分解，变质和腐败；另一方面，受环境因素的影响，如日光，温度，氧气和包装物的作用，食品的内部也会发生很多生化反应。如油脂的氧化酸败，蛋白质的分解等，使食品变质，变味，营养成分遭受破坏，营养价值下降，甚至产生对人体有害的物质。因此，食品新鲜度的检验是食品检验的重要内容之一。

第一节　肉类新鲜度的检验

一、肉类新鲜度的感官检验

1. 实验仪器

检肉刀 1 把，手术刀 1 把，外科剪刀 1 把，镊子 1 把，温度计 1 支，100mL 量筒 1 个，200mL 烧杯 3 个，表面皿 1 个，酒精灯 1 个，石棉网 1 个，上皿天平 1 台，电炉 1 个。

2. 实验步骤

（1）用视觉在自然光线下，观察肉的表面及脂肪的色泽，有无污染附着物，用刀顺肌纤维方向切开，观察断面的颜色。

（2）用嗅觉在常温下嗅其气味。

（3）用食指按压肉表面，触感其硬度指压凹陷恢复情况、表面干湿及是否发黏。

（4）称取切碎肉样 20g，放在烧杯中加水 100mL，盖上表面皿置于电炉上加热至 50 ~ 60℃时，取下表面皿，嗅其气味。然后将肉样煮沸，静置观察肉汤的透明度及表面的脂肪滴情况。

3. 评定标准

猪、牛、羊、兔等畜肉的感官检验见表 6 - 4。

表 6 - 4　　　　　　　　　　猪牛羊兔等畜肉的感官检验表

感官项目	新鲜肉	次鲜肉（可疑肉）	腐败肉（变质肉）
色泽	切面有光泽，红色均匀	切面色暗，无光泽，呈较浅绿色	切面发暗，无任何光泽，呈暗灰色
黏度	外表微干，或有风干膜，不粘手	表面湿润发黏或覆有干燥的暗灰色的外膜，新切面湿润	表面干燥有霉菌，粘手，新切面发黏
弹性	切断面肉质紧密，富有弹性，指压后的凹陷立即恢复	切面肉质松软，指压后的凹陷恢复慢，且不能完全恢复	组织完全松软，无弹性，指压后凹陷不能恢复，留有明显的痕迹
气味	具有每种畜肉特有的自然香味	稍有酸霉臭但深层尚无腐败味	肉的深层能嗅到明显的腐败臭味
脂肪状况	无油腻感，牛脂为白色或淡黄色，坚实并可捻碎；猪脂为白色或玫瑰色，柔软有弹性；羊脂为白色，质地紧密	呈灰色，无光泽，用手按压时易粘手，有时有发霉现象	表面污脏，并有黏液，有强烈的脂肪酸败味，常发霉，呈浅绿色
肉汤	透明，澄清，具有特殊芳香味，脂肪团聚于表面	稍有浑浊，脂肪呈小滴浮于表面，有发霉的腐败味	浑浊，有黄色或白色絮状物，脂肪极少且浮于表面，有臭味

为了比较全面确切地判断肉的气味和肉汤的感官指标，可将被检样品切成小块，取 50g 左右放入锥形瓶中，盖严，加热至沸腾时立即开盖嗅气味，并观察肉汤透明度和表面浮游脂肪的状态；或者把洁净的刀先置于热水中加温后，迅速刺入肉内，然后拔出，嗅其气味，再判断肉的新鲜度。

4. 实践

夏季在农贸市场采购不同肉品进行新鲜度检验。

5. 讨论题

①品种不同的肉类在色泽、气味、触觉等方面有什么区别？

②新鲜度不同的同一种肉类在色泽、气味、触觉等方面有什么不同？

二、 肉类新鲜度的化学鉴定法

1. 实验要求

①掌握肉类新鲜度的过氧化氢酶检测方法及卫生评价。

②了解各项指标测定的原理、方法和意义。

③进一步了解肉的变化规律。

2. 实验原理

新鲜动物的肌肉组织内含有过氧化氢酶，它可促进过氧化氢释放新生态氧，氧化有机物，发生特殊的颜色反应，从而鉴定肉品的新鲜程度。如联苯胺在新生态氧的存在下，可生成蓝绿色的物质。反应式如下：

$$联苯胺 + H_2O_2 \longrightarrow 对醌二亚胺（蓝绿色） + 水$$

3. 实验材料和仪器

（1）10% 愈创木酚溶液。

（2）1:500 联苯胺乙醇溶液，可使用 7d，过期重配。

（3）1:500 甲萘酚乙醇溶液。

（4）1% H_2O_2 溶液。

（5）试管若干。

（6）待测肉品与绞肉机。

4. 实验步骤

吸取粉碎均匀的 10% 肉浸汁 2mL，置于试管中，加入 5 滴上述三种试剂的任一种，振匀后，再加入 2 滴 1% H_2O_2 溶液。

如肉汁内有过氧化氢酶存在，用愈创木酚试剂时则呈现乳样青灰色。用联苯胺乙醇溶液时，呈蓝绿色或绿色。用甲萘酚乙醇溶液时，呈淡紫色或很快变成浅樱红色。新鲜肉在 0.5 ~ 2min 内就显色。若不是新鲜肉，要在 2min 后呈色或不呈色。

5. 讨论题

①简述过氧化氢酶的催化作用。

②试比较愈创木酚溶液、联苯胺乙醇溶液和甲萘酚乙醇溶液与肉类的不同颜色反应。

三、 pH 检 验 法

新鲜肉由于在成熟过程中有酸性物质磷酸及乳酸形成，所以肉呈酸性反应即 pH 较低；而在肉质腐败时，由于蛋白质分解产生胺和氨等碱性物质，可使 pH 升高。新鲜肉的 pH 为 6.0 左右，不新鲜肉 pH 在 6.5 以上。

1. 酸度计法

（1）实验原理　酸度计法为电化学法的一种。将一支能指示溶液 pH 的玻璃电极作指示电极，用甘汞电极作参比电极组成一个电池，浸入样品液中，此时所组成的电池将产生一个电动势，电动势的大小与溶液中的氢离子浓度即 pH 有直接关系。按能斯特方程如下：

$$E = E^0 + 0.0591 \lg [H^+] \qquad (25℃)$$

即

$$E = E^0 - 0.0591 pH$$

在25℃时，每相差一个 pH 单位，就产生 59.1mV 的电极电位，pH 可在仪器的刻度上直接读出。

（2）实验仪器　酸度计，玻璃电极，甘汞电极，绞肉机，锥形瓶，烧杯，精密 pH 试纸。

（3）实验步骤

①取 10.0g 已去除油脂的样品，用绞肉机绞碎后，加入放有 100mL 新煮沸且冷却的蒸馏水的锥形瓶中，浸泡 15min（随时摇动）。静置并过滤，留滤液待用。

②按酸度计的操作说明书校正酸度计。

③先用去离子水冲洗电极和烧杯，再用样品液洗涤电极和烧杯。然后将电极浸入样品液中，轻摇烧杯使溶液均匀，最后从酸度计的刻度盘上读取 pH。

④如无酸度计，可用精密 pH 试纸进行简易测定。取精密 pH 试纸（pH 范围 5~8）1 条，用 1 滴蒸馏水湿润，再将其贴在肉的新鲜切面上，经 5~10min 后，取下试纸观察其 pH 的变化。

（4）注意事项

①样品液制备好后，应立即测定，不宜久存。

②玻璃电极脆弱，极易碰坏，应特别当心。若粘有油污等，先浸入乙醇中，接着浸入乙醚或四氯化碳中，然后再浸入乙醇中洗涤，最后用蒸馏水冲洗干净。

③玻璃电极应随时校正，新的玻璃电极必须在蒸馏水或 0.1mol/L HCl 中浸泡一昼夜以上，才能使用。

（5）讨论题

①试述酸度计法测定 pH 的基本原理。

②试比较用酸度计法和用精密 pH 试纸简易测定后的 pH 有多大区别？

2. 硝基苯黄法

（1）实验原理　硝基苯黄溶液的 pH 变色区间在 6~7，随着肉汁液的 pH 不同，而呈现出不同颜色，以鉴别肉品是否新鲜。

（2）实验材料和仪器

①氯仿水溶液。100mL 水中滴加 10 滴氯仿，混匀。

②0.01% 硝基苯黄溶液。

③培养皿。

（3）实验步骤　称取 10.0g 肉于清洁瓷皿内，用剪刀剪碎，加入 10mL 氯仿水溶液，在室温中静置 1h，使肉中的糖原在酶作用下转化为乳酸。为了防止硝基苯黄溶液被稀释，将碎肉内的液体压出，加入 0.01% 硝基苯黄溶液与碎肉混合，然后观察肉色的变化，如有深色产生，说明 pH 在 6.5 以上，结果见表 6-5。

表 6-5　　　　　　　　　　　　　肉类新鲜度与 pH 和颜色的关系

pH	颜　色	判　定
6.0	鲜黄色	新鲜肉
6.2	淡棕色	新鲜肉
6.4	淡黄绿色	不正常肉
6.5	橄榄绿色	不正常肉
6.8 以上	蓝紫色、紫色	腐败肉

四、氨检验法

1. 实验原理

动物性食品在腐败过程中，由于蛋白质分解而产生氨，氨可与纳氏试剂作用生成黄色或红褐色碘化汞铵化合物，有助于判断肉的新鲜度。其反应式如下：

$$2（HgI_2—2KI）+3KOH+NH_3 \longrightarrow \left[O \begin{matrix} Hg \\ \\ Hg \end{matrix} NH_2 \right] I+7KI+2H_2O$$

2. 实验材料

纳氏试剂：称取红色 HgI_2 55g 及 KI 41.25g，加入无氨蒸馏水 25mL，用玻璃棒搅动至全部溶解。另取 NaOH 144g 溶于 500mL 无氨蒸馏水中。冷却后将上述溶液缓慢加入 NaOH 溶液中。边加边搅动，最后加水稀释至 1000mL。放置过夜，倾出上层清液于棕色试剂瓶中。待测食品。

3. 实验仪器

绞肉机，烧杯，漏斗，滤纸。

4. 实验步骤

（1）样品处理　将鲜肉除去脂肪、骨、腱后，绞碎研匀，取样品 10.0g，用 10 倍（100mL）无氨蒸馏水浸提 30min，其间不断地振摇，然后过滤，滤液即为 10% 样品浸提液，供测定用。

（2）测定　取样品浸出液 1mL 于试管内，滴加纳氏试剂，每加 1 滴振摇试管并观察变化，一直滴到 10 滴为止。然后根据表 6-6 判断结果。

表 6-6　　　　　　　　　　肉类新鲜度判断结果表

加纳氏试剂滴数	颜色的变化和沉淀	氨含量/（mg/100g）	反应结果
10	颜色未变，无浑浊和沉淀	16 以下	阴性（-）
10	变黄色，微浑浊，无沉淀	16~20	极微阳性（±）
10	黄色，轻度浑浊，稍有沉淀	21~30	微阳性（+）
6~9	变黄色或红褐色，有沉淀	35~45	阳性（++）
1~5	深黄色或红褐色，有沉淀	48 以上	强阳性（+++）

5. 注意事项

①纳氏试剂的配制应按操作进行，否则颜色深而浑浊。

②纳氏试剂应贮存于棕色瓶里，用橡皮塞塞紧，可长期使用。

6. 讨论题

①为什么要用无氨蒸馏水配制纳氏试剂？

②加入纳氏试剂的滴数与肉类的新鲜度和颜色有什么关系？

第二节　鱼类新鲜度的检验

一、感官检验

1. 鲜鱼感官质量的鉴别

主要看鱼的眼、鳃及表面，具体鉴别见表6－7。

表6－7　　　　　　　　　　　　鲜鱼的品质鉴别

项目	新　鲜	次　新　鲜	变　质
表面	有光泽，有一层清洁透明的黏液，鳞片完整，不易脱落，具有海水鱼或淡水鱼固有的气味	光泽较差，覆有浑浊黏液，鳞片较易脱落，稍有气味	暗淡无光，覆有污秽黏液，鳞片脱落不全，有腐臭味
眼	眼球饱满，凸出，角膜透明	眼球平坦或稍陷，角膜稍混浊	眼球凹陷，角膜浑浊
鳃	色鲜红，清晰	色淡红，暗红或紫红，有黏液	呈灰褐色，有污秽黏液
腹部	坚实，无胀气破裂现象，肛孔白色凹陷	发软，但膨胀不明显，肛孔稍凸出	松软，膨胀，肛孔鼓出，有时破裂流出内脏
肉质	坚实，有弹性，骨肉不分离	肉质稍软，弹性较差	软而松弛，弹性差，指压时形成凹陷，不恢复，骨肉分离
处理	可供食用	除去变质部位，油炸或红烧后仍可食用	不可食用（销毁或做饲料）

2. 冻鱼质量的鉴别

冻鱼触不到鱼肉弹性，嗅不到气味。冷冻前的鲜鱼质量好，冻后的质量一般也好，反之亦然。由活鱼冰冻的鱼，具有新鲜鱼的特点，鳍平直紧贴鱼体，鳞片上附有冻结的黏液层，天然色泽鲜明而不浑浊。死后冰冻的鱼，眼球不突出，但仍透明。重复冰冻的鱼，其皮、鳞呈暗色。冰冻鱼解冻之后，其新鲜程度的鉴别可参考新鲜鱼的检验方法。

3. 鲜虾

良质虾体形完整，甲壳透明发亮，须足无损，体硬，头节与躯体紧连，体表呈青白色（对虾）或青绿色（青虾），清洁，肉质致密、有韧性、有光彩，切面半透明，呈青白色。内脏完整，肠清楚，呈暗绿色。

劣质虾甲壳暗淡无光，呈红色，体柔软，覆盖着一层黄色的腻物（对虾）。头节与躯体易脱离，肉黏腐，切面呈暗白色（对虾），或淡红色（青虾），无光泽，内脏溶解，肠趋于溶解。变质严重时可嗅到氨和硫化氢的气味。

二、氨检验法

氨检验法参见本章第一节肉类新鲜度的氨检验法。

三、过氧化氢酶法

参见本章第一节中肉类新鲜度的化学鉴定法。

第三节 牛乳新鲜度的检验

一、感官检验

正常乳为乳白色或淡黄色的均匀胶态流体，无凝块、沉淀和杂质。具有微甜及特有的芳香味。4℃时相对密度在 1.027~1.035。乳的感官性状受物理、化学和生物等多种因素的影响。如乳中蛋白质沉淀是由酸、酶和热的作用而引起的。刚挤出的乳 pH 为 6.5~6.7，当 pH 为 6 时，开始有酸味，pH 降至 5.19 时，达到乳蛋白及乳白蛋白的等电点而出现沉淀。pH 降至 4.7 时，酪蛋白发生沉淀。此外，乳白蛋白加热到 60~65℃，乳球蛋白加热到 71~75℃时，也可使之变性凝固而沉淀。

新鲜乳的芳香味，是由一些低级芳香有机物和其他挥发物质形成的。牛乳的滋味是由甜、酸、苦、咸配合而成的。甜味来自乳糖，酸味来自柠檬酸和磷酸，苦味由钙、镁盐形成，咸味来自氯化物。但被微生物或其他物质污染的乳就失去了其原有的芳香味，同时呈灰、黄、蓝等不同颜色。

牛乳一旦酸败，饮后对身体极为不利。新鲜度的最简单的检验方法是：只要将乳滴在清水中，若不化开则为新鲜乳，否则，就不是新鲜乳。若盛乳的瓶上部有稀薄现象，或者瓶底有沉淀，则都不是新鲜牛乳。

二、酸度检验法

1. 实验目的

通过测定牛乳的酸度即可确定牛乳的新鲜程度，同时可反映出乳质的实际状况。

2. 实验原理

乳的酸度一般以中和 100mL 牛乳所需的 0.1mol/L NaOH 的体积（mL）来表示，称为°T，此为滴定酸度，简称酸度。正常牛乳的酸度随乳牛的品种、饲料、挤乳和泌乳期的不同而略有差异，一般均在 14~18°T。如果牛乳放置时间过长，因细菌繁殖使牛乳的酸度明显增高；如果乳牛健康情况不佳或患慢性乳房炎，则可使牛乳酸度降低。因此牛乳的酸度是反映牛乳品质的一项重要指标。

3. 实验材料与仪器

1% 酚酞指示剂，0.1mol/L NaOH 标准溶液，碱式滴定管，150mL 锥形瓶，待测牛乳。

4. 实验步骤

量取 10mL 鲜乳，注入 150mL 三角烧瓶内，用 20mL 中性蒸馏水稀释，加入 1% 酚酞指示剂 5 滴，小心混匀。用 0.1mol/L NaOH 标准溶液滴定，不断摇动，直至微红色在 1min 内不消失为止。把滴定时所耗的 0.1mol/L NaOH 标准溶液的量乘以 10，即为 100mL 鲜乳的酸度。

5. 讨论题

①什么是牛乳的酸度，正常值为多少？测定牛乳酸度有何意义？

②哪些因素可引起牛乳酸度的变化？

三、 磷酸酶检验法

1. 实验目的

检验磷酸酶的目的，就是要判断牛乳样品是否经过恰当的消毒程序，以及是否染污了未经消毒的生乳，以保证牛乳中可能存在的致病菌完全消灭。生乳中含有磷酸酶，它能分解有机磷化合物成为磷酸，并分解原来与磷酸相结合的有机单体。牛乳经消毒后，磷酸酶失活，在同样条件下就不能分解有机磷化合物。

2. 实验原理

本检验原理是利用苯基磷酸双钠在碱性缓冲液中被分解产生苯酚，苯酚再与 2，6 - 双溴醌氯酰胺作用呈蓝色，其深浅与酚含量成正比，即与消毒的完善与否成反比。

3. 实验试剂

（1）中性丁醇　沸程 115 ~ 118℃。

（2）Gibb 氏酚试剂　将 0.04g 2，6 - 双溴醌氯酰胺溶于 10mL 的 95% 乙醇中，置于棕色瓶中，于冰箱内保存，但不能超过一星期，最好临用时配制。

（3）硼酸缓冲液　溶解 28.427g 硼酸钠（$Na_2B_4O_7 \cdot 10H_2O$）于 900mL 水中，加 NaOH 3.27g 或 1mol/L NaOH 溶液 81.75mL，用水稀释至 1000mL。

（4）缓冲基质　将 0.05g 苯基磷酸双钠结晶溶于 100mL 硼酸盐缓冲液中，用水稀释至 1000mL。临用时配制。

（5）待测牛乳。

4. 实验步骤

在试管中加 5mL 缓冲基质和 0.5mL 乳样品，稍振摇后置于 36 ~ 44℃ 水浴或保温箱中保温 10min，然后加 Gibb 氏酚试剂 6 滴，立即摇匀，静置 5min，有蓝色出现表示巴氏消毒处理不够（为了增加敏感性，可加 2mL 中性丁醇，反复颠倒试管，每次颠倒后稍停，使气泡破裂，丁醇分出，然后观察结果）。本检验法应同时做空白对照。

5. 讨论题

①检验牛乳中磷酸酶有何意义？

②简述本实验的基本原理。

四、 过氧化酶检验法

测定牛乳中过氧化酶的存在与否，目的是判定牛乳的加热程度，牛乳中含有的过氧化酶在 80℃ 以上（即使短时间的加热）失活。因此牛乳中过氧化酶的存在与否，能说明牛乳是否已经加热到此温度以上，故也称为牛乳的过热试验。

将 H_2O_2 与一种在氧化时能变色的物质加入牛乳中，如过氧化酶没有失活，它能使 H_2O_2 中的氧释出，氧即进行氧化作用，牛乳中可出现颜色的改变；反之如过氧化酶已经失活，则牛乳不发生颜色的变化；由此可确定此酶的存在与否。加热到 80℃ 以上的消毒牛乳不呈过氧化酶的反应。

1. 联苯胺法

（1）实验试剂和器皿　4% 联苯胺乙醇溶液，3% H_2O_2 溶液，冰醋酸，试管，待测牛乳。

（2）实验步骤　取 10mL 鲜乳，加入 4% 联苯胺乙醇溶液 2mL 和冰醋酸 2~3 滴，或加入至牛乳凝固为止，振摇，沿管壁小心加入 3% H_2O_2 溶液 2mL。若鲜乳未经加热或经 78℃ 以下加热，则立刻出现蓝色，若经加热至 80℃ 或超过此温度则不呈色，这说明前者检出过氧化酶，后者则无。

2. 淀粉 KI 法

（1）实验试剂和器皿

①淀粉 KI 溶液。取 3.0g 淀粉于烧杯中，取 100mL 蒸馏水，先用少量水将淀粉混合均匀，其余在煮沸后逐渐加入并不断搅拌，然后加 3.0g KI 溶于此淀粉液中，混匀备用。

②2% H_2O_2 溶液。

③试管。

（2）实验步骤　取鲜乳 2.0mL，加淀粉 KI 溶液 5 滴和 2% H_2O_2 溶液 1 滴，摇匀。如果是生乳或经 80℃ 以下加热的，则很快呈现深蓝色，经 80℃ 以上加热的则无此变化。

3. 讨论题

①简述联苯胺法和淀粉 KI 法的区别。

②试述本实验的基本原理。

③检验牛乳中过氧化酶的目的何在？

第四节　油脂新鲜度的检验

一、油脂的酸败类型

油脂或油脂含量较多的食品，在贮藏期间，因空气中的氧气、日光、微生物、酶等作用，油脂会发生氧化而产生醛、过氧化物、酮、有机酸等。可出现异臭发酵味、苦味、苦辣味，产生沉淀，颜色变暗等，这种现象称油脂的酸败。油脂酸败可分为下列三种类型。

（1）水解型酸败　含低级脂肪酸较多的油脂，在酶的作用下，油脂水解生成游离的低级脂肪酸（含 C_{10} 以下）和甘油。游离的脂肪酸（从 C_4~C_{10} 的脂肪酸），如丁酸、己酸、辛酸等具有特殊的汗臭气味和苦涩味，而油脂水解生成游离的高级脂肪酸时，则不会产生不愉快的气味。

（2）酮型酸败　油脂水解产生的游离饱和脂肪酸，在酶的催化作用下，发生氧化，最后生成有怪味的酮酸和甲基酮。由于这种氧化作用引起的降解多发生在饱和脂肪酸的 $\alpha-$ 与 $\beta-$ 碳位之间的键上，因而又称之为 $\beta-$ 氧化酸败。

（3）氧化型酸败　油脂中不饱和脂肪酸暴露在空气中，容易发生氧化。氧化产物进一步分解生成低级脂肪酸、醛和酮，产生恶劣的臭味。这是油脂食品最主要的变质现象。

油脂的酸败对食品质量影响很大，不仅食品的风味变坏，而且营养价值也降低。除了组成油脂的脂肪酸被破坏之外，与油脂共存的脂溶性维生素和必需脂肪酸也被破坏。长期食用酸败油脂对人体健康是有害的。

二、　缩醛检验法

1. 实验原理

油脂酸败后产生醛类，如环氧丙醛，它在酸败的油脂中不呈游离状态，而成为缩醛，但在盐酸的作用下被逐渐地释出，遇间苯三酚时出现桃红色（环氧丙醛与间苯三酚的凝集物）。

2. 实验材料

（1）0.1% 间苯三酚乙醇溶液。

（2）间苯三酚试纸　将新华 1 号滤纸剪成长 5 ~ 7cm、宽 0.5cm 的纸条，浸泡在 0.1% 间苯三酚乙醇溶液中，10min 后取出，避光晾干，置棕色试剂瓶中贮存备用。

（3）HCl。

（4）待测油脂。

3. 实验仪器

取 50mL 锥形瓶，瓶口装一适宜的单孔软木塞，孔内插入一长 5cm、内径为 0.5cm 的玻璃管，管内悬间苯三酚试纸条。

4. 实验步骤

称取油样 5g，置 50mL 锥形瓶中，加入 HCl 5mL 混合后，立即加入大理石 5 ~ 6 粒，塞好已装有间苯三酚试纸的软木塞，在 25℃ 左右放置 20min，试纸变红表示有醛，说明油脂已酸败。试纸呈黄色或微橙色时，均属阴性。

5. 注意事项

①新配制的间苯三酚试纸条应为无色。间苯三酚在空气中易被氧化，如发现间苯三酚试纸条变色，则不能再使用，应重新制备。

②固体脂肪，先加温熔化再检验。

6. 讨论题

①油脂的酸败有哪些类型？

②酸败油脂在感官上有何特点？你在生活中是否发现过油脂的酸败问题？

三、　过氧化值检验法

过氧化物是油脂在氧化过程中的中间产物，通常都以过氧化物的反应作为油脂酸败的定量测定。过氧化值有多种表示方法，一般用滴定 1g 油脂所需某种规定浓度（通常用 0.002mol/L）的 $Na_2S_2O_3$ 标准溶液的毫升数表示，或像碘价一样，用 I_2 的浓度（%）表示。

1. 实验原理

油脂中所含的过氧化物与 HI 作用而析出游离的 I_2，再用 $Na_2S_2O_3$ 标准溶液滴定析出的碘，根据消耗硫代 Na_2SO_4 标准溶液的量，计算出油脂中过氧化值的含量，反应式如下：

$$2HI + 过氧化物 \longrightarrow 析出碘$$

$$I_2 + 2Na_2S_2O_3 \longrightarrow 2NaI + Na_2S_4O_6$$

2. 实验材料

（1）冰醋酸与氯仿混合液　按体积 1:1 比例进行配制。

（2）0.002mol/L（或 0.005mol/L）$Na_2S_2O_3$ 标准溶液　临用时以 0.1000mol/L $Na_2S_2O_3$ 标准液稀释而成。

（3）1% 淀粉指示剂。

（4）KI 饱和溶液　取 10g KI，加入 7mL 水，临用时新配。

（5）待测油脂。

3. 实验仪器

滴定管，带塞锥形瓶。

4. 实验步骤

（1）称取油样 2~3g（固体油脂先熔化，然后称重），置于 250mL 带塞锥形瓶中，加入 30mL 冰醋酸与氯仿的混合液，再加入 1mL 饱和 KI 溶液，立即加塞，摇匀，放置暗处 5min。

（2）取出上述锥形瓶，加入 100mL 水，以淀粉为指示剂，用 0.002mol/L 或 0.005mol/L $Na_2S_2O_3$ 标准溶液滴定至蓝色刚褪去为止，记录 $Na_2S_2O_3$ 标准溶液的用量 V_1，同时作空白试验（空白试验除不加油脂样品外，其他条件完全与测定条件相同），记录 $Na_2S_2O_3$ 标准溶液的用量 V_2。

5. 计算

$$过氧化值（\%）= \frac{(V_1 - V_2) \times c \times 0.1269}{m} \times 100$$

式中　V_1——样品测定消耗 $Na_2S_2O_3$ 标准溶液的体积，mL；

　　　V_2——空白测定消耗 $Na_2S_2O_3$ 标准溶液的体积，mL；

　　　c——$Na_2S_2O_3$ 标准溶液的浓度，mol/L；

　　　m——样品的质量，g；

0.1269——1mol/L $Na_2S_2O_3$ 标准溶液 1mL 相当于 I_2 的克数。

6. 注意事项

①加入 KI 后，迅速加塞摇匀，放置暗处，否则 KI 本身易氧化析出碘，影响结果。

②过氧化值在 0.06 以下感官无异常；在 0.07~0.1 时感官上有改变，并有醛反应，即与间苯三酚呈桃红色；若过氧化值高于 0.1 时，油脂则出现辛辣和刺激性气味。

7. 讨论题

①何谓过氧化值，测定油脂过氧化值有什么意义？

②过氧化值与油脂的酸败程度有何关系？

四、 酸价检验法

1. 实验原理

酸价是指中和 1.0g 油脂中的游离脂肪酸所需 KOH 的质量（mg）。新鲜油脂的酸价很低，随着贮存期的延长和油脂的酸败，其酸价随之增大，油脂中游离脂肪酸含量增加，可直接说明油脂新鲜度和质量的下降。

油脂中的游离脂肪酸与 KOH 产生中和反应，从 KOH 标准溶液消耗量可计算出游离脂肪酸的量。

2. 实验材料

（1）中性醇醚混合剂或中性苯醇混合剂　取化学纯95%乙醇和乙醚按2∶1体积混合，或苯与95%乙醇等体积混合，然后加酚酞指示剂数滴，用0.1mol/L KOH溶液中和至微红色。

（2）1%酚酞指示剂。

（3）0.1mol/L KOH标准溶液。

（4）待测油脂。

3. 实验步骤

准确称取油样5.0~10.0g于烧杯中，加入混合溶剂50mL（溶剂量为样品的10倍以上，否则不能全部溶解），振摇溶解（猪牛油需加热），加入酚酞指示剂3~4滴，用0.1mol/L KOH标准溶液滴定至淡红色，于1min内不褪色为终点。按下式计算：

$$酸价 = \frac{c \times V \times 56.1}{m}$$

式中　c——标准KOH溶液的浓度；

　　　V——消耗标准KOH溶液的量，mL；

　　　m——样品的质量，g；

　　　56.1——KOH的摩尔质量，g/mol。

4. 讨论题

①比较三种测定油脂酸败的方法各有何特点？

②什么叫酸价？未酸败的油脂能测出酸价吗，为什么？

五、 甲基酮检验法

1. 实验原理

在某些含有低级脂肪酸的油脂中（如椰子油、奶油等）其酸败的主要原因是由于霉菌的繁殖作用而产生甲基酮所致，检验酮是否存在，能够反映这类油脂的质量指标。

将甲基酮从酸败的油脂中蒸馏出来，在硫酸的存在下与水杨醛作用，产生一种粉红-深红色物质而被检出。

2. 实验材料

水杨醛，H_2SO_4，待测油脂。

3. 实验仪器

离心机，蒸馏烧瓶，50mL比色管，离心管，试管，冷凝管。

4. 实验步骤

（1）空白试验　在一个250mL蒸馏烧瓶中，加入150mL水，装上冷凝管，取一支50mL比色管收集馏出液25mL，加入0.4mL纯水杨醛，猛力摇2min后，用离心机以2000r/min离心5min，使内容物沉淀。弃去上层溶液至剩下约有4mL时，摇匀，在不接触管壁情况下，滴加2mL硫酸，猛烈振摇1min，静置，其上清液应为浅黄色或微显粉红色。

（2）测定　取油样10g（固体样品先熔化），加入上述蒸馏瓶内的残留水中，蒸馏。用50mL比色管收集馏出物25mL，以下操作同空白试验。

醛层显粉红-深红色表示有酮存在，如果颜色很淡时，将样品管、空白管浸入沸水浴中15min再进行检定。

5. 注意事项

①新鲜油脂，酮检验呈阴性。

②若感官检验正常，没有酸败的症状，但甲基酮检验呈阳性，说明此油脂不能再继续贮存了。

6. 讨论题

①检验油脂中的甲基酮有什么意义？

②总结并比较检测油脂品质的几种方法的各自特点。

第五节　粮食新鲜度的检验

一、　感官检验法

（1）看硬度　大米的硬度主要由蛋白质含量决定，米的硬度越大，说明其蛋白质含量和透明度越高，而且一般新米比陈米硬度要大些。检验时，用牙咬就可感觉出硬度的强弱。

（2）观外表　贮存时间长，大米中某些营养成分发生变化，米粒变黄，这种米的香味和口感都较差。米粒表面呈灰粉状或有白沟纹的是陈米。白沟纹和灰粉越多，米越陈旧。如有霉味、虫蚀粒或有活虫、死虫等也是陈米。

（3）讨论题　结合实际生活对不同种类的大米进行外观评价。

二、　愈创木酚反应法

1. 实验材料

1% 愈创木酚溶液，3% H_2O_2 溶液，待测粮食。

2. 实验步骤

（1）取粮食试样 50 ~ 100 粒置于试管内，加入 1% 愈创木酚溶液 2mL，振动后再加 3% H_2O_2 溶液 1 ~ 3 滴，振摇，放置片刻。粮粒和溶液便显色，同时作对照试验比较，显色越深，表示酶的活力越强，说明粮食新鲜程度越高。

（2）取大米约 5g 置于试管中，加 1% 愈创木酚溶液 20mL，振动 20 次左右，将愈创木酚溶液移入另一试管中，静置后加入 1% H_2O_2 溶液 3 滴，在静置状态下，观察愈创木酚溶液显色程度。如是新米，经过 1 ~ 2min，白浊的愈创木酚溶液从上部开始呈浓赤褐色，陈米则完全不着色。如是新、陈米混合，新米比例大，呈色反应快，而且呈浓赤褐色；陈米比例大，呈色反应慢，且呈淡赤褐色。

3. 讨论题

愈创木酚氧化的结果得到哪一类物质？

三、　酸碱指示剂法

（1）原液配制　取甲基红 0.1g、溴百里酚蓝 0.3g，溶于 150mL 乙醇中，加水稀释至 200mL，作为原液。

（2）判断样品的新、陈程度　将原液与水按1:50混合，作为使用液。取样品5g加10mL使用液，振摇后观察溶液显色情况。米粒越新就越绿，已氧化的则由黄色变为橙色。

（3）判断新、陈米混合比率　将原液与水按1:4混合，用碱液滴定红色液至黄色（滴定后残留黄色变为绿色的不行），作为使用液。取米粒样品20～100粒，加入10mL使用液，振摇并待米粒着色后，立即用水冲洗。根据米粒着色情况判断新、陈程度，米粒将随着氧化情况呈现绿色—黄色—橙色的变化。

四、 酸度检验法

1. 实验原理

组成面粉的成分中含有酸性磷酸盐，在一般正常情况下，面粉应呈酸性反应。

面粉在贮存期间，与酸度有关的成分在不断地发生以下变化：脂肪酶分解脂肪产生游离脂肪酸；磷化物在磷酸化酶的作用下分解出磷酸；多糖类在水解酶的作用下分解成单糖，单糖受乳酸菌的作用又氧化产生乳酸；细菌和蛋白酶使蛋白质分解为氨基酸，氨基酸脱掉氨基后，可生成游离的羟酸和酮酸。

面粉的酸度以度数表示：指中和100g面粉中的酸所需1mol/L碱液的毫升数。酸度是衡量、评价面粉新鲜程度和质量的主要指标。

2. 实验材料和器皿

0.1mol/L NaOH溶液，酚酞指示剂，锥形瓶，碱式滴定管，待测面粉。

3. 实验步骤

称取样品5g置于250mL锥形瓶中，加入50mL水，摇匀，使面粉均匀悬于水中，再以少量水将粘在瓶壁上的面粉洗下，加入酚酞指示剂2滴，用0.1mol/L NaOH标准溶液滴定至显粉红，在30s内不褪色即为终点。

4. 计算

$$酸度（°T）= \frac{V}{m \times 10} \times 100$$

式中　V——消耗0.1mol/L NaOH溶液的体积，mL；

　　　m——样品的质量，g。

级别高的面粉酸度为2～3°T，级别低的面粉为3～4°T。

5. 讨论题

①什么是面粉的酸度？

②面粉的酸度可由哪些因素引起？

第六节　蛋新鲜度的检验

1. 实验步骤

通常蛋的新鲜度主要从以下几个方面检验。

（1）看　新鲜蛋的外壳新鲜，有一层白霜。如果是头照蛋（孵化 5 ~ 7d 的蛋），外壳发亮，气孔大。霉蛋（因雨淋或受潮而霉变的蛋）的外壳有灰黑斑点。臭蛋（时间过长的变质蛋）的外壳发乌。

（2）摸　新鲜的蛋拿在手里发沉，有压手的感觉。白蛋（已经孵化未受精的蛋）光滑，分量较轻。黑贴皮蛋和霉蛋外壳发涩。

（3）听　将 3 个蛋在手里相互轻碰，新鲜蛋发出的声音实，似碰击砖头声；裂纹蛋发"啪啦声"；贴皮蛋（蛋清变质失水而粘贴在蛋壳上）、臭蛋似敲瓦碴子声。

（4）照　即利用日光或灯光进行照看。新鲜蛋透亮，臭蛋发黑，散黄蛋如云彩，红贴皮蛋局部发红，黑贴皮蛋局部发黑，泻黄蛋模糊不清，头照白蛋空头有黑影，二照白蛋（孵 10d 左右的没有受精的蛋）有血丝或血块，热伤蛋（因温度过高所致）的蛋黄膨胀，气室较大。

（5）浮　将蛋放入水中，浮起的是陈蛋，沉下去的是新鲜蛋；尖头朝上的是陈蛋，尖头朝下的是新鲜蛋。

（6）盐水中浮　通常新鲜的蛋相对密度在 1.08 ~ 1.09，腐败的蛋相对密度在 1.02 以下。在 1L 的水中加入 40g 盐，将蛋放入盐水中，如果蛋浮上来，一定是腐坏不能吃的蛋；如果浮不上来，继续加盐，盐的浓度越高，后浮上来的蛋也就越新鲜。

（7）摇动　新鲜蛋摇动无声音，陈蛋摇动有声音。

2. 讨论题

结合生活实际观察评价蛋的外观与新鲜度的关系。

第三章
食品中添加剂的检测

概　　述

　　食品添加剂，指为改善食品品质和色、香、味，以及为防腐和满足加工工艺的需要而加入食品中的化学合成物质或天然物质。食品强化剂，指为增强营养成分而加入食品中的天然的或人工合成的，属于天然营养范围的食品添加剂。

　　食品添加剂的种类很多，按照其来源的不同可以分为天然食品添加剂和化学合成食品添加剂两大类。目前使用的大多属于化学合成食品添加剂，它是通过化学合成得到的物质。天然食品添加剂是利用动、植物的代谢产物等为原料，经过提取所得的天然物质。

　　按照食品添加剂的用途，可以分成许多种类，如防腐剂、抗氧化剂、发色剂、漂白剂、酸味剂、凝固剂、疏松剂、增稠剂、甜味剂、着色剂、品质改良剂、抗结剂、强化剂、稳定剂等。这里主要介绍防腐剂、杀菌剂、漂白剂等的检测方法。

第一节　防腐剂的检测

　　防腐剂是一种能够抑制食品中微生物生长和繁殖的化学物质，如果按照国家标准规定的数量使用，不仅可以防止食品生霉，而且可以防止食品变质或腐败，延长保存时间。但是，超过一定的剂量，这些防腐剂多数具有一定的毒性。因此，防腐剂的使用必须严格遵守国家标准规定的一定的使用量。国家允许使用的防腐剂，有苯甲酸及其钠盐、山梨酸及其钾盐、SO_2、丙酸钙、丙酸钠、对羟基苯甲酸乙酯、对羟基苯甲酸丙酯、脱氢乙酸、双乙酸钠等。现在禁止使用的食品防腐剂有硼酸、甲醛、水杨酸、β-萘酚、焦碳酸二乙酯和过氧化氢等。

一、苯甲酸及其盐类的检验

苯甲酸及苯甲酸钠是常用的防腐剂，按国家标准 GB 2760—2014 规定的使用范围：酱油、醋、果汁类、果酱类、果子露、罐头等，每千克最高使用量为 1.0g。葡萄酒、果子酒、琼脂软糖，每千克最大使用量为 0.8g。汽酒、汽水每千克最大使用量为 0.2g。

苯甲酸和苯甲酸钠同时使用，以苯甲酸计算。苯甲酸随食品进入人体内与甘氨酸结合成马尿酸，从尿中排出。苯甲酸的抑菌作用受 pH 影响很大，最佳使用 pH 是 2.5 ~ 4.0。

1. 实验原理

在样品中加入饱和氯化钠溶液，在碱性条件下进行萃取，分离出蛋白质、脂肪等物质。然后在弱酸溶液中，用乙醚将食品样液中的苯甲酸提出，待乙醚挥发后，加中性酒精或醚醇混合液，以酚酞作指示剂，用 0.1mol/L NaOH 标准溶液滴定，根据消耗标准碱液的体积，计算苯甲酸或苯甲酸钠的含量。

2. 实验仪器

容量瓶，烧杯，分液漏斗，锥形瓶，蒸馏装置，碱式滴定管。

3. 实验材料

（1）HCl：1∶3。

（2）乙醚或氯仿（均可）。

（3）酚酞指示剂。

（4）中性乙醇 以酚酞为指示剂，用 0.1mol/L NaOH 中和至微显红色。

（5）中性醚醇混合液：按 1∶1（体积分数）的比例混合，以酚酞为指示剂，用 0.1mol/L NaOH 中和至微现红色。

（6）0.1mol/L NaOH 标准溶液。

（7）10% NaOH 溶液。

（8）NaCl（固体）。

4. 实验步骤

（1）样品的处理

①固体或半固体样品 称取切细粉碎的样品 100g，置 500mL 容量瓶中，加入 300mL 水，加入分析纯 NaCl 至不溶解为止（使其饱和）。然后用 10% NaOH 溶液使成碱性（用石蕊试纸检验），摇匀，再加饱和 NaCl 溶液至刻度，振摇 3min，放置 2h（要不断振摇），过滤，弃去最初 10mL 滤液，收集滤液供测定用。

②含乙醇的样品 吸取 250mL 样品，加入 10% NaOH 溶液使呈碱性，在水浴上蒸发至约 100mL 时，移入 250mL 容量瓶中，加入 NaCl 30g，振摇使其溶解，再加 NaCl 饱和溶液至刻度，摇匀，放置 2h（不断摇动），过滤，取滤液供测定用。

③样品中含有多量脂肪时 于上述制备好的滤液中，加入 NaOH 溶液使成碱性，加入 20 ~ 50mL 乙醚提取，振摇 3min，静置分层后，弃去醚层，溶液供测定用。

（2）操作步骤 取以上滤液各 100mL，置 250mL 分液漏斗中，加入 1∶3 的 HCl 中和后，再多加 5mL HCl（用 pH 试纸检验，使呈酸性），分别用 40mL、30mL、30mL 乙醚以旋转法小心提取 3 次，每次提取不少于 5min。将 3 次提取的乙醚层合并于 250mL 分液漏斗中，用蒸馏水洗涤 3 ~ 5 次，每次加水 10 ~ 15mL，直到最后的 10mL 不呈酸性（用石蕊试纸检查）为止。

连接蒸馏装置，将乙醚提取液放入 250mL 锥形瓶中，在 30～45℃ 水浴上回收乙醚至残留物呈半干状态，取下后加入中性醇醚混合液 30mL 和水 10mL，将残渣溶解，加入酚酞指示剂 2 滴，用 0.1mol/L NaOH 标准溶液滴定至微呈红色，半分钟内不褪色为终点，记录 NaOH 用量。同时做一空白试验。

5. 计算

$$苯甲酸含量（\%）= \frac{V \times 0.0122}{m} \times 100$$

式中　V——消耗 0.1mol/L NaOH 标准溶液体积，mL；

　　　m——相当于原样品的量，mL（液态样品）或 mg（固体样品）；

　0.0122——0.1mol/L NaOH 标准溶液 1mL 相当于苯甲酸的质量，g。

6. 注意事项

①在样品处理过程中，加入饱和 NaCl 的主要作用是除去样品液中的蛋白质及其水解产物，以免在用乙醚提取时产生乳化现象，而造成两相分离困难，同时避免了氨基酸对滴定的干扰。

②萃取苯甲酸时溶液呈酸性，滴定时溶液应为中性，所以要用蒸馏水洗涤乙醚溶液，使其达到中性为止，否则滴定结果会偏高。

③NaOH 在滴定时应同时进行标定。

④本法适于苯甲酸含量在 0.1% 以上的样品，含量较低时宜用紫外分光光度法测定。

7. 讨论题

①苯甲酸的抑菌作用与 pH 有何关系，其最佳使用 pH 是多少？

②在样品处理过程中，加入饱和 NaCl 的作用是什么？

③本实验中，用乙醚萃取苯甲酸共 3 次，为什么还要用蒸馏水洗涤乙醚提取液至溶液呈中性？

二、　山梨酸及其山梨酸钾的检验

山梨酸和山梨酸钾常用作食品的防腐剂，其毒性比苯甲酸小。按国家标准规定：1kg 酱油、醋、果酱类、人造奶油、琼脂软糖中最大使用量为 1g。

山梨酸对霉菌、酵母菌有防腐作用，但对细菌效果不好。山梨酸是酸性防腐剂，中性时效果较差，应在 pH 5～6 以下使用。山梨酸极易随水蒸气挥发，所以应在加工的最后工序加入。

测定山梨酸的方法有目视比色法、分光光度法、紫外分光光度法、气相色谱法、液相色谱法等。山梨酸通过水蒸气蒸馏可与杂质分开而得澄清的山梨酸馏液，在紫外光区 254nm 处有最大吸收峰；可见光分光光度法因设备费用低，灵敏度也高，所以使用普遍。

1. 实验原理

样品中的山梨酸在酸性溶液中，用水蒸气蒸馏出来，然后在弱氧化条件（重铬酸钾）下氧化成丙二醛，再与硫代巴比妥酸反应，生成一种红色的化合物。颜色的深浅与山梨酸含量成正比，可与标准溶液在 530nm 处进行比色作定量测定。反应式如下：

$$CH_3CH = CHCH = CHCOOH \xrightarrow{[O]} HCOCH_2OCH（丙二醛）$$

丙二醛 + 硫代巴比妥酸 ——→ 红色化合物

2. 实验设备和仪器

分光光度计，水蒸气蒸馏装置（见图6-1），100mL容量瓶，25mL比色管。

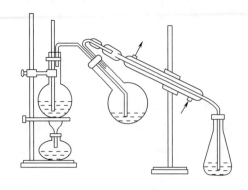

图6-1 水蒸气蒸馏图

3. 实验材料

（1）0.5% $K_2Cr_2O_7$ 溶液。

（2）0.5% 硫代巴比妥酸溶液 称取硫代巴比妥酸0.5g，加入20mL水，加入0.1mol/L NaOH溶液10mL，用玻璃棒搅拌使之溶解，然后加入1mol/L HCl 11mL，用水稀释至100mL，摇匀，用前配制。

（3）0.15mol/L H_2SO_4 取浓 H_2SO_4 1mL，加入到100mL水中，并用水稀释至120mL。

（4）山梨酸标准溶液 精密称取在105℃干燥至恒重的山梨酸0.0500g，用0.1mol/L NaOH溶液溶解之后，移入500mL容量瓶中，加0.1mol/L NaOH溶液至刻度，摇匀，此液含山梨酸100μg/mL。临用时取出1mL置于50mL容量瓶内，加入0.1mol/L NaOH溶液至刻度，摇匀，此液含山梨酸为2μg/mL。

（5）0.1mol/L NaOH溶液。

（6）H_3PO_4。

（7）无水 Na_2SO_4。

4. 实验步骤

（1）样品的处理 根据样品中山梨酸的含量称取粉碎均匀的样品5~10g（或mL），置于250mL蒸馏烧瓶中，加入 H_3PO_4 1mL、无水 Na_2SO_4 20g、水70mL和玻璃珠5粒，进行蒸馏（按图6-1安装）。用预先盛有10mL 0.1mol/L NaOH溶液的100mL容量瓶接收蒸馏液，当收集到约有85mL蒸馏液时，停止蒸馏，用少量水洗涤冷凝管，最后用水稀释至刻度（V）。准确取出10mL（V_1），置于100mL容量瓶中，加入0.1mol/L NaOH溶液至刻度（V_2），摇匀。供测定用。

（2）空白试验 称取样品5~10g，置于250mL蒸馏烧瓶中，加入0.1mol/L NaOH溶液5mL、无水 Na_2SO_4 20g、水70mL，进行蒸馏，以下按样品处理操作。准确吸取10mL，置于100mL容量瓶中，加入0.01mol/L NaOH溶液至刻度，摇匀，供测定用。

（3）测定

标准曲线的绘制：准确吸取2μg/mL的山梨酸标准溶液0、0.5mL、1.0mL、2.0mL、3.0mL、4.0mL、5.0mL（相当于含山梨酸0、1.0μg、2.0μg、4.0μg、6.0μg、8.0μg、10.0μg），

分别置于 25mL 比色管中，加水至 5mL，然后各加入 0.5% $K_2Cr_2O_7$ 溶液 1mL 及 0.15mol/L H_2SO_4 1mL，摇匀，置沸水浴中准确加热 5min，加入 0.5% 硫代巴比妥酸溶液 2mL，摇匀，再置沸水浴中准确加热 10min，于水龙头处冲冷，加水至刻度，摇匀。用 1cm 比色杯，以零管液为参比，于分光光度计 530nm 处测定吸光度。根据测得的山梨酸标准溶液吸光度和浓度绘制标准曲线。

样品液的测定：准确吸取供测定用的样液（V_3）及空白试验溶液 2mL，分别置于 25mL 比色管中加水至 5mL。以下过程按标准曲线绘制操作进行，根据测得的吸光度，从标准曲线上查出相应的含量，按下式计算。也可用目视比色法与标准系列管的颜色进行比较，求得山梨酸含量。

5. 计算

$$山梨酸含量 = \frac{V}{m} \times \frac{V_2}{V_1} \times \frac{\rho_1 - \rho_2}{V_3} \times \frac{1}{1000}（g/kg 或 L）$$

式中　V——样品蒸馏后总体积，mL；

　　　V_1——吸取蒸馏液体积，10mL（本实验为 10）；

　　　V_2——吸取蒸馏液稀释后的体积，100mL（本实验为 100）；

　　　V_3——测定用稀释液体积，2mL（本实验为 2）；

　　　ρ_1——样液中相当于标准山梨酸的浓度，μg；

　　　ρ_2——空白中相当于标准山梨酸的浓度，μg；

　　　m——样品的质量，g。

6. 注意事项

①硫代巴比妥酸溶液须随配随用，山梨酸标准溶液应贮于冰箱中，可使用数日。

②氧化和显色的过程要严格控制条件。

③安装水蒸气蒸馏装置时，应注意蒸汽发生瓶中有一安全管，一定要将其插入水中，否则大部分蒸汽会从该管逸出，同时也不安全。

7. 讨论题

①试述用分光光度法测定物质含量的基本原理。

②用水蒸气蒸馏分离山梨酸时，应该注意哪些问题？

③在食品中使用山梨酸时，有哪些问题需要考虑？

第二节　甜味剂的检测

甜味剂是指赋予食品甜味的食品添加剂，按其来源可分为天然甜味剂和人工合成甜味剂；以其营养价值可分为营养型和非营养型。蔗糖、葡萄糖、果糖、麦芽糖、蜂蜜等物质虽然也是天然营养型甜味剂，但一般被视为食品，不作食品添加剂看待。通常所说的甜味剂是指人工合成非营养型甜味剂、糖醇类甜味剂和非糖天然甜味剂三类。

一、环己基氨基磺酸钠（甜蜜素）的检测

环己基氨基磺酸钠商品名为甜蜜素，化学式为 $C_6H_{12}O_3NSNa$，相对分子质量为 201.22，

为白色结晶或结晶性粉末，无臭，味甜，甜度为蔗糖的 50 倍，易溶于水，水溶液呈中性，几乎不溶于乙醇等有机溶剂，对酸、碱、光、热化学反应稳定，是人工合成的非营养型甜味剂。

食品中环己基氨基磺酸钠的测定方法有三种，分别为气相色谱法、比色法和薄层层析法。气相色谱法和比色法适用于饮料、凉果等食品的测定；薄层层析法适用于饮料、果汁、果酱、糕点等食品的测定。检出限为 $4\mu g$。

1. 色谱法

（1）实验原理　在 H_2SO_4 介质中环己基氨基磺酸钠与亚硝酸反应，生成环己醇亚硝酸酯，利用气相色谱法进行定性和定量。

（2）实验仪器

①气相色谱仪：附氢火焰离子化检测器。

②旋涡混合器。

③离心机。

④$10\mu L$ 微量注射器。

⑤色谱条件。

色谱柱：长 2m，内径 3mm，U 形不锈钢柱。

固定相：ChromosorbWAWDMCS80 – 100 目，涂以 10% SE – 30。

测定条件：柱温，80℃；汽化温度，150℃；检测温度，150℃。流速，N_2 40mL/min，H_2 30mL/min，空气 300mL/min。

（3）实验材料

①正己烷，NaCl，层析硅胶。

②50g/L $NaNO_2$ 溶液。

③100g/L H_2SO_4 溶液。

④环己基氨基磺酸钠标准溶液：精确称取 1.0000g 环己基氨基磺酸钠，加入水溶解并定容至 100mL，此溶液每毫升含环己基氨基磺酸钠 10mg。

（4）实验步骤

①试样处理

液体试样：摇匀后直接称取。含 CO_2 的试样先加热除去 CO_2，含酒精的试样加 40g/L NaOH 溶液调至碱性，于沸水浴中加热除去酒精，制成试样。

固体试样：凉果、蜜饯类将其剪碎，制成试样。

②分析步骤

a. 试样制备。

液体试样：称取 20.0g 试样于 100mL 带塞比色管，置冰浴中。

固体试样：称取 2.0g 已剪碎的试样于研钵中，加少许层析硅胶研磨至呈干粉状，经漏斗倒入 100mL 容量瓶中，加水冲洗研钵，并将洗液一并转移至容量瓶中。加水至刻度，不时摇动，1h 后过滤，即得试样，准确吸取 20mL 于 100mL 带塞比色管，置冰浴中。

b. 标准曲线的制作。准确吸取 1.00mL 环己基氨基磺酸钠标准溶液于 100mL 带塞比色管中，加水 20mL。置冰浴中，加入 5mL 50g/L $NaNO_2$ 溶液，5mL 100g/L H_2SO_4 溶液，摇匀，在冰浴中放置 30min，并经常摇动，然后准确加入 10mL 正己烷、5g NaCl，摇匀后置于旋涡混合器上振动

1min，待静止分层后吸出己烷层于 10mL 带塞离心管中进行离心分离。每毫升己烷提取液相当于 1mg 环己基氨基磺酸钠，将标准提取液进样 1~5μL 于气相色谱仪中，根据响应值绘制标准曲线。

③测定：试样管加入 5mL 50g/L $NaNO_2$ 溶液、5mL 100g/L H_2SO_4 溶液，摇匀，在冰浴中放置 30min，并经常摇动，然后准确加入 10mL 正己烷、5g NaCl，摇匀后置于旋涡混合器上振动 1min，待静止分层后吸出己烷层于 10mL 带塞离心管中进行离心分离。每毫升己烷提取液相当于 1mg 环己基氨基磺酸钠，将标准提取液进样 1~5μL 于气相色谱仪中。从标准曲线图中查出相应含量。

（5）计算 试样中环己基氨基磺酸钠的含量 X 按下式计算。

$$X = \frac{m_1 \times 10 \times 1000}{m \times V \times 1000} = \frac{10m_1}{m \times V}$$

式中 X——试样中环己基氨基磺酸钠的含量，g/kg；

m——试样质量，g；

V——进样体积，μL；

10——正己烷加入量，mL；

m_1——测定用试样中环己基氨基磺酸钠的质量，μg。

2. 比色法

（1）实验原理 在 H_2SO_4 介质中环己基氨基磺酸钠与 $NaNO_2$ 反应，生成环己醇亚硝酸酯，与磺胺重氮化后再与 HCl 萘乙二胺偶合生成红色染料，在 550nm 波长测其吸光度，与标准比较定量。

（2）实验仪器 分光光度计，旋涡混合器，离心机，透析纸。

（3）实验材料

①三氯甲烷，甲醇。

②透析剂：称取 0.5g $HgCl_2$ 和 12.5g NaCl 于烧杯中，以 0.01mol/L HCl 溶液定容至 100mL。

③10g/L $NaNO_2$ 溶液。

④100g/L H_2SO_4 溶液。

⑤100g/L 尿素溶液（临用时新配或冰箱保存）。

⑥100g/L HCl 溶液。

⑦10g/L 磺胺溶液：称取 1g 磺胺溶于 10% HCl 溶液中，最后定容至 100mL。

⑧1g/L HCl 萘乙二胺溶液。

⑨环己基氨基磺酸钠标准溶液：精确称取 0.1000g 环己基氨基磺酸钠，加水溶解，最后定容至 100mL，此溶液每毫升含环己基氨基磺酸钠 1mg，临用时将环己基氨基磺酸钠标准溶液稀释 10 倍。此液每毫升含环己基氨基磺酸钠 0.1mg。

（4）实验步骤

①试样处理

a. 液体试样。摇匀后直接称取。含 CO_2 的试样先加热除去 CO_2，含酒精的试样加 40g/L NaOH 溶液调至碱性，于沸水浴中加热除去酒精，制成试样。

b. 固体试样。凉果、蜜饯类试样将其剪碎制成试样。

②分析步骤

a. 提取

液体试样：称取 10.0g 试样于透析纸中，加 10mL 透析剂，将透析纸口扎紧。放入盛有 100mL 水的 200mL 广口瓶内，加盖，透析 20~24h 得透析液。

固体试样：称取 2.0g 已剪碎的试样于研钵中，加少许层析硅胶研磨至呈干粉状，经漏斗倒入 100mL 容量瓶中，加水冲洗研钵，并将洗液一并转移至容量瓶中。加水至刻度，不时摇动，1h 后过滤，即得试样。准确吸取 10.0mL 试样于透析纸中，加 10mL 透析剂，将透析纸口扎紧。放入盛有 100mL 水的 200mL 广口瓶内，加盖，透析 20~24h 得透析液。

b. 测定。取 2 支 50mL 带塞比色管，分别加入 10mL 透析液和 10mL 标准液，于 0~3℃ 水浴中，加入 1mL 10g/L $NaNO_2$ 溶液，1mL 100g/L H_2SO_4 溶液，摇匀后放入冰水中不时摇动，放置 1h，取出后加 15mL 三氯甲烷，置于旋涡混合器上振动 1min。静置后吸去上层液，再加 15mL 水，振动 1min，静置后吸去上层液，加 10mL 100g/L 尿素溶液、2mL 100g/L HCl 溶液，再振动 5min，静置后吸去上层液，加 15mL 水，振动 1min，静置后吸去上层液，分别准确吸出 5mL 三氯甲烷于 2 支 25mL 比色管中。另取一支 25mL 比色管加入 5mL 三氯甲烷作参比管。于各管中加入 15mL 甲醇，1mL 10g/L 磺胺，置冰水中 15min，取出，恢复常温后加入 1mL 1g/L HCl 萘乙二胺溶液，加甲醇至刻度，在 15~30℃ 下放置 20~30min，用 1cm 比色杯于波长 550nm 处测定吸光度，测得吸光度 A 及 A_S。

取 2 支 50mL 带塞比色管，分别加入 10mL 水和 10mL 透析液，于 0~3℃ 水浴中，加入 1mL 100g/L H_2SO_4 溶液，摇匀后放入冰水中不时摇动，放置 1h，取出后加 15mL 三氯甲烷，置于旋涡混合器上振动 1min。静置后吸去上层液，再加 15mL 水，振动 1min，静置后吸去上层液，加 10mL 100g/L 尿素溶液、2mL 100g/L HCl 溶液，再振动 5min，静置后吸去上层液，加 15mL 水，振动 1min，静置后吸去上层液，分别准确吸出 5mL 三氯甲烷于 2 支 25mL 比色管中。另取一支 25mL 比色管加入 5mL 三氯甲烷作参比管。于各管中加入 15mL 甲醇、1mL 10g/L 磺胺，置冰水中 15min，取出，恢复常温后加入 1mL 1g/L HCl 萘乙二胺溶液，加甲醇至刻度，在 15~30℃ 下放置 20~30min，用 1cm 比色杯于波长 550nm 处测定吸光度，测得吸光度 A_0 及 A_{S_0}。

（5）计算　试样中环己基氨基磺酸钠的含量 X 按下式计算。

$$X = \frac{\rho}{m} \times \frac{A - A_0}{A_S - A_{S_0}} \times \frac{100 + 10}{V} \times \frac{1}{1000} \times \frac{1000}{1000}$$

式中　X——试样中环己基氨基磺酸钠的含量，g/kg；

　　　m——试样质量，g；

　　　V——透析液用量，mL；

　　　ρ——标准管浓度，μg/mL；

　　　A_S——标准液吸光度；

　　　A_{S_0}——水的吸光度；

　　　A——试样透析液吸光度；

　　　A_0——不加 $NaNO_2$ 的试样透析液吸光度。

二、　糖精钠的检测

糖精钠又称水溶性糖精，化学式为 $C_7H_4O_3NSNa \cdot 2H_2O$，相对分子质量 241.20，为无色结晶或稍带白色的结晶性粉末，无臭或微有香气，味浓甜带苦。在空气中缓慢风化，失去约一半结晶水而成为白色粉末，甜度为蔗糖的 200～500 倍，是一种人工合成非营养型甜味剂。糖精钠易溶于水，水溶液呈微碱性，浓度低时呈甜味，浓度高时有苦味。糖精钠在水溶液中的稳定性优于糖精，将水溶液长时间放置，甜味慢慢降低。糖精钠的特点是甜度高，价格在所有甜味剂中是最低的，是蔗糖和果葡糖浆之外用量最多的一种甜味剂。

1. 高效液相色谱法

（1）实验原理　试样加温除去 CO_2 和乙醇，调 pH 至近中性，过滤后进高效液相色谱仪，经反相色谱分离后，根据保留时间和峰面积进行定性和定量。

（2）实验仪器　高效液相色谱仪，紫外检测器。

（3）实验材料

①甲醇：经 0.5μm 滤膜过滤。

②氨水（1+1）：氨水加等体积水混合。

③乙酸铵溶液（0.02mol/L）：称取 1.54g 乙酸铵，加水至 1000mL 溶解，经 0.45μm 滤膜过滤。

④糖精钠标准储备溶液：准确称取 0.0851g 经 120℃烘干 4h 后的糖精钠，加水溶解定容至 100mL，糖精钠含量 1.0mg/mL，作为储备液。

⑤糖精钠标准使用溶液：吸收糖精钠标准储备液 10mL 放入 100mL 容量瓶中，加水至刻度，经 0.45μm 滤膜过滤，该溶液每毫升相当于 0.10mg 的糖精钠。

（4）实验步骤

①试样处理

汽水：称取 5.00～10.00g，放入小烧杯中，微温搅拌除去 CO_2，用氨水（1+1）调 pH 至约 7。加水定容至适当的体积，经 0.45μm 滤膜过滤。

果汁类：称取 5.00～10.00g，放入小烧杯中，用氨水（1+1）调 pH 约至 7。加水定容至适当的体积，离心沉淀，上清液经 0.45μm 滤膜过滤。

配制酒类：称取 10.00g，放入小烧杯中，水浴加热除去乙醇，用氨水（1+1）调 pH 至约 7。加水定容至 20mL，经 0.45μm 滤膜过滤。

②高效液相色谱参考条件

柱：YWG-C18，4.6mm×250mm，10μm 不锈钢柱。

流动相：甲醇+乙酸铵溶液（0.02mL/L）（5+95）。

流速：1mL/min。

检测器：紫外检测器，230nm 波长，0.2AUFS。

③测定：取处理液和标准使用液各 10μL（或相同体积）注入高效液相色谱仪进行分离，以其标准溶液峰的保留时间为依据进行定性，以其峰面积求出样液中被测物质的含量，供计算。

（5）计算　试样中糖精钠含量 X 按下式计算。

$$X = \frac{m' \times 1000}{m \times \dfrac{V_2}{V_1} \times 1000}$$

式中　X——试样中糖精钠含量，g/kg；

　　　m'——进样体积中糖精钠的质量，mg；

　　　V_2——进样体积，mL；

V_1——试样稀释液总体积，mL；

m——试样质量，g。

2. 薄层色谱法

（1）基本原理　在酸性条件下，食品中的糖精钠用乙醚提取、浓缩、薄层色谱分离，显色后与标准液比较，进行定性和半定量测定。

（2）实验仪器

①玻璃纸：生物制品透析袋或不含增白剂的市售玻璃纸。

②玻璃喷雾器。

③微量注射器。

④紫外光灯：波长 253.7nm。

⑤薄层板：10cm×20cm。

⑥展开槽。

（3）实验材料

①乙醚：不含过氧化物。

②无水 Na_2SO_4。

③无水乙醇及乙醇（95%）。

④聚酰胺粉：200 目。

⑤HCl（1+1）：取 100mL HCl，加水稀释至 200mL。

⑥展开剂：正丁醇+氨水+无水乙醇（7+1+2）；异丙醇+氨水+无水乙醇（7+1+2）。

⑦显色剂：溴甲酚紫溶液（0.4g/L），称取 0.04g 溴甲酚紫，用乙醇（50%）溶解，加 NaOH 溶液（4g/L）1.1mL 调制 pH 为 8，定容至 100mL。

⑧$CuSO_4$ 溶液（100g/L）：称取 10g 硫酸铜（$CuSO_4 \cdot 5H_2O$），用水溶解并稀释至 100mL。

⑨NaOH 溶液（40g/L）。

⑩糖精钠标准溶液：准确称取 0.0851g 经 120℃ 干燥 4h 后的糖精钠，加乙醇溶解，移入 100mL 容量瓶中，加乙醇（95%）稀释至刻度，此溶液每毫升相当于 1mg 糖精钠（$C_7H_4O_3$ NSNa $\cdot 2H_2O$）。

（4）实验步骤

①试样提取

饮料、冰棍、汽水：取 10.0mL 均匀试样（如试样中含有 CO_2，先加热除去。如试样中含有酒精，加 4% NaOH 溶液使其呈碱性，在沸水浴中加热除去），置于 100mL 分液漏斗中，加 2mL HCl（1+1），用 30mL、20mL、20mL 乙醚提取三次，合并乙醚提取液，用 5mL HCl 酸化的水洗涤一次，弃去水层。乙醚层通过无水 Na_2SO_4 脱水后，挥发乙醚，加 2.0mL 乙醇溶解残留物，密塞保存备用。

酱油、果汁、果酱等：称取 20.0g 或吸取 20.0mL 均匀试样，置于 100mL 容量瓶中，加水至约 60mL，加 20mL $CuSO_4$ 溶液（100g/L），混匀，再加 4.4mL NaOH 溶液（40g/L），加水至刻度，混匀，静置 30min，过滤，取 50mL 滤液置于 150mL 分液漏斗中，加 2mL HCl（1+1），用 30mL、20mL、20mL 乙醚提取三次，合并乙醚提取液，用 5mL HCl 酸化的水洗涤一次，弃去水层。乙醚层通过无水 Na_2SO_4 脱水后，挥发乙醚，加 2.0mL 乙醇溶解残留物，密塞保存备用。

固体果汁粉等：称取 20.0g 磨碎的均匀试样，置于 200mL 容量瓶中，加水 100mL，加温使溶解、放冷，加 20mL CuSO$_4$ 溶液（100g/L），混匀，再加 4.4mL NaOH 溶液（40g/L），加水至刻度，混匀，静置 30min，过滤，取 50mL 滤液置于 150mL 分液漏斗中，加 2mL HCl（1+1），用 30mL、20mL、20mL 乙醚提取三次，合并乙醚提取液，用 5mL HCl 酸化的水洗涤一次，弃去水层。乙醚层通过无水 Na$_2$SO$_4$ 脱水后，挥发乙醚，加 2.0mL 乙醇溶解残留物，密塞保存备用。

糕点、饼干等蛋白、脂肪、淀粉多的食品：称取 25.0g 均匀试样，置于透析用玻璃纸中，放入大小适当的烧杯内，加 50mL NaOH 溶液（0.8g/L），调成糊状，将玻璃纸口扎紧，放入盛有 200mL NaOH 溶液（0.8g/L）的烧杯中，盖上表面皿，透析过夜。量取 125mL 透析液（相当于 12.5g 试样），加约 0.4mL HCl（1+1）使成中性，加 20mL CuSO$_4$ 溶液（100g/L），混匀，再加 4.4mL NaOH 溶液（40g/L），加水至刻度，混匀，静置 30min，过滤，取 50mL 滤液置于 150mL 分液漏斗中，加 2mL HCl（1+1），用 30mL、20mL、20mL 乙醚提取三次，合并乙醚提取液，用 5mL HCl 酸化的水洗涤一次，弃去水层。乙醚层通过无水 Na$_2$SO$_4$ 脱水后，挥发乙醚，加 2.0mL 乙醇溶解残留物，密塞保存备用。

②薄层板的制备：称取 1.6g 聚酰胺粉，加 0.4g 可溶性淀粉。加约 7.0mL 水，研磨 3～5min，立即涂成 0.25～0.30mm 厚的 10cm×20cm 的薄层板，室温干燥后，在 80℃ 下干燥 1h。置于干燥器中保存。

③点样：在薄层板下端 2cm 处，用微量注射器点 10μL 和 20μL 的样液两个点，同时点 3.0μL、5.0μL、7.0μL、10.0μL 糖精钠标准溶液，各点间距 1.5cm。

④展开与显色：将点好的薄层板放入盛有展开剂的展开槽中，展开剂液层约 0.5cm，并预先已达到饱和状态。展开至 10cm，取出薄层板，挥干，喷显色剂，斑点显黄色，根据试样点和标准点的比移值进行定性，根据斑点颜色深浅进行半定量测定。

（5）计算　试样中糖精钠的含量 X 按下式计算。

$$X = \frac{m' \times 1000}{m \times \dfrac{V_2}{V_1} \times 1000}$$

式中　X——试样中糖精钠的含量，g/kg 或 g/L；

$\qquad$ m'——测定用样液中糖精钠的质量，mg；

$\qquad$ m——试样质量或体积，g 或 mL；

$\qquad$ V_1——试样提取液残留物加入乙醇的体积，mL；

$\qquad$ V_2——点板液体积，mL。

三、乙酰磺胺酸钾（安赛蜜）的检测

乙酰磺胺酸钾又称安赛蜜，化学式为 C$_4$H$_4$KNO$_4$S，相对分子质量 241.24，为白色结晶状粉末，无臭，易溶于水，难溶于乙醇等有机溶剂，味很甜，甜度约为蔗糖的 200 倍，味质较好，没有不愉快的后味，甜感持续时间长，味感优于糖精钠，对热、酸均很稳定。与天冬酰苯丙氨酸钾酯 1:1 合用，有明显增效作用。是一种很有发展前途的人工合成非营养型甜味剂。

本方法适用于汽水、可乐型饮料、果汁、果茶等饮料中乙酰磺胺酸钾的测定。乙酰磺氨酸钾的测定检出限为 4μg/mL，线性范围为 4～20μg/mL。

1. 实验原理

试样中乙酰磺胺酸钾经高效液相反相 C_{18} 柱分离后，以保留时间定性，峰高或峰面积定量。

2. 实验仪器

高效液相色谱仪，超声清洗仪（溶剂脱气用），离心机，抽滤瓶，G3 耐酸漏斗，微孔滤膜 $0.45\mu m$，层析柱（可用 10mL 注射器筒代替，内装 3cm 高的中性氧化铝）。

3. 实验试剂

（1）甲醇。

（2）乙腈。

（3）0.02mol/L $(NH_4)_2SO_4$ 溶液　称取 $(NH_4)_2SO_4$ 2.642g，加水溶解至 1000mL。

（4）10% H_2SO_4 溶液

（5）中性 Al_2O_3　层析用，100~200 目。

（6）乙酰磺氨酸钾标准储备液　精密称取乙酰磺氨酸钾 0.1000g，用流动相溶解后移入 100mL 容量瓶中，并用流动相稀释至刻度，即含乙酰磺氨酸钾 1mg/mL 的溶液。

（7）乙酰磺氨酸钾标准使用液　吸取乙酰磺氨酸钾标准储备液 2mL 于 50mL 容量瓶，加流动相至刻度，然后分别吸取此液 1mL、2mL、3mL、4mL、5mL 于 10mL 容量瓶中，各加流动相至刻度，即得各含乙酰磺氨酸钾 $4\mu g/mL$、$8\mu g/mL$、$12\mu g/mL$、$16\mu g/mL$、$20\mu g/mL$ 的混合标准液系列。

（8）流动相　0.02mol/L $(NH_4)_2SO_4$（740-800）＋甲醇（170-150）＋乙腈（90-50）＋ 10% H_2SO_4（1mL）。

4. 实验步骤

（1）试样处理

汽水：将试样温热，搅拌除去 CO_2 或超声脱气。吸取试样 2.5mL 于 25mL 容量瓶中。加流动相至刻度，摇匀后，溶液通过微孔滤膜过滤，滤液做 HPLC 分析用。

可乐型饮料：将试样温热，搅拌除去 CO_2 或超声脱气。吸取已除去 CO_2 的试样 2.5mL，通过中性 Al_2O_3 柱，待试样液流至柱表面时，用流动相洗脱，收集 25mL 洗脱液，摇匀后超声脱气，此液做 HPLC 分析用。

果茶、果汁类食品：吸取 2.5mL 试样，加水约 20mL 混匀后，离心 15min（4000r/min），上清液全部转入中性 Al_2O_3 柱，待水溶液流至柱表面时，用流动相洗脱。收集洗脱液 25mL，混匀后，超声脱气，此液做 HPLC 分析用。

（2）测定　HPLC 参考条件：分析柱，Spherisorb C18、4.6mm×150mm。粒度 $5\mu m$。流动相，0.02mol/L $(NH_4)_2SO_4$（740-800）＋甲醇（170-150）＋乙腈（90-50）＋10% H_2SO_4（1mL）。波长 214nm。流速 0.7mL/min。

标准曲线：分别进样含乙酰磺胺酸钾 $4\mu L$、$8\mu L$、$12\mu L$、$16\mu L$、$20\mu g/mL$ 的混合标准液各 $10\mu L$，进行 HPLC 分析，然后以峰面积为纵坐标，以乙酰磺胺酸钾的含量为横坐标，绘制标准曲线。

试样测定：吸取处理后的试样溶液 $10\mu L$ 进行 HPLC 分析，测定其峰面积，从标准曲线查得测定液中乙酰磺胺酸钾的含量。

5. 计算 试样中乙酰磺胺酸钾的含量 X 按下式计算。

$$X = \frac{\rho \times V \times 1000}{m \times 1000}$$

式中 X——试样中乙酰磺胺酸钾的含量，mg/kg 或 mg/L；

ρ——由标准曲线上查得进样液中乙酰磺胺酸钾的量，$\mu g/mL$；

V——试样稀释液总体积，mL；

m——试样质量，g（mL）。

四、 甜菊糖的检测

甜菊糖又称甜菊苷，为白色或微黄色粉末，易溶于水、乙醇和甲醇，不溶于苯、醚、氯仿等有机溶剂，味极甜，有清凉感，浓度高时略有异味，甜度约为蔗糖的 200 倍。在一般食品加工条件下，对热、酸、碱、盐较稳定。pH 小于 3 和大于 9 时，长时间加热（100℃）会分解而降低甜度。具有非发酵性，仅有少数几种酶能使其水解。

甜菊糖的测定采用比色法。

1. 实验原理

根据甜菊糖与蒽酮反应，在 620nm 有最大吸收。其含量与吸光度成正比，符合朗伯比尔定律。

2. 实验步骤

（1）标准曲线的绘制 精密量取标准液 0.25mL、0.50mL、0.75mL、1.00mL、1.25mL 与 1.5mL 分别置于试管中，加无水乙醇稀释至 2mL，沿壁加 0.3% 蒽酮硫酸（90%，体积分数）溶液，置于 80℃ 水浴中，加热 20min 取出，立即放入冰浴中，在 620nm 波长处测定其吸光度，绘制标准曲线。

（2）样品测定 精密称取样品适量（相当于甜菊糖 20mg），置于 10mL 容量瓶中，用无水乙醇稀释至刻度，摇匀。精密量取 1.00mL 置 50mL 容量瓶中，用无水乙醇稀释至刻度，摇匀。吸取 2mL，按标准曲线绘制方法操作，测定吸收度，并根据标准曲线换算成甜菊糖的百分含量。

第三节 杀菌剂过氧乙酸的检测

过氧乙酸也称过醋酸，对细菌、芽孢真菌、病毒都有高度杀灭效果，是广谱、高效、速效的杀菌剂。用 0.2% 左右的浓度就能有效地杀死霉菌、酵母以及细菌。用 0.3% 过氧乙酸在 3min 内就能杀死抵抗力很强的蜡状芽孢杆菌的芽孢。与其他防腐剂相比，过氧乙酸不仅杀菌作用强，杀菌范围广，并能在低温下也保持良好的杀菌能力。用 0.2% 浓度浸泡水果、蔬菜，在 2~5min 内可控制霉菌增殖。用 0.1% 浓度浸泡鲜鸡蛋 2~5min，有利于鸡蛋的保存。用 0.5% 浓度浸泡消毒工具、容器，浸泡消毒手 20s，能杀死手上的一般微生物，并对皮肤无任何损伤。

过氧乙酸在杀菌过程中开始挥发，杀菌后不留有异味，分解成乙酸、水和氧。一般认为其对机体无害。但要注意过氧乙酸中是否含有过 H_2O_2 的残留物。

1. 实验原理

用高锰酸钾将样品中除了过氧乙酸之外的其他还原物（防止过氧乙酸氧化这些物质）氧化之后，加入 KI 溶液，立即被过氧乙酸氧化析出 I_2，再用标准 $Na_2S_2O_3$ 溶液滴定析出的 I_2，根据消耗 $Na_2S_2O_3$ 的体积，即可计算出过氧乙酸的含量。反应式如下：

$$CH_3COOOH \longrightarrow CH_3COOH + [O]$$

$$[O] + 2KI \longrightarrow K_2O + I_2$$

$$I_2 + 2Na_2S_2O_3 \longrightarrow 2NaI + Na_2S_4O_6$$

本实验采用碘量法测定样品中的过氧乙酸。利用 I_2 的氧化作用来直接测定还原性物质时，称为直接碘量法，这需要在弱碱性的条件下进行；利用 I_2 的还原作用，使之与氧化性物质反应而析出碘，再用 $Na_2S_2O_3$ 标准溶液来滴定析出的 I_2，从而测定氧化性物质含量的方法称为间接碘量法，其反应条件为弱酸性。

2. 实验仪器

碘量瓶，滴定管，容量瓶，漏斗，烧杯。

3. 实验材料

（1）1:3 H_2SO_4　向3份（容积）水中徐徐加入相对密度为1.84的 $H_2SO_4$1份。

（2）0.02mol/L $KMnO_4$ 溶液。

（3）0.5mol/L $Na_2S_2O_3$ 标准溶液，临用时稀释10倍。

（4）饱和 KI 溶液　称取 KI 10g，加5mL水，临用时新配。

（5）0.5% 淀粉指示剂　取可溶性淀粉0.5g，加水5mL，混匀。慢慢倒入100mL沸水，随倒随搅拌，煮沸至稀薄半透明液。临用时配制。

4. 实验步骤

（1）样品处理　称取粉碎均匀有代表性的样品25g，用水洗入100mL容量瓶中，振摇5~10min后，加水至刻度，摇匀，用滤纸过滤，备用。

（2）取样液25mL，注入预先盛有10mL浓度为1:3的 H_2SO_4 溶液的碘量瓶中，逐滴加入0.02mol/L $KMnO_4$ 溶液，滴至粉红色时，加入饱和 KI 溶液1mL，摇匀，放置暗处5min，用0.05mol/L $Na_2S_2O_3$ 标准溶液滴定至淡黄色时，加入1mL淀粉溶液，继续用0.05mol/L $Na_2S_2O_3$ 滴至无色为终点。用所消耗的 $Na_2S_2O_3$ 的量计算出相当于过氧乙酸的浓度。

5. 计算

$$过氧乙酸含量（mg/kg） = \frac{c \times V \times 0.038}{m} \times 1000$$

式中　c——$Na_2S_2O_3$ 标准溶液的浓度，mol/L；

　　　V——滴定时消耗的 $Na_2S_2O_3$ 总体积，mL；

　0.038——1mol/L $Na_2S_2O_3$ 标准溶液1mL当于过氧乙酸的质量，mg；

　　　m——测定样液相当于原样品的质量，g。

6. 讨论题

①简述过氧乙酸的特点和作用。

②在实验中，为什么要先用 $KMnO_4$ 将除过氧乙酸之外的其他物质氧化?

③本实验中淀粉起何作用? 为什么在滴定接近终点时才加入淀粉?

④测定过氧乙酸是利用 I_2 的什么性质? 该测定中加入 H_2SO_4 起何作用?

第四节　消毒剂漂白粉余氯的检验

漂白粉是一种成分复杂的化合物，化学成分大致是：$3Ca(OCl)Cl \cdot Ca(OH)_2 \cdot nH_2O$，为了简便，常用 $Ca(OCl)Cl$ 来表示它的分子式。

漂白粉被广泛地用于食品工业以及水源消毒，容器、瓜果、蔬菜等消毒。有些食品经漂白粉消毒之后，在销售之前余氯味大，有时需要知道余氯的含量，最常用的测定方法是碘量法。

1. 实验原理

Cl_2 在酸性溶液中与 KI 作用，释出一定量的碘，然后用 $Na_2S_2O_3$ 标准溶液滴定，测定值为总余氯。反应式如下：

$$KI + CH_3COOH \longrightarrow CH_3COOK + HI$$
$$2HI + HOCl \longrightarrow I_2 + HCl + H_2O$$
$$(或\ 2HI + Cl_2 \longrightarrow 2HCl + I_2)$$
$$I_2 + 2Na_2S_2O_3 \longrightarrow 2NaI + Na_2S_4O_6$$

2. 设备和仪器

250mL 碘量瓶，滴定管，100mL 具塞量筒。

3. 实验材料

（1）KI（要求不含游离 I_2 和 KIO_3），分析纯。

（2）0.0500mol/L $Na_2S_2O_3$ 标准溶液　称取 12.5g $Na_2S_2O_3 \cdot 5H_2O$ 溶于煮沸放冷的蒸馏水中，稀释至 1000mL，加入 0.4g NaOH 或 0.2g 无水 Na_2CO_3，贮存于棕色瓶内防止分解，溶液可保存数日。

$Na_2S_2O_3$ 溶液的标定 [KIO_3（或 $NaIO_3$）标定法]：称取 0.1500g 干燥的分析纯 KIO_3 于 250mL 碘量瓶内，加入 100mL 水，加热使 KIO_3 溶解，加入 3g KI 及 10mL 冰醋酸，静置 5min，自滴定管加入 0.1000mol/L $Na_2S_2O_3$ 溶液，不停振摇三角瓶，直至颜色变为淡黄色，加入 1mL 淀粉溶液（0.5%），继续自滴定管加入 0.1000mol/L $Na_2S_2O_3$ 至刚变成无色为止，记录共用去 $Na_2S_2O_3$ 溶液的毫升数（滴定完毕 30s 后，三角瓶中的溶液因接触空气氧化又变成淡蓝色，不必再滴定）。反应式如下：

$$KIO_3 + 5KI + 6CH_3COOH \longrightarrow 6CH_3COOK + 3H_2O + 3I_2$$
$$3I_2 + 6Na_2S_2O_3 \longrightarrow 6NaI + 3Na_2S_4O_6$$

$Na_2S_2O_3$ 浓度按下式计算：

$$c = \frac{m}{\dfrac{214.01}{6000} \times V} = \frac{m}{0.03567 \times V}$$

式中　V——$Na_2S_2O_3$ 体积，mL；

　　　m——KIO_3 的质量，g；

　　　c——$Na_2S_2O_3$ 浓度，mol/L。

（3）0.0100mol/L $Na_2S_2O_3$ 标准溶液　用新煮沸放冷的蒸馏水，将 0.0500mol/L $Na_2S_2O_3$ 溶液

稀释，配好后加 5 滴三氯甲烷，可防止分解。

（4）0.5% 淀粉溶液　取 0.5g 可溶性淀粉，以少量水调成糊状，加入沸水至 100mL，冷却后，加入 0.15g 水杨酸或其他防腐剂。

（5）乙酸盐缓冲溶液（pH 4）　称取 73g 无水乙酸钠（或 122gCH$_3$COONa·3H$_2$O）溶于 200mL 水中，加入 240g 冰醋酸，用水稀释至 500mL。

4. 实验步骤

称取经切碎的样品 20g，置具塞 100mL 量筒中，加水至刻度，摇匀。静置 10min，取上清液 25mL，置于 250mL 碘量瓶中，加入 0.5g KI、10mL 稀 H$_2$SO$_4$（1mL 浓 H$_2$SO$_4$ 加入到 49mL 水中）。

自滴定管滴入 0.0100mol/L Na$_2$S$_2$O$_3$ 至溶液变成淡黄色时，加入 1mL 淀粉溶液，继续滴定至蓝色消失，记录用量，同时做一空白试验。

5. 计算

$$总余氯含量（mg/kg）= \frac{V_1 \times 0.0100 \times \frac{70.91}{2000} \times 1000 \times 1000}{m}$$

$$= \frac{V_1 \times 0.3545 \times 1000}{m}$$

式中　V_1——0.0100mol/L Na$_2$S$_2$O$_3$ 标准溶液用量，mL；

　　　m——样品的质量，g。

6. 注意事项

①样品中如果含有亚硝酸盐、高铁、锰时，在酸性溶液内也能使 KI 释放出 I$_2$，可用乙酸盐缓冲液进行酸化，调节 pH 在 3.25~4.2，可降低上述物质的干扰。

②余氯主要在物质的表层上，因此不需要将样品磨得很细。

7. 讨论题

①为什么配制 Na$_2$S$_2$O$_3$ 标准溶液时要用煮沸的蒸馏水？

②什么是标准溶液，为什么要对标准溶液进行标定？

③漂白粉有何作用，你在实际生活中是否经常遇到水中余氯的情况？

第五节　漂白剂——SO$_2$ 和亚硫酸盐的测定

能破坏、抑制食品的发色因素，使色素褪色或使食品免于褐变的添加剂称为漂白剂。漂白剂除了具有漂白作用外，对微生物也有显著的抑制作用，可作防腐剂和抗氧化剂。

在某些食品如果干、果脯、蔗糖、果蔬罐头等加工中，常采用熏硫法或亚硫酸溶液浸渍法进行漂白，以防褐变。熏硫使果片表面细胞破坏，促进干燥，同时由于 SO$_2$ 的还原作用破坏酶系统从而阻止了氧化作用，果实中的单宁物质不致被氧化而变成棕褐色，于是使果脯蜜饯保持浅黄色或金黄色，使干制品不褐变；同时也起到保护果实中维生素 C 的作用。SO$_2$ 残留于食品以亚硫酸形式存在还有助于防腐。在果蔬罐头生产中用亚硫酸及其盐类处理果蔬，可使果蔬不发生褐变（如蘑菇、笋等）并防腐抑酶。

亚硫酸及其盐类对人体有一定的毒性,可破坏维生素 B_1。SO_2 也是一种有害气体,浓度较高时对人体呼吸道黏膜有强烈刺激性。

我国卫生标准规定:Na_2SO_3 在食糖、冰糖、糖果、蜜饯类、葡萄糖、饴糖、饼干、罐头中的最大使用量为 0.6g/kg。漂白后的产品其 SO_2 残留量为:饼干、食糖、粉丝、罐头、各类产品不得超过 0.05g/kg,其他品种 SO_2 残留量不超过 0.1g/kg。

这里介绍三种测定方法,其中氧化法和滴定法比较简单,HCl 副玫瑰苯胺比色法则稍复杂。

一、 氧化法测定 SO_2

1. 实验原理

在低温条件下,样品中的游离 SO_2 与 H_2O_2 过量反应生成硫酸,再用碱标准溶液滴定生成硫酸,由此可得到样品中游离 SO_2 的含量。此法很灵敏,使用的混合指示剂在 pH 5.2 时显紫红色,pH 5.6 时为橄榄绿色。

2. 实验仪器

SO_2 测定装置(见图 6 – 2),真空泵。

3. 实验材料

(1) 0.3% H_2O_2 溶液　吸取 1mL 浓度 30% 的 H_2O_2(开启后存于冰箱),用水稀释至 100mL,需现用现配。

(2) 25% H_3PO_4 溶液　取 295mL 浓度为 85% 的 H_3PO_4,用水稀释至 1000mL。

(3) 0.01mol/L NaOH 标准溶液

配制无 Na_2CO_3 的 0.1mol/L NaOH 标准溶液:取 100g 化学纯 NaOH 固体于锥形瓶中,加水 100mL,不时振荡。溶解后用橡皮塞塞紧并静置数日直到 Na_2CO_3 全部沉入瓶底,倾出上面清液备用。此溶液每 100mL 约含 NaOH 75g。

制备 0.1mol/L NaOH 标准溶液:取上述溶液 5.5mL,加入煮沸的蒸馏水(去除 CO_2)至 1L,混匀,贮于具橡皮塞的试剂瓶中备用。0.01mol/L NaOH 标准溶液可用此溶液稀释 10 倍。NaOH 溶液在使用前必须进行标定。

标定:准确量取 20mL 浓度 0.1mol/L 邻苯二甲酸氢钾溶液,加酚酞指示剂 3～4 滴,用 0.1mol/L NaOH 溶液滴定至微红色,记下 NaOH 用量。重复三次,计算 NaOH 溶液的准确浓度。

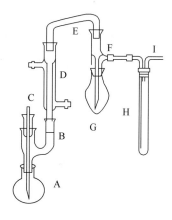

图 6 – 2　SO_2 测定装置

A—短颈球瓶　B—三通连接管
C—通气管　D—直管冷凝器
E—弯管　F—真空蒸馏接受管
G—梨形瓶　H—气体洗涤器
I—直角弯管(接真空泵或抽气管)

(4) 甲基红 – 次甲基蓝混合指示剂　0.2% 甲基红乙醇溶液和 0.1% 次甲基蓝乙醇溶液按 1:1 比例混合。

4. 实验步骤

(1) 按图 6 – 2 所示,将 SO_2 测定装置连接妥当,I 管与真空泵(或抽气管)相接,D 管通入冷却水。取下梨形瓶 G 和气体洗涤器 H,在 G 瓶中加入 20mL H_2O_2 溶液、H 管中加入 5mL NaOH 溶液,各加 3 滴混合指示液后,溶液立即变为紫色,滴入 NaOH 标准溶液,使其颜色恰好变为橄榄绿色。然后重新安装妥当,将 A 瓶浸入冰浴中。在操作过程中要特别仔细,F 管与 G 瓶连接处极易损坏,若该处损坏本装置就报废了。

（2）吸取 20.0mL 20℃样品液，从 C 管上口加入 A 瓶中，随后吸取 10mL H_3PO_4 溶液，也从 C 管上口加入 A 瓶。

（3）开启真空泵（或抽气管），使抽入空气流量每分钟 1000～1500mL，抽气 10min。在抽气过程中，G 瓶中的溶液逐渐变为紫红色。取下 G 瓶，用 NaOH 标准溶液滴定至 G 瓶中溶液重现橄榄绿色即为终点，记下消耗的 NaOH 标准溶液的毫升数。

以水代替样品做空白试验，操作同上。

一般情况下，H 中溶液不应变色，如果溶液变为紫色，也需用 NaOH 标准溶液滴定至橄榄绿色，并将所消耗的 NaOH 标准溶液的体积与 G 瓶消耗的 NaOH 标准溶液的体积相加。

5. 计算

$$\rho = \frac{c \times (V - V_0) \times 32}{20} \times 1000$$

式中　ρ——样品中游离 SO_2 的含量，mg/L；

c——NaOH 标准溶液的物质的量浓度，mol/L；

V——测定样品时消耗的 NaOH 标准溶液的体积，mL；

V_0——空白试验消耗的 NaOH 标准溶液的体积，mL；

32——与 1mL 1.00mol/L NaOH 标准溶液相当的 SO_2 的质量，mg；

20——取样体积，mL；

所得结果表示至整数。

6. 注意事项

①本装置为配套设备，在操作过程中要特别仔细，安装时 F 管与 G 瓶连接处极易损坏，若该处损坏本装置就报废了。

②各处连接要紧密，以防止 SO_2 逸出。

③本实验对 pH 变化比较灵敏，所以试剂的配制过程和实验的操作过程均需严格按要求进行，否则颜色的变化就难以预料。

7. 讨论题

①简述本实验的基本原理。

②为什么在一般情况下，H 管中的 H_2O_2 溶液不会变色？

③总结在安装和操作过程中的主要体会。

二、　滴定法测定 SO_2

1. 实验原理

将样品处理后，加入 KOH 使残留的 SO_2 以亚硫酸盐形式固定下来：

$$SO_2 + 2KOH \longrightarrow K_2SO_3 + H_2O$$

然后加入 H_2SO_4 使 SO_2 游离出来，再用 I_2 标准液进行滴定。达终点时稍过量的 I_2 与淀粉指示剂作用呈现蓝色。根据消耗的碘标准溶液的量计算出 SO_2 的含量。

$$K_2SO_3 + H_2SO_4 \longrightarrow K_2SO_4 + H_2O + SO_2$$

$$SO_2 + 2H_2O + I_2 \longrightarrow H_2SO_4 + 2HI$$

2. 实验仪器

小型粉碎机，容量瓶，碘量瓶，滴定管，移液管。

3. 实验材料

（1）1mol/L KOH 溶液　将 56g KOH 加水溶解，定容至 1000mL。

（2）1∶3 H_2SO_4 溶液。

（3）0.005mol/L I_2 标准溶液（$1/2I_2$）。

（4）1g/L 淀粉溶液。

4. 实验步骤

在小烧杯内称取经粉碎的样品 20g，用蒸馏水将样品洗入 250mL 容量瓶中，加水约至容量瓶的一半，加塞振荡，再用蒸馏水定容，摇匀。待瓶内液体澄清后，用移液管吸取澄清液 50mL 于 250mL 碘量瓶中，加入 1mol/L KOH 溶液 25mL，用力振摇后放置 10min，然后一边摇荡一边加入 1∶3 H_2SO_4 溶液 10mL 和淀粉液 1mL，以 I_2 标准液滴定至呈现蓝色，30s 不褪色为止。同时，不加样品，按上法做一空白试验。

5. 计算

$$x = \frac{(V_1 - V_2)c \times 64.06 \times 250}{m \times 50}$$

式中　x——SO_2 含量，g/kg；

　　V_1——滴定时所耗 I_2 标准溶液体积，mL；

　　V_2——滴定空白耗 I_2 标准溶液体积，mL；

64.06——SO_2 的摩尔质量，g/mol；

　　c——I_2 标准溶液的量浓度，mol/L；

　　m——样品质量，g。

6. 讨论题

①本实验是利用 I_2 的氧化性还是还原性来测定样品中的 SO_2？

②实验中淀粉溶液是在滴定开始前就加入，而有些实验是在滴定接近终点时才加入的，二者有何区别？

三、　盐酸副玫瑰苯胺比色法

1. 实验原理

此法是利用亚硫酸根被 Na_2HgCl_4 吸收，生成稳定的络合物，再与甲醛和盐酸副玫瑰苯胺作用，经分子重排，生成紫红色络合物，于 550nm 处有最大吸收，从而可测定吸光度以作定量分析。其反应式如下：

$$HgCl_2 + 2NaCl \longrightarrow Na_2HgCl_4$$

$$Na_2HgCl_4 + SO_2 + H_2O \longrightarrow [HgCl_2SO_3]^{2-} + 2H^+ + 2NaCl$$

在甲醛存在的酸性溶液中会产生如下反应：

$$[HgCl_2SO_3]^{2-} + HCHO + 2H^+ \longrightarrow HgCl_2 + HO—CH_2—SO_3H$$

生成的化合物 $HO—CH_2—SO_3H$ 能与盐酸副玫瑰苯胺起显色反应，20min 即发色完全，在 2~3h 内都是稳定的。

2. 实验仪器

分光光度计。

3. 实验材料

（1）Na_2HgCl_4 吸收液　称取 27.2g $HgCl_2$ 及 11.9g NaCl 溶于水并定容至 1000mL，放置过夜，过滤后备用。（溶液 pH 不应小于 5.2，否则吸收效率降低；若 pH 低于 5.2，可用 0.01mol/L NaOH 调节。吸收液可稳定 6 个月，若有沉淀，需重新配制）。

（2）1.2% 氨基磺酸胺溶液。

（3）0.2% 甲醛溶液　吸取 0.55mL 无聚合沉淀的 36% 甲醛溶液，加水定容至 100mL，混匀。

（4）1% 淀粉指示剂　称取 1g 可溶性淀粉，用少许水调成糊状，缓缓倾入 100mL 沸水中，随加随搅拌，煮沸，放冷，备用（临用时配制）。

（5）$K_4Fe(CN)_6$ 溶液　称取 10.6g 亚铁氰化钾 $[K_4Fe(CN)_6 \cdot 3H_2O]$，加水溶解并定容至 100mL；

（6）乙酸锌溶液　称取 22g 乙酸锌 $[Zn(CH_3COO)_2 \cdot 2H_2O]$ 溶于少量水中，加入 3mL 冰醋酸，用水定容至 100mL。

（7）盐酸副玫瑰苯胺溶液　称取 0.1g 盐酸副玫瑰苯胺（又称盐酸对品红，$C_{19}H_{18}N_2Cl \cdot 4H_2O$）于研钵中，加少量水研磨，使溶解，并定容至 100mL。取出 20mL 置于 100mL 容量瓶中，加 6mol/L 浓 HCl，充分摇匀后，使溶液由红变黄，如不变黄再滴加少量 HCl 至出现黄色，用水定容至 100mL，混匀备用（若无盐酸副玫瑰苯胺可用盐酸品红代替）。

盐酸副玫瑰苯胺的精制方法：称取 20g 盐酸副玫瑰苯胺于 400mL 水中，用 50mL 2mol/L HCl 酸化，徐徐搅拌，加 4~5g 活性炭，加热煮沸 2min。将混合物倒入大漏斗中，过滤（用保温漏斗趁热过滤）。滤液放置过夜，待出现结晶，用布氏漏斗抽滤，将结晶再悬浮于 1000mL 乙醚-乙醇（10:1）的混合液中，振摇 3~5min，以布氏漏斗抽滤，再用乙醚反复洗涤至醚层不带色为止，于硫酸干燥器中干燥，研细后贮于棕色瓶中保存。

（8）0.1mol/L I_2 溶液。

（9）0.10mol/L $Na_2S_2O_3$ 标准溶液。

（10）SO_2 标准溶液　称取 0.5g $NaHSO_3$，溶于 200mL Na_2HgCl_4 吸收液中，放置过夜，上清液用定量滤纸过滤备用。

标定：吸取 10.0mL $NaHSO_3$-Na_2HgCl_4 溶液于 250mL 碘量瓶中，加 100mL 水，准确加入 20.0mL 0.1mol/L I_2 溶液和 5mL 冰醋酸，摇匀，置暗处 2min 后，迅速以 0.10mol/L $Na_2S_2O_3$ 标准溶液滴定至淡黄色，加 0.5mL 淀粉指示液呈蓝色，继续滴至无色。另取水 100mL，准确加入 20.0mL 0.1mol/L I_2 溶液和 5mL 冰醋酸，按同一方法做试剂空白试验。记录 $Na_2S_2O_3$ 标准溶液的用量，计算 SO_2 的浓度。

SO_2 标准溶液的浓度按下式计算：

$$x_1 = \frac{(V_1 - V_2) \times c \times 64.06}{10}$$

式中　x_1——SO_2 标准溶液浓度，mg/mL；

　　　V_1——滴定 $NaHSO_3$-Na_2HgCl_4 溶液消耗 $Na_2S_2O_3$ 标准溶液体积，mL；

　　　V_2——空白滴定消耗 $Na_2S_2O_3$ 标准溶液体积，mL；

　　　c——$Na_2S_2O_3$ 标准溶液的浓度，mol/L；

　64.06——SO_2 的摩尔质量，g/mol。

（11）SO_2标准使用液　取SO_2标准溶液，用Na_2HgCl_4吸收液稀释成$2\mu g/mL$的SO_2溶液，临用时配制。

（12）0.5mol/L NaOH 溶液。

（13）0.25mol/L H_2SO_4溶液。

4. 实验步骤

（1）样品处理

水溶性固体样品：可称取 10g 均匀样品（视含量高低而定），以少量水溶解，移入 100mL 容量瓶中，加入 4mL 0.5mol/L NaOH 溶液，5min 后加入 4mL 0.25mol/L H_2SO_4溶液，然后加入 20mL Na_2HgCl_4吸收液，以水稀释至刻度。

其他固体样品：如饼干、粉丝等可将样品研磨均匀，称取 5～10g，以少量水湿润，并移入 100mL 容量瓶中，加入 20mL Na_2HgCl_4吸收液，浸泡 4h 以上，若上层溶液不澄清，可加入亚铁氰化钾及乙酸锌溶液各 2.5mL，最后用水稀释至刻度，混匀，过滤后备用。

液体样品：如葡萄酒等可直接吸取 5～10mL 样品于 100mL 容量瓶中，以少量水稀释，加 20mL Na_2HgCl_4吸收液，摇匀，最后以水定容，混匀，必要时过滤备用。

（2）标准曲线绘制　准确吸取 0.0、0.2mL、0.4mL、0.6mL、0.8mL、1.0mL、1.5mL、2.0mLSO_2标准使用液（相当于 0.0、0.4μg、0.8μg、1.2μg、1.6μg、2.0μg、3.0μg、4.0$\mu g SO_2$），分别置于 25mL 带塞比色管中。各加入 Na_2HgCl_4吸收液至 10mL，然后各加 1mL 浓度为 1.2% 氨基磺酸胺溶液、1mL 浓度为 0.2% 的甲醛溶液及 1mL HCl 副玫瑰苯胺溶液，摇匀，放置 20min。用 1cm 比色杯，以零管调零，于波长 550nm 处测定吸光度，并绘制标准曲线。

（3）样品测定　吸取 0.5～5.0mL 样品处理液（视含量高低而定）于 25mL 比色管中按标准曲线绘制的操作进行，于波长 550nm 处测定吸光度，由标准曲线查出样品液中 SO_2浓度。

5. 计算

$$x_2 = \frac{m'}{m \times \dfrac{V_3}{100} \times 1000}$$

式中　x_2——样品中SO_2含量，g/kg；

　　m'——从标准曲线上查得SO_2量，μg；

　　V_3——测定用样品液体积，mL；

　　m——样品质量，g；

　　100——样品液总体积，mL。

6. 注意事项

①最适反应温度为 20～25℃，最好在恒温水浴中进行。温度低灵敏度低，故标准管与样品管需在相同条件下显色。

②盐酸副玫瑰苯胺配制时盐酸用量对显色有影响，加入 HCl 量多，显色浅；加入量少，显色深，所以要按规定准确进行。盐酸副玫瑰苯胺加入 HCl 调成黄色，放置过夜后使用，以空白管不显色为宜，否则应重新调节。

③甲醛浓度在 0.15%～0.25% 时，颜色稳定，故选择 0.2% 甲醛溶液。

④颜色较深的样品，可用 100g/L 活性炭脱色。

⑤样品加入 Na_2HgCl_4 溶液后，溶液中 SO_2 含量在 24h 内很稳定。

7. 讨论题

①实验中加入亚铁氰化钾溶液和乙酸锌溶液有何作用？

②简述本实验的原理。

③温度对此法的测定结果有何影响？

④SO_2 和亚硫酸盐在食品加工中有什么作用？

⑤比较上述三种测定 SO_2 及亚硫酸盐方法的特点。

第六节　发色剂 $NaNO_2$ 的检验

$NaNO_2$ 一方面作为肉食制品的发色剂，另一方面又可防止腌渍中的肉腐败。

肉的颜色主要是与蛋白质结合的血红蛋白和肌红蛋白所产生的，它们与亚硝酸盐的还原生成物 NO 结合形成亚硝基化合物，呈鲜红色。亚硝基体加热时，变性血球蛋白形成对热稳定的呈色化合物。$NaNO_2$ 最大使用量为 0.15g/kg。$NaNO_2$ 是致癌物质二甲基亚硝胺的前体物，所以使用时应当限制在最小量。常与作为发色辅助剂的抗坏血酸、半胱氨酸等还原性物质合并使用。

1. 实验原理

样品经沉淀蛋白质除去脂肪后，在弱酸条件下，亚硝酸盐与对氨基苯磺酸重氮化，再与盐酸萘乙二胺偶合形成紫红色染料，可与标准色比较而定量测定。

2. 实验仪器

小型绞肉机，分光光度计，烧杯。

3. 实验材料

（1）亚铁氰化钾溶液　称取 106g 亚铁氰化钾 $[K_4Fe(CN)_6 \cdot 3H_2O]$ 溶于水，并稀释至 1000mL。

（2）乙酸锌溶液　称取 220g 乙酸锌 $[Zn(CH_3COO)_2 \cdot 2H_2O]$，加 30mL 冰醋酸溶于水，并稀释至 1000mL。

（3）饱和硼酸钠溶液　称取 5g 硼酸钠（$Na_2B_4O_7 \cdot 10H_2O$），溶于 100mL 热水中，冷却后备用。

（4）0.4% 对氨基苯磺酸溶液　称取 0.4g 对氨基苯磺酸，溶于 100mL 20% 的盐酸中，避光保存。

（5）0.2% 盐酸萘乙二胺溶液　称取 0.2g 盐酸萘乙二胺，溶于 100mL 水中，避光保存。

（6）$NaNO_2$ 标准溶液　精密称取 0.1000g 于硅胶干燥器中干燥了 24h 的 $NaNO_2$，加水溶解，移入 500mL 容量瓶中，并稀释至刻度。此溶液 1mL 含 200μg $NaNO_2$。

（7）$NaNO_2$ 标准使用液　吸取 $NaNO_2$ 标准溶液 5.00mL，置于 200mL 容量瓶中，加水稀释至刻度。此溶液 1mL 相当于 5μg $NaNO_2$，临用前配制。

4. 实验步骤

（1）样品处理　称取 5.0g 经绞碎混匀的样品，置于 50mL 烧杯中，加 12.5mL 硼酸钠饱和溶液，搅拌均匀，以 70℃左右的水 300mL 将样品全部洗入 500mL 容量瓶中，置沸水浴中加热15min，取出后冷至室温。然后一面转动一面加入 5mL 亚铁氰化钾溶液，摇匀，再加入 5mL 乙酸锌溶液以沉淀蛋白质。加水至刻度，混匀，放置 30min 除去上层脂肪，清液用滤纸过滤，弃去初滤液 30mL，滤液备用。

（2）测定　吸取 40mL 上述滤液于 50mL 比色管中，另吸取 0、0.20mL、0.40mL、0.60mL、0.80mL、1.00mL、1.50mL、2.00mL、2.50mL $NaNO_2$ 标准使用液（相当于 0、1μg、2μg、3μg、4μg、5μg、7.5μg、10μg、12.5μg $NaNO_2$），分别置于 50mL 比色管中，于标准管和样品管中分别加入 2mL 浓度 0.4% 对氨基苯磺酸溶液，混匀，静置 3~5min 后，各加入 1mL 0.2% 盐酸萘乙二胺溶液。加水至刻度，混匀，静置 15min，用 2cm 比色杯，以零管调节零点，于波长 538nm 处测吸光值，绘制标准曲线并比较。

5. 计算

$$x = \frac{m'}{m \times \dfrac{V_1}{V_0} \times 1000}$$

式中　x——样品中亚硝酸盐的含量，g/kg；

　　m——样品质量，g；

　　m'——从标准曲线上查得的亚硝酸盐的含量，μg；

　　V_0——样品液处理总体积，mL；

　　V_1——比色时取样品液的体积，mL。

6. 讨论题

（1）亚硝酸盐添加于食品中的主要作用有哪些？

（2）简述亚硝酸盐作为食品发色剂的基本原理。

（3）发色剂和着色剂的区别在哪里？

CHAPTER

第四章

食品掺假的检验

概　　述

　　食品掺假在现代社会已经成为一个不可忽视的问题。一方面掺假破坏了食品品质、风味与特性；另一方面有人把有害、有毒的物质掺入食品，对人体健康甚至生命造成威胁。

　　在市场上，掺假食品种类繁多，已发现在粮、油、乳、肉、饮料、酒、蜂蜜、干果等数百种食品中有掺假行为；掺入物质也是无奇不有，如酒类掺入甲醇；米粉、粉丝掺入荧光增白剂；火锅底料掺入麻醉剂罂粟壳；辣椒掺入颜料；牛乳掺豆浆、米汤等。因此对掺假食品的检验，已经成为食品检验中的重要内容之一，这也是食品行业的从业人员不可推卸的责任之一。

　　由于我国人口众多、市场广大，食品的生产与流通分散，因此检验掺伪食品的方法既要有简单、快速的现场检验方法，又要求这些方法是符合科学的、标准的检验方法。这里介绍一些常见的掺假食品的检验方法。

第一节　牛乳掺假的检验

　　牛乳的掺假是经常遇到的，也是掺假较多的一类食品。通常牛乳掺假分为三类：

　　(1) 在牛乳中掺入水、淀粉米汁、豆浆、蔗糖水、石膏、黏土、$BaSO_4$等物质以增加牛乳的分量。

　　(2) 在已变质的牛乳中掺入碱性物质如 Na_2CO_3、$NaHCO_3$，以掩盖牛乳的酸败变质。

　　(3) 为了延长牛乳的保鲜期，在牛乳中非法掺入一些不允许使用的防腐剂如甲醛、硼酸、水杨酸及抗生素等物质。

一、牛乳掺水的检验

1. 相对密度检验法

正常的牛乳相对密度是在 1.028 ~ 1.033，牛乳掺水之后，相对密度下降。牛乳相对密度用牛乳比重计测量，每加 10% 的水，可使相对密度降低 0.0029，并且酸度、脂肪、蛋白质、乳糖等成分相应降低。正常的牛乳滴定酸度在 16 ~ 18°T，微生物的生长繁殖产生乳酸，使滴定酸度增高，当酸度降低到 16 ~ 17°T 以下时，可以作为牛乳掺水的间接证据。

2. 乳清相对密度检验法

在正常的情况下，牛乳中的乳糖和矿物质的含量是比较稳定的，变动很小。通常良种牛乳的乳清相对密度为 1.027 ~ 1.030，如果相对密度降到 1.027 以下，可以估计为掺水。

步骤：取牛乳样品 200mL，置于锥形瓶内加热，然后加入 20% 乙酸溶液 4mL，放于 40℃ 恒温箱或水浴中恒温，待干酪素凝固之后，置于室温冷却，用滤纸过滤后，用乳稠计进行相对密度测定。

3. 牛乳冰点检验法

正常牛乳的冰点在 -0.53 ~ -0.57℃，平均 -0.55℃。牛乳掺杂了电解质与非电解质之后，可使冰点下降。如牛乳掺蔗糖 1%，其冰点约为 -0.64℃；掺尿素 0.5%，冰点下降至 -0.73℃。

此法检验手续较复杂，但结果可靠，是检验牛乳掺假的经典方法。

（1）实验仪器

贝克曼冰点测定仪或类似仪器。

贝克曼温度计：可调范围 5℃，刻度间隔为 0.01℃，用放大镜可估读至 0.002℃。

（2）实验材料

制冷剂：冰和食盐按 3∶1 比例混合，再加适量的水。待测牛乳。

（3）实验步骤

①调节贝克曼温度计的水银量：用热水浴使贝克曼温度计中的水银同贮管中水银相连，置于 4℃ 水浴中恒温 5min。取出后用振动方法使之在连接点处断开，放置于 0℃ 以下的环境中。

②蒸馏水冰点测定：充分刷洗冰点测定仪，加蒸馏水约 80mL 于凝固点管中。将凝固点管放入制冷剂中，用搅拌器不断搅拌蒸馏水。待冰晶析出，从制冷剂中取出，擦干后插入空气套管中并缓慢搅拌，用调好的贝克曼温度计测量，直至温度恒定。如温度落在 3 ~ 5℃ 范围，说明温度计水银量合适。此时，贝克曼温度计的读数即为 0℃。重复操作一次，精确到 0.002℃。

③牛乳冰点的测定：按上述方法测定牛乳冰点，重复操作两次，要求绝对误差小于 0.002℃。

如果冰点测定结果明显低于正常值，参考脂肪含量、酸度、相对密度测定结果，做以下估计：

冰点明显低于正常值，酸度和脂肪含量低于正常值，但相对密度正常，此牛乳可能掺入非电解质晶体物质的水溶液，如尿素、蔗糖等，应进一步做定性确认。

冰点降低、酸度高，但相对密度和脂肪含量都正常，此牛乳可能是酸败乳。

冰点高于正常值，可能掺水，牛乳掺入 1% 的水时，冰点可上升 0.0055℃。可依照下式计算掺入水量：

$$m = \frac{100 \times (\Delta - \Delta_1)}{\Delta}$$

式中　Δ——正常乳的平均冰点（$-0.550℃$）；

　　　Δ_1——被检乳的冰点；

　　　m——掺水量。

4. 乳糖检验法

牛乳中碳水化合物主要是乳糖，乳糖是一种双糖，由葡萄糖和半乳糖所组成。正常牛乳中乳糖含量约为4.7%。牛乳掺入水、电解质和非电解质，或胶体物质如米汁、豆浆等，均使乳糖含量低于正常值，酸败牛乳的乳糖值也略低于正常值，可用费林试剂法测定糖含量。

（1）实验仪器　容量瓶，漏斗，锥形瓶，滴定管，电炉。

（2）实验材料

①费林A液：溶解 $CuSO_4 \cdot 5H_2O$ 34.64g 于500mL 水中。

②费林B液：溶解酒石酸钾钠173g 及 NaOH 50g 于适量水中，加水至500mL。

③20% 乙酸铅溶液。

④10% Na_3PO_4 钠溶液。

⑤1% 亚甲基蓝指示液。

⑥0.5% 还原糖标准溶液：称取预先在 H_2SO_4 干燥器中干燥24h 的纯葡萄糖1.00g 溶于水中，定容至200mL。

⑦费林溶液效价测定：吸取费林A液和B液各 5mL 于100mL 锥形瓶中，加热煮沸，沸时滴加还原糖标准溶液至溶液褪至淡蓝色，加次甲基蓝指示液1滴，继续滴至蓝色消失为止，记录用去还原糖标准溶液体积。以上操作为预试验。再取费林氏A液和B液各 5.00mL 将还原糖标准溶液一次加入比预试验少 1mL 的量，煮沸 2min，加入次甲基蓝指示剂1滴，继续滴定至蓝色消失为止，两次滴定误差不超过 0.2mL。

$$10mL 费林液相当于葡萄糖（g）= V \times 0.005$$
$$10mL 费林液相当于乳糖（g）= V \times 0.0678$$

式中　V——滴定费林液 10mL 消耗还原糖标准溶液的体积，mL。

（3）实验步骤　取牛乳25mL 于250mL 容量瓶中，加20% 乙酸铅溶液4mL，加10% Na_3PO_4 钠溶液1.7mL，振摇，静置5min，加水至刻度，混匀，用干燥折叠滤纸过滤，弃去初滤液约20mL，收集滤液备用。吸取费林A液和B液各 5.0mL 于100mL 锥形瓶中，以下参照"费林溶液效价测定"的操作步骤进行。

（4）计算

$$乳糖含量（\%）= \frac{m}{\frac{25}{250} \times V} \times 100$$

式中　m——10mL 费林溶液相当于乳糖量，g；

　　　V——滴定 10mL 费林溶液消耗样品滤液的体积，mL。

根据相对密度、滴定酸度、脂肪含量和乳糖含量测定结果，可综合判定牛乳的品质如下：

（1）相对密度、酸度、脂肪和乳糖含量测定值均低于正常值，可判定为掺水乳。根据测定值和正常值的比较，可粗略估计掺水量。

（2）相对密度、脂肪、乳糖测定正常，但酸度明显低于正常值，此乳可能掺入中和剂，如

Na_2CO_3、$NaHCO_3$ 或其他碱性物质，应进一步进行定性试验。

（3）相对密度正常，但酸度、脂肪、乳糖测定值均低于正常，此乳可能掺入米汁、豆浆等胶体物质或掺水后又掺入提高相对密度的电解质、非电解质等。应进一步做定性试验。

（4）脂肪、乳糖含量测定值低于正常值，但相对密度正常、酸度正常或高于正常值，此乳为酸败乳又掺水，同时掺入提高相对密度的电解质、非电解质、胶体物质。

二、牛乳掺米汁和面汤的检验

正常的牛乳不含淀粉，而米、面粉都含淀粉。牛乳掺入米和面汤后，相对密度不会有明显变化，因此不能用相对密度法进行检验。但淀粉遇碘变蓝色，可用此法检验。

取被检牛乳 5mL 于试管中，稍稍煮沸，放冷后，加入数滴碘溶液，如有米汁或面汤加入时，则出现蓝紫色反应。

碘溶液：KI 4g 和 I_2 2g 加少量水溶解之后，再加水至 100mL。

三、牛乳掺豆浆与豆饼水的检验

牛乳中掺入豆浆，相对密度和蛋白质含量可能在正常范围内，不能用相对密度或测蛋白质含量的方法来检验牛乳中是否掺入豆浆。但可用下面几种方法检验。

1. 皂素显色法

豆浆含有皂素，皂素可溶于热水或热乙醇中，并可与 KOH 反应出现黄色。

取被检乳 20mL，放入 50mL 锥形瓶中，加乙醇：乙醚（1:1）混合液 3mL，混匀，加 25% KOH 溶液 5mL，摇匀，同时做空白对照试验。试样呈微黄色，表示有豆浆的存在，呈暗白色为未捡出。本法灵敏度不高，掺豆浆大于 10% 才呈阳性反应。

2. 甲醛法

取牛乳 2mL 于试管中，加 40% 甲醛 0.2mL，轻轻摇匀，加 2 滴甲基红溶液，摇匀。加 1.5% 乙醇溶液 0.1mL，用手斜置试管（不使内容物流出）转 4~5 次，观察管壁有无沉淀产生，如有明显沉淀即为阳性。表 6-8 为牛乳掺豆浆量及其现象对照。

表 6-8　　　　　　　　　　牛乳掺豆浆量及其现象对照表

被检乳	结果
纯牛乳	无沉淀
纯豆浆	完全沉淀
含 1/2 豆浆	全管沉淀，加酸后，立即出现
含 1/5 豆浆	沉淀颗粒大而多，很明显
含 1/10 豆浆	沉淀颗粒稍小，但很明显
含 1/20 豆浆	沉淀颗粒很小，不明显
含 1/40 豆浆	看不出沉淀，与纯乳相似

四、牛乳加防腐剂的检验

牛乳在贮藏或运输过程中，如果没有冷藏设施，牛乳中微生物大量繁殖，使牛乳迅速变坏。为了防止牛乳细菌超标，有人非法地向牛乳中加入甲醛、硼酸、水杨酸等禁用的物质，更有甚者，向牛乳中滴加剧毒农药敌敌畏。

1. 甲醛的检验

掺甲醛的牛乳，遇含有 HNO_3 的 H_2SO_4，呈红紫色–暗蓝色。有以下两种方法可以检验。

（1）实验材料

①含 HNO_3 的 H_2SO_4（100mL H_2SO_4 中加 1 滴 HNO_3），②0.3% 三氯化铁浓盐酸溶液。

（2）实验步骤

方法 1：取牛乳 5mL 于试管中，小心沿管壁加 2mL 含 HNO_3 的 H_2SO_4，在二液交界面出现紫色环者，为甲醛阳性，阴性者为淡黄色。反应要在 10min 内观察并做对照试验。

方法 2：取牛乳 1mL 放于试管中，加入三氯化铁盐酸溶液 0.5mL，放于沸水浴中加热 1min。此时牛乳凝固，有甲醛存在出现紫色，颜色的深浅与甲醛含量成正比。检出限 1:40000。

2. 硼酸的检验

姜黄试纸：将滤纸条浸入姜黄粉的乙醇饱和溶液中，取出任其自然干燥。

取牛乳 100mL，加盐酸 7mL，搅拌均匀后，用姜黄试纸浸入，然后任其自然干燥。若试纸条显红色，加氨液变蓝绿色，加酸又变红色，表示有硼酸存在。

3. 水杨酸的检验

（1）实验材料　10% NaOH 溶液，35% $CuSO_4$ 溶液，HCl，乙醚，无水 Na_2SO_4，1:1 氨水，1% $FeCl_3$ 溶液。

（2）实验步骤　取牛乳 100mL，加 10% NaOH 溶液 5mL，摇匀，再加 35% $CuSO_4$ 溶液 10mL，摇匀并过滤。收集滤液于分液漏斗中，加 HCl 5mL 成酸性，用乙醚 75mL 提取，收集乙醚层，用水洗涤乙醚层，每次 5mL，弃去水洗液，收集乙醚。经无水 Na_2SO_4 脱水，低温蒸除乙醚，残渣加（1:1）氨水 1mL 溶解，在水浴上蒸发至干。残留物加水 2mL 溶解，然后取其 1mL，加 1% $FeCl_3$ 溶液，产生深紫色表示含有水杨酸。

4. 敌敌畏的检验

（1）试剂　无水 Na_2CO_3，苯，乙醇，5% NaOH，1% 间苯二酚。

（2）过程　取牛乳 10mL，加无水 Na_2CO_3 使之饱和，然后用苯提取后，用乙醇溶解作为检液。

取 3cm×3cm 滤纸一张，在纸中心滴加 5% NaOH 1 滴，加 1% 间苯二酚 1 滴，稍干，加数滴检液，在烘箱中微热片刻，出现红色时，表示含有敌敌畏或敌百虫。

第二节 肉类掺假的检测

在掺假肉类及其制品的检验时，先进行真伪鉴别，识别出掺假食品，判断掺假物质，然后以掺假食品为检验对象，以掺假物质为检验目的选择正确的检验方法进行分析检验，根据某种或某些物质的存在或某成分的含量对掺假食品做出科学正确的鉴定结论，确定食品中掺入物质量是多少和食品是由什么物质仿冒伪造。

一、肉品掺盐的检验

1. 感官检验

咸肉作为正常肉类加工的一种品种，深受消费者欢迎。但某些商贩将盐溶解后，用注射器将盐水注入新鲜肉中，使之相对密度增加，以达到牟利目的。此种肉从外表观察难以鉴别，但切开后可见肌肉局部组织脱水，呈灰白色。肌肉结缔组织呈黄色胶冻样浸润，嗅之有咸味。此种肉多见于前、后腿的肌肉厚实部位。

2. 盐分的测定

（1）实验原理　样品中的 NaCl 采用热水浸出法或碳化浸出法将 NaCl 浸出，以 K_2CrO_4 为指示剂，氧化物与 $AgNO_3$ 作用生成 AgCl 白色沉淀。当多余的 $AgNO_3$ 存在时，则与 K_2CrO_4 指示剂反应生成红色 Ag_2CrO_4，表示反应达终点。根据 $AgNO_3$ 溶液的消耗量，计算出氯化物的含量。

（2）实验步骤

①样品预处理：准确称取剪、切碎均匀的样品 10.0g，置于 100mL 烧杯中，加入适量水，加热煮沸 10min，冷却至室温，过滤入 100mL 的容量瓶中，用温水反复洗涤沉淀物，滤液一起并入容量瓶内，冷却，用水定容至刻度，摇匀备用。或称取样品 5.0g 置于 100mL 瓷蒸发皿内，用小火炭化完全，炭粉用玻棒轻轻研碎。加入适量水，用小火煮沸后，冷却至室温，过滤入 100mL 容量瓶中，并以热水少量分次洗涤残渣及滤器。洗液并入容量瓶中，冷却至室温后用水定容至刻度，摇匀备用。

②滴定：准确吸取滤液 10～20mL（视样品含量多少而定）于 150mL 三角烧瓶内，加入 1mL 5% K_2CrO_4 溶液，摇匀，用 0.1mol/L $AgNO_3$ 标准溶液滴定至初现橘红色即为终点。同时作试剂空白试验。

（3）计算

$$\text{氯化物（以 NaCl 计）含量（\%）} = \frac{(V_1 - V_0) \times c \times 0.0585}{m \times \dfrac{V_2}{100}} \times 100$$

式中　V_1——样品消耗 $AgNO_3$ 标准溶液的体积，mL；

V_0——样品消耗 $AgNO_3$ 标准溶液的体积，mL；

c——$AgNO_3$ 标准溶液的浓度，mol/L；

V_2——滴定时所取样品制备液的体积，mL；

m——称取样品的质量，g。

二、 蛋白质的检测

肉品中蛋白质的测定，主要通过凯氏定氮法进行，然后与正品进行比较。如果待检肉品中蛋白质与正品的差别较大，应怀疑为假冒产品。

1. 实验原理

蛋白质是含氮的有机化合物。将样品与浓 H_2SO_4、催化剂一起加热消化，使蛋白质分解，样品中的有机氮转化为氨，与 H_2SO_4 结合生成 $(NH_4)_2SO_4$，然后加碱蒸馏，使氨蒸出，用 H_3BO_3 吸收后再以标准 HCl 或 H_2SO_4 溶液滴定。根据标准酸消耗量可计算出蛋白质的含量。

2. 实验仪器

凯氏烧瓶，定氮蒸馏装置。

3. 实验材料

浓 H_2SO_4，$CuSO_4$，K_2SO_4（或无水 Na_2SO_4），400g/L NaOH 溶液，40g/L H_3BO_3 吸收液，甲基红 – 溴甲酚绿混合指示剂（5 份 0.2% 溴甲酚绿的 95% 乙醇溶液与 1 份 0.2% 甲基红的乙醇溶液混合均匀制得），0.1000mol/L HCl 标准溶液。

4. 实验步骤

（1）消化 准确称取试样 1 ~ 2g（精确至 0.001g），小心移入干燥洁净的 500mL 凯氏烧瓶中，然后加入研细的 $CuSO_4$ 0.5g 和无水 K_2SO_4 15g，再加浓 H_2SO_4 20mL，轻轻摇匀后，安装消化装置，于凯氏瓶口放 1 个小漏斗。先用电炉小火加热，待内容物全部炭化，泡沫停止产生后，加大火力，保持瓶内液体沸腾，不时转动烧瓶，至液体变成透明的蓝绿色后，再继续加热30min。冷却后，小心加入 200mL 蒸馏水，再放冷，加入 3 粒玻璃球以防蒸馏时爆沸。

（2）蒸馏 将凯氏烧瓶连好后，塞紧瓶口，冷凝管下端插入吸收瓶液面下（瓶内预先装入50mL 硼酸吸收液和混合指示剂 2 ~ 3 滴）。放松夹子，通过漏斗加入 70 ~ 80mL NaOH 溶液，用少量蒸馏水冲洗漏斗，迅速夹紧夹子。加热蒸馏，至氨全部蒸出（馏出液约 250mL），将冷凝管下端提离液面，用蒸馏水冲洗管口，继续蒸馏 1min，用少量蒸馏水冲洗出口，用浸湿的 pH 试纸检验氨是否蒸馏完全。待蒸馏完毕，停止加热。

（3）滴定 用标准盐酸溶液滴定收集液，至蓝绿色变为微红色为终点，记录 HCl 的消耗量。

同一试样进行 2 次平行测定，并做空白试验。

5. 计算

$$x = \frac{V_1 - V_0}{m} \times c \times 0.014 \times 6.25 \times 100$$

式中 x——蛋白质的含量,%；

V_1——测定试样所消耗的标准 HCl 溶液的体积，mL；

V_0——空白试验所消耗的标准 HCl 溶液的体积，mL；

c——HCl 标准溶液的浓度，mol/L；

0.014——与 1.00mL HCl 标准溶液 $[c(HCl) = 1.000mol/L]$ 相当的氮的质量，g；

6.25——氮与蛋白质的换算系数；

m——试样的质量，g。

6. 注意事项

①所用试剂应用无氨蒸馏水配制。

②称样后应尽可能将试样移入凯氏烧瓶底部，避免沾在颈壁上。消化过程中应不时转动凯氏瓶使附在瓶壁上的残渣洗下，促其消化完全。

③Na_2SO_4的作用是提高溶液的沸点，加速对有机物的分解。但 Na_2SO_4 的用量不宜过多，否则因为温度过高，生成的 NH_4HSO_4 铵分解，会造成氮的损失。

④$CuSO_4$起催化作用，同时指示消化终点的到达（蓝绿色），蒸馏时也作为碱性反应的指示剂（加碱量不足时，消化液呈蓝色不生成黑色沉淀）。

⑤蒸馏装置不能漏气。

⑥蒸馏时加碱量要充足。

⑦蒸馏完毕后，应先将冷凝管下端提高液面并清洗管口，再蒸馏1min后关掉电源，否则可能造成吸收液倒吸。

第三节　食用油掺假的检测

食用油掺假的情况可分两类：一类是以低价食用油脂掺入高价食用油脂中，如牛油掺入猪油中，豆油掺入花生油中，棉籽油掺入芝麻油中；另一类是在食用油中掺入了非食用油如桐油、青油（梓油、柏籽油）、蓖麻油、亚麻仁油、巴豆油、矿物油等。其中以桐油和青油引起中毒的例子最为多见，这种掺杂多数是由于误将非食用油脂当作食用油混入，少数情况是以非食用油掺入食用油中作为商品而销售。

由于非食用油对人体有害，所以它们的检验仍是常遇到的项目。

一、花生油掺假检验

花生油中含有花生酸等高分子饱和脂肪酸，在某些溶剂中（如乙醇）溶解性较低，由此可以检出。

1. 实验材料

（1）NaOH - 乙醇溶液　称取 80g NaOH 溶于 80mL 水中，用95% 乙醇稀释至1000mL。

（2）70% 乙醇。

（3）HCl。

2. 实验步骤

吸取 1mL 油样于 100mL 锥形瓶中，加入 5mL NaOH - 乙醇溶液，置热水浴内皂化 5min，冷至 15℃，加入 50mL 70% 乙醇及 0.8mL 盐酸，振荡。待澄清后浸入冷水中，继续振摇，记录浑浊时的温度，若浑浊太甚，再重新加温使之澄清，重新振摇，但不在冷水中冷却。

如在 16℃ 时不呈浑浊，则此温度下振摇 5min，然后降低至 15.5℃，总之，凡发生浑浊便降温，待其澄清，再重复试验，以第二次浑浊温度为准。

纯花生油的浑浊温度为 39 ~ 40℃，如在 39℃ 以前发生浑浊，就表示有其他油类掺杂。

表6-9为油脂的浑浊温度。

表6-9　　　　　　　　　　　　　油脂的浑浊温度

油　脂	混浊温度/℃
茶籽油	2.5~9.5
玉米油	7.5
橄榄油	9
棉籽油	13
豆油	13
米糠油	13
芝麻油	15
菜籽油	22.5
花生油	39.0~40.5

二、猪油掺牛油的检验

1. 实验原理

猪油析出的晶体熔点较高，当有牛油或其他含甘油三硬脂酸酯的油脂掺杂时，其熔点有所降低。因此从测定其甘油酯的熔点可以检验是否有牛油掺杂。必要时，可再测定其脂肪酸的熔点及平均相对分子质量以进一步证实。

2. 实验材料

丙酮。

3. 实验步骤

（1）称取5g熔化过滤后的猪油样品，置于带塞的量筒中，加入20mL温丙酮，混匀，等冷至近31℃时，移入30℃恒温箱内，静置16~18h。取出观察，析出的晶体容积应不超过3mL；如超过3mL，应取较小量样品，重新试验。如无晶体析出，表示无甘油三硬脂酸酯存在（如软猪油或油脂猪油）。

（2）倾去上层丙酮溶液，加入5mL温热（30~35℃）丙酮洗涤，如此进行3次（小心勿破坏析出物），倾去最初两次洗液，加入第三份丙酮时，剧烈振荡，并立即用滤纸过滤。用少量热丙酮洗涤5次，减压抽去过量丙酮，然后将滤纸和晶体散开，大块的捣碎，在室温中静置干燥。

（3）干燥后将晶体粉碎装入1mm毛细管中，封闭毛细管，测定熔点。具体测定方法参看有关书籍。将测定熔点用的水温迅速升至55℃，维持此温度至熔点温度上升到50℃时，再继续加热使水温达到67℃。

（4）移去火焰，待猪油完全澄清透明时，读取熔点温度。如熔点低于63.5℃时，有牛油或其他含甘油三硬脂酸酯的油脂掺入的可能。同时用纯猪油进行对照。

猪油中掺杂不同量牛油，其甘油酯熔点值参照表6-10。纯猪油熔点为63.8℃，纯牛油熔点为 60.6℃。

表 6 - 10　　　　　　　　　　　掺杂牛油的猪油甘油酯熔点

掺牛油量/%	熔点/℃
1	63.4
3	63.0
5	62.5
7	61.6
10	61.5

三、 芝麻油掺假的检验

1. 实验原理

用氯仿溶解的油样与 H_2SO_4 反应，经振摇后生成一种稳定的橘红色化合物，颜色的深浅与香油的浓度成正比，根据 H_2SO_4 层的颜色即可比色定量。

2. 实验材料

（1）香油标准溶液　精确称取纯香油 1.0g 于 100mL 容量瓶内，加氯仿至刻度。此液 1mL 含 0.01g 纯香油。

（2）H_2SO_4。

（3）氯仿。

3. 实验步骤

（1）香油标准色列的制备　精确吸取香油标准溶液 0、0.50mL、0.75mL、1.0mL、1.25mL、1.50mL、1.75mL、2.0mL、2.5mL（分别含 0、0.005g、0.0075g、0.01g、0.0125g、0.015g、0.0175g、0.020g、0.025g 香油）于 10mL 干燥的比色管中，加氯仿至 5mL，混匀，沿管壁加硫酸 2mL，室温下振摇 1min，静置 2min。待分层后，将 H_2SO_4 层置于明亮（或日光灯下）处作目视比色。

（2）样品测定　准确称取油样约 0.2g 置于 10mL 比色管中，加氯仿至刻度，混匀。吸取 1.0mL 于 10mL 比色管中，加氯仿至 5mL，混匀，沿管壁加 H_2SO_4 2mL。室温下振摇 1min，静置 2min。待分层后，将 H_2SO_4 层与香油标准色列进行比色，计算香油的百分含量。

$$芝麻油含量（\%）= \frac{样品相当于标准管香油的含量（g）}{样品量（g）\times \dfrac{吸取稀释后样品量（mL）}{样品稀释总体积（mL）}} \times 100$$

四、 掺入桐油的检验

1. 亚硝酸法

取油样 5～10mL 滴于试管中，加 2mL 石油醚，使油溶解，必要时过滤。加 $NaNO_2$ 结晶少许，加 1mL 5mol/L H_2SO_4，振摇后放置 1～2h。如为纯净食用植物油，仅发生红褐色氮氧化物气体，油液仍然澄清。如果食用油中混有约 1% 桐油时，油液呈白色浑油；约含 2.5% 桐油时，出现白色絮状物；含量大于 5% 时，白色絮状团块，初呈白色，放置后变为黄色。

2. 苦味酸法

取 1mL 油样于试管中，加入 3mL 饱和苦味酸冰醋酸溶液。若油层呈红色，表示有桐油存在。

本检验法按桐油掺杂量的增加，颜色从黄橙到深红，色调明显，可配成标准系列比色定量。

五、 掺入青油和亚麻仁油的检验

青油（梓油、柏籽油）、亚麻仁油含有高级不饱和脂肪酸，如亚麻仁油酸等能与溴生成不溶性六溴化合物沉淀，从而检出青油与亚麻仁油。

取 20 滴油样于试管中，加 5mL 乙醚溶解，缓缓滴入溴试液至混合液保持明显红色为止，摇匀后置冰水（15℃以下）中静置 5min，如发生沉淀，则表示有青油和亚麻仁油的存在。

掺入 2.5% 以上青油或亚麻仁油的油样，起阳性反应。掺青油与掺亚麻仁油几乎没有任何区别。

六、 掺入蓖麻油的检验

取少量混匀试样于镍蒸发皿中，加 KOH 一小块，慢慢加热使其熔融。如有辛醇气味，表明有蓖麻油存在。

或将上述熔融物加水溶解，然后加过量的 $MgCl_2$ 溶液，使脂肪酸沉淀，过滤，用稀 HCl 将滤液调成酸性，如有结晶析出，表明有蓖麻油存在。

第四节　蜂蜜掺假的检验

蜂蜜中掺伪的物质有：蔗糖、淀粉、饴糖、食盐、人工转化糖、$(NH_4)_2SO_4$、尿素等。

一、 掺蔗糖的检验

1. 感官检验

（1）在蜜源粉断绝，蜜中掺糖喂养的蜂，或用糖水喂蜂，摇出的蜜色浅，无自然花香，品尝有轻微糖水味。

（2）人为将蔗糖熬成浆状掺入蜜中出售，其色泽鲜艳，多为淡黄色，味淡，回味短，糖浆味浓，糖稀味。

（3）直接掺糖　色浅，久置在底部有未溶化的小糖粒。

2. 物理检验法

将样品少许置于玻璃板上，用日光晒干（或用电吹风吹干），糖浆结晶成坚硬的结块，蜂蜜仍成黏稠状。

用铝锅将糖蜜熬成饱和溶液，然后放入冷水中冷却，掺蔗糖的则形成一块脆块，未掺的则不会成块。

3. 快速化验法

取蜂蜜样 1 份，加 4 份水，摇匀，滴加两滴 1% $AgNO_3$ 溶液，有絮状物产生则证明掺有蔗糖。

4. 蒽酮法

（1）实验原理　先用碱将蜂蜜中还原糖（葡萄糖、果糖）差向异构化，然后余下蔗糖与蒽酮在硫酸存在的条件下反应呈蓝色，其呈色深浅与蔗糖含量成正比，故可定量。

（2）实验材料

①蒽酮 – H_2SO_4 水溶液：取 16 份蒸馏水倒入大烧杯中，再量取 84 份（97%）浓 H_2SO_4 缓慢加入水中，冷却备用。

称取蒽酮 40g，溶于 H_2SO_4 水溶液 100mL 中，最好现用现配。棕色瓶中可低温保存两星期。

②糖标准贮备液：准确称取干燥蔗糖 1.00g 置于 100mL 容量瓶中，加水至刻度。密封可保存 1 个月（10mg/mL）。

③糖标准使用液：取 1.00mL 糖标准贮备液于 100mL 容量瓶中，加水至刻度（100μg/mL）。

④2mol/L KOH 溶液。

（3）操作步骤：

①绘制标准曲线：取糖标准使用液（100μg/mL）0、0.2mL、0.4mL、0.6mL、0.8mL、1.0mL（相当于 0、20μg、40μg、60μg、80μg、100μg 蔗糖）置于干燥试管中，加水至 2mL，加蒽酮试剂 6mL，摇匀。于沸水浴中加热 3.5min，取出冷至室温。用分光光度计、1cm 比色皿，在波长 635nm 处测吸光值，绘制标准曲线。

②蜂蜜中蔗糖的检验：称取 1.00g（m）蜂蜜样品，于 100mL 小烧杯中，加水 49.2mL（V_1），为蜜样 A。取蜜样 A5mL（V_2）于一个干燥的 100mL 容量瓶中（V_3），加水 3mL，加 2mol/L KOH 溶液 4mL，摇匀，煮沸 5min，取出后，快速冷至室温，用水稀释至刻度，摇匀，为蜜样 B。

③取蜜样 B 1mL（V_4）于一个干燥试管中，加水 1mL，再加蒽酮试剂 6mL，摇匀，置于沸水浴中加热 3.5min，取出，冷至室温。用 1cm 比色皿，于波长 635nm 处测吸光度，从标准曲线查出相应蔗糖的质量 m′（μg），按下式计算出蔗糖的含量（%）。

$$蔗糖（\%）= \frac{m' \times V_1 \times V_3 \times 100}{V_2 \times V_4 \times m \times 10^6}$$

（4）讨论题

①简述蒽酮试剂法测定蔗糖的基本原理。

②调查并比较市售蜂蜜的产品质量。

二、掺淀粉（面粉、米汤）的检验

（1）实验原理　掺淀粉时，将淀粉熬成糊，加入蔗糖再掺入蜂蜜中，这样的蜜就混浊不透明，蜜味淡薄，用水稀释呈混浊状。

（2）实验材料　取 1~2 粒 I_2 溶于 1% KI 溶液 20mL 中。

（3）实验步骤　取蜜少许加 4 倍水稀释，加数滴碘溶液，如有蓝 – 蓝紫色出现，则可认为有淀粉；变红者可认为掺有糊精。

三、酶检验法

1. 实验原理

蜂蜜含有多种酶，形成蜜的主要原因之一是由于转化酶将蜜中蔗糖转化，检查蜂蜜中有无酶的存在，就可以鉴别蜂蜜的真假。本法以蜂蜜中的淀粉酶与已知的淀粉溶液作用，之后用碘液鉴定之。

2. 实验材料

（1）0.5% 淀粉溶液。

（2）碘溶液　称取 1g I_2、2g KI，加入 300mL 水。

3. 实验步骤

取 10g 蜂蜜，加入 20mL 蒸馏水，混合均匀后分成两份于两支试管中，各加入 0.5% 淀粉溶液 1 滴，一管于 45℃ 水浴中加温 1h，然后分别滴加碘液于两支试管中，比较所产生的颜色。真正蜂蜜含有淀粉酶可将淀粉分解，其中未经加热的试管呈淡橙绿色、淡褐色，含糊精时呈赤褐色。人工蜂蜜不含淀粉酶，不能分解淀粉，所以人工蜂蜜和加热过的蜂蜜（淀粉酶失活）呈深蓝色。观察颜色时，以加入碘液后立即呈现的色泽为准。

4. 讨论题

① 简述淀粉酶所催化的反应。

② 蔗糖由哪两种单糖结合而成，它具有还原性吗？为什么？

③ 何谓糊精？在淀粉水解的过程中，会产生哪几种糊精，它们与碘反应时分别呈现什么颜色？

第五节　饮料掺假的检验

饮料掺假屡有发生，多表现为：用非食用色素代替食用色素；有的果汁饮料含果汁极低，名不符实，甚至用"三精水"（即糖精、香精、色素）代替果汁；向饮料中掺洗衣粉、漂白粉，伪造名优产品等现象均时有发生。

一、掺非食用色素的检验

1. 碱性色素的检验

（1）实验原理　碱性水溶性色素于弱碱性溶液中可使脱脂纯白色羊毛染色，取此染色羊毛的乙酸提取液，在碱性条件下又可使新羊毛再染色。

（2）实验步骤　取 10mL 样品液（饮料、酒类等）于烧杯中，加 10% 氢氧化铵使之呈碱性（加碱不要过量，否则，过量的碱和色素阳离子结合，不易解离，使染色困难），加脱脂纯白羊毛 0.1g，于水浴中加温搅拌 30min，取出染色羊毛用水洗之。把此染色羊毛放入 1% 乙酸溶液 5mL 中，加热搅拌数分钟，弃去羊毛。此乙酸溶液用 10% 氨水溶液中和并使呈碱性，再加入 0.1g 新的脱脂白羊毛线，搅拌，水浴加热 30min。此时羊毛若再被染色，则证明有非食用碱性人工合成染料存在。

2. 直接染料的检验

（1）实验原理 直接染料于 NaCl 溶液中可使脱脂棉染色，此染色的脱脂棉经氨性水溶液洗涤，颜色不褪。

（2）实验步骤 取样品液 10mL，加 10% NaCl 溶液 1mL，混匀。放入脱脂棉 0.1g，水浴上加热片刻后，取出脱脂棉，用水洗涤。将此脱脂棉放置蒸发皿中，加 1% 氨水 10mL，于水浴上加热数分钟，取出脱脂棉，用水洗，如脱脂棉染色不褪，则存在直接染料。

3. 无机染料颜料的检验

无机染料、颜料中常含有金属 Cr、Pb、Cd、Zn、Fe、Ti、Hg 等的盐类及其氧化物。此类无机颜料为非食用化工产品，Cr、Pb、Cd、Hg 等具有极强毒性，摄入体内将造成对人体的危害，属于禁止使用于食品的着色剂。要检验食品中是否存在这类禁用的化工颜料，可以通过检验这些金属元素的方法加以鉴别。

二、 伪造果汁的检验

果汁是用水果原汁、饮用水、糖分和各种添加剂合成的。假果汁多以色素、香精、糖精或蔗糖配制而成。可以通过对还原糖、果胶质和气味的检验鉴别其真伪。

1. 还原糖的检验

水果原汁或用其兑制的果汁饮料中含有还原糖单糖（果糖和葡萄糖），在碱性条件下加热，能将费林 A 液、B 液混合生成的深蓝色酒石酸钾钠铜还原成氧化亚铜，从而使溶液呈现红色或棕黄色混浊液，而假果汁不发生上述反应。（参看有关还原糖的测定）

蔗糖在酸性条件下能水解产生还原性单糖，因此这里需要把被检液的 pH 调节为弱碱性，防止蔗糖水解而影响测定结果。

2. 果胶质的检验

（1）原理 果胶质分布于水果植物中，是高分子聚合物，其基本化学组成为半乳糖醛酸，在一定浓度的乙醇溶液中有沉淀析出。

（2）方法 取待检果汁和真品果汁各 20mL，溶于 10mL 蒸馏水中，在搅拌条件下加入 2.5mol/L H_2SO_4 1mL、95% 乙醇 40mL，放置 10min，可观察到果汁真品有沉淀析出，待检果汁若为"三精水"，则无沉淀析出。

有关果胶的定量测定方法参看本章食品分析内容。

第六节 味精掺假的检验

味精在销售过程中，掺假产品常常出现，掺假物有食盐、淀粉、$NaHCO_3$、石膏、$MgSO_4$、Na_2SO_4 或其他无机盐类。

味精中谷氨酸、食盐、水分的总和应为 100%。如相差过大，可怀疑有掺假。谷氨酸钠是味精的主要成分，分子式为 $[HOOCCH（NH_2）CH_2CH_2COONa]$。

食盐和谷氨酸在不同规格的味精中含量固定。99% 的味精，其谷氨酸钠含量要 ≥99；80% 的味精，其谷氨酸钠含量要 ≥80。含量表示产品的纯度，是决定产品品质的主要指标。

谷氨酸钠的定量测定方法有很多，如凯氏定氮法、双缩脲检验法等，这些在前面食品分析中蛋白质的测定方法中已有介绍。

第五章

食品微生物学安全检验

概　述

　　"民以食为天"。食物的生产与供应，是国民经济发展的重要组成部分。丰富的食品，是人类生存的最基本保证。食品的卫生质量是确保人类健康与生命安全的大事。

　　食品一旦被附着、混入或生成了对人类健康有害、有毒的物质时，就会发生食物中毒性疾病，乃至危及人类生命安全，尤其是食品的微生物污染。在自然界中到处都存在着各种无数的微生物，在食品的生产制作、加工、贮藏、运输、销售等各个环节，以及食品暴露在自然环境中时，均不可避免的会遭受到微生物的污染。特别是一些直接危害人类健康的病原微生物均有可能进入到食品中，被人摄食后，将造成疾病的流行，引起社会的不安，酿成严重的经济损失。

　　食品微生物学安全检验是通过各种科学的方法和手段，检验和检测各类食品的微生物污染问题，是了解和掌握各类食品的卫生质量状况及人类食用后是否安全的重要手段；可以使人类辨别各类食品中哪些是有益无害的、哪些是腐败变质的、哪些是含有病原菌不能食用的食品；也可以指导人们在食品加工、贮藏中充分利用有益微生物，控制和消灭引起食品变质的有害微生物及病原微生物的活动，以防止被污染的和变质的食品对人体健康造成的威胁，从而保障食品的安全、保障人民身体健康，增强各族人民的体质。

　　目前，我国食品微生物学安全检验指标一般是指：细菌总数、大肠菌群数、致病菌、霉菌和酵母菌数等。这些项目也都有国家标准检验方法。在不同的国家食品卫生标准中的微生物指标含义、表示方法及检测方法不尽相同，应区别对待，并按规定方法检验。

第一节　食品中细菌菌落总数的测定

　　食品在生产、加工、运输、贮存及销售过程中容易被污染发生腐败变质。所以，对食品进行卫生细菌学检验，了解和掌握受污染的程度，具有非常重要的意义。

一、 细菌总数的测定

参照 GB 47892—2010《食品安全国家标准食品微生物学检验菌落总数测定》。

二、 大肠菌群数的测定

参照 GB 47893—2010《食品安全国家标准食品微生物学检验大肠菌群计数》。

三、 罐头食品中平酸菌的检验

平酸菌是引起罐头食品酸败变质而又不胖听（即产酸不产气）的微生物。它是需氧芽孢杆菌科中的一群高温型细菌，具有嗜热、耐热的特点，其适宜生长温度为 45～60℃，最适生长温度为 50～55℃，在 37℃生长缓慢，多数菌种在 pH 为 6.8～7.2 时生长良好，少数菌种能在 pH 为 5.0 时生长，广泛分布于土壤、灰尘和各种变质食品中，造成罐头食品平盖酸败。从微生物学分类来分，主要有两种：嗜热脂肪芽孢杆菌和凝结芽孢杆菌。

嗜热脂肪芽孢杆菌（*Bacillus stearothermophilus*）：革兰阳性杆菌，能运动，周生鞭毛。芽孢椭圆形，亚端生或端生，通常使孢囊膨大，最高生长温度 65～75℃。能水解淀粉，分解葡萄糖产酸。

凝结芽孢杆菌（*B. coagulans*）：革兰阳性杆菌，能运动，周生鞭毛。芽孢椭圆形或柱状，次端生或端生，偶尔中生，有些菌株孢囊膨大不明显，有些菌株的孢囊大。最高生长温度为 55～60℃，最低生长温度为 15～25℃。接触酶阳性，分解葡萄糖产酸。

1. 试样制备

罐头样品预先经 55℃保温一周，然后按正常方法进行开罐，吸取内容物液体 1mL，如为固体内容物则取 1g，以无菌手续接种于平酸菌培养基或嗜热耐酸菌琼脂培养基，每罐接种 2 支。

2. 增菌培养

接种试样的培养基试管，于 55℃培养 48h，如发现指示剂由紫变黄即判断为阳性，同时进行涂片镜检为芽孢杆菌（有时不易检到芽孢），如阳性需继续培养 48h。

3. 纯分离培养

将阳性培养基试管划线接种于培养基琼脂平板 55℃培养 48h，检查有无可疑菌落（菌落黄色，周围有黄色环，中心色深不透明），如有可疑菌落则接种于普通琼脂斜面和芽孢培养基斜面，55℃培养 24h，涂片镜检观察有无芽孢，以及芽孢的形状及位置，同时以普通琼脂斜面培养物进行生化试验。

4. 鉴别

菌体形态：为革兰阳性芽孢杆菌。

生化反应：取上项斜面培养物按表 6–11 中的项目进行鉴别。

表 6 – 11   平酸菌生化反应鉴别表

项目 菌别	60℃ 培养	硝酸盐	葡萄糖	靛基质	V – P 反应	酸性 胰胨	7% NaCl 肉汤	柠檬酸盐
嗜热脂肪 芽孢杆菌	生长	d +	+	–	–	不生长	–	–
凝结芽 孢杆菌	不定	d –	–	–	+	– 生长	–	b

注： + 为产酸或阳性； – 为阴性； d + 为 50% ~85% 的阳性； d – 为 15% ~49% 的阳性； b 为 25% ~ 49% 的阳性； 45 ~55℃培养 3d 后无反应报告为阴性。

四、 乳粉中阪崎肠杆菌的检测

阪崎肠杆菌（*Enterobacter sakazakii*）为肠杆菌属的一个种，是人和动物肠道内寄生的一种革兰阴性无芽孢杆菌，也是环境中的正常菌属。曾被称作黄色阴沟肠杆菌，直到 1980 年才被命名为"阪崎肠杆菌"。作为一种新型食源性条件致病菌，由于阪崎肠杆菌对所有年龄段的人群都有感染性，但主要是侵袭婴儿，所以引起了广泛关注。该菌被广泛地发现于家庭和医院的食品、水和环境中，而且从制造婴儿食品的环境中也发现了该菌。一般对成人影响不大，但对婴儿危害极大，尤其是早产儿、出生体重偏低（2500g 以下）、身体状况较差的新生儿，感染引发脑膜炎、脓血症和小肠结肠坏死，并可能引起神经功能紊乱，造成严重的后遗症和死亡。目前科学家还不十分清楚阪崎肠杆菌的污染来源，但多数研究报告表明婴儿配方乳粉是目前发现的主要感染渠道。

1. 细菌学检查

（1）培养基和试剂　①胰化大豆蛋白琼脂（TSA）；②结晶紫中性红胆盐葡萄糖琼脂（VR-BG）；③肠杆菌增菌肉汤（EE 肉汤）；④氧化酶试剂（N，N，N′，N′ – 四甲基对苯二胺·HCl），该试剂最好现用现配，试剂装在黑色瓶子放入冰箱里，可以保存 7d。

（2）阪崎肠杆菌的测定　整个实验基于"三管"增菌法，因此产品中数量极少的微生物可以被检测和定量，整个实验至少需要 333g 样品。

①按"三管法"分别无菌称取 1g、10g、100g 婴儿配方乳粉，依次加至 125mL、250mL、2L 大小的三角烧瓶中，分别加入 9 份无菌蒸馏水（1∶10 稀释比），预热至 45℃，用手缓缓地摇动至充分溶解。36℃孵育过夜。

②分别移取以上混合液 10mL 转种至 90mL 无菌 EE 肉汤的 160mL 稀释瓶中，36℃孵育过夜。

③充分混合每个瓶子中的溶液，可采用以下两种方法进行分离培养。

直接涂布法：每一个增菌培养物接种两个 VRBG 平板的表面，每一个 VRBG 平板各加 0.1mL，用无菌玻璃棒涂布（如果估计婴儿配方乳粉有很高的阪崎肠杆菌数量，则增菌培养物须用无菌的 EE 肉汤稀释至 10^{-5} ~ 10^{-4} 后涂布）。

直接划线法：每一增菌培养物用 3mm 的接种环（10μL）分别划 2 个 VRBG 平板，至少将平板分成 3 块，以便分离出单个菌落。

④将上述平板放置36℃过夜后，观察平板上的阪崎肠杆菌的典型菌落形态。

⑤挑取5个阪崎肠杆菌刻意菌落，分别划线接种至5个TSA琼脂平板，25℃培养48~72h。

⑥在TSA琼脂平板上挑取黄色无光泽的菌落按API20E生化鉴定操作说明进行确证。阳性结果还需做氧化酶实验。

⑦根据每一稀释度出现的阳性确证结果来估计阪崎肠杆菌MPN值。

2. 调查检测方法

（1）取样

液体样品：反转样品包装数次，以使样品均匀。但应避免形成泡沫。以无菌操作打开包装取样。

粉状样品：反转样品包装数次，以使样品均匀。以无菌操作打开包装取样。

若样品装得过满，则应将其置入较大的容器中混匀。

固体样品：以无菌操作，随机抽取有代表性的样品，充分剪碎并搅拌均匀后取样。

（2）制样及增菌培养

液体样品：以无菌操作，一式三份量取混匀后的试样100mL、10mL、1mL，分别接种于装有900mL、90mL、9mL并预热至45℃灭菌蒸馏水的三角瓶中。充分振摇使其溶解。36℃过夜培养后，分别移取上述培养液10mL转种至装有90mL EE肉汤的三角瓶中，36℃过夜培养。

粉状/固体样品：以无菌操作，一式三份量取混匀后的试样100g、10g、1g，分别接种于装有900mL、90mL、9mL灭菌蒸馏水的三角瓶中。充分振摇使其溶解。36℃过夜培养后，分别移取上述培养液10mL转种至装有90mL EE肉汤的三角瓶中，36℃过夜培养。

（3）分离及鉴别　用直径3mm接种环取各培养物一环，分别划线于结晶紫中性红胆盐葡萄糖琼脂（VRBG）平板。36℃培养24h，自每个平板上至少挑取5个典型或可疑菌落，分别接种于TSA琼脂平板，于25℃培养48~72h，挑取产黄色素的菌落，用API20E试条及氧化酶实验进行生化实验及确认，根据MPN表由所确认的阳性瓶数估算每100g/mL试样中阪崎肠杆菌的最近似值。

第二节　食品中霉菌和酵母计数

霉菌和酵母广泛分布于自然界并可作为食品中正常菌相的一部分。长期以来，人们利用某些霉菌和酵母加工一些食品，如用霉菌加工干酪和肉，使其味道鲜美；还可利用霉菌和酵母酿酒、制酱；食品、化学、医药等工业都少不了霉菌和酵母。但在某些情况下，霉菌和酵母也可造成食品腐败变质。由于它们生长缓慢和竞争能力不强，故常常在不适于细菌生长的食品中出现，这些食品是pH低、湿度低、含盐和含糖高的食品，低温贮藏的食品，含有抗菌素的食品等。由于霉菌和酵母能抵抗热、冷冻，以及抗菌素和辐照的呢过贮藏及保藏技术，它们能转换某些不利于细菌的物质，而促进致病细菌的生长，有些霉菌能够合成有毒代谢产物——霉菌毒素。霉菌和酵母往往使食品表面失去色、香、味。例如，酵母在新鲜的和加工的食品中繁殖，可使食品发生难闻的异味，它还可以使液体发生浑浊，产生气泡，形成薄膜，改变颜色及散发不正常的气味等。因此，霉菌和酵母也作为评价食品卫生质量的指示菌，并以霉菌和酵母计数来制定食品被污染的程度。

霉菌是能够形成疏松的绒毛状的菌丝体的真菌。酵母菌是真菌中的一大类，通常是单细胞，呈圆形、卵圆形、腊肠形或杆状。

霉菌和酵母数的测定是指食品检样经过处理，在一定条件下培养后，1g 或 1mL 检样汇总所含的霉菌和酵母菌菌落数（粮食样品是指 1g 粮食表面的霉菌总数）。霉菌和酵母数主要作为判定食品被霉菌和酵母污染程度的标志。本方法适用于所有食品。

1. 检测程序

①检样，做成几个适当倍数的稀释液；②选择 2～3 个适宜稀释度，各以 1mL 分别加入灭菌平皿中；③每皿中加入适量培养基（粮食检样用高盐察氏培养基，其他检样用孟加拉红培养基）；④在 15～28℃下培养 1 周，之后进行菌落计数；⑤形成报告。

2. 操作步骤

（1）检样稀释及培养　以无菌操作称取检样 25g（mL），放入含有 225mL 灭菌水的三角瓶中，振摇 30min，即为 1∶10 稀释液。

用 1mL 灭菌吸管吸取 1∶10 样品稀释液 1mL，沿管壁徐徐注入含有 9mL 灭菌水的试管中，另取 1mL 灭菌吸管吹吸 5 次，此液即为 1∶100 的稀释液。

按上述操作顺序作 10 倍递增稀释液，每稀释一次，换用 1 支 1mL 灭菌吸管。根据对样品污染情况的估计，选择三个适宜的稀释度。分别在作 10 倍稀释的同时，吸取 1mL 稀释液于灭菌平皿中，每个稀释度作 2 个平皿，然后将晾至 45℃左右的培养基注入平皿中，待琼脂凝固后，倒置于 25～28℃温箱中，3d 后开始观察，共培养观察一周。

（2）计算方法　通常选择菌落在 30～100 的平皿进行计数，同稀释度的 2 个平皿的菌落平均数乘以稀释倍数，即为 1g 或 1mL 检样中所含的霉菌和酵母菌菌落数。

3. 报告

1g 或 1mL 食品中所含的霉菌和酵母菌数以个/g（或个/mL）表示。

第三节　食品中黄曲霉毒素的检测

黄曲霉毒素（aflatoxins）是真菌产生的毒性代谢产物，广泛存在于各种粮食、食品和饲料中，对人类和动物表现出很强的毒性。在所有的真菌毒素中，黄曲霉毒素的毒性、致癌性、致突变型、致畸性均居首位。

自黄曲霉毒素发现至今，已分离出的黄曲霉毒素及其衍生物有 20 多种，其中 10 余种的化学结构已明确。从化学结构上看，各种黄曲霉毒素十分相似，含 C、H、O 三种元素，是二氢呋喃氧杂萘邻酮的衍生物。各种黄曲霉毒素分子中均含有一个双呋喃环和一个氧杂萘邻酮（香豆素），前者为基本毒素结构，后者与致癌有关。

黄曲霉毒素均无色、无臭、无味，相对分子质量为 312.36，熔点为 200～300℃，在熔解时会分解，易溶于乙腈、甲醇、氯仿、丙酮和二甲基甲酰胺等溶液，难溶于水、己烷、石油醚，在水中的溶解度只有 1.0×10^{-5}。黄曲霉毒素在紫外照射下能发出强烈的荧光。根据发射的荧光颜色不同，黄曲霉毒素分为 B 族和 G 族两大类。激发光波长为 365nm 时，B 族黄曲霉毒素的荧光发射波长为 450nm，G 族毒素为 425nm。在紫外和红外区域，各种黄曲霉毒素都表现出多个吸收峰，比旋光均为右旋。

黄曲霉毒素 B_1 的提取是黄曲霉毒素测定过程中的一个重要步骤，在天然农产品原料中，黄曲霉毒素的分布非常不均匀，尤其是颗粒状固体样品，而且黄曲霉毒素并不集中在农产品颗粒表面，而是常常包埋在种子内部，加之含量甚微，所以提取较难。虽然黄曲霉毒素易溶于甲醇、氯仿、丙酮等有机溶剂，难溶于水，但研究表明，在天然原料中的黄曲霉毒素主要结合在水溶性成分上，所以应采用有机溶剂与水混溶的溶液体系进行提取。对黄曲霉毒素的提取溶液有甲醇 – 水溶液、丙酮 – 水溶液、氯仿 – 水溶液等。有些食品原料中含有大量的脂肪、蛋白质和各种碳水化合物，提取毒素的同时也有大量其他成分溶出。提取溶液中有机溶剂含量适当提高有利于黄曲霉毒素的溶解，但也容易造成假阳性。因此，不同的食品原料采用的提取溶液配比稍有不同。黄曲霉毒素的测定中常用的方法包括薄层色谱法、高效液相色谱法、气相色谱法和酶联免疫吸附法。前三种方法对样品提取要求较高，由于其他荧光物质、色素、结构类似物对检测产生干扰，必须通过液 – 液萃取进行净化处理。

食品中黄曲霉毒素 B_1、黄曲霉毒素 B_2、黄曲霉毒素 G_1、黄曲霉毒素 G_2 的测定（直接竞争 ELISA 测定方法）如下。

1. 实验原理

样品经提取、浓缩、薄层分离后，在 365nm 紫外光下，黄曲霉毒素 B_1、黄曲霉毒素 B_2 产生蓝紫色荧光，黄曲霉毒素 G_1、黄曲霉毒素 G_2 产生黄绿色荧光，根据其在薄层板上显示的荧光的最低检出量来定量。

2. 实验材料

（1）黄曲霉毒素混合标准溶液I　每毫升相当于 $0.2\mu g$ 黄曲霉毒素 B_1、$0.2\mu g$ 黄曲霉毒素 G_1 及 $0.1\mu g$ 黄曲霉毒素 B_2、$0.1\mu g$ 黄曲霉毒素 G_2，作定位用。

（2）黄曲霉毒素混合标准溶液II　每毫升相当于 $0.04\mu g$ 黄曲霉毒素 B_1、$0.04\mu g$ 黄曲霉毒素 G_1 及 $0.04\mu g$ 黄曲霉毒素 B_2、$0.04\mu g$ 黄曲霉毒素 G_2，作最低检出量用。

3. 实验步骤

（1）提取

玉米、大米、小麦及其制品：称取 20.0g 粉碎过筛（粮食类样品过 20 目筛，花生类样品过 10 目筛）样品于 250mL 具塞锥形瓶中，用滴管滴加约 6mL 水，使样品湿润，准确加入 60mL 三氯甲烷，振荡 30min，加入 12g 无水 Na_2SO_4，振摇后，静置 30min，用叠成折叠式的快速定性滤纸过滤于 100mL 具塞锥形瓶。取 12mL 滤液于蒸发皿中，在 65℃水浴上通风挥干，准确加入 1mL 苯 – 乙腈（9∶1）混合液，用带橡胶头的滴管的管尖将残渣充分混合。若有苯的结晶析出，将蒸发皿从冰盒上取出，继续溶解、混合，晶体即消失，再用此滴管吸取上清液转移于 2mL 具塞试管中。

花生油、香油、菜油等：称取 4.0g 样品置于小烧杯中，用 20mL 正己烷或石油醚将样品移于 125mL 分液漏斗中。用 20mL 甲醇 – 水溶液（5∶45）分次洗涤，洗液一并移入分液漏斗中，振摇 2min，静置分层后，将下层甲醇水溶液移入第二个分液漏斗中，再用 5mL 甲醇水溶液重复振摇提取一次，提取液一并移入第二个分液漏斗中，在第二个分液漏斗中加入 20mL 三氯甲烷，振摇2min，静置分层。如出现乳化现象可滴加甲醇促使分层，放出三氯甲烷，经盛有约10g预先用三氯甲烷湿润的无水Na_2SO_4的定量慢速滤纸过滤于50mL蒸发皿中，再加5mL三氯甲烷于分液漏斗中，重复振摇提取，三氯甲烷层一并滤于蒸发皿中，最后用少量三氯甲烷清洗过滤器，洗液并入蒸发皿中，将蒸发皿放入通风橱内，于65℃水浴上通风挥干，然后放在冰盒上冷却2~3min后，准确加入1mL苯-乙腈混合液（9:1），用带橡胶头的滴管的管尖将残渣充分混合。若有苯的结晶析出，将蒸发皿从冰盒上取出，继续溶解、混合，晶体即消失，再用此滴管吸取上清液转移于2mL具塞试管中。

酱油、醋：称取5.0g样品于25mL小烧杯中，用5mL蒸馏水将试样转移至250mL分液漏斗中，加入20mL三氯甲烷（若出现乳化现象，加入1gNaCl破乳），加塞振摇5min，静置分层（约30min）放出下层三氯甲烷层，经盛有约5g预先用三氯甲烷湿润的无水Na_2SO_4定量慢速滤纸的漏斗过滤于50mL蒸发皿中，再加入10mL三氯甲烷于分液漏斗中，重复振摇提取，三氯甲烷一并滤于蒸发皿中，最后用少量三氯甲烷洗涤过滤漏斗，洗液并入蒸发皿中。将蒸发皿放入通风橱内，于65℃水浴上通风挥干，然后放在冰盒上冷却2~3min后，准确加入1mL苯-乙腈混合液（9:1），用带橡胶头的滴管的管尖将残渣充分混合。若有苯的结晶析出，将蒸发皿从冰盒上取出，继续溶解、混合，晶体即消失，再用此滴管吸取上清液转移于2mL具塞试管中。

面粉：称取5.0g面粉样于100mL三角瓶中，准确加入25mL甲醇-水（1:1）溶液，振荡15min，过滤，弃去1/4初滤液，收集试样滤液于250mL分液漏斗中，等体积加入三氯甲烷，加塞振摇5min，静置分层（约30min），放出下层三氯甲烷层，经盛有约5g预先用三氯甲烷湿润的无水Na_2SO_4定量慢速滤纸的漏斗过滤于50mL蒸发皿中，再加入10mL三氯甲烷于分液漏斗中，重复振摇提取，三氯甲烷一并滤于蒸发皿中，最后用少量三氯甲烷洗涤过滤漏斗，洗液并入蒸发皿中。将蒸发皿放入通风橱内，于65℃水浴上通风挥干，然后放在冰盒上冷却2~3min后，准确加入1mL苯-乙腈混合液（9:1），用带橡胶头的滴管的管尖将残渣充分混合。若有苯的结晶析出，将蒸发皿从冰盒上取出，继续溶解、混合，晶体即消失，再用此滴管吸取上清液转移于2mL具塞试管中。

（2）操作

①点样：在薄层板下端3cm的基线上用微量注射器滴加样液，在同一板上滴加点的大小应一致，滴加时可用风机用冷风边吹边加，滴加样式如下。

第1点　10μL黄曲霉毒素标准混合液Ⅱ。

第2点　20μL样液。

第3点　20μL样液+10μL黄曲霉毒素标准混合液Ⅱ。

第4点　20μL样液+10μL黄曲霉毒素标准混合液Ⅰ。

②展开与观察：在展开槽内加10mL无水乙醇，预展12cm，取出挥干，再于另一展开槽内加10mL丙酮-三氯甲烷（8:92，体积比），展开10~12cm，取出，在紫外灯下观察。

③确证实验：黄曲霉毒素与三氟乙酸反应产生衍生物，只限于黄曲霉毒素B_1、黄曲霉毒素G_1。方法如下。

在薄层板左边依次滴加两个点。第1点为10μL黄曲霉毒素标准混合液Ⅱ。第2点为20μL样液。在以上两点各加三氟乙酸1小滴盖于其上，反应5min后，用吹风机吹热风2min。再于薄层板上滴加以下两点。第3点为10μL黄曲霉毒素标准混合液Ⅱ。第4点为20μL样液。

在展开槽内加10mL无水乙醚，预展12cm，取出挥干，再于另一展开槽内加10mL丙酮-

三氯甲烷（8:92，体积比），展开 $10\sim12$cm，取出，在紫外灯下观察样液是否产生与黄曲霉毒素标准溶液 B_1、黄曲霉毒素 G_1 相似的衍生物，未加三氟乙酸的第 3 点与第 4 点可依次作为样液与标准的衍生物做空白对照。

黄曲霉毒素 B_2、黄曲霉毒素 G_2 的确证实验，可用苯 – 乙醇 – 水（46:35:19）展开，若标准点与样品点出现重叠，即可确定。

在展开的薄层板上喷以硫酸溶液（硫酸:水 $=1:3$），黄曲霉毒素 B_1、黄曲霉毒素 G_1 及黄曲霉毒素 B_2、黄曲霉毒素 G_2 都变为黄色荧光。

④定量：样液中黄曲霉毒素 B_1、黄曲霉毒素 G_1 及黄曲霉毒素 B_2、黄曲霉毒素 G_2 荧光点的强度如与各黄曲霉毒素标准点的最低检出量（黄曲霉毒素 B_1、黄曲霉毒素 G_1 为 0.0004μg，黄曲霉毒素 B_2、黄曲霉毒素 G_2 为 0.0002μg）的荧光强度一致，则样品中黄曲霉毒素 B_1、黄曲霉毒素 G_1 的含量为 5μg/kg；黄曲霉毒素 B_2、黄曲霉毒素 G_2 的含量为 2.5μg/kg。如样液中任何一种黄曲霉毒素的荧光强度比最低检出量强，则须逐一进行定量，直至样品点的荧光强度与最低检出量点的荧光强度一致。

4. 计算

黄曲霉毒素 B_1、黄曲霉毒素 G_1、黄曲霉毒素 B_2、黄曲霉毒素 G_2 含量（μg/kg）$=\dfrac{1000K\,V_1\,D}{m\,V_2}$

式中　V_1——加入苯 – 乙腈混合液的体积，mL；

　　　V_2——出现最低荧光时滴加样液的体积，mL；

　　　D——样液的总稀释倍数；

　　　m——加入苯 – 乙腈混合液溶解时相当于样品的质量，g；

　　　K——黄曲霉毒素 B_1、黄曲霉毒素 G_1、黄曲霉毒素 B_2、黄曲霉毒素 G_2 的最低检出量。

参 考 文 献

[1] 东北农学院. 畜产品加工实验指导. 北京：中国农业出版社，1987

[2] 许本发，李宏建等. 酸奶和乳酸菌饮料加工. 北京：中国轻工业出版社，1994

[3] 高坂和久. 肉制品加工工艺及配方. 张向生译. 北京：中国轻工业出版社，1990

[4] 石永福，张才林等. 肉制品配方1800例. 北京：中国轻工业出版社，1999

[5] 东北农学院. 畜产品加工学. 北京：中国农业出版社，1980

[6] 扬文泰. 乳及乳制品检验技术. 北京：中国计量出版社，1997

[7] 南庆贤，扬耀寰等. 实用肉品加工技术. 北京：中国农业出版社，1988

[8] 吴卫华. 苹果综合加工新技术. 北京：中国轻工业出版社，1995

[9] 郭祥超. 果品加工及设备. 北京：中国农业出版社，1989

[10] 扬巨斌，朱慧芬. 果脯蜜饯加工技术手册. 北京：科学出版社，1988

[11] 景立志. 焙烤食品工艺学. 北京：中国商业出版社，1998

[12] 张守文. 面包科学与加工工艺. 北京：中国轻工业出版社，1996

[13] 刘耀华. 面点制作工艺. 北京：中国商业出版社，1993

[14] 李文卿. 面点工艺学. 北京：中国轻工业出版社，1999

[15] 陈雪峰，詹雪英，杨大庆. 食品工艺实验指导书. 西安：西北轻工学院出版社，1995

[16] 无锡轻工学院. 食品工艺实验讲义. 无锡：无锡轻工学院出版社，1990

[17] 李培圩. 面包生产工艺与配方. 北京：中国轻工业出版社，1999

[18] 李里特，江正强，卢山. 焙烤食品工艺学. 北京：中国轻工业出版社，2000

[19] 中国焙烤食品糖制品工业会刊，中国焙烤，2000.（3）～（6）

[20] 北京市食品研究所，食品科学，1996. 1～2003. 12

[21] 中华全国工商业联合会烘焙业工会会刊，中国烘焙，1999～2001

[22] 李琳，李冰，胡松青等. 现代饼干甜点生产技术. 北京：中国轻工业出版社，2001

[23] 郑建仙. 现代新型谷物食品开发. 北京：科学技术文献出版社，2003

[24] 朱维军，陈月英，高伟. 面制品加工工艺. 北京：科学技术文献出版社，2001

[25] 中国焙烤食品糖制品工业协会协办，中国食品报焙烤周刊，2002. 1～2004. 4

[26] 大连轻工业学院，华南理工大学等合编. 食品分析. 北京：中国轻工业出版社，1996

[27] 无锡轻工业学院，天津轻工业学院合编. 食品分析. 北京：中国轻工业出版社，2001

[28] 王叔醇. 食品卫生检验技术手册. 北京：化学工业出版社，2002

[29] 嘉安. 淀粉与淀粉制品工艺学. 北京：中国农业出版社，2001

[30] 夏玉宇. 食品卫生质量检验与监查. 北京：北京工业大学出版社，1993.

[31] 陈必松等. 食品环境卫生与检验手册. 北京：人民军医出版社，1993.

[32] 王叔淳. 食品卫生检验技术. 北京：化学工业出版社，1988.

[33] 胡明方等. 食品分析. 重庆：西南师范大学出版社，1992.

[34] 冯有胜等. 食品分析检验原理与技术. 成都：成都科技大学出版社，1994.

[35] 张意静等. 食品分析. 北京：中国轻工业出版社，1999.

[36] 俞一夫等. 粮油食品分析与检验. 中国轻工业出版社，1992.

[37] 北京师范大学生物系生物分析教研室编. 基础生物化学实验. 北京：高等教育出版社，1995.

[38] 李勇，胡宏，王演玲. 膨化米饼的工艺探讨. 食品科技，1999（1）：20～22

[39]《食品分析》编写组编. 食品分析. 北京：中国轻工业出版社，1990

[40] ［美］Norman N. Potter Joseph H. Hotchkiss 著. 王璋，钟芳，徐良增等译. 食品科学. 第五版. 北京：中国轻工业出版社，2001

[41] 华南工学院，无锡轻工学院，天津轻工学院，大连轻工学院编著. 酒精与白酒工艺学. 北京：中国轻工业出版社，1987

[42] 高海生，祝美云. 果蔬食品工艺学. 北京：中国农业科技出版社，1998

[43] 王福源. 现代食品发酵技术. 北京：中国轻工业出版社，2002

[44] 上海酿造科学研究所编著. 发酵调味品生产技术（修订版）. 北京：中国轻工业出版社，1999

[45] 郑友军. 新版调味品配方. 北京：中国轻工业出版社，2002

[46] 郑友军. 调味品生产工艺与配方. 北京：中国轻工业出版社，1999

[47] 张水华，刘耘. 调味品生产工艺学. 广州：华南理工大学出版社，2000

[48] 方继功. 酱类制品生产技术. 北京：中国轻工业出版社，1997

[49] 康明官. 中外著名发酵食品生产工艺手册. 北京：化学工业出版社，1997

[50] 蔺毅峰. 固体饮料加工工艺与配方. 北京：科学技术文献出版社，2000

[51] 蔺毅峰. 食品工艺实验. 运城：运城学院出版社，2001

[52] 黄来发. 软饮料实用配方800例. 北京：中国轻工业出版社，1999

[53] 黄来发. 蛋白饮料加工工艺与配方. 北京：中国轻工业出版社，1997

[54] 邵长富，赵晋府. 软饮料工艺学. 北京：中国轻工业出版社，1999

[55] 邓舜扬. 保健食品生产实用技术. 北京：中国轻工业出版社，2001